现代统计学系列丛书

应用多元统计分析
——基于R

Applied Multivariate Statistical Analysis with R

主　编　费　宇　郭民之
副主编　陈贻娟　喻达磊

中国教育出版传媒集团
高等教育出版社·北京

内容提要

本书是基于R软件编写的多元统计分析教材，主要从应用角度结合实例和R软件编写。主要内容包括绪论、多元线性模型、广义线性模型、聚类分析、判别分析、主成分分析、因子分析、对应分析、典型相关分析和多维标度法。本书采用生动具体的实例讲解多元统计分析方法，方便读者学习；将统计理论与R软件有机结合，通过R软件实现多元统计的计算和分析，并详细解读R软件的分析结果。

本书可作为高等学校经济学类、管理类专业本科生和硕士研究生课程教材，也可作为其他相关专业的参考书，对广大社会工作者也具有参考价值。

图书在版编目（CIP）数据

应用多元统计分析：基于R/费宇，郭民之主编. -- 北京：高等教育出版社，2023.9

ISBN 978-7-04-057670-2

Ⅰ. ①应… Ⅱ. ①费… ②郭… Ⅲ. ①多元分析－统计分析－高等学校－教材 Ⅳ. ① O212. 4

中国版本图书馆CIP数据核字（2022）第019694号

Yingyong Duoyuan Tongji Fenxi——Jiyu R

策划编辑 张晓丽　责任编辑 安 琪　封面设计 张 志　版式设计 马 云
插图绘制 黄云燕　责任校对 高 歌　责任印制 耿 轩

出版发行	高等教育出版社	网　址	http://www.hep.edu.cn
社　址	北京市西城区德外大街4号		http://www.hep.com.cn
邮政编码	100120	网上订购	http://www.hepmall.com.cn
印　刷	北京市联华印刷厂		http://www.hepmall.com
开　本	787 mm × 960 mm　1/16		http://www.hepmall.cn
印　张	20		
字　数	370千字	版　次	2023年9月第1版
购书热线	010-58581118	印　次	2023年9月第1次印刷
咨询电话	400-810-0598	定　价	52.00元

物 料 号　57670-00

应用多元统计分析——基于R

费　宇　郭民之
陈贻娟　喻达磊

1 计算机访问http://abook.hep.com.cn/12437017，或手机扫描二维码、下载并安装Abook应用。

2 注册并登录，进入“我的课程”。

3 输入封底数字课程账号（20位密码，刮开涂层可见），或通过Abook应用扫描封底数字课程账号二维码，完成课程绑定。

4 单击“进入课程”按钮，开始本数字课程的学习。

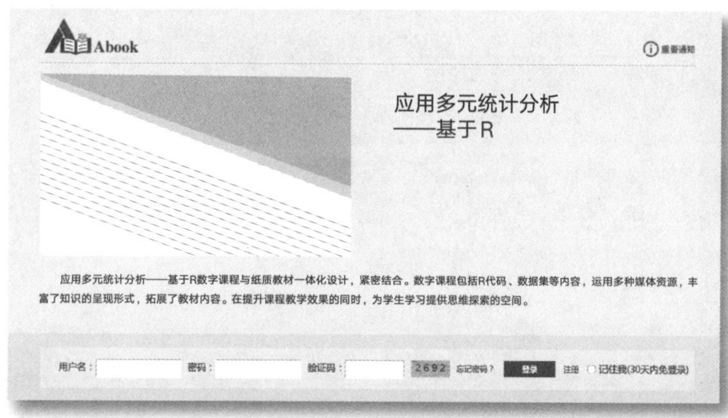

课程绑定后一年为数字课程使用有效期。受硬件限制，部分内容无法在手机端显示，请按提示通过计算机访问学习。

如有使用问题，请发邮件至abook@hep.com.cn。

http://abook.hep.com.cn/12437017

现代统计学系列丛书编委会

（按姓氏笔画排序）

总　序

统计学是一门收集、整理和分析数据的科学和艺术。这里的“数据”通指“信息的载体”，涵盖了大千世界中的文本、图像、视频、时空数据、基因数据等。统计学是一个独立的学科，在历史上曾隶属于数学，但统计学与数学有着本质的区别，因此统计学教育有其自身的特点和要求，这些特点表现为：(1) 统计学研究的是随机现象，而数学研究的是确定性的规律；(2) 统计学是一门应用性很强的学科，许多概念和原理来自实际的需要，不是数理逻辑的产物；(3) 数据在统计学中扮演了重要的角色。目前，统计学已被列为一级学科。

在过去的 30 年中，随着生命科学、信息科学、物质科学、资源环境、认知科学、工程技术、经济金融和人文科学等众多学科的发展，许多新的统计学分支产生，如风险管理、数据挖掘、基因芯片分析等。此外，计算机及其有关软件在统计教育和应用中扮演了越来越重要的角色，它们提供了越来越多的图形表达和分析的方法，使得许多原来教科书中重要的内容，现在已变得无足轻重。统计教育必须要改革才能适应高速发展的形势。

大学的统计教育可分为两大类，一类是非统计学专业的课程，另一类是统计学专业的教学设计。非统计学专业的学生学习统计学的目的是为了应用，在大学阶段，课程不多，主要是学习基础的统计概念和方法，学会使用统计软件，培养解决实际问题的能力。统计学专业的课程设置十分重要，应向国际靠拢，对教师队伍的要求也较高。虽然这两类学生的教育有很多共同点，但在课程设置中必须加以区分。

我国的统计教育在过去受苏联的影响很深，把统计学作为数学的一个分支，在内容上偏理论，少应用，过于强调概率论在统计中的作用。统计学是一门应用性很强的学科，应从实际问题、从数据出发，通过统计的工具来揭示数据内部的规律。用“建模”的思路来教统计，学生能更加容易理解统计的概念和方法，知道如何将实际问题抽象为统计模型，反过来又指导实践。对非统计学专业的学生，要强调统计的应用。学生要能熟练地使用至少一个统计软件包。对于统计学专业的学生，要培养学生对实际问题的建模能力。有些实际问题可直接应用现有的统计方法来解决，如问卷调查的统计分析。有些问题在初次接触时并不像一个统计问题, 必须有坚实的统计基础和对实际问题的洞察力, 才能从中发掘出统计模型。要培养学生的这种能力及统计思想 (统计思想是统计文化的一部分, 是用统计学的逻辑思考问题), 教师在授课中要结合较多的应用例子, 要求学生做案例研究, 鼓励学生参加建模比赛, 参加企业的实际项目。

为满足我国统计教育发展的需要, 我们计划编写一套面向高校本科生、特别是一般院校, 适用于统计学专业和非统计学专业的系列教材。系列教材的编写宗旨: 突出教学内容的现代化, 重视统计思想的介绍, 适应现代统计教育的特点及时代发展的新要求; 以统计软件为支撑, 注重统计知识的应用; 内容简明扼要, 生动活泼, 通俗易懂。编写原则: (1) 从数据出发, 不是从假设、定理出发; (2) 从归纳出发, 不是从演绎出发; (3) 强调案例分析; (4) 重统计思想的阐述, 弱化数学证明的推导。系列教材分为两个方向, 一个面对统计学专业, 另一个面对非统计学专业和应用统计工作者。

系列教材适应形势的要求, 由高等教育出版社邀请专家组成 “现代统计学系列丛书编委会” 负责选题、审稿, 由高等教育出版社出版。

以上是我们编写这套教材的背景和理念, 希望得到读者的支持, 特别是高校领导和教学一线教师的支持。我们希望使用这套教材的师生和读者多提宝贵意见, 使教材不断完善。

现代统计学系列丛书编委会

前　　言

多元统计分析是统计学应用最广泛的一个分支,在自科科学、社会科学、经济科学和管理科学等领域应用广泛。

本书将介绍多元回归分析、聚类分析、判别分析、主成分分析、因子分析、对应分析、典型相关分析和多维标度法这 8 种经典的多元统计分析方法,主要从应用角度结合实例和 R 软件进行讲解。本书的编写有以下特点:(1) 言简意赅,为了节约篇幅,省略了一些烦琐的理论证明和公式推导;(2) 强调应用,采用生动具体的实例讲解多元统计分析方法,方便读者学习;(3) 与 R 软件密切结合,采用 R 软件实现多元统计的计算和分析,并解读 R 软件的分析结果;(4) 使用方便,本书所有例题、案例和习题的数据文件以及相应的 R 程序都作为教学辅助材料提供给读者。

全书共 10 章,第 1、2、3 章由云南财经大学费宇编写,第 4、5、6、10 章由云南师范大学郭民之编写,第 8、9 章由云南财经大学陈贻娟编写,第 7 章由云南财经大学喻达磊编写。本书可作为经济学类、管理类专业的本科生和硕士研究生教材,也可作为统计工作者的参考书。

本书参考了国内外许多教材和资料,并引用了部分例题和习题,在此向有关作者表示衷心的感谢。本书得到国家自然科学基金项目"高维纵向数据动态聚类分析研究"(项目批准号:11971421) 的支持,还得到云南省"云岭学者"培养经费 (项目号:YNWR-YLXZ-2018-020) 的支持,特此表示感谢。

由于作者水平有限,本书难免有不妥之处,恳请同行专家及广大读者提出宝贵意见。

费　宇

2023 年 7 月 13 日于云南财经大学

目　录

第 1 章

绪论

统计学是研究如何有效收集、分析和解释数据的科学, 是与数据有关的科学. 按照研究变量的多少, 统计分析分为一元统计分析和多元统计分析. 理论上来说, 只要是多于一个变量的数据分析都属于**多元统计分析** (multivariate statistical analysis), 换言之, 多元统计分析就是把多个变量合在一起进行研究的统计学方法, 它在自然科学、经济学、管理学和社会科学等领域有广泛的应用.

本章首先简要介绍多元统计分析的研究内容, 然后回顾多元统计分析需要的一些矩阵代数知识, 最后对 R 软件作简要介绍.

1.1 多元统计分析简介

1.1.1 多元统计分析的含义

多元统计分析是 20 世纪初发展起来的统计分析方法, 是研究多个 (随机) 变量之间相互关系和规律的统计学分支. 简单来说, 多元统计分析就是多变量统计分析, 广义的多元统计分析包含多元正态分布、多元正态分布的参数估计、均值的假设检验和协方差矩阵的假设检验问题①, 这些是建立在多元正态分布基础上的内容, 受篇幅限制, 本书不讨论. 我们主要讨论多元回归分析、聚类分析、判别分析、主成分分析、因子分析、对应分析、典型相关分析和多维标度法, 这些多元分析方法应用领域非常广泛 (包括物理、化学、生物、医学、心理学、经济学、管理学、教育学、语言学和地质学等很多领域), 是常用的多变量数据分析方法.

多元统计分析的理论和方法不难理解和掌握, 而且现在统计软件功能越来越强, 操作也很方便, 比如使用 R 软件进行多元统计分析就非常方便.

---

① 多元正态分布的有关理论介绍 (即多元正态分布的定义、参数估计和假设检验等), 可以参阅《多元统计分析引论》(张尧庭, 方开泰, 科学出版社, 1982) 和《多元统计分析》(王静龙, 科学出版社, 2008).

1.1.2 各章内容安排

本书的各章内容安排如下: 第 1 章绪论, 介绍多元统计分析的主要内容, 提供本书需要的一些矩阵代数知识, 方便读者查阅使用. 第 2 章多元线性模型, 研究一个因变量 (随机变量) 随多个自变量 (通常假定为非随机变量) 的变化而变化的情况, 这一章研究的多元回归模型是经典的线性回归模型, 适用于因变量是连续型变量而且服从正态分布的情况. 第 3 章广义线性模型, 讨论因变量是离散型或连续型变量 (服从指数族分布) 的线性回归模型, 包括 logistic 模型、probit 模型、名义及有序 logit 模型、Poisson 对数线性模型等. 第 4 章聚类分析, 介绍如何做到 "物以类聚", 即根据聚类对象 (若干个个体的集合) 的多个变量 (指标) 的测量值, 按照某个标准把这些个体分成若干类, 并介绍三种常用的聚类方法: 系统聚类法、k 均值聚类法和 EM 聚类法. 第 5 章判别分析, 研究如何根据某种准则将一个个体汇入某个已知的 "类" 中, 即在已知分类的前提下, 将给定的新个体 (样品) 按照某种分类规则判入某个类中, 并介绍常用的四种判别方法: 距离判别、Fisher 判别、Bayes 判别和二次判别. 第 6 章主成分分析, 介绍一种变量降维和数据简化的分析方法, 即将 n 个存在相关关系的变量化为少数 p $(p < n)$ 个互不相关的综合变量 (即主成分) 的统计分析方法, 并介绍主成分的含义、计算、性质和主成分个数的确定. 第 7 章因子分析, 介绍一种经典的降维分析方法, 即用少数 m 个随机变量 (称为因子) 去描述 n $(m < n)$ 个随机变量之间的协方差关系, 首先介绍因子分析模型的设定, 模型参数估计的三种方法: 主成分法、迭代主因子法和最大似然估计法, 然后介绍因子旋转和因子得分的两种预测方法: 加权最小二乘法和回归法. 第 8 章对应分析, 讨论在因子分析的基础上把 R 型因子分析和 Q 型因子分析有机结合起来, 同时把变量和样品反映到有相同坐标轴 (因子轴) 的一张图上来说明变量与样品之间的对应关系, 并介绍对应分析的思想、理论和计算方法. 第 9 章典型相关分析, 研究两组随机变量之间的相互依赖关系, 并介绍典型相关分析的思想和基本理论、总体典型相关变量和样本典型相关变量的计算. 第 10 章多维标度法, 讨论以空间分布的形式表现对象之间相似性或亲疏关系的一种多元分析方法, 介绍多维标度法的基本思想、古典多维标度法的相关概念、Euclid (欧几里得) 矩阵的判断以及古典多维标度法解的计算过程.

本书正文中使用 R 软件来实现数据分析, 我们给出相应的 R 软件代码并解释其输出结果, 方便读者使用. 本书介绍的多元分析方法都是经典的多元统计分析方法, 但机器学习方法 (比如决策树、随机森林、支持向量机和人工神经网络等方法) 也可以用来处理多变量问题, 受篇幅限制, 本书没有介绍机器学习方法在多元统计分析中的应用, 感兴趣的读者可以参阅吴喜之著《复杂数据统计方法》(第 3 版, 中国人民大学出版社, 2015).

1.2 矩阵代数回顾

1.2.1　矩阵及其基本运算

1. 矩阵的定义

矩阵 $\boldsymbol{A}$ 是 $m\times n$ 个数或数值变量排列成 m 行 n 列的一个矩形阵列, 具体形式如下

$$\boldsymbol{A}=\begin{pmatrix} a_{11} & a_{12} & \cdots & a_{1n} \\ a_{21} & a_{22} & \cdots & a_{2n} \\ \vdots & \vdots & & \vdots \\ a_{m1} & a_{m2} & \cdots & a_{mn} \end{pmatrix}.$$

矩阵 $\boldsymbol{A}$ 的表示方法或记号有很多, 最常用的表示为 $\boldsymbol{A}_{m\times n}=(a_{ij})_{m\times n}$. 把矩阵 $\boldsymbol{A}$ 的行和列互换得到的矩阵称为矩阵 $\boldsymbol{A}$ 的**转置矩阵**, 记为 $\boldsymbol{A}^{\mathrm{T}}$ 或 $\boldsymbol{A}'$, 即

$$\boldsymbol{A}^{\mathrm{T}}=\begin{pmatrix} a_{11} & a_{21} & \cdots & a_{m1} \\ a_{12} & a_{22} & \cdots & a_{m2} \\ \vdots & \vdots & & \vdots \\ a_{1n} & a_{2n} & \cdots & a_{mn} \end{pmatrix}.$$

只有一行或一列的矩阵称为向量, 比如 n 维**行向量** $\boldsymbol{a}=(a_1,a_2,\cdots,a_n)$, m 维**列向量**

$$\boldsymbol{b}=\begin{pmatrix} b_1 \\ b_2 \\ \vdots \\ b_m \end{pmatrix}.$$

如果一个矩阵的行数和列数相等, 就称这个矩阵是**方阵**. 对于方阵 $\boldsymbol{A}=(a_{ij})$, 如果对任意 i,j, 有 $a_{ij}=a_{ji}$, 则称该矩阵为**对称矩阵**.

如果一个方阵的主对角线 (从左上角到右下角这条对角线) 以下的元素都为 0, 即 $a_{ij}=0\ (j<i)$, 则称该矩阵为**上三角形矩阵**; 如果一个方阵的主对角

线以上的元素都为 0, 即 $a_{ij}=0\ (j>i)$, 则称该矩阵为**下三角形矩阵**; 如果一个方阵的主对角线以外的元素都为 0, 即 $a_{ij}=0\ (j\neq i)$, 则称该矩阵为**对角矩阵**; 对角元素全为 1 的对角矩阵称为**单位矩阵**, 记为 $\boldsymbol{I}_n$; 元素全部是 0 的矩阵称为零矩阵, 记为 $\boldsymbol{O}$; 元素全部是 1 的向量记为 $\mathbf{1}=(1,1,\cdots,1)^{\mathrm{T}}$.

2. 矩阵的基本运算

矩阵 $\boldsymbol{A}_{m\times n}=(a_{ij})_{m\times n}$ 和 $\boldsymbol{B}_{m\times n}=(b_{ij})_{m\times n}$ 的和定义为矩阵 $\boldsymbol{C}=\boldsymbol{A}+\boldsymbol{B}$, 其元素为 $\boldsymbol{A}$ 和 $\boldsymbol{B}$ 相应元素之和, 即 $\boldsymbol{C}_{m\times n}=(c_{ij})_{m\times n}=(a_{ij}+b_{ij})_{m\times n}$. 类似地, 可以定义两个矩阵的差 $\boldsymbol{A}-\boldsymbol{B}=(a_{ij}-b_{ij})$. 数 k 与矩阵 $\boldsymbol{A}=(a_{ij})$ 的乘积定义为 $k\boldsymbol{A}=(ka_{ij})$, 而 $-\boldsymbol{A}=(-1)\boldsymbol{A}$. 容易证明, 矩阵的加法、减法和数乘满足以下性质:

(1) $\boldsymbol{A}+\boldsymbol{B}=\boldsymbol{B}+\boldsymbol{A}$, $\boldsymbol{A}+(\boldsymbol{B}+\boldsymbol{C})=(\boldsymbol{A}+\boldsymbol{B})+\boldsymbol{C}$;

(2) $\boldsymbol{A}-\boldsymbol{B}=\boldsymbol{A}+(-\boldsymbol{B})$, $\boldsymbol{A}-\boldsymbol{A}=\boldsymbol{O}$, $\boldsymbol{A}+\boldsymbol{O}=\boldsymbol{A}$, $0\boldsymbol{A}=\boldsymbol{O}$, $1\boldsymbol{A}=\boldsymbol{A}$;

(3) $(\boldsymbol{A}+\boldsymbol{B})^{\mathrm{T}}=\boldsymbol{A}^{\mathrm{T}}+\boldsymbol{B}^{\mathrm{T}}$, $k(\boldsymbol{A}+\boldsymbol{B})=k\boldsymbol{A}+k\boldsymbol{B}$, $(k+s)\boldsymbol{A}=k\boldsymbol{A}+s\boldsymbol{A}$.

如果矩阵 $\boldsymbol{A}_{m\times n}=(a_{ij})_{m\times n}$ 的列数和 $\boldsymbol{B}_{n\times p}=(b_{ij})_{n\times p}$ 的行数相同, 则称矩阵 $\boldsymbol{A}$ 和 $\boldsymbol{B}$ 可以相乘, 其乘积定义为矩阵 $\boldsymbol{C}_{m\times p}=\boldsymbol{A}_{m\times n}\boldsymbol{B}_{n\times p}=(c_{ij})_{m\times p}$, 这里 $c_{ij}=\sum\limits_{k=1}^{n}a_{ik}b_{kj}$. 显然, 矩阵乘法与一般的数乘不同, 不能随便交换次序, 而且 $\boldsymbol{AB}$ 有意义, $\boldsymbol{BA}$ 未必有意义; 即使二者都有意义, 也未必有 $\boldsymbol{AB}=\boldsymbol{BA}$. 对于方阵 $\boldsymbol{A}$, 我们定义 $\boldsymbol{A}$ 的二次方为 $\boldsymbol{A}^2=\boldsymbol{AA}$. 矩阵乘法有以下性质:

(1) $\boldsymbol{A}(\boldsymbol{B}+\boldsymbol{C})=\boldsymbol{AB}+\boldsymbol{AC}$, $(\boldsymbol{A}+\boldsymbol{B})\boldsymbol{C}=\boldsymbol{AC}+\boldsymbol{BC}$, $\boldsymbol{A}(\boldsymbol{BC})=(\boldsymbol{AB})\boldsymbol{C}$;

(2) $\boldsymbol{AI}=\boldsymbol{IA}=\boldsymbol{A}$, $\boldsymbol{AO}=\boldsymbol{O}$, $\boldsymbol{OA}=\boldsymbol{O}$, $(\boldsymbol{AB})^{\mathrm{T}}=\boldsymbol{B}^{\mathrm{T}}\boldsymbol{A}^{\mathrm{T}}$.

3. 矩阵分块

一个矩阵可以分成几个子矩阵, 例如矩阵 $\boldsymbol{A}$ 可以作如下分块:

$$\boldsymbol{A}=\begin{pmatrix}a_{11}&a_{12}&a_{13}&a_{14}\\a_{21}&a_{22}&a_{23}&a_{24}\\a_{31}&a_{32}&a_{33}&a_{34}\end{pmatrix}=\begin{pmatrix}\boldsymbol{A}_{11}&\boldsymbol{A}_{12}\\\boldsymbol{A}_{21}&\boldsymbol{A}_{22}\end{pmatrix},$$

其中的子矩阵定义为

$$\boldsymbol{A}_{11}=\begin{pmatrix}a_{11}&a_{12}\\a_{21}&a_{22}\end{pmatrix},\quad \boldsymbol{A}_{12}=\begin{pmatrix}a_{13}&a_{14}\\a_{23}&a_{24}\end{pmatrix},$$

$$\boldsymbol{A}_{21}=(a_{31},a_{32}),\quad \boldsymbol{A}_{22}=(a_{33},a_{34}).$$

如果矩阵 $\boldsymbol{B}$ 有和矩阵 $\boldsymbol{A}$ 类似的分块, 则有

$$\boldsymbol{A}+\boldsymbol{B}=\begin{pmatrix}\boldsymbol{A}_{11}+\boldsymbol{B}_{11} & \boldsymbol{A}_{12}+\boldsymbol{B}_{12}\\ \boldsymbol{A}_{21}+\boldsymbol{B}_{21} & \boldsymbol{A}_{22}+\boldsymbol{B}_{22}\end{pmatrix},$$

而且

$$\boldsymbol{B}^{\mathrm{T}}=\begin{pmatrix}\boldsymbol{B}_{11}^{\mathrm{T}} & \boldsymbol{B}_{21}^{\mathrm{T}}\\ \boldsymbol{B}_{12}^{\mathrm{T}} & \boldsymbol{B}_{22}^{\mathrm{T}}\end{pmatrix},\quad \boldsymbol{A}\boldsymbol{B}^{\mathrm{T}}=\begin{pmatrix}\boldsymbol{A}_{11}\boldsymbol{B}_{11}^{\mathrm{T}}+\boldsymbol{A}_{12}\boldsymbol{B}_{12}^{\mathrm{T}} & \boldsymbol{A}_{11}\boldsymbol{B}_{21}^{\mathrm{T}}+\boldsymbol{A}_{12}\boldsymbol{B}_{22}^{\mathrm{T}}\\ \boldsymbol{A}_{21}\boldsymbol{B}_{11}^{\mathrm{T}}+\boldsymbol{A}_{22}\boldsymbol{B}_{12}^{\mathrm{T}} & \boldsymbol{A}_{21}\boldsymbol{B}_{21}^{\mathrm{T}}+\boldsymbol{A}_{22}\boldsymbol{B}_{22}^{\mathrm{T}}\end{pmatrix}.$$

4. 矩阵的秩

$m\times n$ 矩阵 $\boldsymbol{A}$ 的**秩**定义为 $\boldsymbol{A}$ 中线性无关的行 (或列) 的最大数目, 记为 $\mathrm{rank}(\boldsymbol{A})$, 矩阵的秩满足以下性质:

(1) $\mathrm{rank}(\boldsymbol{A})\leqslant\min\{m,n\}$, $\mathrm{rank}(\boldsymbol{A})\geqslant 0$;

(2) $\mathrm{rank}(\boldsymbol{A})=\mathrm{rank}(\boldsymbol{A}^{\mathrm{T}})$, $\mathrm{rank}(\boldsymbol{A}^{\mathrm{T}}\boldsymbol{A})=\mathrm{rank}(\boldsymbol{A})$;

(3) $\mathrm{rank}(\boldsymbol{A}\boldsymbol{B})\leqslant\min\{\mathrm{rank}(\boldsymbol{A}),\mathrm{rank}(\boldsymbol{B})\}$;

(4) $\mathrm{rank}(\boldsymbol{A}+\boldsymbol{B})\leqslant\mathrm{rank}(\boldsymbol{A})+\mathrm{rank}(\boldsymbol{B})$;

(5) 对于 n 阶非奇异矩阵 $\boldsymbol{A}$ (定义见本节 7. 矩阵的逆), 有 $\mathrm{rank}(\boldsymbol{A})=n$.

5. 矩阵的迹

n 阶方阵 $\boldsymbol{A}=(a_{ij})$ 的**迹**定义为

$$\mathrm{tr}(\boldsymbol{A})=\sum_{i=1}^{n}a_{ii}.$$

矩阵的迹满足以下性质:

(1) $\mathrm{tr}(\boldsymbol{A}+\boldsymbol{B})=\mathrm{tr}(\boldsymbol{A})+\mathrm{tr}(\boldsymbol{B})$;

(2) $\mathrm{tr}(k\boldsymbol{A})=k\,\mathrm{tr}(\boldsymbol{A})$;

(3) $\mathrm{tr}(\boldsymbol{A})=\mathrm{tr}(\boldsymbol{A}^{\mathrm{T}})$;

(4) $\mathrm{tr}(\boldsymbol{A}\boldsymbol{B})=\mathrm{tr}(\boldsymbol{B}\boldsymbol{A})$.

6. 矩阵的行列式

n 阶方阵 $\boldsymbol{A}=(a_{ij})$ 的**行列式**定义为

$$|\boldsymbol{A}|=\sum_{j=1}^{n}a_{ij}\alpha_{ij}=\sum_{i=1}^{n}a_{ij}\alpha_{ij},$$

这里 $\alpha_{ij}=(-1)^{i+j}\beta_{ij}$, 而 β_{ij} 是矩阵 $\boldsymbol{A}$ 中删除第 i 行第 j 列元素后的 $n-1$ 阶方阵对应的行列式, β_{ij} 称为元素 a_{ij} 的余子式, 而 α_{ij} 称为元素 a_{ij} 的代数余子式.

特别地, 2 阶方阵

$$\boldsymbol{A}=\begin{pmatrix} a_{11} & a_{12} \\ a_{21} & a_{22} \end{pmatrix}$$

的行列式定义为

$$|\boldsymbol{A}|=\begin{vmatrix} a_{11} & a_{12} \\ a_{21} & a_{22} \end{vmatrix}=a_{11}a_{22}-a_{12}a_{21}.$$

而 3 阶方阵

$$\boldsymbol{A}=\begin{pmatrix} a_{11} & a_{12} & a_{13} \\ a_{21} & a_{22} & a_{23} \\ a_{31} & a_{32} & a_{33} \end{pmatrix}$$

的行列式定义为

$$|\boldsymbol{A}|=\begin{vmatrix} a_{11} & a_{12} & a_{13} \\ a_{21} & a_{22} & a_{23} \\ a_{31} & a_{32} & a_{33} \end{vmatrix}=a_{11}\begin{vmatrix} a_{22} & a_{23} \\ a_{32} & a_{33} \end{vmatrix}-a_{12}\begin{vmatrix} a_{21} & a_{23} \\ a_{31} & a_{33} \end{vmatrix}+a_{13}\begin{vmatrix} a_{21} & a_{22} \\ a_{31} & a_{32} \end{vmatrix}.$$

对于 n 阶方阵 $\boldsymbol{A}$ 和 $\boldsymbol{B}$ 以及任意实数 k, 可以证明:

$$|k\boldsymbol{A}|=k^n|\boldsymbol{A}|,\quad |\boldsymbol{AB}|=|\boldsymbol{BA}|=|\boldsymbol{A}||\boldsymbol{B}|.$$

7. 矩阵的逆

对于 n 阶方阵 $\boldsymbol{A}$, 如果矩阵 $\boldsymbol{B}$ 满足 $\boldsymbol{AB}=\boldsymbol{BA}=\boldsymbol{I}$, 则称矩阵 $\boldsymbol{B}$ 是矩阵 $\boldsymbol{A}$ 的**逆矩阵**, 记为 $\boldsymbol{A}^{-1}$. 如果矩阵 $\boldsymbol{A}$ 的逆存在, 称矩阵 $\boldsymbol{A}$ 可逆, 或 $\boldsymbol{A}$ 为**非奇异的**, 否则称 $\boldsymbol{A}$ 为**奇异的**. 矩阵 $\boldsymbol{A}$ 可逆的充分必要条件是 $\boldsymbol{A}$ 的行列式不等于 0, 即 $|\boldsymbol{A}|\neq 0$.

矩阵的逆满足以下性质:

(1) $(\boldsymbol{A}^{-1})^{-1}=\boldsymbol{A}$, $(\boldsymbol{A}^{\mathrm{T}})^{-1}=(\boldsymbol{A}^{-1})^{\mathrm{T}}$;

(2) $(\boldsymbol{AB})^{-1}=\boldsymbol{B}^{-1}\boldsymbol{A}^{-1}$, $|\boldsymbol{A}^{-1}|=|\boldsymbol{A}|^{-1}$;

(3) 如果矩阵 $\boldsymbol{A}$ 可逆, 则 $\boldsymbol{A}$ 的逆矩阵是唯一的.

8. 矩阵的广义逆

如果矩阵 $\boldsymbol{A}$ 的行列式等于 0, 则矩阵的逆不存在, 这时可以考虑矩阵的**广义逆矩阵**, 满足等式 $\boldsymbol{A}\boldsymbol{A}^{-}\boldsymbol{A}=\boldsymbol{A}$ 的矩阵 $\boldsymbol{A}^{-}$ 称为矩阵 $\boldsymbol{A}$ 的广义逆矩阵. 矩阵的广义逆不唯一.

9. 矩阵的特征值和特征向量

对于 n 阶方阵 $\boldsymbol{A}$, 如果存在数 λ 和向量 $\boldsymbol{\xi}$, 使得 $\boldsymbol{A}\boldsymbol{\xi}=\lambda\boldsymbol{\xi}$, 则称 λ 是矩阵 $\boldsymbol{A}$ 的**特征值**, 向量 $\boldsymbol{\xi}$ 是矩阵 $\boldsymbol{A}$ 的**特征向量**. 可以证明特征值 λ 是 n 阶多项式 $|\boldsymbol{A}-\lambda\boldsymbol{I}|=0$ 的根, 因此, $\boldsymbol{A}$ 有 n 个特征值 $\lambda_1,\lambda_2,\cdots,\lambda_n$. 设 $\boldsymbol{\Lambda}=\mathrm{diag}(\lambda_1,\lambda_2,\cdots,\lambda_n)$, 即对角元素为特征值的对角矩阵, 则方阵 $\boldsymbol{A}$ 的行列式 $|\boldsymbol{A}|$ 和迹 $\mathrm{tr}(\boldsymbol{A})$ 可以用特征值表示如下:

$$|\boldsymbol{A}|=|\boldsymbol{\Lambda}|=\prod_{i=1}^{n}\lambda_i,\quad \mathrm{tr}(\boldsymbol{A})=\mathrm{tr}(\boldsymbol{\Lambda})=\sum_{i=1}^{n}\lambda_i,$$

或者更一般地,

$$\mathrm{tr}(\boldsymbol{A}^k)=\sum_{i=1}^{n}\lambda_i^k.$$

1.2.2 矩阵拉直和 Kronecker 积

1. 矩阵拉直

令 $m\times n$ 矩阵 $\boldsymbol{A}_{m\times n}=(a_{ij})_{m\times n}=(\boldsymbol{a}_1,\boldsymbol{a}_2,\cdots,\boldsymbol{a}_n)$, **矩阵拉直**运算就是将矩阵按列拉直为向量, $\boldsymbol{A}$ 拉直后的向量记为 $\mathrm{Vec}(\boldsymbol{A})$, 它等于

$$\mathrm{Vec}(\boldsymbol{A})=\begin{pmatrix}\boldsymbol{a}_1\\\boldsymbol{a}_2\\\vdots\\\boldsymbol{a}_n\end{pmatrix},$$

因为 $\boldsymbol{A}$ 是 $m\times n$ 矩阵, 所以 $\mathrm{Vec}(\boldsymbol{A})$ 是 mn 维列向量.

2. Kronecker 积

设 $\boldsymbol{A}$ 和 $\boldsymbol{B}$ 分别为 $m\times p$ 和 $n\times q$ 矩阵, 记 $\boldsymbol{A}=(a_{ij})$, 则矩阵 $\boldsymbol{A}$ 和 $\boldsymbol{B}$ 的 **Kronecker (克罗内克) 积**记为 $\boldsymbol{A}\otimes\boldsymbol{B}$, 它等于

$$\boldsymbol{A}\otimes\boldsymbol{B}=(a_{ij}\boldsymbol{B})_{mn\times pq},$$

所以 $\boldsymbol{A}\otimes\boldsymbol{B}$ 是 $mn\times pq$ 矩阵.

3. 拉直运算和 Kronecker 积的性质

(1) 对任意实数 k, 有 $(k\boldsymbol{A})\otimes\boldsymbol{B}=\boldsymbol{A}\otimes(k\boldsymbol{B})=k(\boldsymbol{A}\otimes\boldsymbol{B})$;
(2) $\boldsymbol{A}\otimes(\boldsymbol{B}+\boldsymbol{C})=\boldsymbol{A}\otimes\boldsymbol{B}+\boldsymbol{A}\otimes\boldsymbol{C}$, $(\boldsymbol{B}+\boldsymbol{C})\otimes\boldsymbol{A}=\boldsymbol{B}\otimes\boldsymbol{A}+\boldsymbol{C}\otimes\boldsymbol{A}$;
(3) $(\boldsymbol{A}\otimes\boldsymbol{B})\otimes\boldsymbol{C}=\boldsymbol{A}\otimes(\boldsymbol{B}\otimes\boldsymbol{C})$;
(4) $(\boldsymbol{A}\otimes\boldsymbol{B})^{\mathrm{T}}=\boldsymbol{A}^{\mathrm{T}}\otimes\boldsymbol{B}^{\mathrm{T}}$;
(5) $(\boldsymbol{A}\otimes\boldsymbol{B})(\boldsymbol{C}\otimes\boldsymbol{D})=(\boldsymbol{AC})\otimes(\boldsymbol{BD})$;
(6) 若 $\boldsymbol{A}$ 和 $\boldsymbol{B}$ 都是可逆矩阵, 则 $(\boldsymbol{A}\otimes\boldsymbol{B})^{-1}=\boldsymbol{A}^{-1}\otimes\boldsymbol{B}^{-1}$;
(7) $\mathrm{tr}(\boldsymbol{A}\otimes\boldsymbol{B})=\mathrm{tr}(\boldsymbol{A})\mathrm{tr}(\boldsymbol{B})$, $\mathrm{tr}(\boldsymbol{A}^{\mathrm{T}}\boldsymbol{B})=(\mathrm{Vec}(\boldsymbol{A}))^{\mathrm{T}}(\mathrm{Vec}(\boldsymbol{B}))$;
(8) 若 $\boldsymbol{A}$ 和 $\boldsymbol{B}$ 分别是 m 阶和 n 阶方阵, 则 $|\boldsymbol{A}\otimes\boldsymbol{B}|=|\boldsymbol{A}|^{m}|\boldsymbol{B}|^{n}$;
(9) 若 $\boldsymbol{A},\boldsymbol{X}$ 和 $\boldsymbol{B}$ 分别是 $m\times p$, $p\times q$ 和 $q\times n$ 矩阵, 则

$$\mathrm{Vec}(\boldsymbol{AXB})=(\boldsymbol{B}^{\mathrm{T}}\otimes\boldsymbol{A})\mathrm{Vec}(\boldsymbol{X});$$

(10) $\mathrm{rank}(\boldsymbol{A}\otimes\boldsymbol{B})=\mathrm{rank}(\boldsymbol{A})\mathrm{rank}(\boldsymbol{B})$.

1.2.3　矩阵的分解

1. 矩阵的特征值分解

特征值分解也称为**谱分解**, 是从空间 $\mathbf{R}^n$ 到 $\mathbf{R}^n$ 通过方阵 $\boldsymbol{A}$ 的映射, 如果秩为 r 的矩阵 $\boldsymbol{A}$ 的 r 个非零特征值和特征向量矩阵分别为 $\lambda_1,\lambda_2,\cdots,\lambda_r$ 和 $\boldsymbol{\varGamma}=(\boldsymbol{\xi}_1,\boldsymbol{\xi}_2,\cdots,\boldsymbol{\xi}_r)$, 记 $\boldsymbol{\varLambda}=\mathrm{diag}(\lambda_1,\lambda_2,\cdots,\lambda_r)$, 那么有

$$\boldsymbol{A\varGamma}=\boldsymbol{\varGamma\varLambda},$$

如果 $\boldsymbol{A}$ 满秩, 则有特征值分解

$$\boldsymbol{A}=\boldsymbol{\varGamma\varLambda\varGamma}^{-1}.$$

对于实对称半正定矩阵 $\boldsymbol{A}$ (矩阵的正定和半正定的定义见 1.2.4 小节), 可以写成 $\boldsymbol{A}=\boldsymbol{\varGamma\varLambda\varGamma}^{\mathrm{T}}$.

2. QR 分解

一个 n 阶实方阵 $\boldsymbol{A}$ 可以分解为 $\boldsymbol{A}=\boldsymbol{QR}$, 这里 $\boldsymbol{Q}$ 是一个 n 阶正交矩阵, 即 $\boldsymbol{Q}^{\mathrm{T}}\boldsymbol{Q}=\boldsymbol{I}$, 而 $\boldsymbol{R}$ 是一个 n 阶上三角形矩阵. 如果 $\boldsymbol{A}$ 可逆, 则该分解是唯

一的.

3. Cholesky 分解

一个 n 阶实对称正定矩阵 $\boldsymbol{A}$ 的 Cholesky (楚列斯基) 分解为 $\boldsymbol{A}=\boldsymbol{L}\boldsymbol{L}^{\mathrm{T}}$, 这里 $\boldsymbol{L}$ 是一个下三角形矩阵, Cholesky 分解是唯一的.

显然, 可以用 Cholesky 分解来求正定矩阵 $\boldsymbol{A}$ 的逆, 即 $\boldsymbol{A}^{-1}=(\boldsymbol{L}^{\mathrm{T}})^{-1}\boldsymbol{L}^{-1}$.

1.2.4 二次型

1. 二次型的定义

二次型 $Q(\boldsymbol{x})$ 是一个 $\mathbf{R}^n\mapsto\mathbf{R}$ 的投影, 由 n 阶对称矩阵 $\boldsymbol{A}=(a_{ij})$ 和向量 $\boldsymbol{x}=(x_1,x_2,\cdots,x_n)\in\mathbf{R}^n$ 组成:

$$Q(\boldsymbol{x})=\boldsymbol{x}^{\mathrm{T}}\boldsymbol{A}\boldsymbol{x}=\sum_{i=1}^{n}\sum_{j=1}^{n}a_{ij}x_ix_j.$$

对于对称矩阵 $\boldsymbol{A}$ 和 $\boldsymbol{B}$, 如果对于任意 $\boldsymbol{x}\in\mathbf{R}^n$ 有 $\boldsymbol{x}^{\mathrm{T}}\boldsymbol{A}\boldsymbol{x}=\boldsymbol{x}^{\mathrm{T}}\boldsymbol{B}\boldsymbol{x}$, 那么 $\boldsymbol{A}=\boldsymbol{B}$, 即二次型具有唯一性.

对于常数 c, 满足 $Q(\boldsymbol{x})=c$ 的 $\boldsymbol{x}$ (记为 $\{\boldsymbol{x}|Q(\boldsymbol{x})=c\}$) 形成的曲面称为二次曲面, 而 $\{\boldsymbol{x}|Q(\boldsymbol{x})\leqslant c\}$ 称为二次区域.

根据对称矩阵的特征值分解 $\boldsymbol{A}=\boldsymbol{\Gamma}\boldsymbol{\Lambda}\boldsymbol{\Gamma}^{\mathrm{T}}$ ($\boldsymbol{\Gamma}$ 为正交矩阵), 有

$$\begin{aligned}\boldsymbol{x}^{\mathrm{T}}\boldsymbol{A}\boldsymbol{x}=\boldsymbol{x}^{\mathrm{T}}\boldsymbol{\Gamma}\boldsymbol{\Lambda}\boldsymbol{\Gamma}^{\mathrm{T}}\boldsymbol{x}=(\boldsymbol{\Gamma}^{\mathrm{T}}\boldsymbol{x})^{\mathrm{T}}\boldsymbol{\Lambda}(\boldsymbol{\Gamma}^{\mathrm{T}}\boldsymbol{x})=\sum_{i=1}^{n}\lambda_i(\boldsymbol{\xi}_i^{\mathrm{T}}\boldsymbol{x})^2\\ \leqslant\lambda_1\sum_{i=1}^{n}(\boldsymbol{\xi}_i^{\mathrm{T}}\boldsymbol{x})^2=\lambda_1\|\boldsymbol{x}\|^2,\quad \lambda_1\text{ 为 }\boldsymbol{A}\text{ 的最大特征根,}\end{aligned}$$

即 $\boldsymbol{x}^{\mathrm{T}}\boldsymbol{A}\boldsymbol{x}\leqslant\lambda_1\boldsymbol{x}^{\mathrm{T}}\boldsymbol{x}$.

上述结果等价于: 如果 $\boldsymbol{A}$ 为对称的, 而且 $Q(\boldsymbol{x})=\boldsymbol{x}^{\mathrm{T}}\boldsymbol{A}\boldsymbol{x}$ 为相应的二次型, 那么存在一个正交变换 $\boldsymbol{x}\mapsto\boldsymbol{\Gamma}^{\mathrm{T}}\boldsymbol{x}=\boldsymbol{y}$, 使得

$$\boldsymbol{x}^{\mathrm{T}}\boldsymbol{A}\boldsymbol{x}=\sum_{i=1}^{n}\lambda_iy_i^2.$$

如果 $\boldsymbol{A}$ 和 $\boldsymbol{B}$ 为对称的, 且 $\boldsymbol{B}>0$ (即 $\boldsymbol{B}$ 为正定矩阵, 后文将给出定义), 那么在约束 $\boldsymbol{x}^{\mathrm{T}}\boldsymbol{B}\boldsymbol{x}=1$ 下,$\boldsymbol{x}^{\mathrm{T}}\boldsymbol{A}\boldsymbol{x}$ 的最大值为 $\boldsymbol{B}^{-1}\boldsymbol{A}$ 的最大特征值. 更一般地,

有

$$\max_{\{\boldsymbol{x}|\boldsymbol{x}^{\mathrm{T}}\boldsymbol{B}\boldsymbol{x}=1\}} \boldsymbol{x}^{\mathrm{T}}\boldsymbol{A}\boldsymbol{x} = \lambda_1 \geqslant \lambda_2 \geqslant \cdots \geqslant \lambda_n = \min_{\{\boldsymbol{x}|\boldsymbol{x}^{\mathrm{T}}\boldsymbol{B}\boldsymbol{x}=1\}} \boldsymbol{x}^{\mathrm{T}}\boldsymbol{A}\boldsymbol{x},$$

这里 λ_i 为 $\boldsymbol{B}^{-1}\boldsymbol{A}$ 的特征值, 在约束 $\boldsymbol{x}^{\mathrm{T}}\boldsymbol{B}\boldsymbol{x}=1$ 下, 使 $\boldsymbol{x}^{\mathrm{T}}\boldsymbol{A}\boldsymbol{x}$ 最大 (最小) 的向量为 $\boldsymbol{B}^{-1}\boldsymbol{A}$ 的相应于最大 (最小) 特征值的特征向量.

2. 二次型和矩阵的正定性

对于 n 阶对称矩阵 $\boldsymbol{A}$, 如果对于任意 n 维非零向量 $\boldsymbol{x}$, 对应的二次型 $Q(\boldsymbol{x}) = \boldsymbol{x}^{\mathrm{T}}\boldsymbol{A}\boldsymbol{x} > 0$, 称 $\boldsymbol{A}$ 为**正定矩阵**, 记为 $\boldsymbol{A} > 0$. 如果对于任意 $\boldsymbol{x}$, 对应的二次型 $Q(\boldsymbol{x}) = \boldsymbol{x}^{\mathrm{T}}\boldsymbol{A}\boldsymbol{x} \geqslant 0$, 称 $\boldsymbol{A}$ 为**半正定矩阵**, 记为 $\boldsymbol{A} \geqslant 0$. 类似地, 可以定义**负定**和**半负定矩阵**, 分别记为 $\boldsymbol{A} < 0$ 和 $\boldsymbol{A} \leqslant 0$.

可以证明: $\boldsymbol{A} > 0$ 的充分必要条件是其最小特征值大于零, 而 $\boldsymbol{A} \geqslant 0$ 的充分必要条件是其特征值均为非负.

3. Mahalanobis (马哈拉诺比斯, 简称马氏) 距离和椭球

设任意 n 维向量 $\boldsymbol{x}$ 和 $\boldsymbol{y}, \boldsymbol{x}$ 和 $\boldsymbol{y}$ 之间的 **Euclid 距离**定义为

$$d(\boldsymbol{x},\boldsymbol{y}) = \sqrt{(\boldsymbol{x}-\boldsymbol{y})^{\mathrm{T}}(\boldsymbol{x}-\boldsymbol{y})},$$

而 $\boldsymbol{x}$ 和 $\boldsymbol{y}$ 之间的 **Mahalanobis 距离**定义为

$$d(\boldsymbol{x},\boldsymbol{y}) = \sqrt{(\boldsymbol{x}-\boldsymbol{y})^{\mathrm{T}}\boldsymbol{A}(\boldsymbol{x}-\boldsymbol{y})}.$$

这里的 $\boldsymbol{A}$ 为正定矩阵 ($\boldsymbol{A} > 0$), $\boldsymbol{A}$ 称为一个度量, 特例为 $\boldsymbol{A} = \boldsymbol{I}_n$.

可以证明 Mahalanobis 距离符合距离的如下四条基本公理:

(1) 对 $\mathbf{R}^n$ 中的任意向量 $\boldsymbol{x}$ 和 $\boldsymbol{y}$, 有 $d(\boldsymbol{x},\boldsymbol{y}) \geqslant 0$;

(2) $d(\boldsymbol{x},\boldsymbol{y}) = 0$ 当且仅当 $\boldsymbol{x} = \boldsymbol{y}$;

(3) 对 $\mathbf{R}^n$ 中的任意向量 $\boldsymbol{x}$ 和 $\boldsymbol{y}$, 有 $d(\boldsymbol{x},\boldsymbol{y}) = d(\boldsymbol{y},\boldsymbol{x})$;

(4) 对 $\mathbf{R}^n$ 中的任意向量 $\boldsymbol{x},\boldsymbol{y}$ 和 $\boldsymbol{z}$, 有 $d(\boldsymbol{x},\boldsymbol{y}) \leqslant d(\boldsymbol{x},\boldsymbol{z}) + d(\boldsymbol{z},\boldsymbol{y})$.

集合 $E_a = \{\boldsymbol{x} \in \mathbf{R}^n | (\boldsymbol{x}-\boldsymbol{x}_0)^{\mathrm{T}}(\boldsymbol{x}-\boldsymbol{x}_0) = a^2\}$ 是以 $\boldsymbol{x}_0$ 为中心, a 为半径的**球面**; 而集合 $E_a = \{\boldsymbol{x} \in \mathbf{R}^n | (\boldsymbol{x}-\boldsymbol{x}_0)^{\mathrm{T}}\boldsymbol{A}(\boldsymbol{x}-\boldsymbol{x}_0) = a^2\}$ 是以 $\boldsymbol{x}_0$ 为中心的**椭球面**; 进一步地, 集合 $E_a = \{\boldsymbol{x} \in \mathbf{R}^n | (\boldsymbol{x}-\boldsymbol{x}_0)^{\mathrm{T}}\boldsymbol{A}(\boldsymbol{x}-\boldsymbol{x}_0) \leqslant a^2\}$ 是以 $\boldsymbol{x}_0$ 为中心的**椭球**.

1.2.5 矩阵的导数

1. 标量关于向量的偏导数

标量 y 关于向量 $\boldsymbol{x}=(x_1,x_2,\cdots,x_n)$ 的偏导数定义为

$$\frac{\partial y}{\partial \boldsymbol{x}}=\left(\frac{\partial y}{\partial x_1},\frac{\partial y}{\partial x_2},\cdots,\frac{\partial y}{\partial x_n}\right).$$

2. 向量关于标量的偏导数

向量 $\boldsymbol{y}=(y_1,y_2,\cdots,y_n)$ 关于标量 x 的偏导数定义为

$$\frac{\partial \boldsymbol{y}}{\partial x}=\left(\frac{\partial y_1}{\partial x},\frac{\partial y_2}{\partial x},\cdots,\frac{\partial y_n}{\partial x}\right).$$

3. 向量关于向量的偏导数

列向量 $\boldsymbol{y}=(y_1,y_2,\cdots,y_m)^{\mathrm{T}}$ 关于行向量 $\boldsymbol{x}=(x_1,x_2,\cdots,x_n)$ 的偏导数定义为

$$\frac{\partial \boldsymbol{y}}{\partial \boldsymbol{x}}=\begin{pmatrix}\dfrac{\partial y_1}{\partial x_1} & \dfrac{\partial y_1}{\partial x_2} & \cdots & \dfrac{\partial y_1}{\partial x_n}\\ \dfrac{\partial y_2}{\partial x_1} & \dfrac{\partial y_2}{\partial x_2} & \cdots & \dfrac{\partial y_2}{\partial x_n}\\ \vdots & \vdots & & \vdots\\ \dfrac{\partial y_m}{\partial x_1} & \dfrac{\partial y_m}{\partial x_2} & \cdots & \dfrac{\partial y_m}{\partial x_n}\end{pmatrix}.$$

4. 标量关于矩阵的偏导数

标量 y 关于矩阵 $\boldsymbol{X}=(x_{ij})_{m\times n}$ 的偏导数定义为

$$\frac{\partial y}{\partial \boldsymbol{X}}=\begin{pmatrix}\dfrac{\partial y}{\partial x_{11}} & \dfrac{\partial y}{\partial x_{12}} & \cdots & \dfrac{\partial y}{\partial x_{1n}}\\ \dfrac{\partial y}{\partial x_{21}} & \dfrac{\partial y}{\partial x_{22}} & \cdots & \dfrac{\partial y}{\partial x_{2n}}\\ \vdots & \vdots & & \vdots\\ \dfrac{\partial y}{\partial x_{m1}} & \dfrac{\partial y}{\partial x_{m2}} & \cdots & \dfrac{\partial y}{\partial x_{mn}}\end{pmatrix}=\left(\frac{\partial y}{\partial x_{ij}}\right)_{m\times n}.$$

5. 矩阵关于标量的偏导数

矩阵 $\boldsymbol{Y}=(y_{ij})_{m\times n}$ 关于标量 x 的偏导数定义为

$$\frac{\partial \boldsymbol{Y}}{\partial x}=\begin{pmatrix} \dfrac{\partial y_{11}}{\partial x} & \dfrac{\partial y_{12}}{\partial x} & \cdots & \dfrac{\partial y_{1n}}{\partial x} \\ \dfrac{\partial y_{21}}{\partial x} & \dfrac{\partial y_{22}}{\partial x} & \cdots & \dfrac{\partial y_{2n}}{\partial x} \\ \vdots & \vdots & & \vdots \\ \dfrac{\partial y_{m1}}{\partial x} & \dfrac{\partial y_{m2}}{\partial x} & \cdots & \dfrac{\partial y_{mn}}{\partial x} \end{pmatrix}=\left(\frac{\partial y_{ij}}{\partial x}\right)_{m\times n}.$$

6. 矩阵关于矩阵的偏导数

矩阵 $\boldsymbol{Y}=(y_{ij})_{m\times n}$ 关于矩阵 $\boldsymbol{X}=(x_{ij})_{p\times q}$ 的偏导数定义为

$$\frac{\partial \boldsymbol{Y}}{\partial \boldsymbol{X}}=\left(\mathrm{Vec}\left(\frac{\partial \boldsymbol{Y}}{\partial x_{11}}\right)^{\mathrm{T}},\mathrm{Vec}\left(\frac{\partial \boldsymbol{Y}}{\partial x_{12}}\right)^{\mathrm{T}},\cdots,\mathrm{Vec}\left(\frac{\partial \boldsymbol{Y}}{\partial x_{pq}}\right)^{\mathrm{T}}\right)_{mn\times pq}.$$

7. 一些常用的矩阵偏导数公式

考虑向量 $\boldsymbol{x}=(x_1,x_2,\cdots,x_n)^{\mathrm{T}}$, 矩阵 $\boldsymbol{X}=(x_{ij})_{m\times n}$, 而向量 $\boldsymbol{a},\boldsymbol{b}$ 和矩阵 $\boldsymbol{A},\boldsymbol{B}$ 是常数向量和常数矩阵, 以下记 $\mathrm{diag}(\boldsymbol{A})=\mathrm{diag}(a_{11},a_{22},\cdots,a_{nn})$, 那么有

(1) $\dfrac{\partial \boldsymbol{a}^{\mathrm{T}}\boldsymbol{x}}{\partial \boldsymbol{x}}=\boldsymbol{a}$;

(2) $\dfrac{\partial \boldsymbol{b}^{\mathrm{T}}\boldsymbol{A}\boldsymbol{x}}{\partial \boldsymbol{x}}=\boldsymbol{A}^{\mathrm{T}}\boldsymbol{b}$;

(3) $\dfrac{\partial \boldsymbol{x}^{\mathrm{T}}\boldsymbol{A}\boldsymbol{x}}{\partial \boldsymbol{x}}=(\boldsymbol{A}+\boldsymbol{A}^{\mathrm{T}})\boldsymbol{x}$, 如果 $\boldsymbol{A}$ 是对称的, 则 $\dfrac{\partial \boldsymbol{x}^{\mathrm{T}}\boldsymbol{A}\boldsymbol{x}}{\partial \boldsymbol{x}}=2\boldsymbol{A}\boldsymbol{x}$;

(4) $\dfrac{\partial \mathrm{tr}(\boldsymbol{X}\boldsymbol{A}\boldsymbol{X}^{\mathrm{T}})}{\partial \boldsymbol{X}}=\boldsymbol{X}(\boldsymbol{A}+\boldsymbol{A}^{\mathrm{T}})$;

(5) $\dfrac{\partial \mathrm{tr}(\boldsymbol{A}\boldsymbol{X}\boldsymbol{B})}{\partial \boldsymbol{X}}=\boldsymbol{A}^{\mathrm{T}}\boldsymbol{B}^{\mathrm{T}}$;

(6) $\dfrac{\partial \mathrm{tr}(\boldsymbol{X}^{\mathrm{T}}\boldsymbol{A}\boldsymbol{X}\boldsymbol{B})}{\partial \boldsymbol{X}}=\boldsymbol{A}\boldsymbol{X}\boldsymbol{B}+\boldsymbol{A}^{\mathrm{T}}\boldsymbol{X}\boldsymbol{B}^{\mathrm{T}}$;

(7) 如果 $\boldsymbol{X}$ 是对称的, 则 $\dfrac{\partial \mathrm{tr}(\boldsymbol{A}\boldsymbol{X})}{\partial \boldsymbol{X}}=\boldsymbol{A}+\boldsymbol{A}^{\mathrm{T}}-\mathrm{diag}(\boldsymbol{A})$;

(8) 如果 $\boldsymbol{X}$ 是对称的, 则 $\dfrac{\partial \ln|\boldsymbol{X}|}{\partial \boldsymbol{X}} = 2\boldsymbol{X}^{-1} - \operatorname{diag}(\boldsymbol{X}^{-1})$;

(9) 如果 $\boldsymbol{X}$ 是对称的, 则 $\dfrac{\partial \ln|\boldsymbol{X}^{\mathrm{T}}\boldsymbol{A}\boldsymbol{X}|}{\partial \boldsymbol{X}} = 2\boldsymbol{A}\boldsymbol{X}(\boldsymbol{X}^{\mathrm{T}}\boldsymbol{A}\boldsymbol{X})^{-1}$;

(10) $\dfrac{\partial|\boldsymbol{X}|}{\partial \boldsymbol{X}} = |\boldsymbol{X}|(\boldsymbol{X}^{-1})^{\mathrm{T}}$, 如果 $\boldsymbol{X}$ 是对称的, 则 $\dfrac{\partial|\boldsymbol{X}|}{\partial \boldsymbol{X}} = |\boldsymbol{X}|[2\boldsymbol{X}^{-1} - \operatorname{diag}(\boldsymbol{X}^{-1})]$.

1.3 R 简介

1.3.1 为什么用 R

R 是一个数据处理和统计分析软件系统, 它是美国贝尔实验室开发的 S 语言的一种实现或形式, 它与商业统计软件 S-PLUS 有很多相似之处, 二者都是基于 S 语言的软件系统, 但 R 是一款免费的开源软件, 同时也是一种编程语言, 最先由新西兰奥克兰大学的 Robert Gentleman (罗伯特 · 金特尔曼) 和 Ross Ihaka (罗斯 · 伊哈卡) 共同创立, 现在由 R 开发核心小组 (R develop core team) 维护. R 是许多聪明、勤奋的人集体工作的成果, 截至本书写作之时, CRAN (Comprehensive R Archive Network) 社区上有 10 000 多个程序包供下载, 涉及统计学、经济学、生物学、医学、心理学、社会学等各个领域, 每天都有成千上万的人用它进行日常的统计分析; 国外很多公司都使用它进行数据分析, 比如谷歌、辉瑞、默克、美国银行和壳牌公司, 国内外越来越多的大学把 R 作为标准的数据分析软件使用. 因此, R 是一款在学术界和企业界都广泛应用的统计分析软件, 是目前最流行的数据分析软件之一.

作为一款优秀的统计分析软件系统, R 有如下特点:

(1) **免费和开放**. R 是一款由志愿者维护的完全免费的统计分析软件, 它的安装文件和程序包都可以从 CRAN 社区下载, 也很容易从用户社区获得帮助, R 作为统计教学软件使用非常方便; 而且 R 的源代码是公开的, 这样方便使用者了解 R 程序的计算方法, 也可以对程序进行修改和扩展处理.

(2) **统计分析功能完善**. R 是统计学家开发的软件, 内嵌了许多统计分析函数, 可以直接调用. R 的部分统计功能整合在 R 语言的底层, 但大多数功能是以各种程序包的形式提供的. 大约有 25 个 "标准" 程序包和 R 同时发布, 更多的程序包可以从 CRAN 社区下载安装, 用户 (其中很多都是优秀的统计学家) 贡献了大量的新程序包和新函数, 而且程序包的更新比商业软件及时, 使用非常方便.

(3) **作图功能强大**. R 内嵌的作图函数能在图形窗口输出美观的图形, 这些图形可以保存为各种形式的文件 (比如 jpg, bmp, pdf, emf, png, xfig 等), 方便使用.

(4) **可移植性强**. R 是一门通用编程语言, 可以用它作自动分析、创建新的函数来拓展语言的现有功能, R 程序可以很容易地移植到商业统计软件 S-PLUS 中. 反之, S-PLUS 的程序也可以方便地移植到 R 中使用. R 可以读入很多分析软件 (比如 SAS, SPSS, Excel, Stata 等) 的数据文件, 而 R 的数据文件可以保存为文本格式供其他统计软件使用. 因此, R 与其他统计软件就建立了良好的联系机制.

(5) **使用灵活**. R 可以运行于 UNIX, Linux, Windows 和 Mac 等操作系统上, R 的分析结果都存放在一个对象里, 用户可以有选择地显示感兴趣的结果, 而且这些结果可以直接用于进一步的分析.

1.3.2 R 的安装与运行

1. R 的安装

Windows 用户可以从 CRAN 社区下载 R 软件, 具体操作如下①:

(1) 打开 R 软件官方网页;

(2) 点击 "CRAN" 获得一系列按照国家和地区名称排序的镜像网站;

(3) 选择与你所在地相近的网站;

(4) 点击 "Download and Install R" 下的 "Download R for Windows";

(5) 点击 "base";

(6) 点击链接下载最新版本的 R 软件 (比如点击 "Download R4.1.1 for Windows").

下载完成后, 双击程序文件 (.exe 文件) 进行安装, 通常默认的安装目录为 "C:\Program Files\R\R-x.x.x".

2. R 的运行

安装完成后点击桌面上的 R 图标就可以启动 R 软件了, 在 RGui 的命令窗口 (R Console) 的命令提示符 ">" 后输入命令就可以完成相应的操作. 如果要退出 R 系统, 可以在命令行输入 `q()`, 也可以点击 RGui 右上角的 "×". 退出时可以保存工作空间, 比如将工作空间保存在 "C:\Work\" 目录下, 名称为 "W.RData", 保存后可以通过命令 `load("C:\\Work\\W.RData")` 来加载这

① OS X, Linux 和 UNIX 用户的 R 安装操作与 Windows 用户的类似, 这里不作具体介绍.

个空间, 或者通过菜单 “文件” 下的 “加载工作空间” 加载.

3. R 的程序包的安装

R 的 CRAN 社区上有 10 000 多个程序包供下载, 一些统计分析需要下载安装相应的程序包才能完成, 比如必须下载安装 MASS 程序包才能作判别分析.

R 软件的程序包的安装有三种方式:

(1) 菜单方式: 在联网情况下, 按照 “程序包 → 安装程序包 → 选择 CRAN Mirror 服务器 → 选择要安装的程序包” 的步骤进行在线安装.

(2) 命令方式: 比如要安装程序包 MASS, 在联网情况下, 在命令提示符后输入命令 `install.packages("MASS")`[①].

(3) 本地安装: 要安装本机上的程序包, 可以按照 “程序包 → 从本地 zip 文件安装程序包” 的步骤选择本机上的程序包进行安装.

4. R 的程序包的载入

新安装的程序包 (除了 R 的标准程序包, 比如 base) 必须先载入才能使用, 可以采取如下方式载入:

(1) 菜单方式: 按照 “程序包 → 加载程序包 → 选择要加载的程序包” 的步骤进行加载.

(2) 命令方式: 比如要载入程序包 MASS, 在命令提示符后输入命令

```
> library(MASS)
```

即可.

此外, 我们还可以通过 “程序包 → 更新程序包 $\cdots$” 的步骤对程序包进行实时更新[②].

作为一个免费的统计分析软件系统, R 不但在国外发展得很快, 在国内的发展也非常迅速. 2008 年 12 月中国人民大学应用统计科学研究中心和中国人民大学统计学院共同发起主办了 “第一届中国 R 语言会议”, 迄今为止, 已经成功举办了 13 届, 在全国范围内产生了很大影响. 会议具体情况可以访问统计之都网站查看.

① 如果不加参数执行命令 `install.packages()`, 将显示一个 CRAN 的镜像列表, 选择一个镜像站点之后, 将看到所有可用包的列表, 选择其中一个包 (比如 MASS) 即可进行下载和安装.

② 命令 `update.packages()` 可以更新已经安装的包, 而 `installed.packages()` 命令可以列出已经安装的包, 以及它们的版本号等信息.

1.3.3 如何获取 R 的帮助

R 是一种编程语言, 它的语法简单直观, 统计分析和绘制图形主要是通过 R 中的各种函数来实现. R 中的程序包由大量的统计分析函数组成, 要编写程序进行统计计算和分析, 就必须理解各种统计分析函数的含义, 熟悉它们的使用方法, 初学者可以通过 R 的帮助系统获得相应的帮助.

比如, 要获得 R 的基本知识, 可以启动 R 软件, 在 RGui 的窗口中选择 "帮助" 菜单中的 "R FAQ" (R 的常见问题) 获得 R 的特点、安装、使用、界面和编程规则等基本知识. 也可以选择 "帮助" 菜单中的 "手册 (PDF 文件)" 提供的 8 本帮助手册——*An Introduction to R*, *R Reference*, *R Data Import/Export*, *R Language Definition*, *Writing R Extensions*, *R Internals*, *R Installation and Administration*, *Sweave User*, 其中第一本 *An Introduction to R* 是最基本的手册. 通过命令 `help.start()` 也可以获得类似的帮助.

下面简单列举一些常用的帮助函数, 说明如何获取帮助.

1. help 函数

```
> help.start()   #打开帮助文档首页
> help("seq")   #获得seq()函数的信息
> help(seq)   #seq可以不加引号,此命令与上面的命令效果一样
> ?seq   #?是help的快捷方式,此命令与上面的命令效果一样
> ?"seq"   #此命令与上面的命令效果一样
```

注意: 为了方便读者理解每个命令的含义, 每一行命令 (代码) 都给出一个注释语句, 井号 (#) 表示注释的开始, 即 # 后面的是注释语句. 在使用 `help` 函数时, 特殊字符和一些保留字必须用引号括起来, 比如, 要获取 "<" 运算符的帮助信息, 必须键入下面的命令:

```
> ?"<"   #获得"<"运算符的帮助信息
```

又比如, 想要查看 `for` 循环的帮助信息, 可以键入:

```
> ?"for"   #获得for循环的帮助信息
```

`help` 函数还可以用来查询已安装程序包的相关信息, 比如查询 MASS 程序包的相关信息的命令如下

```
> help(package="MASS")    #MASS可以不加引号
```

2. example 函数

每个帮助条目都有一个例子, example() 函数会为你运行例子的代码.

```
> example(mean)    #运行mean()函数的例子代码
```

以下是运行结果

```
mean> x<-c(0:10,50)
mean> xm<-mean(x)
mean> c(xm,mean(x,trim=0.10))
[1]  8.75  5.50
```

注意: R 语言的标准赋值运算符号是 “<-”, 也可以用等号 “=”, 但我们并不建议使用 “=”, 因为在有些特殊情况下它会失灵.

3. help.search 函数

如果不太清楚要查找什么, 可以使用 help.search() 函数进行搜索. 比如, 需要一个生成多元正态分布随机变量的函数, 可以使用下面的命令:

```
>  help.search("multivariate normal")
```

或者使用如下等价命令:

```
> ??"multivariate normal"    #??是help.search的快捷方式
```

可以得到一个包含下面摘要的信息:

```
MASS::mvrnorm      Simulate from a Multivariate Normal Distribution
```

此信息告诉你 MASS 包中的 mvrnorm() 函数可以完成这个任务.

此外, 互联网上也有很多 R 的资源可供查询使用, 以下是一些重要资源:

(1) R 的主页上提供了 R 项目手册, 点击 “Manuals” 即可浏览.

(2) R 的主页上的选项 “Search” 可以按类别来搜索 R 的相关资源.

(3) R 的主页上的选项 “Getting Help” 可以帮助获得 R 的相关帮助信息.

1.3.4 R 的基本原理

R 是一种解释性语言, 它的语法非常简单, 比如求变量 x 的均值的命令为 `mean(x)`, 求变量 x 的方差的命令为 `var(x)`; 而命令 `lm(y~x)` 表示以 y 为因变量, 以 x 为自变量拟合一个线性回归模型.

需要注意的是, 首先必须给变量赋值才能进行相应的计算, 最常见的变量是向量和矩阵, 而统计分析中一个完整的数据集是由若干个变量的若干个观测值组成的, 在 R 中称为数据框 (data frame), 下面介绍数值型向量、矩阵和数据框的建立方法, 最后以回归分析的一个实例来说明 R 的工作原理.

1. 建立数据集

(1) 向量

```
>###数值型向量的建立
> x1<-c(1,3,5,7)   #生成一个4维向量x1=(1,3,5,7), “<-” 是赋值符号,R允许
  使用 “=” 为对象赋值,但这不是标准语法,不推荐使用
> x2<-seq(2,5,by=1)   #生成序列x2=(2,3,4,5)
> x3<-rep(2:4,2)   #生成序列x3=(2,3,4,2,3,4)
> x4<-c(x1,x2)   #生成8维向量x4=(1,3,5,7,2,3,4,5)
> cbind(x1,x2)   #将x1和x2按列合并
     x1 x2
[1,]  1  2
[2,]  3  3
[3,]  5  4
[4,]  7  5
> rbind(x1,x2)   #将x1和x2按行合并
   [,1] [,2] [,3] [,4]
x1    1    3    5    7
x2    2    3    4    5
```

```
###字符型向量和逻辑型向量的建立
> a<-c("A","B","C","D")   #生成一个4维字符型向量
> b<-c(TRUE,TRUE,FALSE)   #生成一个3维逻辑型向量
```

(2) 矩阵

```
>###矩阵的建立
> A<-matrix(1,nr=2,nc=2)   #建立一个所有元素都为1的2阶方阵
> B<-diag(3)   #生成一个3阶单位矩阵
> D<-diag(c(1,3,5))   #生成一个对角元素是(1,3,5)的3阶方阵
> X<-matrix(0,nr=2,nc=3)   #建立一个所有元素都为0的2×3矩阵
> x1<-c(2,3,4)
> x2<-c(1,2,5)
> X<-rbind(x1,x2)   #生成一个第1行为x1,第2行为x2的矩阵X
> X   #显示矩阵X
   [,1] [,2] [,3]
x1    2    3    4
x2    1    2    5
```

(3) 数组

数组与矩阵类似, 但维数可以大于 2.

```
>###数组的建立
> dim1<-c("A1","A2")   #定义第一个维度
> dim2<-c("B1","B2","B3")   #定义第二个维度
> dim3<-c("C1","C2","C3","C4")   #定义第三个维度
> z<-array(1:24, c(2,3,4), dimnames=list(dim1,dim2,dim3))  #生成3维数组z
> z   #显示数组z
, , C1

   B1 B2 B3
A1  1  3  5
A2  2  4  6

, , C2

   B1 B2 B3
A1  7  9 11
A2  8 10 12

, , C3
```

```
    B1  B2  B3
A1  13  15  17
A2  14  16  18

, , C4

    B1  B2  B3
A1  19  21  23
A2  20  22  24
```

(4) 数据框

数据框是一个 2 维的对象, 这一点与矩阵是类似的, 但数据框的行与列的意义是不同的: 列表示变量, 行表示观测值.

```
>###数据框的建立
> x1<-seq(2,6,by=1)   #生成序列x1=(2,3,4,5,6)
> x2<-c(1,3,5,8,10)   #生成5维向量x2=(1,3,5,8,10)
> z.df<-data.frame(x1,x2)   #生成数据框
> z.df   #显示数据框z.df
  x1 x2
1  2  1
2  3  3
3  4  5
4  5  8
5  6 10
```

(5) 列表

列表是 R 的数据类型中最为复杂的一种, 列表是一些对象的有序集合, 这些对象可以是向量、矩阵、数据框, 甚至其他列表的组合.

```
>###列表的建立
> a1<-"My list"   #列表的第一个对象
> a2<-c(18,19,20,21)   #列表的第二个对象
> a3<-matrix(1:10,nrow=2)   #列表的第三个对象
> a4<-c("one","two","three")   #列表的第四个对象
```

```
> mylist<-list(title=a1,ages=a2,a3,a4)   #生成包含4个成分的一个列表
> mylist   #显示列表
$title
[1] "My list"

$ages
[1]   18   19   20   21

[[3]]
     [,1]  [,2]  [,3]  [,4]  [,5]
[1,]    1    3     5     7     9
[2,]    2    4     6     8    10

[[4]]
[1]  "one"  "two"  "three"
```

(6) 数据的输入

可以通过读取数据文件 (文本文件、Excel 文件或其他格式的文件) 建立数据框, 比如读取数据文件 "C:\mdata\example1.1.csv" 中的观测值 (即表 1–1 中的 x 和 y 的值).

```
>###数据的输入
> setwd("C:/mdata")   #设定工作路径,R中路径的斜线符号为"/",与Windows中
  的相应符号"\"不一样
> data<-read.csv("example1.1.csv",header=T)   #从example1.1.csv中读入数
  据,header=T表示将example1.1.csv文件的第1行作为表头行,也可以写为header=
  TRUE, header=F或FALSE则表示文件的第1行不作为表头行
```

表 1–1 2019 年城镇居民人均可支配收入和人均消费支出数据 单位: 元

地区	人均可支配收入 x	人均消费支出 y	地区	人均可支配收入 x	人均消费支出 y
北京	73 848.51	46 358.17	辽宁	39 777.20	27 355.03
天津	46 118.89	34 810.72	吉林	32 299.18	23 394.28
河北	35 737.68	23 483.05	黑龙江	30 944.62	22 164.91
山西	33 262.37	21 158.99	上海	73 615.32	48 271.57
内蒙古	40 782.46	25 382.54	江苏	51 056.11	31 329.15

续表

地区	人均可支配收入 x	人均消费支出 y	地区	人均可支配收入 x	人均消费支出 y
浙江	60 182.29	37 507.85	重庆	37 938.59	25 785.46
安徽	37 540.04	23 781.54	四川	36 153.73	25 367.41
福建	45 620.46	30 945.55	贵州	34 404.17	21 402.38
江西	36 545.90	22 714.27	云南	36 237.68	23 454.85
山东	42 329.23	26 731.49	西藏	37 409.97	25 636.69
河南	34 200.97	21 971.57	陕西	36 098.21	23 514.28
湖北	37 601.36	26 421.77	甘肃	32 323.45	24 453.87
湖南	39 841.93	26 923.99	青海	33 830.33	23 799.17
广东	48 117.55	34 424.12	宁夏	34 328.45	24 160.96
广西	34 744.87	21 590.94	新疆	34 663.73	25 594.21
海南	36 016.70	25 316.66			

资料来源: 中华人民共和国国家统计局年度数据.

2. 常用数学函数

表 1–2 给出了 R 中常用的数学函数命令.

表 1–2　常用数学函数

函数	描述
`abs(x)`	绝对值, `abs(-2)` 返回值为 `2`
`sqrt(x)`	算数平方根, `sqrt(9)` 返回值为 `3`
`ceiling(x)`	不小于 `x` 的最小整数, `ceiling(3.25)` 返回值为 `4`
`floor(x)`	不大于 `x` 的最大整数, `floor(3.25)` 返回值为 `3`
`trunc(x)`	向 `0` 的方向截取 `x` 中的整数部分, `trunc(3.188)` 返回值为 `3`
`round(x,digits=n)`	将 `x` 舍入为指定位的小数, `round(3.188,digits=2)` 返回值为 `3.19`
`signif(x,digits=n)`	将 `x` 舍入为指定位的有效数字位数, `signif(3.188, digits=2)` 返回值为 `3.2`
`cos(x),sin(x),tan(x)`	余弦, 正弦, 正切
`acos(x),asin(x),atan(x)`	反余弦, 反正弦, 反正切
`cosh(x),sinh(x),tanh(x)`	双曲余弦, 双曲正弦, 双曲正切
`acosh(x),asinh(x),atanh(x)`	反双曲余弦, 反双曲正弦, 反双曲正切
`log(x,base=n)`	对 `x` 取以 `n` 为底的对数
`log(x)`	自然对数, `log(10)` 返回值为 `2.3026`
`log10(x)`	常用对数, `log10(10)` 返回值为 `1`
`exp(x)`	指数函数, `exp(2.3026)` 返回值为 `10`

3. 常用统计函数

表 1–3 给出了 R 中常用的统计函数命令.

表 1–3 常用统计函数

函数	描述
mean(x)	均值, mean(c(1,2,3,4)) 返回值为 2.5
median(x)	中位数, median(c(1,2,3,4)) 返回值为 2.5
sd(x)	标准差, sd(c(1,2,3,4)) 返回值为 1.29
var(x)	方差, var(c(1,2,3,4)) 返回值为 1.67
mad(x)	绝对中位差, mad(c(1,2,3,4)) 返回值为 1.48
quantile(x,probs)	求分位数, x 是数值型向量, probs 是概率值向量, 比如 quantile(x,c(0.2,0.5)) 表示求 x 的 20% 和 50% 分位点
range(x)	求值域, range(c(1,2,3,4)) 返回值为 c(1,4)
sum(x)	求和, sum(c(1,2,3,4)) 返回值为 10
diff(x,lag=n)	滞后差分, diff(c(1,3,6,12),lag=1) 返回值为 c(2,3,6)
min(x)	求最小值, min(c(1,2,3,4)) 返回值为 1
max(x)	求最大值, max(c(1,2,3,4)) 返回值为 4

4. 常用概率函数

R 中与概率分布相关的函数一般形式是 [dpqr]dist_abbreviation, 即字母 d,p,q 或 r 与概率分布的缩写组成; 这里的四个首字母 d= 密度函数 (density function), p= 分布函数 (distribution function), q= 分位数函数 (quantile function) 和 r= 随机数函数 (random number function).

比如 dnorm(x,mean=10,sd=5) 表示均值为 10, 标准差为 5 的正态分布的密度函数, pnorm(1.96,mean=0,sd=1) 或 pnorm(1.96) 表示标准正态分布的分布函数在 1.96 处的取值, qnorm(0.95) 表示标准正态分布的 95% 分位数, 而 rnorm(100,mean=10,sd=5) 表示产生 100 个均值为 10, 标准差为 5 的正态随机数.

表 1–4 给出了常用的 18 个概率分布的名称和缩写.

表 1–4 常用概率分布的名称和缩写

分布名称	缩写	分布名称	缩写
β 分布	beta	对数正态分布	lnorm
二项分布	binom	logistic (逻辑斯谛) 分布	logis
Cauchy (柯西) 分布	cauchy	多项分布	multinom
χ^2 分布	chisq	负二项分布	nbinom
指数分布	exp	正态分布	norm
F 分布	f	Poisson(泊松) 分布	pois
Γ (伽马) 分布	gamma	t 分布	t
几何分布	geom	均匀分布	unif
超几何分布	hyper	Weibull(韦布尔) 分布	weibull

5. 矩阵基本运算

```
>###矩阵的基本运算
> x1<-c(1,0,2)
> x2<-c(0,2,1)
> x3<-c(2,0,3)
> A<-rbind(x1,x2,x3)    #生成3阶矩阵A
> B<-rbind(x3,x2,x1)    #生成3阶矩阵B
> va<-as.vector(A)      #将矩阵A拉直为向量va
> A+B   #求A与B的和
> A%*%B   #计算矩阵A和B的乘积
> det(A)   #计算矩阵A的行列式
> AI<-solve(A)   #计算矩阵A的逆矩阵AI
> A%*%AI   #计算矩阵A和AI的乘积
> K<-A%x%B   #计算矩阵A和B的Kronecker积
> dim(K)   #求矩阵K的维数
> a<-eigen(A)   #求矩阵A的特征值和特征向量
> a$values   #特征值
> a$vectors   #特征向量
> trA<-sum(a$values)   #求矩阵A的迹
```

1.3.5 本书相关的 R 程序包和函数

下面结合各章节内容简要介绍本书要用到的主要程序包和函数.

1. 多元回归分析

第 2 章多元线性模型主要用到以下几个函数:

(1) 函数 `lm()`: 求解线性回归方程.

```
lm.reg<-lm(y~x,data=dat)  #用dat中数据建立y关于x的线性回归
```

(2) 函数 `summary()`: 给出模型的计算结果.

```
summary(lm.reg)   #显示lm.reg的内容,即输出回归分析的结果
```

(3) 函数 `confint()`: 求参数的置信区间.

```
confint(lm.reg,level=0.95)   #求lm.reg回归参数的95%置信区间
```

(4) 函数 `predict()`: 求预测值和预测区间.

```
x0<-data.frame(x=30000)   #给定x0=x=30000
predict(lm.reg,x0,interval="prediction",level=0.95)
                          #求x=30000时y的置信度为95%的预测区间
```

(5) 函数 `step()`: 完成逐步回归.

```
lm.sal<-lm(y~x1+x2+x3+x4,data=d2.1)  #建立全变量回归方程,数据为d2.1
lm.step<-step(lm.sal,direction="both")
                                     #用“一切子集回归法”来进行逐步回归
```

注意: 多元回归分析中用到的 `lm()`, `glm()`, `step()`, `confint()` 和 `predict()` 等函数都是程序包 stats 中的函数; 而函数 `summary()` 是程序包 base 中的函数, 因为程序包 stats 和 base 是安装时的基本程序包, 所以可以直接使用, 不必进行加载.

第 3 章广义线性模型主要用到函数 `glm()`:

```
g.logit<-glm(y~x,family=binomial,data=d3.1)
                              #建立y关于x的logit回归模型,数据为d3.1
g.ln<-glm(y~x1+x2+x3,family=poisson(link=log),data=d3.2)
                              #建立y关于x1,x2,x3的泊松对数线性模型,数据为d3.2
```

第 3 章还会用到 `multinorm()` 和 `polr()` 这两个函数分别建立名义 logit 模型和比例优势模型.

2. 聚类分析

第 4 章聚类分析介绍三种常用的聚类方法——系统聚类法、k 均值聚类法和 EM 聚类法. 系统聚类法可以用函数 `dist()` 计算距离, 然后用函数 `hclust()` 实现.

```
d<-dist(d4.1,method="euclidean",diag=T,upper=F,p=2)
                                   #采用欧氏距离计算相似矩阵d,数据为d4.1
HC<-hclust(d,method="single")      #采用最小距离法(single)聚类
plot(HC)    #绘制聚类树状图
```

k 均值聚类法可以用函数 `kmeans()` 实现.

```
KM<-kmeans(d4.2,4,nstart=20,algorithm="Hartigan-Wong")
   #聚类的个数为4,随机集合的个数为20,算法为“Hartigan-Wong”,数据为d4.2
```

注意: 聚类分析中用到的 `dist()` 和 `hclust()` 函数都是程序包 stats 中的函数, 可以直接使用, 但下文判别分析中用到的 `lda()` 函数是程序包 MASS 中的函数, 程序包 MASS 不是安装时的基本程序包, 所以需要先从 R 的镜像网站中下载并加载该程序包.

3. 判别分析

第 5 章判别分析介绍 Fisher 判别法和 Bayes 判别法, 将用程序包 MASS 中的函数 `lda()` 进行判别分析, 具体见第 5 章.

4. 主成分分析

第 6 章主成分分析将用程序包 stats 中的函数 `princomp()` 进行分析, 具体见第 6 章.

5. 因子分析

第 7 章因子分析将用程序包 psych 中的函数 `principal()` 进行分析, 具体见第 7 章.

6. 对应分析

第 8 章对应分析将用程序包 MASS 中的函数 `corresp()` 进行分析, 具体见第 8 章.

7. 典型相关分析

第 9 章典型相关分析将用程序包 CCA 中的函数 `cc()` 进行分析, 具体见第 9 章.

8. 多维标度法

第 10 章多维标度法将用程序包 stats 中的函数 `cmdscale()` 和程序包 MASS 中的函数 `isoMDS()` 进行分析, 具体见第 10 章.

本章小结

本章首先简要介绍多元统计分析的含义和本书的主要内容 (即多元回归分析、聚类分析、判别分析、主成分分析、因子分析、对应分析、典型相关分析和多维标度法这 8 种经典的多元统计分析方法); 然后回顾多元统计分析需要的一些矩阵代数知识, 最后对 R 软件作了简要介绍.

习题 1

1.1 R 与一般统计软件有何区别? R 的主要特点是什么?

1.2 到 R 的主页上下载并安装最新版的 R 软件, 并运行 1.3.4 小节有关数据集的建立和矩阵基本运算的代码.

1.3 登录 CRAN 社区, 并进入左侧 “Software” 下的 “Package”, 浏览并感受 R 所提供的程序包, 选择其中感兴趣的程序包进行安装与试用.

1.4 常用的多元统计分析方法有哪些?

1.5 举两个多元统计分析的实际例子, 并说明可能采用哪种多元统计分析方法进行分析.

参考文献

[1] 张尧庭, 方开泰. 多元统计分析引论. 北京: 科学出版社, 1982.
[2] 王静龙. 多元统计分析. 北京: 科学出版社, 2008.
[3] 薛毅, 陈立萍. 统计建模与 R 软件. 北京: 清华大学出版社, 2007.

第 2 章

多元线性模型

回归分析 (regression analysis) 是多元统计分析的一种重要方法, 而**多元回归模型** (multivariate regression model) 通常用来研究一个因变量依赖多个自变量的变化关系, 如果二者的依赖关系可以用线性形式来刻画, 则可以建立**多元线性模型** (multivariate linear model) 进行分析. 本章介绍多元线性模型的定义、参数估计与检验、变量选择、回归诊断和回归预测.

例 2.0 公司员工薪酬问题 某公司经理计划研究公司员工的年薪问题, 根据初步分析, 他认为员工的当前年薪 y (元) 与员工的开始年薪 x_1 (元)、在公司的工作时间 x_2 (月)、先前的工作经验 x_3 (月)、受教育年限 x_4 (年) 和性别 x_5 (1 表示男性, 0 表示女性) 有关系, 他随机抽样调查了 36 位员工, 收集到如表 2-0 所示的数据.

数据文件 example 2.0

表 2-0 抽样调查得到的 36 位员工的数据资料

y	x_1	x_2	x_3	x_4	x_5	y	x_1	x_2	x_3	x_4	x_5
316 880	84 060	98	15	15	0	284 480	68 760	83	75	8	0
308 680	79 560	98	26	8	0	366 080	133 560	81	3	16	1
745 280	437 440	96	199	19	1	304 880	75 060	81	0	12	0
547 780	277 560	96	120	19	1	297 680	75 060	81	13	12	0
298 280	93 060	95	46	12	0	340 880	106 560	79	94	12	1
344 480	94 860	93	8	16	0	394 280	135 000	74	45	16	1
366 080	124 560	92	16	17	1	309 680	76 860	74	2	12	0
331 280	120 060	90	20	12	0	442 880	210 060	74	272	12	1
302 480	97 560	90	19	15	0	276 080	68 760	72	184	8	0
328 880	97 560	88	25	12	1	351 680	115 560	71	12	16	0
312 080	88 560	88	38	12	1	303 080	82 260	69	12	12	0
305 480	84 060	87	123	16	0	306 080	120 060	68	34	8	0
312 080	88 560	86	36	12	1	326 480	102 060	68	15	8	1
482 280	262 440	85	134	20	1	346 280	88 560	67	6	15	1
333 080	97 560	85	43	8	1	288 680	88 560	67	18	12	0
310 280	101 160	85	171	8	1	550 280	277 560	66	250	18	1
273 680	68 760	85	72	12	0	485 280	138 060	65	119	16	1
301 280	84 060	85	59	15	0	310 280	102 060	64	69	12	0

根据以上样本数据, 构建一个模型反映 y 与 x_1, x_2, x_3, x_4 和 x_5 之间的关系, 并希望利用该模型在给定一个员工的 x_1, x_2, x_3, x_4 和 x_5 的条件下, 预测该员工的当前年薪 y.

这个问题是研究一个变量 y 与其他变量 x_1, x_2, x_3, x_4 和 x_5 之间的依存关系, 本章的多元线性模型对这类问题提供了一个解决方案. (例 2.0 的具体分析见本章例 2.1—例 2.5.)

2.1 多元正态分布

经典的回归分析 (比如一元线性回归和多元线性回归) 建立在正态分布的基础上, 因此, **一元正态分布 (normal distribution)** 是一元统计分析中最重要的分布, 类似地, **多元正态分布 (multivariate normal distribution)** 在多元统计分析中占有非常重要的地位, 本节简要给出本章以及后面几章会用到的多元正态分布的定义和基本性质.

2.1.1 多元正态分布的定义

多元正态分布有多种定义方法, 这里给出三种最常见的定义.

定义 2.1 (构造性定义) 如果 $\boldsymbol{y} = \boldsymbol{\mu} + \boldsymbol{A}\boldsymbol{x}$, 其中 $\boldsymbol{x} = (x_1, x_2, \cdots, x_n)^{\mathrm{T}}$, $x_1, x_2, \cdots, x_n$ 是独立同分布的服从标准正态分布的变量, $\boldsymbol{\mu}$ 是 p 维常数向量, $\boldsymbol{A}$ 为 $p \times n$ 常数矩阵, 则称 $\boldsymbol{y}$ 服从 p 元正态分布, 记为 $\boldsymbol{y} \sim N_p(\boldsymbol{\mu}, \boldsymbol{\Sigma})$, 其中 $\boldsymbol{\Sigma} = \boldsymbol{A}\boldsymbol{A}^{\mathrm{T}}$.

定义 2.2 (特征函数定义法) 如果 $\boldsymbol{y} \in \mathbf{R}^p$, $\boldsymbol{y}$ 的特征函数为

$$\exp\left\{\mathrm{i}\boldsymbol{t}^{\mathrm{T}}\boldsymbol{\mu} - \frac{\boldsymbol{t}^{\mathrm{T}}\boldsymbol{\Sigma}\boldsymbol{t}}{2}\right\}, \quad \boldsymbol{\Sigma} > 0,$$

则称 $\boldsymbol{y}$ 服从 p 元正态分布 $N_p(\boldsymbol{\mu}, \boldsymbol{\Sigma})$.

定义 2.3 (等价定义) 设 $\boldsymbol{y} \in \mathbf{R}^p$, $E(\boldsymbol{y}) = \boldsymbol{\mu}$, $\mathrm{Cov}(\boldsymbol{y}) = \boldsymbol{\Sigma}$, 如果 $\boldsymbol{y}$ 的任意一个线性函数 $\boldsymbol{c}^{\mathrm{T}}\boldsymbol{y}$ 都服从一元正态分布, 其中 $\boldsymbol{c}$ 是一个 p 维常数向量, 则称 $\boldsymbol{y}$ 服从 p 元正态分布 $N_p(\boldsymbol{\mu}, \boldsymbol{\Sigma})$.

2.1.2 多元正态分布的性质

性质 2.1 (密度函数) 设 $\boldsymbol{y} \sim N_p(\boldsymbol{\mu}, \boldsymbol{\Sigma})$, $\boldsymbol{\Sigma} > 0$, 则 $\boldsymbol{y}$ 的密度函数为

$$f(\boldsymbol{y}) = \frac{1}{(2\pi)^{p/2}|\boldsymbol{\Sigma}|^{1/2}} \exp\left\{-\frac{1}{2}(\boldsymbol{y}-\boldsymbol{\mu})^{\mathrm{T}}\boldsymbol{\Sigma}^{-1}(\boldsymbol{y}-\boldsymbol{\mu})\right\}.$$

性质 2.2 (特征函数) 设 $\boldsymbol{y} \sim N_p(\boldsymbol{\mu}, \boldsymbol{\Sigma})$, 则 $\boldsymbol{y}$ 的特征函数为

$$\phi(\boldsymbol{t}) = \exp\left\{\mathrm{i}\boldsymbol{t}^{\mathrm{T}}\boldsymbol{\mu} - \frac{\boldsymbol{t}^{\mathrm{T}}\boldsymbol{\Sigma}\boldsymbol{t}}{2}\right\}.$$

性质 2.3 (均值和协方差矩阵) 设 $\boldsymbol{y} \sim N_p(\boldsymbol{\mu}, \boldsymbol{\Sigma})$, 则 $E(\boldsymbol{y}) = \boldsymbol{\mu}$, $\mathrm{Cov}(\boldsymbol{y}) = \boldsymbol{\Sigma}$.

性质 2.4 (线性变换) 设 $\boldsymbol{y} \sim N_p(\boldsymbol{\mu}, \boldsymbol{\Sigma})$, $\boldsymbol{z} = \boldsymbol{\eta} + \boldsymbol{A}\boldsymbol{y}$, $\boldsymbol{\eta}$ 为 n 维常数向量, $\boldsymbol{A}$ 为 $n \times p$ 常数矩阵, 则 $\boldsymbol{z} \sim N_n(\boldsymbol{\eta} + \boldsymbol{A}\boldsymbol{\mu}, \boldsymbol{A}\boldsymbol{\Sigma}\boldsymbol{A}^{\mathrm{T}})$.

性质 2.5 (可加性) 设 $\boldsymbol{y}_i \sim N_p(\boldsymbol{\mu}_i, \boldsymbol{\Sigma}_i)$ $(i = 1, 2, \cdots, k)$, $\boldsymbol{y}_1, \boldsymbol{y}_2, \cdots, \boldsymbol{y}_k$ 相互独立, 则 $\sum\limits_{i=1}^{k} \boldsymbol{y}_i \sim N_p\left(\sum\limits_{i=1}^{k}\boldsymbol{\mu}_i, \sum\limits_{i=1}^{k}\boldsymbol{\Sigma}_i\right)$.

2.2 多元线性模型

2.2.1 模型定义

回归分析是通过建立回归模型研究相关变量的关系并作出相应估计和预测的一种统计方法, 多元回归分析中最经典的模型是多元线性回归模型. 多元线性回归模型通常用来描述变量 y 与多个变量 x 之间的随机线性关系, 即

$$y = \beta_0 + \beta_1 x_1 + \cdots + \beta_p x_p + \varepsilon, \tag{2.1}$$

这里 $x_1, x_2, \cdots, x_p$ 是自变量 (假定是非随机的); y 是因变量 (假定是随机的), $\beta_0, \beta_1, \cdots, \beta_p$ 是未知参数 (也称为均值参数); 而 ε 是随机误差项, 凡是因变量和自变量之间的线性关系解释不了的部分都属于随机误差; 如果 ε 服从正态分布, 则变量 y 也服从正态分布, 那么模型 (2.1) 就是**多元正态线性模型 (multivariate normal linear model)**.

如果进行了 n 次观测, 得到 n 组观测值 $y_i, x_{i1}, x_{i2}, \cdots, x_{ip}$ $(i = 1, 2, \cdots, n)$, 它们满足以下关系式:

$$y_i = \beta_0 + \beta_1 x_{i1} + \cdots + \beta_p x_{ip} + \varepsilon_i. \tag{2.2}$$

模型 (2.2) 是模型 (2.1) 的样本形式, 如果记

$$\boldsymbol{y}=\begin{pmatrix}y_1\\y_2\\\vdots\\y_n\end{pmatrix},\quad \boldsymbol{X}=\begin{pmatrix}1&x_{11}&\cdots&x_{1p}\\1&x_{21}&\cdots&x_{2p}\\\vdots&\vdots&&\vdots\\1&x_{n1}&\cdots&x_{np}\end{pmatrix},\quad \boldsymbol{\beta}=\begin{pmatrix}\beta_0\\\beta_1\\\vdots\\\beta_p\end{pmatrix},\quad \boldsymbol{\varepsilon}=\begin{pmatrix}\varepsilon_1\\\varepsilon_2\\\vdots\\\varepsilon_n\end{pmatrix},$$

则模型 (2.2) 的矩阵形式为

$$\boldsymbol{y}=\boldsymbol{X}\boldsymbol{\beta}+\boldsymbol{\varepsilon}, \tag{2.3}$$

其中 $\boldsymbol{y}$ 是 $n\times 1$ 观测向量, $\boldsymbol{X}$ 是 $n\times(p+1)$ 已知设计矩阵, $\boldsymbol{\beta}$ 是 $(p+1)\times 1$ 未知参数向量, $\boldsymbol{\varepsilon}$ 是 $n\times 1$ 随机误差向量.

对于例 2.0, 考虑 y 与 x_1,x_2,x_3,x_4 和 x_5 之间的关系, 可以简单地表示为

$$y_i=f(x_{i1},x_{i2},\cdots,x_{i5})+\varepsilon_i,\quad i=1,2,\cdots,n. \tag{2.4}$$

如果函数 f 是线性函数, 即 $f(x_{i1},x_{i2},\cdots,x_{i5})=\beta_0+\beta_1x_{i1}+\cdots+\beta_5x_{i5}$, 则模型 (2.4) 就是一个五元线性回归模型. 如果模型的随机误差项服从正态分布, 则模型 (2.4) 是一个正态线性回归模型.

2.2.2 回归模型的参数估计

有了观测数据 $\boldsymbol{y}$ 和 $\boldsymbol{X}$, 希望得到模型 (2.3) 参数 $\boldsymbol{\beta}$ 的估计值 $\hat{\boldsymbol{\beta}}$, 如何求得参数的估计值? 最常用的估计有**最小二乘估计 (least squares estimate)** 和**最大似然估计 (maximum likelihood estimate)**, 要获得这些估计值并用假设检验和区间估计来评价模型, 就需要对模型 (2.3) 作一些数学假定, 以下 4 条假定是经典的模型假定:

(1) y 的所有观测值都是相互独立的, 如果 $\boldsymbol{X}$ 是非随机的, 那么等价于 ε 的所有值都是相互独立的;

(2) 对于给定的 $\boldsymbol{X}, y$ 的分布是正态分布, 如果 $\boldsymbol{X}$ 是非随机的, 那么等价于 ε 是正态分布;

(3) 条件期望 $E(y|\boldsymbol{X})=\boldsymbol{X}\boldsymbol{\beta}$ 或 $E(\varepsilon|\boldsymbol{X})=\boldsymbol{0}$, 协方差矩阵 $\mathrm{Cov}(y|\boldsymbol{X})=\sigma^2\boldsymbol{I}$, 即 y 的所有观测值独立同方差, 对于正态分布等价于所有观测值都独立同分布, 当然误差项 ε 也是独立同分布的;

(4) 自变量相互独立, 即 $\boldsymbol{X}$ 是列满秩的.

满足这 4 条假定的多元线性模型 (2.3) 可以简单表示为

$$\boldsymbol{y}=\boldsymbol{X}\boldsymbol{\beta}+\boldsymbol{\varepsilon},\quad \boldsymbol{\varepsilon}\sim N(\boldsymbol{0},\sigma^2\boldsymbol{I}). \tag{2.5}$$

我们称模型 (2.5) 为**经典多元线性模型**[①] **(classical multivariate linear model)**.

对于经典多元线性模型 (2.5), 记残差向量为 $\boldsymbol{e}=\boldsymbol{y}-\hat{\boldsymbol{y}}=\boldsymbol{y}-\boldsymbol{X}\hat{\boldsymbol{\beta}}$, 采用最小二乘估计方法, 即最小化残差平方和 $\boldsymbol{e}^{\mathrm{T}}\boldsymbol{e}=\sum\limits_{i=1}^{n}\boldsymbol{e}_i^2$ 可以得到未知参数 $\boldsymbol{\beta}$ 的最小二乘估计

$$\hat{\boldsymbol{\beta}}=(\boldsymbol{X}^{\mathrm{T}}\boldsymbol{X})^{-1}\boldsymbol{X}^{\mathrm{T}}\boldsymbol{y}. \tag{2.6}$$

类似地, 随机误差方差 σ^2 的最小二乘估计为

$$\widehat{\sigma^2}=\frac{\boldsymbol{e}^{\mathrm{T}}\boldsymbol{e}}{n-p-1}. \tag{2.7}$$

当然, 我们也可以采用最大似然估计方法估计参数, 对于经典多元线性模型 (2.5) 而言, 参数 $\boldsymbol{\beta}$ 的最大似然估计与最小二乘估计相同; 但随机误差方差 σ^2 的最大似然估计与最小二乘估计有细微差别, σ^2 的最大似然估计为

$$\widehat{\sigma^2}=\frac{\boldsymbol{e}^{\mathrm{T}}\boldsymbol{e}}{n}. \tag{2.8}$$

可以证明: 式 (2.6) 是参数 $\boldsymbol{\beta}$ 的无偏估计, 式 (2.7) 是随机误差方差 σ^2 的无偏估计; 但式 (2.8) 是随机误差方差 σ^2 的有偏估计.

2.2.3 回归方程和系数的检验

我们得到回归模型参数的估计值后, 就可以建立经验回归方程. 但是, 所建立的经验回归方程是否真正刻画了因变量和自变量之间的实际相依关系呢? 我们需要对回归方程和系数进行显著性检验.

1. 回归方程的显著性检验

对于经典多元线性模型 (2.5), 所谓回归方程的显著性检验, 就是检验所有的回归系数是否都等于零, 即作如下检验:

---

① 这里对于随机误差向量协方差的假定是经典假定, 即 $\mathrm{Cov}(y|\boldsymbol{X})=\sigma^2\boldsymbol{I}$, 也可以作一般的假定 $\mathrm{Cov}(y|\boldsymbol{X})=\boldsymbol{\Sigma}>0$.

$$H_0:\beta_1=\beta_2=\cdots=\beta_p=0\leftrightarrow H_1:\beta_1,\beta_2,\cdots,\beta_p \text{ 不全为 } 0. \tag{2.9}$$

当原假设成立时, 检验统计量

$$F=\frac{SSR/p}{SSE/(n-p-1)}\sim F(p,n-p-1), \tag{2.10}$$

其中 $SSR=\sum\limits_{i=1}^{n}(\hat{y}_i-\bar{y})^2$ 是回归平方和, 而 $SSE=\sum\limits_{i=1}^{n}(y_i-\hat{y}_i)^2$ 是残差平方和. 对于给定的显著性水平 α, 检验的拒绝域为 $F>F_\alpha(p,n-p-1)$.

如果经过检验, 结论是拒绝原假设 H_0, 那么我们认为回归方程显著, 即自变量对因变量的影响是显著的; 如果检验结论是不拒绝原假设 H_0, 那么我们认为回归方程不显著, 这就是说, 和模型的随机误差相比, 所有自变量对因变量的影响是不重要的.

2. 回归系数的显著性检验

回归方程的显著性检验是对线性回归方程的一个整体性检验, 如果我们检验的结果是拒绝原假设, 这意味着因变量 y 线性地依赖自变量 $x_1,x_2,\cdots,x_p$, 但是, 这不排除因变量 y 并不依赖于其中某些自变量, 即某些 $\beta_j(1\leqslant j\leqslant p)$ 可能等于零. 于是在回归方程的显著性检验被拒绝之后, 我们还需要对每一个自变量作显著性检验, 这就是回归系数的显著性检验.

对于固定的 $j(1\leqslant j\leqslant p)$, 我们作如下检验:

$$H_0:\beta_j=0\leftrightarrow H_1:\beta_j\neq 0. \tag{2.11}$$

当原假设成立时, 检验统计量

$$t_j=\frac{\hat{\beta}_j}{\hat{\sigma}\sqrt{c_{jj}}}\sim t(n-p-1), \tag{2.12}$$

其中 c_{jj} 是 $\boldsymbol{C}=(\boldsymbol{X}^{\mathrm{T}}\boldsymbol{X})^{-1}$ 的主对角线上第 $j+1(j=1,2,\cdots,p)$ 个元素. 对于给定的显著性水平 α, 检验的拒绝域为 $|t_j|>t_{\alpha/2}(n-p-1)$.

如果我们经过检验, 结论是拒绝原假设 H_0, 则我们认为回归系数 β_j 显著, 即自变量 x_j 对因变量 y 有显著影响; 如果检验结论是不拒绝原假设 H_0, 那么我们认为回归系数 β_j 不显著, 即自变量 x_j 对因变量 y 没有显著影响, 我们可以将这个变量从回归方程中剔除; 对于回归系数作显著性检验的过程, 事实上也是对回归变量作选择的过程.

例 2.1 根据表 2-0 的数据, 建立 y 关于 x_1, x_2, x_3, x_4 和 x_5 的线性回归模型, 并对模型和模型参数进行显著性检验.

解: 采用 R 软件中的回归分析过程 `lm()` 可以完成回归系数的估计, 以及方程和回归系数的显著性检验.

```
#例2.1回归分析:全变量回归
> setwd("C:/mdata")   #设定工作路径
> d2.1<-read.csv("example2.0.csv",header=T)
                      #将example2.0.csv数据读入到d2.1中
> lm.salary<-lm(y~x1+x2+x3+x4+x5,data=d2.1)
                      #建立y关于x1,x2,x3,x4和x5的线性回归方程,数据为d2.1
> summary(lm.salary)   #模型汇总,给出模型回归系数的估计和显著性检验等
```

运行以上代码可以得到以下结果:

```
Call:
lm(formula = y~x1 + x2 + x3 + x4 + x5, data = d2.1)


Residuals:
    Min      1Q  Median    3Q   Max
 -53633  -10338   -3354  8376  89405


Coefficients:
               Estimate  Std. Error  t value  Pr(>|t|)
(Intercept)   1.996e+05   3.535e+04    5.646  3.76e-06***
x1            1.078e+00   9.311e-02   11.583  1.34e-12***
x2           -3.413e+02   4.017e+02   -0.850    0.4023
x3           -4.935e+00   7.716e+01   -0.064    0.9494
x4            3.199e+03   1.555e+03    2.057    0.0485*
x5            1.897e+04   9.260e+03    2.049    0.0493*
---
Signif. codes: 0 '***' 0.001 '**' 0.01 '*' 0.05 '.' 0.1 ' ' 1


Residual standard error: 24010 on 30 degrees of freedom
Multiple R-squared: 0.9477, Adjusted R-squared: 0.939
F-statistic: 108.8 on 5 and 30 DF, p-value: < 2.2e-16
```

从以上输出结果可以看出, 回归方程的 F 值为 108.8, 相应的 p 值为 2.2×10^{-16}, 说明回归方程是显著的, 但 t 检验对应的 p 值则显示: 常数项和变量 x_1,x_4,x_5 是显著的, 而变量 x_2 和 x_3 不显著.

对于不显著的变量该如何处理? 如何选择变量, 建立一个 "最优" 回归方程? 这就是下一节要讨论的变量选择问题.

3. 模型拟合优度

模型拟合优度是指经验回归方程拟合样本观测值的程度, 对于经典多元线性模型 (2.5), 可决系数 R^2 可以作为模型拟合优度, R^2 的定义为

$$R^2=\frac{SSR}{SST}=\frac{SSR}{SSR+SSE}, \tag{2.13}$$

其中 $SST=\sum\limits_{i=1}^{n}(y_i-\bar{y})^2$ 是总离差平方和. 相关系数 R^2 越接近 1, 表示回归方程拟合样本观测值越好, R^2 是基于残差平方和 SSE 的, 如果残差平方和为 0, 则有 $R^2=1$, 即回归方程完全拟合了所有样本点.

值得注意的是, 有人认为 R^2 越大模型越好, 其实应该说 "R^2 越接近 1, 拟合得越好", 但拟合好不代表模型就好, 因为可能会出现**过拟合 (over fitting)**, 比如过 n 个样本观测值作一条折线, 那么如果模型的 $R^2=1$, 这条折线就是过拟合, 因为它只适合训练集数据 (即样本观测值数据), 没有普遍意义.

2.3 变量选择

一般来说, 最优模型要满足两个条件: (1) 模型反映了变量间的真实关系; (2) 模型包含的变量尽量少.

条件 (1) 的验证很难, 因为谁都不知道真实的模型是什么, 而我们建立的模型又与真实的模型相差多少. 因此我们退一步, 认为好的模型应该对历史数据拟合得好, 即对历史数据拟合得好的模型才可能是最优模型——这就是模型拟合问题.

条件 (2) 要求用尽量少而精的变量建立模型, 对于回归模型来说, 就是适当选择自变量建立最优回归方程.

最优回归方程的建立有很多不同的准则, 在不同的准则下, 最优回归方程可能不同. 本书所讲的 "最优" 是指从可供选择的所有自变量中选出对因变量有显著影响的变量来建立回归方程, 对因变量没有显著影响的变量不进入方

程. 在这个意义下, 有很多方法来获得最优回归方程, 最常用的模型选择准则是 AIC (Akaike information criterion) 和 BIC (Bayesian information criterion), 对于线性模型, AIC 和 BIC 的定义为

$$\mathrm{AIC} = 2p - 2\ln \hat{L}, \quad \mathrm{BIC} = p\ln n - 2\ln \hat{L}, \tag{2.14}$$

其中 p 和 n 分别是模型待估计参数的个数和样本量, 而 $\hat{L}$ 是模型随机误差项分布的似然函数的最大值. 对于误差服从正态分布假定的经典多元线性模型 (2.5), 我们有

$$\begin{aligned} \mathrm{AIC} &= n + n\lg 2\pi + n\lg(SSE/n) + 2(p+1), \\ \mathrm{BIC} &= n + n\lg 2\pi + n\lg(SSE/n) + (\lg n)(p+1), \end{aligned} \tag{2.15}$$

其中 SSE 是残差平方和, p 是待估计的参数个数, 它们越少越好, 所以 AIC 和 BIC 值越小, 认为模型越好.

R 软件提供了获得最优回归方程的方法, 最常用的一种方法是逐步回归法, 对应的函数是 step(), 它以 AIC 作为模型选择准则来选择变量, AIC 值越小, 则认为模型越好.

例 2.2 根据表 2–0 的数据, 采用逐步回归方法建立 y 关于 x_1, x_2, x_3, x_4 和 x_5 的线性回归方程, 并对方程和回归系数进行显著性检验.

解: 采用 R 软件中的 step() 过程可以完成逐步回归过程.

```
#例2.2逐步回归
#假设example2.0.csv中的数据已经读入到d2.1中
> lm.salary<-lm(y~x1+x2+x3+x4+x5,data=d2.1)    #建立全变量回归方程
> lm.step<-step(lm.salary,direction="both")
                                        #用“一切子集回归法”进行逐步回归
  Start:  AIC=731.66
  y~x1 + x2 + x3 + x4 + x5

         Df   Sum of Sq         RSS     AIC
  - x3    1  2.3592e+06  1.7303e+10  729.66
  - x2    1  4.1627e+08  1.7717e+10  730.51
  <none>                 1.7301e+10  731.66
  - x5    1  2.4214e+09  1.9722e+10  734.37
```

```
- x4    1   2.4396e+09  1.9740e+10  734.41
- x1    1   7.7374e+10  9.4675e+10  790.85

Step:  AIC=729.66
y~x1 + x2 + x4 + x5
       Df   Sum of Sq          RSS      AIC
- x2    1   4.1978e+08  1.7723e+10  728.53
<none>                  1.7303e+10  729.66
+ x3    1   2.3592e+06  1.7301e+10  731.66
- x5    1   2.4198e+09  1.9723e+10  732.38
- x4    1   2.7437e+09  2.0047e+10  732.96
- x1    1   1.2456e+11  1.4186e+11  803.41

Step:  AIC=728.53
y~x1 + x4 + x5
       Df   Sum of Sq          RSS      AIC
<none>                  1.7723e+10  728.53
+ x2    1   4.1978e+08  1.7303e+10  729.66
+ x3    1   5.8651e+06  1.7717e+10  730.51
- x4    1   2.5331e+09  2.0256e+10  731.34
- x5    1   2.6727e+09  2.0396e+10  731.58
- x1    1   1.2415e+11  1.4188e+11  801.41
```

输出结果解读: (1) 采用全部自变量作回归时, AIC=731.66, 如果去掉变量 x_3, AIC 值减小为 729.66; 如果去掉变量 x_2, AIC 值减小为 730.51; 如果去掉变量 x_5, AIC 值增大为 734.37; 如果去掉变量 x_4, AIC 值增大为 734.41; 如果去掉变量 x_1, AIC 值增大为 790.85; 由于去掉变量 x_3, AIC 值达到最小, 所以 R 软件去掉 x_3 进入第二轮计算. (2) 此时 AIC=729.66, 如果去掉变量 x_2, AIC 值减小为 728.53; 如果去掉其他变量 (x_1, x_4 或 x_5) 或增加变量 (x_3) 都会使 AIC 值增大, 因此 R 软件去掉 x_2 进入第三轮计算. (3) 此时 AIC=728.53, 无论去掉哪个变量 (x_1, x_4 或 x_5) 或增加哪个变量 (x_2 或 x_3), AIC 值都会增大, 所以计算停止, 得到最优回归模型, 即 y 关于 x_1, x_4 和 x_5 的线性回归模型.

现在用命令 `summary(lm.step)` 来得到回归模型的如下汇总信息.

```
> summary(lm.step)   #模型汇总,给出模型回归系数的估计和显著性检验等

Call:
lm(formula = y~x1 + x4 + x5, data = d2.1)

Residuals:
    Min      1Q  Median     3Q    Max
 -53748  -12595   -2492   7883  94721

Coefficients:
             Estimate  Std. Error  t value  Pr(>|t|)
(Intercept)  1.737e+05  1.600e+04   10.854  2.94e-12***
x1           1.070e+00  7.149e-02   14.972  5.24e-16***
x4           3.082e+03  1.441e+03    2.139    0.0402*
x5           1.979e+04  9.011e+03    2.197    0.0354*
---
Signif. codes: 0 '***' 0.001 '**' 0.01 '*' 0.05 '.' 0.1 ' ' 1

Residual standard error: 23530 on 32 degrees of freedom
Multiple R-squared: 0.9465, Adjusted R-squared: 0.9414
F-statistic: 188.5 on 3 and 32 DF, p-value: < 2.2e-16
```

结论: 注意到常数项、x_1, x_4 和 x_5 在 5% 的显著性水平上都是显著的, 模型也是显著的, 所以我们得到如下最优回归方程:

$$\hat{y} = 173\ 700 + 1.070x_1 + 3\ 082x_4 + 19\ 790x_5.$$

2.4 回归诊断

前面介绍了多元线性回归模型的建立和变量的选择问题, 但没有考虑模型的诊断问题: 模型的基本假定 (比如随机误差的独立性和正态性假定) 是否成立? 模型中是否存在异常点[①]? 如何探测模型中的异常点? 模型中是否存在强影响点[②]? 如何探测模型中的强影响点? 回答这些问题非常重要, 因为模型参数

① 异常点一般指偏离数据主体较大的点.

② 强影响点是指对模型有较大影响的点, 比如对模型参数估计有较大影响的点.

推断的合理性依赖于它在多大程度上满足模型的基本假定，而模型中的异常点和强影响点分析对建立最优模型有重要价值.

2.4.1 残差分析和异常点探测

残差向量 $\boldsymbol{e}=\boldsymbol{y}-\hat{\boldsymbol{y}}=\boldsymbol{y}-\boldsymbol{X}\hat{\boldsymbol{\beta}}$ 是模型中随机误差项 $\boldsymbol{\varepsilon}$ 的估计，残差分析可以诊断模型的基本假定是否成立.

在 R 中，分别采用 `residuals()`，`rstandard()` 和 `rstudent()` 来计算普通残差、标准化残差和学生化残差.

如果回归模型能够很好地描述拟合的数据，那么残差对预测值的散点图应该像一些随机散布的点，如果某个点的残差"很大"，则说明这个点偏离数据主体比较远，一般把标准化残差的绝对值大于等于 2 的观测值认为是可疑点，而把标准化残差的绝对值大于等于 3 的观测值认为是异常点.

例 2.3 计算例 2.2 得到的逐步回归模型 `lm.step` 的普通残差和标准化残差，判断可能存在的异常点，画出相应的残差散点图，并直观判断模型的基本假定是否成立.

解：分别采用 `residuals()`，`rstandard()` 和 `rstudent()` 来计算普通残差、标准化残差和学生化残差.

```
#例2.3 残差分析
#假设由例2.2已经得到逐步回归模型lm.step
> y.res<-residuals (lm.salary)   #计算回归模型lm.salary的普通残差
> y.rst<-rstandard(lm.step)   #计算回归模型lm.step的标准化残差
> print(y.rst)   #输出回归模型lm.step的标准化残差y.rst
> y.fit<-predict(lm.step)   #计算回归模型lm.step的预测值
> plot(y.res~y.fit)   #绘制以普通残差为纵坐标，预测值为横坐标的残差散点
                       图(见图2-1(a))
> plot(y.rst~y.fit)   #绘制以标准化残差为纵坐标，预测值为横坐标的残差散
                       点图(见图2-1(b))
```

运行后得到的回归模型 `lm.step` 的标准化残差 `y.rst` 如下：

```
         1          2          3           4           5          6
0.31069913 1.13695704 1.61006998 -0.06237504 -0.52353856 0.89408264
         7          8          9          10          11         12
```

```
-0.59603827 -0.34649540 -0.96601857 -0.26664371 -0.58759871 -0.33668882
         13          14          15          16          17          18
-0.58759871 -2.48862893  0.48669459 -0.74559438 -0.46237928 -0.38165767
         19          20          21          22          23          24
 0.56434070 -0.87653790  0.60632911  0.29181057 -0.16094382  0.31165488
         25          26          27          28          29          30
 0.73171882 -0.56185151  0.18665790  0.22278684  0.19093662 -0.96158757
         31          32          33          34          35          36
-0.04109170  0.53590477 -0.73225336  0.19429163  4.21329260 -0.42065525
```

从标准化残差可以看出, 第 35 号点的标准化残差的绝对值 (4.213) 大于 3, 因此我们认为第 35 号观测值可能是异常点.

回归模型 `lm.step` 的残差散点图如图 2–1 所示. 从图 2–1 可以看出, 残差的分布有随预测值增大而增大的趋势, 所以同方差的假定可能不成立.

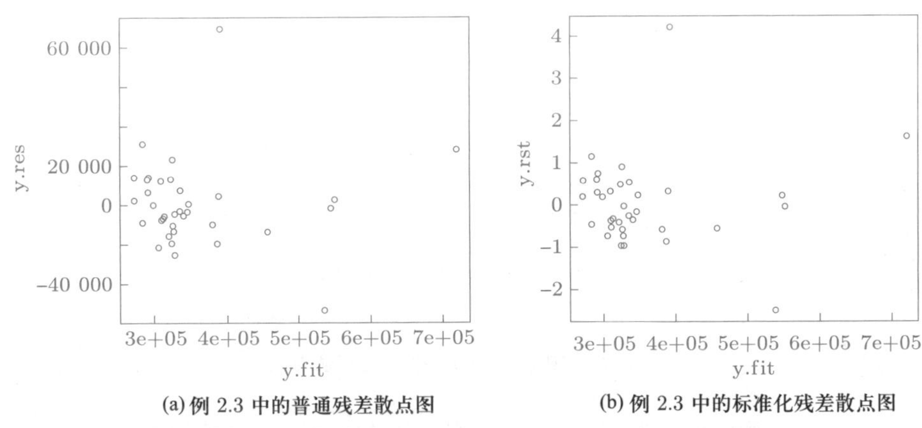

(a) 例 2.3 中的普通残差散点图

(b) 例 2.3 中的标准化残差散点图

图 2–1 例 2.3 中的普通残差图 (a) 和标准化残差图 (b)

如果同方差的假定不成立, 有时可以通过对因变量作适当的变换来解决方差非齐问题. 常见的方差稳定变换有

(1) 对数变换: $z = \ln y$.

(2) 开方变换: $z = \sqrt{y}$.

(3) 倒数变换: $z = 1/y$.

(4) Box-Cox 变换: $z = \begin{cases} \dfrac{y^\lambda - 1}{\lambda}, & \lambda \neq 0, \\ \ln y, & \lambda = 0. \end{cases}$

例 2.4　通过方差稳定变换来更新例 2.2 得到的逐步回归模型 lm.step, 并计算更新后模型的标准化残差, 画出相应的残差散点图, 并直观判断模型的基本假定是否成立.

解: 尝试采用对数变换来解决方差非齐问题.

```
#例2.4方差稳定变换:对数变换
#假设由例2.2已经得到逐步回归模型lm.step
> lm.step_new<-update(lm.step,log(.)~.)   #对模型进行对数变换
> y.rst<-rstandard(lm.step_new)   #计算新回归模型lm.step_new的标准化残差
> y.fit<-predict(lm.step_new)   #计算回归模型lm.step_new的预测值
> plot(y.rst~y.fit)   #绘制以标准化残差为纵坐标,预测值为横坐标的残差散点
                      图(见图2-2)
```

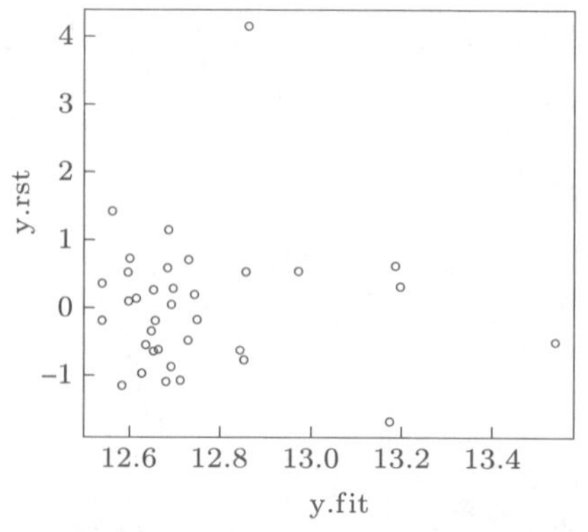

图 2–2　例 2.4 中的标准化残差散点图

比较标准化残差散点图 2–1(b) 和图 2–2 容易看出, 对模型进行对数变换后残差散点图有所改善, 但第 35 号点的标准化残差大于 3, 这个点仍然是异常点. 这说明对数变换没有很好地解决方差非齐问题. 下面做一个简单处理, 去掉第 35 号观测值, 重复上述回归分析和残差分析过程, 可以得到新的标准化残差散点图 2–3. 与图 2–2 相比, 残差的分布有了很大的改进, 全部落在 $[-2,2]$ 的带状区域内.

上述分析过程的 R 程序如下:

```
> lm.salary<-lm(log(y)~x1+x2+x3+x4+x5,data=d2.1[-35,])
                                    #去掉第35号观测值再建立全变量回归方程
```

```
> lm.step<-step(lm.salary,direction="both")
                                    #用“一切子集回归法”进行逐步回归
> y.rst<-rstandard(lm.step)   #计算回归模型lm.step的标准化残差
> y.fit<-predict(lm.step)   #计算回归模型lm.step的预测值
> plot(y.rst~y.fit)   #绘制以标准化残差为纵坐标,预测值为横坐标的残差散点
                       图(见图2-3)
```

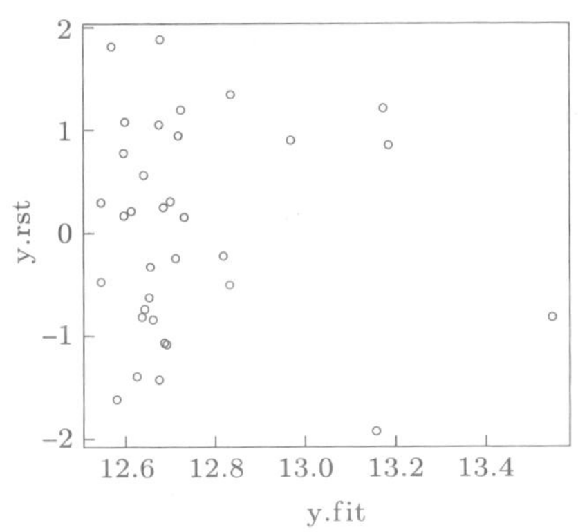

图 2–3 例 2.4 中的标准化残差散点图: 去掉第 35 号观测值

2.4.2 回归诊断的一般方法

上一节残差分析通过计算各个样本点对应的残差来判断模型的基本假定是否成立, 以及模型中哪些点可能是异常点, 但无法分析模型的强影响点, 即探测哪些点对模型的推断有重要影响. 本节给出回归诊断的一般方法, 可以诊断模型的基本假定是否成立, 哪些点是异常点, 哪些点是强影响点.

在 R 中, 函数 plot() 和 influence.measures() 可以用来绘制诊断图和计算诊断统计量, 下面介绍这两个函数输出的诊断结果.

例 2.5 对例 2.4 得到的逐步回归模型 lm.step_new 进行回归诊断分析.

解: 回归诊断的 R 程序如下:

```
#例2.5回归诊断
#假定由例2.4已经获得模型lm.step_new
> par(mfrow=c(2,2))   #在一个2×2网格中创建4个绘图区
> plot(lm.step_new)   #绘制模型诊断图
> influence.measures(lm.step_new)   #计算各个观测值的诊断统计量
```

运行上述程序可得回归诊断图 (见图 2–4) 和如下 36 个观测值对应的诊断统计量的值.

```
Influence measures of
         lm(formula = log(y)~x1 + x4 + x5, data = d2.1):

     dfb.1_   dfb.x1    dfb.x4   dfb.x5   dffit   cov.r   cook.d hat inf
1  -0.02006 -0.02925  0.047745 -0.03441  0.0788  1.2278 0.001599  0.0834
2   0.46507  0.18458 -0.379067 -0.20831  0.5194  0.9851 0.065201  0.1136
3   0.05675 -0.49785  0.126609  0.14154 -0.5611  2.5266 0.080606  0.5644*
4  -0.06290  0.06139  0.035002  0.00552  0.1326  1.3234 0.004525  0.1528
5  -0.05251 -0.01290  0.013349  0.07975 -0.1279  1.1555 0.004181  0.0534
...     ...      ...       ...      ...     ...     ...      ...     ...
31  0.01526  0.00137 -0.014306  0.01154  0.0208  1.3442 0.000112  0.1556
32 -0.02034 -0.05284  0.037310  0.05186  0.0734  1.2932 0.001389  0.1262
33 -0.08957 -0.00939  0.016043  0.13495 -0.2245  1.0689 0.012637  0.0529
34 -0.08596  0.14093  0.027440  0.00925  0.2483  1.2653 0.015723  0.1439
35 -0.74331 -0.87536  0.985929  1.18665  1.8525  0.0577 0.410917  0.0874*
36 -0.01948 -0.00976  0.007610  0.03001 -0.0454  1.1965 0.000531  0.0554
```

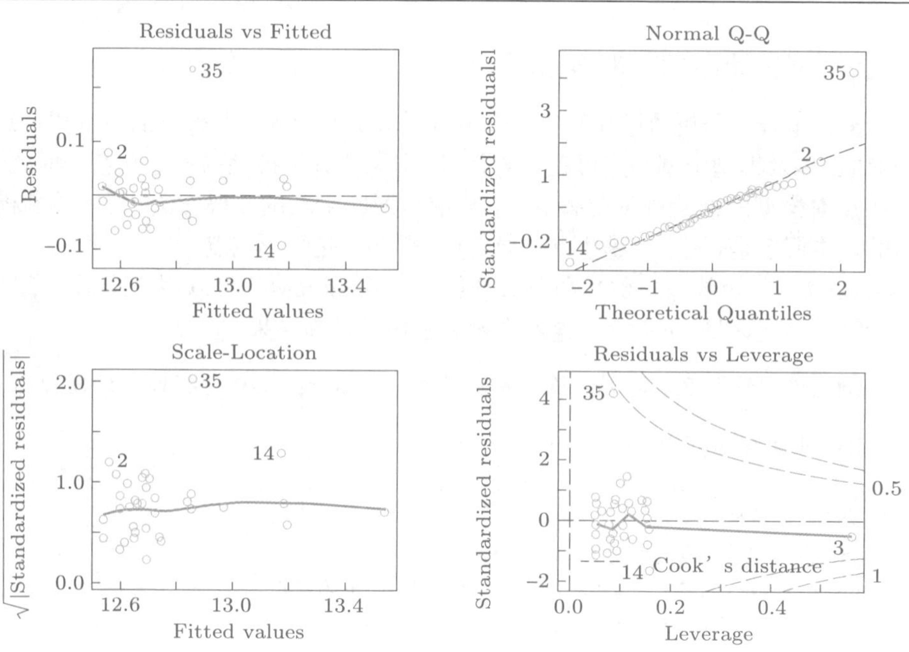

图 2–4 例 2.5 的回归诊断图

图 2–4 给出了逐步回归模型 `lm.step_new` 的四个回归诊断图: (1) 残差—拟合图 (Residuals vs Fitted); (2) 正态 Q-Q 图 (Normal Q-Q); (3) 大小—位置图 (Scale-Location); (4) 残差—杠杆图 (Residuals vs Leverage). 从这四个图可以看出: 除了第 35 号观测值, 残差—拟合图中的点基本上呈随机分布; 正态 Q-Q 图中的点基本落在直线上, 表明残差服从正态分布; 残差—杠杆图中第 3 和第 35 号点偏离中心位置最远, 这说明第 3 和第 35 号观测值可能是异常点或强影响点.

`influence.measures(lm.step_new)` 给出了诊断统计量 DFBETAS、DFFITS、协方差比 (`cov.r`)、cook (库克) 距离 (`cook.d`) 和帽子矩阵 (`hat`) 的值. 注意到第 3 和第 35 号观测值的右端有一个星号 (*) 标示, 说明第 3 和第 35 号观测值被诊断为强影响点.

需要注意的是, 采用这种方法可以识别有影响的观测值, 即所谓的强影响点, 但对于强影响点不能只是简单地删除它们, 如何处理需要进一步讨论. 对统计诊断感兴趣的读者可以参阅韦博成等编著的《统计诊断》(高等教育出版社, 2009).

2.5 回归预测

回归预测分为点预测和区间预测两种, 可以采用函数 `predict()` 来实现.

例 2.6 给定解释变量 $x_1 = 80\ 000$, $x_4 = 16$, $x_5 = 1$, 利用例 2.2 得到的回归模型对 y 进行点预测和区间预测 (置信水平为 95%).

解: 点预测和区间预测的程序如下:

```
#例2.6回归预测
#假定由例2.2已经获得模型lm.step
> preds<-data.frame(x1=80000,x4=16,x5=1)    #给定解释变量x1,x4和x5的值
> predict(lm.step,newdata=preds,interval="prediction", level=0.95)
                                            #进行点预测和区间预测
```

运行上述程序可得 y 的点预测和区间预测的结果如下:

```
       fit      lwr      upr
1 328409.8 276605.7 380213.9
```

程序中选项 `interval="prediction"` 表示要给出区间预测, 选项 `level=0.95` 表示置信水平是 95%. 计算结果 y 的点预测为 328 409.8, 置信水平是 95% 的置信区间为 $[276\,605.7, 380\,213.9]$.

本章小结

本章介绍了多元正态分布的定义和基本性质, 多元线性模型的定义、模型回归参数估计以及回归方程和回归系数的检验问题, 回归模型变量选择, 回归诊断中的残差分析和异常点探测问题, 最后给出了如何应用回归方程进行预测的示例.

习题 2

数据文件
exe2.1

2.1 表 2–1 给出了 27 名糖尿病患者的血清总胆固醇 (x_1)、甘油 (x_2)、空腹胰岛素 (x_3)、糖化血红蛋白 (x_4) 和空腹血糖 (y) 的测量值, 建立空腹血糖与其他指标的多元线性回归方程并进行分析.

表 2–1　27 名糖尿病患者的数据

患者编号	x_1	x_2	x_3	x_4	y
1	5.68	1.90	4.53	8.2	11.2
2	3.79	1.64	7.32	6.9	8.8
3	6.02	3.56	6.95	10.8	12.3
4	4.85	1.07	5.88	8.3	11.6
5	4.60	2.32	4.05	7.5	13.4
6	6.05	0.64	1.42	13.6	18.3
7	4.90	8.50	12.60	8.5	11.1
8	7.08	3.00	6.75	11.5	12.1
9	3.85	2.11	16.28	7.9	9.6
10	4.65	0.63	6.59	7.1	8.4
11	4.59	1.97	3.61	8.7	9.3
12	4.29	1.97	6.61	7.8	10.6
13	7.97	1.93	7.57	9.9	8.4
14	6.19	1.18	1.42	6.9	9.6
15	6.13	2.06	10.35	10.5	10.9
16	5.71	1.78	8.53	8.0	10.1

续表

患者编号	x_1	x_2	x_3	x_4	y
17	6.40	2.40	4.53	10.3	14.8
18	6.06	3.67	12.79	7.1	9.1
19	5.09	1.03	2.53	8.9	10.8
20	6.13	1.71	5.28	9.9	10.2
21	5.78	3.36	2.96	8.0	13.6
22	5.43	1.13	4.31	11.3	14.9
23	6.50	6.21	3.47	12.3	16.0
24	7.98	7.92	3.37	9.8	13.2
25	11.54	10.89	1.20	10.5	20.0
26	5.84	0.92	8.61	6.4	13.3
27	3.84	1.20	6.45	9.6	10.4

资料来源: 汤银才. R 语言与统计分析. 北京: 高等教育出版社, 2008.

2.2 表 2–2 给出了 1990—2018 年我国税收收入 y (亿元)、第一产业增加值 x_1 (亿元)、第二产业增加值 x_2 (亿元)、第三产业增加值 x_3 (亿元)、进出口总额 x_4 (亿元) 和劳动力 x_5 (万人) 数据, 建立税收收入与其他指标的多元线性回归方程并进行分析.

数据文件
exe2.2

表 2–2　税收收入多因素分析数据

年份	y	x_1	x_2	x_3	x_4	x_5
1990	2 821.86	5 017.20	7 744.10	6 111.60	5 560.12	65 323.0
1991	2 990.17	5 288.80	9 129.60	7 587.20	7 225.75	66 091.0
1992	3 296.91	5 800.30	11 725.00	9 669.20	9 119.62	66 782.0
1993	4 255.30	6 887.60	16 472.70	12 313.00	11 271.02	67 468.0
1994	5 126.88	9 471.80	22 452.50	16 713.10	20 381.90	68 135.0
1995	6 038.04	12 020.50	28 676.70	20 642.70	23 499.94	68 855.0
1996	6 909.82	13 878.30	33 827.30	24 108.00	24 133.86	69 765.0
1997	8 234.04	14 265.20	37 545.00	27 904.80	26 967.24	70 800.0
1998	9 262.80	14 618.70	39 017.50	31 559.30	26 849.68	72 087.0
1999	10 682.58	14 549.00	41 079.90	34 935.50	29 896.23	72 791.0
2000	12 581.51	14 717.40	45 663.70	39 899.10	39 273.25	73 992.0
2001	15 301.38	15 502.50	49 659.40	45 701.20	42 183.62	73 884.0

续表

年份	y	x_1	x_2	x_3	x_4	x_5
2002	17 636.45	16 190.20	54 104.10	51 423.10	51 378.15	74 492.0
2003	20 017.31	16 970.20	62 695.80	57 756.00	70 483.45	74 911.0
2004	24 165.68	20 904.30	74 285.00	66 650.90	95 539.09	75 290.0
2005	28 778.54	21 806.70	88 082.20	77 430.00	116 921.77	76 120.0
2006	34 804.35	23 317.00	104 359.20	91 762.20	140 974.74	76 315.0
2007	45 621.97	27 674.10	126 630.50	115 787.70	166 924.07	76 531.0
2008	54 223.79	32 464.10	149 952.90	136 827.50	179 921.47	77 046.0
2009	59 521.59	33 583.80	160 168.80	154 765.10	150 648.06	77 510.0
2010	73 210.79	38 430.80	191 626.50	182 061.90	201 722.34	78 388.0
2011	89 738.39	44 781.50	227 035.10	216 123.60	236 401.95	78 579.0
2012	100 614.28	49 084.60	244 639.10	244 856.20	244 160.21	78 894.0
2013	110 530.70	53 028.10	261 951.60	277 983.50	258 168.89	79 300.0
2014	119 175.31	55 626.30	277 282.80	310 654.00	264 241.77	79 690.0
2015	124 922.20	57 774.60	281 338.90	349 744.70	245 502.93	80 091.0
2016	130 360.73	60 139.20	295 427.80	390 828.10	243 386.46	80 694.0
2017	144 369.87	62 099.50	331 580.50	438 355.90	278 099.24	80 686.0
2018	156 402.86	64 745.20	364 835.20	489 700.80	305 010.09	80 525.0

资料来源: 中华人民共和国国家统计局年度数据.

数据文件
exe2.3

2.3　为研究我国民航客运量的变化趋势及其成因, 以民航客运量为因变量 y (万人), 旅客运输量 x_1 (万人)、入境游客 x_2 (万人)、外国人入境游客 x_3 (万人)、国内居民出境人数 x_4 (万人) 和国内游客 x_5 (万人) 为主要解释变量 (数据见表 2–3), 建立多元线性回归模型并进行分析.

表 2–3　民航客运量多因素分析数据

年份	y	x_1	x_2	x_3	x_4	x_5
1999	6 094.00	1 394 413.00	7 279.56	843.23	923.24	71900
2000	6 721.66	1 478 573.00	8 344.39	1 016.04	1 047.26	74 400
2001	7 524.00	1 534 122.00	8 901.30	1 122.64	1 213.44	78 400
2002	8 594.00	1 608 150.00	9 790.80	1 343.95	1 660.23	87 800
2003	8 759.00	1 587 497.00	9 166.21	1 140.29	2 022.19	87 000
2004	12 123.00	1 767 453.00	10 903.82	1 693.25	2 885.00	110 200

续表

年份	y	x_1	x_2	x_3	x_4	x_5
2005	13 827.00	1 847 018.00	12 029.23	2 025.51	3 102.63	121 200
2006	15 967.84	2 024 157.64	12 494.21	2 221.03	3 452.36	139 400
2007	18 576.21	2 227 761.21	13 187.33	2 610.97	4 095.40	161 000
2008	19 251.12	2 867 891.96	13 002.74	2 432.53	4 584.44	171 200
2009	23 051.64	2 976 897.83	12 647.59	2 193.75	4 765.62	190 200
2010	26 769.14	3 269 508.17	13 376.22	2 612.69	5 738.65	210 300
2011	29 316.66	3 526 318.73	13 542.35	2 711.20	7 025.00	264 100
2012	31 936.05	3 804 034.90	13 240.53	2 719.16	8 318.17	295 700
2013	35 396.63	2 122 991.55	12 907.78	2 629.03	9 818.52	326 200
2014	39 194.88	2 032 217.81	12 849.83	2 636.08	11 659.32	361 100
2015	43 618.00	1 943 271.00	13 382.04	2 598.54	12 786.00	399 000
2016	48 796.05	1 900 194.34	13 844.38	2 815.12	13 513.00	443 500
2017	55 156.11	1 848 620.12	13 948.00	2 917.00	14 272.74	500 100
2018	61 173.77	1 793 820.33	14 119.83	3 054.29	16 199.34	553 900
2019	65 993.40	1 760 435.69	14 530.78	3 188.34	16 921.00	600 600

资料来源: 中华人民共和国国家统计局年度数据.

2.4 为了研究美国公司的高管薪酬问题, 收集了美国 50 家公共贸易大型公司的首席执行官 (CEO) 的年薪数据和其他可能与年薪有关的变量数据 (如表 2–4). 根据表 2–4 的数据, 用适当的方法建立多元线性回归模型, 分析 CEO 总年薪 y 与相关因素 (在目前职位年数 x_1、前一年股票价格的变化 x_2、前一年公司销售额的变化 x_3 和是否有 MBA 学位 x_4) 的关系.

数据文件 exe2.4

表 2–4 美国 50 家公司 CEO 的年薪数据和其他相关信息

公司编号	总年薪 y /千美元	在目前职位年数 x_1	前一年股票价格的变化 x_2/%	前一年公司销售额的变化 x_3/%	是否有 MBA 学位 x_4
1	1 530	7	48	89	1
2	1 117	6	35	19	1
3	602	3	9	24	0
4	1 170	6	37	8	1
5	1 086	6	34	28	0
6	2 536	9	81	−16	1

续表

公司编号	总年薪 y /千美元	在目前职位年数 x_1	前一年股票价格的变化 x_2/%	前一年公司销售额的变化 x_3/%	是否有 MBA 学位 x_4
7	300	2	−17	−17	0
8	670	2	−15	−67	1
9	250	0	−52	49	0
10	2 413	10	109	−27	1
11	2 707	7	44	26	1
12	341	1	28	−7	0
13	734	4	10	−7	0
14	2 368	8	16	−4	0
15	743	4	11	50	1
16	898	7	−21	−20	1
17	498	4	16	−24	0
18	250	2	−10	64	0
19	1 388	4	8	−58	1
20	898	5	28	−73	1
21	408	4	13	31	1
22	1 091	6	34	66	0
23	1 550	7	49	−4	1
24	832	5	26	55	0
25	1 462	7	46	10	1
26	1 456	7	46	−5	1
27	1 984	8	63	28	1
28	1 493	10	12	−36	0
29	2 021	7	48	72	1
30	2 871	8	7	5	1
31	245	0	−58	−16	1
32	3 217	11	102	51	1
33	1 315	7	42	−7	0
34	1 730	9	55	122	1
35	260	0	−54	−41	1
36	250	2	−17	−35	0
37	718	5	23	19	1
38	1 593	8	66	76	1

续表

公司编号	总年薪 y /千美元	在目前职位年数 x_1	前一年股票价格的变化 x_2/%	前一年公司销售额的变化 x_3/%	是否有 MBA 学位 x_4
39	1 905	8	67	−48	1
40	2 283	5	21	64	1
41	2 253	7	46	104	1
42	254	0	−41	99	0
43	1 883	8	60	−12	1
44	1 501	5	10	20	1
45	386	0	−17	−18	0
46	2 181	11	37	27	1
47	1 766	6	40	41	1
48	1 897	8	−24	−41	1
49	1 157	5	21	87	1
50	246	3	1	−34	0

注: 表格最后一列是 CEO 是否有 MBA 学位的信息, “1” 表示有, “0” 表示没有.

资料来源: BERTSIMAS D, FREUND R M. 数据、模型与决策: 管理科学基础. 李新中, 译. 北京: 中信出版社, 2004.

2.5　表 2–5 给出了 2000—2018 年我国财政收入 y (亿元)、第一产业增加值 x_1 (亿元)、第二产业增加值 x_2 (亿元)、第三产业增加值 x_3 (亿元)、建筑业增加值 x_4 (亿元)、劳动力 x_5 (万人) 和社会消费品零售总额 x_6 (亿元) 数据, 根据这些数据建立财政收入 y 关于其他变量的多元线性回归模型.

数据文件 exe2.5

表 2–5　我国财政收入及相关数据

年份	y	x_1	x_2	x_3	x_4	x_5	x_6
2000	13 395.23	14 717.40	45 663.70	39 899.10	5 534.0	73 992.0	39 105.7
2001	16 386.04	15 502.50	49 659.40	45 701.20	5 945.5	73 884.0	43 055.4
2002	18 903.64	16 190.20	54 104.10	51 423.10	6 482.1	74 492.0	48 135.9
2003	21 715.25	16 970.20	62 695.80	57 756.00	7 510.8	74 911.0	52 516.3
2004	26 396.47	20 904.30	74 285.00	66 650.90	8 720.5	75 290.0	59 501.0
2005	31 649.29	21 806.70	88 082.20	77 430.00	10 400.5	76 120.0	68 352.6
2006	38 760.20	23 317.00	104 359.20	91 762.20	12 450.1	76 315.0	79 145.2
2007	51 321.78	27 674.10	126 630.50	115 787.70	15 348.0	76 531.0	93 571.6
2008	61 330.35	32 464.10	149 952.90	136 827.50	18 807.6	77 046.0	114 830.1
2009	68 518.30	33 583.80	160 168.80	154 765.10	22 681.5	77 510.0	133 048.2

续表

年份	y	x_1	x_2	x_3	x_4	x_5	x_6
2010	83 101.51	38 430.80	191 626.50	182 061.90	27 259.3	78 388.0	158 008.0
2011	103 874.43	44 781.50	227 035.10	216 123.60	32 926.5	78 579.0	187 205.8
2012	117 253.52	49 084.60	244 639.10	244 856.20	36 896.1	78 894.0	214 432.7
2013	129 209.64	53 028.10	261 951.60	277 983.50	40 896.8	79 300.0	242 842.8
2014	140 370.03	55 626.30	277 282.80	310 654.00	45 401.7	79 690.0	271 896.1
2015	152 269.23	57 774.60	281 338.90	349 744.70	47 761.3	80 091.0	300 930.8
2016	159 604.97	60 139.20	295 427.80	390 828.10	51 498.9	80 694.0	332 316.3
2017	172 592.77	62 099.50	331 580.50	438 355.90	57 905.6	80 686.0	366 261.6
2018	183 359.84	64 745.20	364 835.20	489 700.80	65 493.0	80 525.0	380 986.9

资料来源: 中华人民共和国国家统计局年度数据.

数据文件
exe2.6

2.6 表 2–6 给出了 1990—2019 年我国货物运输量 y (万吨)、第一产业增加值 x_1 (亿元)、第二产业增加值 x_2 (亿元)、建筑业增加值 x_3 (亿元)、国内生产总值指数 x_4 (设 1978 年为 100) 和工业增加值 x_5 (亿元) 数据, 建立货物运输量与其他指标的多元线性回归方程并进行分析.

表 2–6　我国货物运输量及相关数据

年份	y	x_1	x_2	x_3	x_4	x_5
1990	970 602	5 017.2	7 744.1	861.7	281.9	6 904.5
1991	985 793	5 288.8	9 129.6	1 017.7	308.1	8 137.9
1992	1 045 899	5 800.3	11 725.0	1 417.9	351.9	10 340.2
1993	1 115 902	6 887.6	16 472.7	2 269.9	400.7	14 248.4
1994	1 180 396	9 471.8	22 452.5	2 968.8	453.0	19 546.3
1995	1 234 938	12 020.5	28 676.7	3 733.7	502.6	25 023.2
1996	1 298 421	13 878.3	33 827.3	4 393.0	552.5	29 528.9
1997	1 278 218	14 265.2	37 545.0	4 628.3	603.5	33 022.6
1998	1 267 427	14 618.7	39 017.5	4 993.0	650.8	34 133.9
1999	1 293 008	14 549.0	41 079.9	5 180.9	700.7	36 014.4
2000	1 358 682	14 717.4	45 663.7	5 534.0	760.2	40 258.5
2001	1 401 786	15 502.5	49 659.4	5 945.5	823.6	43 854.3
2002	1 483 447	16 190.2	54 104.1	6 482.1	898.8	47 774.9
2003	1 564 492	16 970.2	62 695.8	7 510.8	989.0	55 362.2

续表

年份	y	x_1	x_2	x_3	x_4	x_5
2004	1 706 412	20 904.3	74 285.0	8 720.5	1 089.0	65 774.9
2005	1 862 066	21 806.7	88 082.2	10 400.5	1 213.1	77 958.3
2006	2 037 060	23 317.0	104 359.2	12 450.1	1 367.4	92 235.8
2007	2 275 822	27 674.1	126 630.5	15 348.0	1 562.0	111 690.8
2008	2 585 937	32 464.1	149 952.9	18 807.6	1 712.8	131 724.0
2009	2 825 222	33 583.8	160 168.8	22 681.5	1 873.8	138 092.6
2010	3 241 807	38 430.8	191 626.5	27 259.3	2 073.1	165 123.1
2011	3 696 961	44 781.5	227 035.1	32 926.5	2 271.1	195 139.1
2012	4 100 436	49 084.6	244 639.1	36 896.1	2 449.6	208 901.4
2013	4 098 900	53 028.1	261 951.6	40 896.8	2 639.9	222 333.2
2014	4 167 296	55 626.3	277 282.8	45 401.7	2 835.9	233 197.4
2015	4 175 886	57 774.6	281 338.9	47 761.3	3 035.9	234 968.9
2016	4 386 763	60 139.2	295 427.8	51 498.9	3 243.5	245 406.4
2017	4 804 850	62 099.5	331 580.5	57 905.6	3 468.8	275 119.3
2018	5 152 732	64 745.2	364 835.2	65 493.0	3 703.0	301 089.3
2019	4 706 493	70 466.7	386 165.3	70 904.3	3 929.2	317 108.7

资料来源: 中华人民共和国国家统计局年度数据.

2.7 计量经济学涉及数学、统计学和经济学的知识, 还要借助软件完成计算分析, 因此, 对于很多大学生来说, 计量经济学是一门容易 "挂科" 的课程. 大学教师李教授计划研究大学生计量经济学考试成绩与其影响因素之间的关系, 根据初步分析, 他认为学生的计量经济学考试成绩 y 与学生的微积分成绩 x_1、线性代数成绩 x_2、统计学成绩 x_3、大学计算机基础成绩 x_4 和西方经济学成绩 x_5 有相关关系, 他随机抽样调查了 36 位学生, 收集到如表 2–7 所示的数据, 根据表 2–7 给出的数据建立 y 关于 x_1, x_2, x_3, x_4 和 x_5 的线性回归方程, 并对方程和回归系数进行显著性检验.

数据文件
exe2.7

表 2–7　抽样调查得到的 36 位学生的相关成绩

y	x_1	x_2	x_3	x_4	x_5	y	x_1	x_2	x_3	x_4	x_5
85	83	86	90	90	76	45	60	65	60	86	78
90	92	88	87	92	80	76	80	81	75	80	75
78	70	76	73	85	90	88	85	82	86	85	80

续表

y	x_1	x_2	x_3	x_4	x_5	y	x_1	x_2	x_3	x_4	x_5
80	72	81	82	90	88	82	80	81	86	87	90
86	80	90	88	73	78	83	76	79	80	80	92
92	82	93	90	88	80	75	80	74	82	89	87
77	83	84	80	90	86	90	85	90	88	88	91
69	68	75	66	85	80	65	75	73	68	82	80
75	80	78	78	86	83	74	80	72	78	80	83
50	62	76	55	85	78	80	82	71	83	76	76
60	78	83	63	80	75	84	80	78	87	80	82
95	90	87	92	90	85	65	72	68	70	82	77
83	85	86	85	91	80	72	82	77	75	76	75
82	88	85	87	87	84	70	86	85	78	84	89
66	70	74	65	88	85	79	75	67	85	75	82
81	85	81	80	86	73	86	83	80	88	80	85
92	83	85	90	85	80	62	78	65	60	85	88
78	84	82	73	90	83	87	80	83	85	78	83

参考文献

[1] 汤银才. R 语言与统计分析. 北京: 高等教育出版社, 2008.
[2] 王斌会. 多元统计分析及 R 语言建模. 2 版. 广州: 暨南大学出版社, 2016.
[3] 贾俊平, 何晓群, 金勇进. 统计学. 北京: 中国人民大学出版社, 2000.
[4] BERTSIMAS D, FREUND R M. 数据、模型与决策: 管理科学基础. 李新中, 译. 北京: 中信出版社, 2004.
[5] 韦博成, 林金官, 解锋昌. 统计诊断. 北京: 高等教育出版社, 2009.

第 3 章

广义线性模型

第 2 章讨论的多元回归模型通常用来研究一个连续型因变量 (通常假定服从正态分布) 依赖多个自变量的变化关系, 本章介绍的**广义线性模型 (generalized linear model)** 是第 2 章介绍的多元线性模型的推广, 可以用于研究一个离散型因变量 (分类变量或计数变量, 服从指数族分布) 依赖多个自变量的变化关系. 本章介绍指数族分布的定义和性质、广义线性模型的定义和四类常见的广义线性模型: (1) 二元变量和 logistic 模型 (包括 probit 模型); (2) 分类变量和名义及有序 logit 模型; (3) 计数变量和泊松对数线性模型; (4) 列联表和对数线性模型.

例 3.0 甲壳虫问题 表 3–0 给出了暴露于不同浓度下的气态二硫化碳 5 小时后死亡的甲壳虫数量, 建立合适的广义线性模型分析甲壳虫死亡概率与气态二硫化碳浓度的关系. 表 3–0 中的二硫化碳浓度 (mg/L) 为取常用对数 (以 10 为底的对数) 的值.

数据文件 example 3.0

表 3–0 甲壳虫数据

二硫化碳浓度 x_i	甲壳虫总数 n_i	死亡的甲壳虫数 y_i
1.690 7	59	6
1.724 2	60	13
1.755 2	62	18
1.784 2	56	28
1.811 3	63	52
1.836 9	59	53
1.861 0	62	61
1.883 9	60	60

资料来源: Annette J D, Adrian G B. An Introduction to Generalized Linear Models. 3rd ed. CHAPMAN and HALL/CRC, 2008.

这个例子的因变量"死亡的甲壳虫数量"是一个计数变量, 不能采用第 2 章讨论的一般多元线性模型来分析, 本章的广义线性模型对这类问题提供了一个

解决方案 (例 3.0 的具体分析见本章例 3.1).

3.1 指数族分布的定义

第 2 章讨论多元线性模型时的一个重要假定是因变量是连续型变量 (通常假定服从正态分布), 但是在实际问题中, 因变量可能是如下情况的离散型变量:

(1) 分类变量. 比如二值分类变量 (是/否, 成功/失败, 活着/死亡等) 和多分类变量 (差/一般/良好/优秀, 非常不幸福/不幸福/一般/幸福/非常幸福, 非常不满意/不满意/一般/满意/非常满意等) 显然都不是连续型变量.

(2) 计数变量 (比如一周发生的交通事故数量, 每天光临的顾客人数等), 这类变量都是非负的有限值, 而且它们的均值和方差通常是相关的 (一般线性模型假定因变量服从正态分布, 而且相互独立).

本章要讨论的广义线性模型的因变量可以是连续的, 也可以是离散的, 其分布是更为一般的指数族分布, 下面简要介绍一下指数族分布的定义.

定义 3.1　设随机变量 Y 的密度函数为

$$f(y,\theta,\phi)=\exp\left\{\frac{\theta y-b(\theta)}{a(\phi)}+c(y,\phi)\right\}, \tag{3.1}$$

其中 $a(\cdot),b(\cdot)$ 和 $c(\cdot,\cdot)$ 是已知函数, 参数 θ 是我们感兴趣的参数 (比如均值参数), ϕ 是我们不感兴趣的参数 (也称为冗余参数, 比如方差), 称随机变量 Y 服从**指数族分布 (exponential family of distribution)**.

指数族分布是一类广泛的分布, 包含了很多常见的分布, 比如正态分布、二项分布、Poisson 分布、指数分布和 Γ 分布.

3.2 常见的指数族分布

下面给出一个简单证明, 说明五种常见分布 (即正态分布、二项分布、Poisson 分布、指数分布和 Γ 分布) 都属于指数族分布.

1. 正态分布

设随机变量服从正态分布, 即 $Y\sim N(\mu,\sigma^2)$, 其密度函数为

$$
\begin{aligned}
f(y,\mu,\sigma^2) &= \frac{1}{\sqrt{2\pi\sigma^2}}\exp\left\{-\frac{1}{2\sigma^2}(y-\mu)^2\right\} \\
&= \exp\left\{\frac{\mu y-\mu^2/2}{\sigma^2}-\frac{1}{2}\left[\frac{y^2}{\sigma^2}+\ln(2\pi\sigma^2)\right]\right\}.
\end{aligned}
\tag{3.2}
$$

对照式 (3.1) 易知: $\theta=\mu,\phi=\sigma^2,a(\phi)=\sigma^2,b(\theta)=\dfrac{\mu^2}{2},c(y,\phi)=-\dfrac{1}{2}\left[\dfrac{y^2}{\sigma^2}+\ln(2\pi\sigma^2)\right]$, 所以正态分布属于指数族分布.

2. 二项分布

设随机变量服从二项分布, 即 $Y\sim B(n,\pi)$, 其密度函数为

$$
\begin{aligned}
f(y,\pi) &= \mathrm{C}_n^y\pi^y(1-\pi)^{n-y} \\
&= \exp\{y\ln\pi+(n-y)\ln(1-\pi)+\ln\mathrm{C}_n^y\} \\
&= \exp\left\{y\ln\frac{\pi}{1-\pi}+n\ln(1-\pi)+\ln\mathrm{C}_n^y\right\}.
\end{aligned}
\tag{3.3}
$$

对照式 (3.1) 易知: $\theta=\ln\dfrac{\pi}{1-\pi},\phi=1,a(\phi)=1,b(\theta)=-n\ln(1-\pi)=n\ln(1+\mathrm{e}^\theta),c(y,\phi)=\ln\mathrm{C}_n^y$, 所以二项分布属于指数族分布.

3. Poisson 分布

设随机变量服从 Poisson 分布, 即 $Y\sim P(\lambda)$, $\lambda>0$, 其密度函数为

$$
\begin{aligned}
f(y,\lambda) &= \frac{1}{y!}\lambda^y\mathrm{e}^{-\lambda} \\
&= \exp\{y\ln\lambda-\lambda-\ln y!\} \\
&= \exp\{(y\ln\lambda-\lambda)-\ln y!\}.
\end{aligned}
\tag{3.4}
$$

对照式 (3.1) 易知: $\theta=\ln\lambda,\phi=1,a(\phi)=1,b(\theta)=\lambda=\mathrm{e}^\theta,c(y,\phi)=-\ln y!$, 所以泊松分布属于指数族分布.

4. 指数分布

设随机变量服从指数分布, 即 $Y\sim E(\lambda)$, $\lambda>0$, 其密度函数为

$$
f(y,\lambda)=\lambda\mathrm{e}^{-y\lambda}
$$

$$
\begin{aligned}
&= \exp\{\ln\lambda - y\lambda\} \\
&= \exp\{(-\lambda)y - (-\ln\lambda)\}.
\end{aligned} \tag{3.5}
$$

对照式 (3.1) 易知: $\theta = -\lambda, \phi = 1, a(\phi) = 1, b(\theta) = -\ln\lambda = -\ln(-\theta), c(y,\phi) = 0$, 所以指数分布属于指数族分布.

5. Γ 分布

设随机变量服从 Γ 分布, 即 $Y \sim ga(\lambda, \alpha)$, $\lambda > 0, \alpha > 0$, 其密度函数为

$$
\begin{aligned}
f(y,\lambda,\alpha) &= \frac{\lambda^{\alpha}}{\Gamma(\alpha)} y^{\alpha-1}\mathrm{e}^{-\lambda y} \\
&= \exp\{-\lambda y + \ln y^{\alpha-1} + \ln\lambda^{\alpha} - \ln\Gamma(\alpha)\} \\
&= \exp\left\{\frac{y\dfrac{\lambda}{\alpha} - \ln\dfrac{\lambda}{\alpha}}{(-1/\alpha)} + [\ln y^{\alpha-1} - \ln\Gamma(\alpha) + \alpha\ln\alpha]\right\}.
\end{aligned} \tag{3.6}
$$

对照式 (3.1) 易知: $\theta = \dfrac{\lambda}{\alpha}, a(\phi) = -\dfrac{1}{\alpha}, b(\theta) = \ln\theta, c(y,\phi) = \ln y^{\alpha-1} - \ln\Gamma(\alpha) + \alpha\ln\alpha$, 所以 Γ 分布属于指数族分布.

表 3–1 给出了以上 5 种分布属于指数族分布的一个小结.

表 3–1　5 种常见的指数族分布

分布	θ	$a(\cdot)$	$b(\cdot)$	$c(\cdot,\cdot)$
$Y \sim N(\mu,\sigma^2)$	μ	σ^2	$\dfrac{\mu^2}{2}$	$-\dfrac{1}{2}\left[\dfrac{y^2}{\sigma^2} + \ln(2\pi\sigma^2)\right]$
$Y \sim B(n,\pi)$	$\ln\dfrac{\pi}{1-\pi}$	1	$n\ln(1+\mathrm{e}^{\theta})$	$\ln \mathrm{C}_n^y$
$Y \sim P(\lambda)$	$\ln\lambda$	1	$\mathrm{e}^{\theta} = \lambda$	$-\ln y!$
$Y \sim E(\lambda)$	$-\lambda$	1	$-\ln(-\theta) = -\ln\lambda$	0
$Y \sim ga(\lambda,\alpha)$	$\dfrac{\lambda}{\alpha}$	$-\dfrac{1}{\alpha}$	$\ln\theta = \ln\dfrac{\lambda}{\alpha}$	$\ln y^{\alpha-1} - \ln\Gamma(\alpha) + \alpha\ln\alpha$

3.3 指数族分布的性质

性质 3.1　如果随机变量 Y 服从指数族分布 (3.1), 那么随机变量 Y 的数学期望和方差分别是

$$E(Y) = b'(\theta), \quad \mathrm{Var}(Y) = a(\phi)b''(\theta), \tag{3.7}$$

其中 $b'(\theta)$ 和 $b''(\theta)$ 是 $b(\theta)$ 关于 θ 的一阶和二阶导数.

证明: (1) 因为随机变量 Y 服从指数族分布 (3.1), 因此

$$\int_{-\infty}^{+\infty} f(y)\mathrm{d}y = 1. \tag{3.8}$$

上式两边关于 θ 求一阶导数可得

$$\frac{\mathrm{d}}{\mathrm{d}\theta}\int_{-\infty}^{+\infty} f(y)\mathrm{d}y = 0,$$

于是有

$$\int_{-\infty}^{+\infty} \frac{\mathrm{d}}{\mathrm{d}\theta}f(y)\mathrm{d}y = 0. \tag{3.9}$$

注意到 Y 的密度函数是式 (3.1), 因为

$$\begin{aligned}\frac{\mathrm{d}}{\mathrm{d}\theta}f(y) &= f(y)\left[\frac{\mathrm{d}}{\mathrm{d}\theta}\ln f(y)\right]\\ &= f(y)\left\{\frac{\mathrm{d}}{\mathrm{d}\theta}\left[\frac{\theta y - b(\theta)}{a(\phi)} + c(y,\phi)\right]\right\}\\ &= f(y)\frac{y - b'(\theta)}{a(\phi)}.\end{aligned} \tag{3.10}$$

把式 (3.10) 代入式 (3.9) 可得

$$\int_{-\infty}^{+\infty} \frac{y - b'(\theta)}{a(\phi)}f(y)\mathrm{d}y = 0,$$

于是有

$$\int_{-\infty}^{+\infty} yf(y)\mathrm{d}y = \left[\int_{-\infty}^{+\infty} f(y)\mathrm{d}y\right]b'(\theta),$$

即

$$E(Y) = b'(\theta).$$

(2) 对式 (3.9) 两边关于 θ 求导可得

$$\frac{\mathrm{d}}{\mathrm{d}\theta}\int_{-\infty}^{+\infty}\frac{\mathrm{d}}{\mathrm{d}\theta}f(y)\mathrm{d}y=\int_{-\infty}^{+\infty}\frac{\mathrm{d}^2 f(y)}{\mathrm{d}\theta^2}\mathrm{d}y=0. \tag{3.11}$$

由式 (3.10) 易得

$$\begin{aligned}\frac{\mathrm{d}^2 f(y)}{\mathrm{d}\theta^2}&=\frac{\mathrm{d}f(y)}{\mathrm{d}\theta}\frac{y-b'(\theta)}{a(\phi)}+f(y)\frac{-b''(\theta)}{a(\phi)}\\&=f(y)\left[\frac{y-b'(\theta)}{a(\phi)}\right]^2+f(y)\frac{-b''(\theta)}{a(\phi)}.\end{aligned} \tag{3.12}$$

将式 (3.12) 代入式 (3.11) 可得

$$\begin{aligned}\frac{1}{a^2(\phi)}\int_{-\infty}^{+\infty}[y-b'(\theta)]^2 f(y)\mathrm{d}y-\frac{b''(\theta)}{a(\phi)}\int_{-\infty}^{+\infty}f(y)\mathrm{d}y=0,\\\frac{1}{a^2(\phi)}\mathrm{Var}(Y)-\frac{b''(\theta)}{a(\phi)}=0,\end{aligned}$$

即

$$\mathrm{Var}(Y)=a(\phi)b''(\theta).$$

证明完毕.

性质 3.1 提供了计算指数族分布随机变量的数学期望和方差的一种便捷方法, 下面利用这个性质计算五种常见分布 (即正态分布、二项分布、Poisson 分布、指数分布和 Γ 分布) 的数学期望和方差.

1. 正态分布

对于正态分布 $Y\sim N(\mu,\sigma^2)$, 因为 $\theta=\mu, a(\phi)=\sigma^2, b(\theta)=\dfrac{\mu^2}{2}$, 所以我们有

$$\begin{aligned}E(Y)=b'(\theta)=b'(\mu)=\frac{2\mu}{2}=\mu,\\\mathrm{Var}(Y)=a(\phi)b''(\theta)=a(\phi)b''(\mu)=\sigma^2\cdot 1=\sigma^2.\end{aligned}$$

2. 二项分布

对于二项分布 $Y \sim B(n,\pi)$, 因为 $\theta = \ln\dfrac{\pi}{1-\pi}, a(\phi) = 1, b(\theta) = n\ln(1+\mathrm{e}^{\theta})$, 所以我们有

$$\begin{aligned}
E(Y) &= b'(\theta) = n\frac{1}{1+\mathrm{e}^{\theta}}\mathrm{e}^{\theta} = n\frac{\pi/(1-\pi)}{1+\pi/(1-\pi)} = n\pi,\\
\mathrm{Var}(Y) &= a(\phi)b''(\theta) = n\left(\frac{\mathrm{e}^{\theta}}{1+\mathrm{e}^{\theta}}\right)' = n\frac{\mathrm{e}^{\theta}(1+\mathrm{e}^{\theta})-\mathrm{e}^{\theta}\mathrm{e}^{\theta}}{(1+\mathrm{e}^{\theta})^2} = n\frac{\mathrm{e}^{\theta}}{(1+\mathrm{e}^{\theta})^2}\\
&= n\pi\frac{1}{1+\mathrm{e}^{\theta}} = n\pi(1-\pi).
\end{aligned}$$

3. Poisson 分布

对于 Poisson 分布 $Y \sim P(\lambda)$, 因为 $\theta = \ln\lambda, a(\phi) = 1, b(\theta) = \lambda = \mathrm{e}^{\theta}$, 所以我们有

$$\begin{aligned}
E(Y) &= b'(\theta) = \mathrm{e}^{\theta} = \lambda,\\
\mathrm{Var}(Y) &= a(\phi)b''(\theta) = \mathrm{e}^{\theta} = \lambda.
\end{aligned}$$

4. 指数分布

对于指数分布 $Y \sim E(\lambda)$, 因为 $\theta = -\lambda, a(\phi) = 1, b(\theta) = -\ln\lambda = -\ln(-\theta)$, 所以我们有

$$\begin{aligned}
E(Y) &= b'(\theta) = -\frac{-1}{-\theta} = -\frac{1}{\theta} = \frac{1}{\lambda},\\
\mathrm{Var}(Y) &= a(\phi)b''(\theta) = -\frac{-1}{\theta^2} = \frac{1}{\theta^2} = \frac{1}{\lambda^2}.
\end{aligned}$$

5. Γ 分布

对于 Γ 分布 $Y \sim ga(\lambda,\alpha)$, 因为 $\theta = \dfrac{\lambda}{\alpha}, a(\phi) = -\dfrac{1}{\alpha}, b(\theta) = \ln\theta$, 所以我们有

$$\begin{aligned}
E(Y) &= b'(\theta) = \frac{1}{\theta} = \frac{\alpha}{\lambda},\\
\mathrm{Var}(Y) &= a(\phi)b''(\theta) = -\frac{1}{\alpha}\cdot\frac{-1}{\theta^2} = \frac{\alpha}{\lambda^2}.
\end{aligned}$$

定义 3.2　随机变量 Y 的对数密度函数 $\ln f(y,\theta,\phi)$ 关于 θ 的一阶导数称为**得分函数 (score function)**, 记为 $U=\dfrac{\partial \ln f(y,\theta,\phi)}{\partial\theta}$, 而函数 $\ln f(y,\theta,\phi)$ 关于 θ 的二阶导数的负值称为**观测信息 (observed information)**, 记为 $J=-\dfrac{\partial U}{\partial\theta}=-\dfrac{\partial^2 \ln f(y,\theta,\phi)}{\partial\theta^2}$, 其数学期望称为**费希尔信息 (Fisher information)**, 记为 $I=E\left(-\dfrac{\partial U}{\partial\theta}\right)=E\left(-\dfrac{\partial^2 \ln f(y,\theta,\phi)}{\partial\theta^2}\right)$.

性质 3.2　如果随机变量 Y 服从指数族分布 (3.1), 那么随机变量 Y 的得分函数、观测信息和 Fisher 信息分别是

(1) $U=\dfrac{y-b'(\theta)}{a(\phi)}$;

(2) $J=\dfrac{b''(\theta)}{a(\phi)}$;

(3) $I=E\left(-\dfrac{\partial^2 \ln f(y,\theta,\phi)}{\partial\theta^2}\right)=E\left[\left(\dfrac{\partial \ln f(y,\theta,\phi)}{\partial\theta}\right)^2\right]$.

证明: 因为 $\ln f(y,\theta,\phi)=\dfrac{\theta y-b(\theta)}{a(\phi)}+c(y,\phi)$, 所以

(1) $U=\dfrac{\partial \ln f(y,\theta,\phi)}{\partial\theta}=\dfrac{y-b'(\theta)}{a(\phi)}$;

(2) $J=-\dfrac{\partial U}{\partial\theta}=-\dfrac{\partial^2 \ln f(y,\theta,\phi)}{\partial\theta^2}=\dfrac{b''(\theta)}{a(\phi)}$;

(3) 注意到 $E(U)=\dfrac{E(Y)-b'(\theta)}{a(\phi)}=0$, 而

$$
\begin{aligned}
\mathrm{Var}(U)&=\frac{\mathrm{Var}(Y)}{a^2(\phi)}=\frac{a(\phi)b''(\theta)}{a^2(\phi)}=\frac{b''(\theta)}{a(\phi)}\\
&\Rightarrow -\frac{\partial U}{\partial\theta}=\mathrm{Var}(U)\\
&\Rightarrow E\left(-\frac{\partial U}{\partial\theta}\right)=E\left(-\frac{\partial^2 \ln f(y,\theta,\phi)}{\partial\theta^2}\right)=E\left[\left(\frac{\partial \ln f(y,\theta,\phi)}{\partial\theta}\right)^2\right].
\end{aligned}
$$

于是有

$$
I=E\left(-\frac{\partial^2 \ln f(y,\theta,\phi)}{\partial\theta^2}\right)=E\left[\left(\frac{\partial \ln f(y,\theta,\phi)}{\partial\theta}\right)^2\right].
$$

注意: 性质 3.2(3) 给出了计算 Fisher 信息的一个方法, 即我们不需要直接计算对数密度函数关于 θ 的二阶导数, 只需要先计算对数密度函数关于 θ 的一阶导数, 并对一阶导数求平方, 然后取数学期望就能得到 Fisher 信息.

3.4 广义线性模型

广义线性模型是比一般多元线性模型更广泛的一类模型, 它可以处理因变量是连续型或离散型的情况, 相对于一般多元线性模型, 广义线性模型在以下两个方面进行了推广:

1. **因变量分布的推广** 一般多元线性模型假设因变量服从正态分布, 广义线性模型假设因变量服从指数族分布;

2. **建模对象的推广** 一般多元线性模型针对因变量的数学期望进行建模, 即假设因变量的数学期望是回归参数的线性组合, 广义线性模型针对因变量的数学期望的函数进行建模, 即假设因变量的数学期望的函数是回归参数的线性组合.

定义 3.3 广义线性模型的定义分为以下两个部分:

(1) **随机成分 (random components)** 设 $Y_1, Y_2, \cdots, Y_n$ 是来自同一指数族分布的随机样本, 即 Y_i 的密度函数为

$$f(y_i, \theta_i, \phi) = \exp\left\{\frac{\theta_i y_i - b(\theta_i)}{a(\phi)} + c(y_i, \phi)\right\}, \tag{3.13}$$

其中 $a(\cdot), b(\cdot)$ 和 $c(\cdot, \cdot)$ 是已知函数; 参数 θ_i 是典则参数 (即感兴趣参数, 重要参数); ϕ 是散度参数 (即讨厌参数, 次要参数).

(2) **连接函数 (link function)** 设 Y_i 的均值为 μ_i, 而函数 $g(\cdot)$ 是单调可微的连接函数, 使得

$$g(\mu_i) = \boldsymbol{x}_i^{\mathrm{T}} \boldsymbol{\beta} \quad (i = 1, 2, \cdots, n), \tag{3.14}$$

其中 $\boldsymbol{x}_i^{\mathrm{T}} = (1, x_{i1}, \cdots, x_{ip})$ 是协变量, $\boldsymbol{\beta} = (\beta_0, \beta_1, \cdots, \beta_p)^{\mathrm{T}}$ 是未知参数向量.

如果连接函数取为 $g(\mu_i) = \theta_i$, 则称为**典则连接函数 (canonical link function)**.

由定义 3.3 容易验证: 第 2 章讨论的正态线性回归模型是广义线性模型的特例, 因为正态分布属于指数分布族 (参阅 3.2 节), 只要取连接函数为**恒等连接**

函数 (identity link function) 就可以, 即 $g(\mu_i)=\mu_i=\boldsymbol{x}_i^{\mathrm{T}}\boldsymbol{\beta}\ (i=1,2,\cdots,n)$, 则正态线性回归模型满足广义线性模型的定义.

下面结合数据具体类型分别介绍实际中应用广泛的四类广义线性模型: (1) 二元变量和 logistic 模型 (probit 模型); (2) 分类变量和名义及有序 logit 模型; (3) 计数变量和 Poisson 对数线性模型; (4) 列联表和对数线性模型.

3.5 二元变量和 logistic 模型 (probit 模型)

设随机变量 Z 是二元变量 (即取值为 0 或 1 的变量), 其概率分布为 $P(Z=1)=\pi$ (成功的概率是 π), $P(Z=0)=1-\pi$ (失败的概率是 $1-\pi$), 则称 Z 服从参数为 π 的 **Bernoulli (伯努利) 分布**, 记为 $Z\sim B(1,\pi)$. 如果有 n 个相互独立同分布的随机变量 $Z_i\sim B(1,\pi)\ (i=1,2,\cdots,n)$, 我们令 $Y=\sum\limits_{i=1}^{n}Z_i$, 即随机变量 Y 是 n 次 Bernoulli 试验中成功的次数, 则随机变量 Y 服从参数为 (n,π) 的**二项分布 (binomial distribution)**, 记为 $Y\sim B(n,\pi)$.

设 $Y_1,Y_2,\cdots,Y_N$ 是 N 个相互独立的随机变量, 如果 $Y_i\sim B(n_i,\pi_i)$, 记成功的频率为 $P_i=Y_i/n_i$, 注意到 $E(Y_i)=n_i\pi_i$, 因此 $E(P_i)=\pi_i$, 我们采用广义线性模型来拟合参数 π_i, 如果采用 logistic 连接函数, 即

$$g(\pi_i)=\operatorname{logit}(\pi_i)=\ln\frac{\pi_i}{1-\pi_i}=\boldsymbol{x}_i^{\mathrm{T}}\boldsymbol{\beta}. \tag{3.15}$$

这个广义线性模型称为 **logistic 模型 (logistic model)**.

类似地, 如果采用 probit 连接函数, 即

$$g(\pi_i)=\operatorname{probit}(\pi_i)=\varPhi(\pi_i)=\boldsymbol{x}_i^{\mathrm{T}}\boldsymbol{\beta}, \tag{3.16}$$

或者 $\pi_i=\varPhi^{-1}(\boldsymbol{x}_i^{\mathrm{T}}\boldsymbol{\beta})$ (这里 $\varPhi(\cdot)$ 是标准正态分布的分布函数), 则这个广义线性模型称为 **probit 模型 (probit model)**.

例 3.1 甲壳虫问题 表 3–0 给出了暴露于不同浓度下的气态二硫化碳 5 小时后死亡的甲壳虫数量, 建立合适的广义线性模型分析甲壳虫死亡概率与气态二硫化碳浓度的关系, 并估计二硫化碳浓度为 1.8 mg/L 时甲壳虫死亡的概率.

解: 表 3–0 给出的死亡的甲壳虫数 $y_i(i=1,2,\cdots,8)$ 可以视为来自二项分布 $B(n_i,\pi_i)$ 的 8 个样本观测值, 下面分别采用 logistic 模型和 probit 模型来拟

合这些数据.

(1) 采用 logistic 连接函数, 建立 logit 模型

$$g(\pi_i) = \text{logit}(\pi_i) = \ln \frac{\pi_i}{1-\pi_i} = \beta_0 + \beta_1 x_i. \tag{3.17}$$

采用 R 软件中的广义线性模型过程 `glm()` 可以完成回归系数的估计, 以及模型回归系数的显著性检验, 相应的代码如下:

```
#例3.1广义线性模型:logit模型
> x<-c(1.6907,1.7242,1.7552,1.7842,1.8113,1.8369,1.861,1.8839)
> n<-c(59,60,62,56,63,59,62,60)
> y<-c(6,13,18,28,52,53,61,60)
> ny<-n-y
> d.mat<-cbind(y,ny)
> glm.logit<-glm(d.mat~x,family=binomial(link=logit))
                                       #建立 y 关于 x 的 logit 回归模型①
> summary(glm.logit)   #模型汇总
```

运行以上程序可得如下结果:

```
Call:
glm(formula = d.mat~x, family = binomial(link = logit))

Deviance Residuals:
    Min       1Q    Median      3Q      Max
-1.5941  -0.3944   0.8329  1.2592   1.5940

Coefficients:
             Estimate  Std. Error  z value  Pr(>|z|)
(Intercept)   -60.717       5.181   -11.72    <2e-16***
x              34.270       2.912    11.77    <2e-16***
---
Signif. codes:  0 '***' 0.001 '**' 0.01 '*' 0.05 '.' 0.1 ' ' 1
```

① 注意 logistic 连接函数是二项分布的典则连接函数, 是默认的连接函数, 因此代码中的 `(link=logit)` 可以省略.

```
(Dispersion parameter for binomial family taken to be 1)

    Null deviance: 284.202 on 7 degrees of freedom
Residual deviance:  11.232 on 6 degrees of freedom
AIC: 41.43

Number of Fisher Scoring iterations: 4
```

于是可得 $\hat{\beta}_0 = -60.72, \hat{\beta}_1 = 34.27$, 所以回归方程为

$$g(\hat{\pi}_i) = \text{logit}(\hat{\pi}_i) = \ln\frac{\hat{\pi}_i}{1-\hat{\pi}_i} = -60.72 + 34.27x_i.$$

如果要查看模型拟合值并作预测, 可以使用以下代码:

```
#例3.1 logistic模型:模型拟合值和预测值
> p<-glm.logit$fitted.value    #导出模型拟合值(概率)
> y.fit<-n*p    #计算y的估计值
> cbind(y,y.fit)    #查看观测值和预测值
```

运行以上代码可得如下结果:

```
   y     y.fit
1   6   3.457461
2  13   9.841672
3  18  22.451378
4  28  33.897635
5  52  50.095822
6  53  53.290913
7  61  59.222159
8  60  58.742961
```

```
> preds<-data.frame(x=1.8)  #给定x=1.8
> predict(glm.logit,newdata=preds,type="response")  #预测x=1.8时y=1的概率
        1
  0.7249464
```

由以上结果可知: 二硫化碳浓度为 1.8 mg/L 时甲壳虫死亡的概率为 0.724 946 4.

(2) 采用 probit 连接函数, 建立 probit 模型

$$g(\pi_i) = \text{probit}(\pi_i) = \Phi^{-1}(\pi_i) = \beta_0 + \beta_1 x_i. \tag{3.18}$$

采用 R 软件中的广义线性模型过程 `glm()` 可以完成回归系数的估计, 以及模型回归系数的显著性检验, 相应的代码如下:

```
#例3.1广义线性模型:Probit模型
> glm.probit<-glm(d.mat~x,family=binomial(link=probit))
                                           #建立y关于x的probit回归模型
> summary(glm.probit)   #模型汇总
```

运行以上程序可得如下结果:

```
Call:
glm(formula = d.mat~x, family = binomial(link = probit))

Deviance Residuals:
    Min       1Q   Median       3Q      Max
-1.5714  -0.4703  0.7501  1.0632  1.3449

Coefficients:
            Estimate  Std. Error  z value  Pr(>|z|)
(Intercept)  -34.935       2.648   -13.19  <2e-16***
x             19.728       1.487    13.27  <2e-16***
---
Signif. codes:  0 '***' 0.001 '**' 0.01 '*' 0.05 '.' 0.1 ' ' 1

(Dispersion parameter for binomial family taken to be 1)
    Null deviance: 284.20 on 7 degrees of freedom
Residual deviance:  10.12 on 6 degrees of freedom
AIC: 40.318

Number of Fisher Scoring iterations: 4
```

于是可得 $\hat{\beta}_0 = -34.94, \hat{\beta}_1 = 19.73$, 所以回归方程为

$$g(\hat{\pi}_i) = \text{probit}(\hat{\pi}_i) = \Phi^{-1}(\hat{\pi}_i) = -34.94 + 19.73x_i.$$

如果要查看模型拟合值并作预测, 可以使用以下代码:

```
#例3.1 probit模型:模型拟合值和预测值
> p<-glm.probit$fitted.value   #导出模型拟合值(概率)
> y.fit<-n*p   #计算y的估计值
> cbind(y,y.fit)   #查看观测值和预测值
```

运行以上代码可得如下结果:

```
   y     y.fit
1  6   3.357774
2 13  10.721610
3 18  23.481932
4 28  33.815505
5 52  49.615626
6 53  53.318874
7 61  59.664650
8 60  59.227967
```

```
> preds<-data.frame(x=1.8)   #给定x=1.8
> predict(glm.probit,newdata=preds,type="response")
                                        #预测x=1.8时y=1的概率
        1
0.7173618
```

由以上结果可知: 二硫化碳浓度为 1.8 mg/L 时甲壳虫死亡的概率为 0.717 361 8, 采用 logistic 模型和 probit 模型来拟合这些数据得到的结果相差不大.

3.6 分类变量和名义及有序 logit 模型

3.5 节介绍的因变量为二值 (或称二水平) 分类变量, 采用的模型是 logistic 模型和 probit 模型, 当分类变量有三个或三个以上的水平, 且这些水平为所有可能的水平时, 可以采用名义 logit 模型和有序 logit 模型来处理.

定义 3.4 设随机变量 Y 是分为 J 类的分类变量, 设 Y 是第 i 类的概率为 π_i, 记 $P(Y=i)=\pi_i\ (i=1,2,\cdots,J)$ 且 $\pi_1+\pi_2+\cdots+\pi_J=1$, 如果有 n 个相互独立的 Y 的观测值, 记 y_i 是属于第 i 类的观测值的个数, 于是有 $\boldsymbol{y}=(y_1,y_2,\cdots,y_J)^{\mathrm{T}}$, $y_1+y_2+\cdots+y_J=n$, 那么 $\boldsymbol{y}$ 的密度函数为

$$f(\boldsymbol{y}|n)=\frac{n!}{y_1!y_2!\cdots y_J!}\pi_1^{y_1}\pi_2^{y_2}\cdots\pi_J^{y_J}, \tag{3.19}$$

称随机变量 Y 服从参数为 $n,\pi_1,\pi_2,\cdots,\pi_J$ 的**多项分布 (multinomial distribution)**, 记为 $Y\sim M(n,\pi_1,\pi_2,\cdots,\pi_J)$.

很显然, 当分类的类别数 $J=2$ 时, 多项分布就退化为二项分布. 因此, 多项分布可以视为二项分布的推广.

3.6.1 名义 logit 模型

定义 3.5 对于服从多项分布的因变量 Y, 我们采用广义线性模型来拟合参数 π_j, 把第 1 类视为参考类①, 可以建立 J-1 个 logit 模型来拟合参数 π_j, 即

$$g(\pi_j)=\mathrm{logit}(\pi_j)=\ln\frac{\pi_j}{\pi_1}=\boldsymbol{x}_j^{\mathrm{T}}\boldsymbol{\beta}_j,\quad j=2,3,\cdots,J. \tag{3.20}$$

这个广义线性模型称为**名义 logit 模型 (nominal logit model)**.

对于模型 (3.20), 可以由 J-1 个 logit 模型估计出模型参数 $\boldsymbol{\beta}_j$ 的值, 记为 $\hat{\boldsymbol{\beta}}_j$, 从而可以得到参数 π_j 的估计为

$$\hat{\pi}_j=\hat{\pi}_1\exp(\boldsymbol{x}_j^{\mathrm{T}}\hat{\boldsymbol{\beta}}_j),\quad j=2,3,\cdots,J. \tag{3.21a}$$

注意到 $\hat{\pi}_1+\hat{\pi}_2+\cdots+\hat{\pi}_J=1$, 所以模型 (3.20) 的参数 π_j 的估计为

① 理论上讲, 可以把任何一类视为参考类.

$$\hat{\pi}_1 = \frac{1}{1+\sum_{j=2}^{J}\exp(\boldsymbol{x}_j^{\mathrm{T}}\hat{\boldsymbol{\beta}}_j)}, \quad \hat{\pi}_j = \frac{\exp(\boldsymbol{x}_j^{\mathrm{T}}\hat{\boldsymbol{\beta}}_j)}{1+\sum_{j=2}^{J}\exp(\boldsymbol{x}_j^{\mathrm{T}}\hat{\boldsymbol{\beta}}_j)}, j=2,3,\cdots,J. \tag{3.21b}$$

对于分类变量, 可以采用名义 logit 模型, 下面给一个例子说明.

数据文件 example 3.2

例 3.2 购房情况和收入问题 表 3–2 给出了某个地区 2020 年抽样调查获得的 480 个来自不同收入家庭的购房数据, 家庭收入分为三类: 1 表示高收入, 2 表示中等收入, 3 表示低收入. 购房情况分为三类: 1 表示目前没有房也不打算买房, 2 表示目前贷款买房但还在还贷款, 3 表示已经买房且无贷款, 根据表 3–2 的数据要求:

(1) 建立合适的广义线性模型分析购房情况 y 与家庭收入 x 的关系;

(2) 估计三类收入家庭的购房情况.

表 3–2 购房情况和家庭收入数据

家庭收入 x	购房情况 y			合计
	1	2	3	
高收入 1	5	25	90	120
中等收入 2	30	150	40	220
低收入 3	120	10	10	140
合计	155	185	140	480

解: (1) 采用名义 logit 模型 (3.20) 来拟合该数据, 把第 1 类家庭 (即高收入家庭) 视为参考类, 建立以下模型:

$$\ln\frac{\pi_j}{\pi_1} = \beta_{0j} + \beta_{1j}x_1 + \beta_{2j}x_2, \quad j=2,3, \tag{3.22}$$

其中

$$x_1 = \begin{cases} 1, & \text{中等收入}, \\ 0, & \text{其他}, \end{cases} \qquad x_2 = \begin{cases} 1, & \text{低收入}, \\ 0, & \text{其他}. \end{cases}$$

R 软件 nnet 程序包中的命令 `multinom()` 可以完成名义 logit 模型的拟合.

```
#例3.2广义线性模型:名义logit模型
> library(nnet)
```

```
> setwd("C:/mdata")   #设定工作路径
> d3.2<-read.csv("example3.2.csv",header=T)
> nlogit<- multinom (cy~factor(cx),weights = y, data = d3.2)   #建立模型
> summary(nlogit)   #查看所拟合的模型
```

运行以上程序可得如下结果:

```
Call:
multinom(formula = cy~factor(cx), data = d3.2, weights = y)


Coefficients:
   (Intercept)    factor(cx)2  factor(cx)3
2     1.609307   0.0001707261    -4.094123
3     2.890258  -2.6026604992    -5.374590


Std. Errors:
   (Intercept)  factor(cx)2  factor(cx)3
2    0.4898757    0.5291299    0.5901759
3    0.4594438    0.5190614    0.5651280


Residual Deviance: 675.3759
AIC: 687.3759
```

于是可得

$$
\begin{aligned}
&\text{当 } j=2 \text{ 时, } \ln\frac{\hat{\pi}_2}{\hat{\pi}_1}=1.609\ 3+0.000\ 2x_1-4.094\ 1x_2,\\
&\text{当 } j=3 \text{ 时, } \ln\frac{\hat{\pi}_3}{\hat{\pi}_1}=2.890\ 3-2.602\ 7x_1-5.374\ 6x_2.
\end{aligned}
\tag{3.23}
$$

(2) 根据回归方程 (3.22), 可以估计三类收入家庭的购房情况, 对于高收入家庭组有

$$
\begin{aligned}
&\ln\frac{\hat{\pi}_2}{\hat{\pi}_1}=1.609\ 3 \Rightarrow \frac{\hat{\pi}_2}{\hat{\pi}_1}=\mathrm{e}^{1.609\ 3}=4.999\ 3,\\
&\ln\frac{\hat{\pi}_3}{\hat{\pi}_1}=2.890\ 3 \Rightarrow \frac{\hat{\pi}_3}{\hat{\pi}_1}=\mathrm{e}^{2.890\ 3}=17.998\ 7,
\end{aligned}
$$

注意到 $\hat{\pi}_1+\hat{\pi}_2+\hat{\pi}_3=1$, 因此 $\hat{\pi}_1(1+4.999\,3+17.998\,7)=1 \Rightarrow \hat{\pi}_1=0.041\,7$, 于是有 $\hat{\pi}_2=0.208\,3, \hat{\pi}_3=0.750\,0$.

当然, 以上参数 π_j 的估计值也可以采用以下代码来获得:

```
> predict(nlogit, data.frame(cx=1),type="p")    #估计cx=1时cy=1,2,3的概率
         1          2          3
0.04167136 0.20832962 0.74999902
```

对于中等收入家庭组有

$$\ln\frac{\hat{\pi}_2}{\hat{\pi}_1}=1.609\,3+0.000\,2 \Rightarrow \frac{\hat{\pi}_2}{\hat{\pi}_1}=\mathrm{e}^{1.609\,5}=5.000\,3,$$
$$\ln\frac{\hat{\pi}_3}{\hat{\pi}_1}=2.890\,3-2.602\,7 \Rightarrow \frac{\hat{\pi}_3}{\hat{\pi}_1}=\mathrm{e}^{0.287\,6}=1.333\,2,$$

注意到 $\hat{\pi}_1+\hat{\pi}_2+\hat{\pi}_3=1$, 因此 $\hat{\pi}_1(1+5.000\,3+1.333\,2)=1 \Rightarrow \hat{\pi}_1=0.136\,4$, 于是有 $\hat{\pi}_2=0.681\,8, \hat{\pi}_3=0.181\,8$.

当然, 以上参数 π_j 的估计值也可以采用以下代码来获得:

```
> predict(nlogit, data.frame(cx=2),type="p")    #估计cx=2时cy=1,2,3的概率
        1         2         3
0.1363620 0.6818374 0.1818006
```

对于低收入家庭组有

$$\ln\frac{\hat{\pi}_2}{\hat{\pi}_1}=1.609\,3-4.094\,1 \Rightarrow \frac{\hat{\pi}_2}{\hat{\pi}_1}=\mathrm{e}^{-2.484\,8}=0.083\,3,$$
$$\ln\frac{\hat{\pi}_3}{\hat{\pi}_1}=2.890\,3-5.374\,6 \Rightarrow \frac{\hat{\pi}_3}{\hat{\pi}_1}=\mathrm{e}^{-2.484\,3}=0.083\,4,$$

注意到 $\hat{\pi}_1+\hat{\pi}_2+\hat{\pi}_3=1$, 因此 $\hat{\pi}_1(1+0.083\,3+0.083\,4)=1 \Rightarrow \hat{\pi}_1=0.857\,1$, 于是有 $\hat{\pi}_2=0.071\,4, \hat{\pi}_3=0.071\,5$.

当然, 以上参数 π_j 的估计值也可以采用以下代码来获得:

```
> predict(nlogit, data.frame(cx=3),type="p")    #估计cx=3时cy=1,2,3的概率
         1          2          3
0.85710213 0.07143167 0.07146619
```

3.6.2 有序 logit 模型

对于服从多项分布的因变量 Y, 如果类别具有自然的顺序 $(C_1, C_2, \cdots, C_J)$, 分别对应概率 $(\pi_1, \pi_2, \cdots, \pi_J)$, 称变量 Y 为**有序变量 (ordinal variable)**, 我们可以采用以下几种**有序 logit 模型 (ordinal logit model)** 来拟合概率 $(\pi_1, \pi_2, \cdots, \pi_J)$.

定义 3.6 对于服从多项分布的有序因变量 Y, 如果类别具有自然的顺序 $(C_1, C_2, \cdots, C_J)$, 分别对应 $(\pi_1, \pi_2, \cdots, \pi_J)$, 如果我们关心前 j 类和后 J-j 类的概率比, 可以采用以下 logit 模型来拟合参数 π_j:

$$\operatorname{logit}(\pi_1+\pi_2+\cdots+\pi_j)=\ln\frac{\pi_1+\pi_2+\cdots+\pi_j}{\pi_{j+1}+\pi_{j+2}+\cdots+\pi_J}=\boldsymbol{x}_j^{\mathrm{T}}\boldsymbol{\beta}_j,\quad j=1,2,\cdots,J-1. \tag{3.24}$$

这个广义线性模型称为**累积 logit 模型 (cumulative logit model)**. 特别地, 如果式 (3.24) 中只有截距项 β_{0j} 与 j 有关, 其他项与 j 无关, 则模型简化为

$$\ln\frac{\pi_1+\pi_2+\cdots+\pi_j}{\pi_{j+1}+\pi_{j+2}+\cdots+\pi_J}=\beta_{0j}+\beta_1x_1+\cdots+\beta_px_p,\quad j=1,2,\cdots,J-1, \tag{3.25}$$

称这个广义线性模型为**比例优势模型 (proportional odds model)**.

定义 3.7 对于服从多项分布的有序因变量 Y, 如果类别具有自然的顺序 $(C_1, C_2, \cdots, C_J)$, 分别对应 $(\pi_1, \pi_2, \cdots, \pi_J)$, 如果我们关心第 j 类和第 $j+1$ 类的概率比, 可以采用以下 logit 模型来拟合参数 π_j:

$$\operatorname{logit}(\pi_j)=\ln\frac{\pi_j}{\pi_{j+1}}=\boldsymbol{x}_j^{\mathrm{T}}\boldsymbol{\beta}_j,\quad j=1,2,\cdots,J-1. \tag{3.26}$$

这个广义线性模型称为**相邻类别 logit 模型 (adjacent categories logit model)**.

定义 3.8 对于服从多项分布的有序因变量 Y, 如果类别具有自然的顺序 $(C_1, C_2, \cdots, C_J)$, 分别对应 $(\pi_1, \pi_2, \cdots, \pi_J)$, 我们也可以采用以下 logit 模型来拟合参数 π_j:

$$\operatorname{logit}(\pi_j)=\ln\frac{\pi_j}{\pi_{j+1}+\cdots+\pi_J}=\boldsymbol{x}_j^{\mathrm{T}}\boldsymbol{\beta}_j,\quad j=1,2,\cdots,J-1. \tag{3.27}$$

这个广义线性模型称为**连续比 logit 模型 (continuation ratio logit model)**.

对于有序分类变量, 可以采用有序 logit 模型来拟合, 下面给一个例子说明.

例 3.3 购房情况和收入问题　表 3–2 中的因变量购房情况 y 是一个有序分类变量, 要求:

(1) 采用比例优势模型 (3.25) 来分析购房情况 y 与家庭收入 x 的关系;

(2) 估计三类收入家庭的购房情况.

解: (1) 采用比例优势模型 (3.25) 来拟合该数据, 建立以下模型:

$$\begin{aligned}\ln\frac{\pi_1}{\pi_2+\pi_3}&=\beta_{01}+\beta_1x_1+\beta_2x_2,\\ \ln\frac{\pi_1+\pi_2}{\pi_3}&=\beta_{02}+\beta_1x_1+\beta_2x_2,\end{aligned}\tag{3.28a}$$

其中

$$x_1=\begin{cases}1, & \text{中等收入},\\ 0, & \text{其他},\end{cases}\qquad x_2=\begin{cases}1, & \text{低收入},\\ 0, & \text{其他}.\end{cases}$$

R 软件 MASS 程序包中的函数 `polr()`[①] 可以完成比例优势模型的拟合.

```
#例3.3广义线性模型:比例优势模型
> library(MASS)
> setwd("C:/mdata")   #设定工作路径
> d3.3<-read.csv("example3.2.csv",header=T)
                              #将example3.2.csv数据读入到d3.3中
> pologit<-polr (factor(cy)~factor(cx),weights = y, data = d3.3)
                              #建立模型
> summary(pologit)  #查看所拟合的模型
```

运行以上程序可得如下结果:

```
Re-fitting to get Hessian


Call:
polr(formula = factor(cy)~factor(cx), data = d3.3, weights = y)
```

① 该函数的名字为 proportional odds logit regression 的缩写.

```
Coefficients:
              Value   Std. Error  t value
factor(cx)2  -2.328       0.2600   -8.954
factor(cx)3  -5.576       0.3687  -15.125

Intercepts:
       Value   Std. Error   t value
1|2  -3.8582       0.2791  -13.8222
2|3  -1.0696       0.2110   -5.0701

Residual Deviance: 710.5524
AIC: 718.5524
```

需要注意的是 R 软件 MASS 程序包中的 `polr()` 函数采用的比例优势模型如下:

$$
\begin{aligned}
\ln\frac{\pi_1}{\pi_2+\pi_3} &= \beta_{01}-\beta_1x_1-\beta_2x_2,\\
\ln\frac{\pi_1+\pi_2}{\pi_3} &= \beta_{02}-\beta_1x_1-\beta_2x_2,
\end{aligned} \tag{3.28b}
$$

这个模型与模型 (3.28a) 略有不同, 所以代码输出的 β_1 和 β_2 与模型 (3.28a) 的 β_1 和 β_2 相差一个负号, 于是可得回归方程

$$
\begin{aligned}
\ln\frac{\hat{\pi}_1}{\hat{\pi}_2+\hat{\pi}_3} &= -3.858\,2+2.328x_1+5.576x_2,\\
\ln\frac{\hat{\pi}_1+\hat{\pi}_2}{\hat{\pi}_3} &= -1.069\,6+2.328x_1+5.576x_2.
\end{aligned} \tag{3.29}
$$

(2) 根据回归方程 (3.29), 可以估计三类收入家庭的购房情况, 对于高收入家庭组有

$$
\begin{aligned}
\ln\frac{\hat{\pi}_1}{\hat{\pi}_2+\hat{\pi}_3} = -3.858\,2 \Rightarrow \frac{\hat{\pi}_1}{\hat{\pi}_2+\hat{\pi}_3} = \mathrm{e}^{-3.858\,2} = 0.021\,11,\\
\ln\frac{\hat{\pi}_1+\hat{\pi}_2}{\hat{\pi}_3} = -1.069\,6 \Rightarrow \frac{\hat{\pi}_1+\hat{\pi}_2}{\hat{\pi}_3} = \mathrm{e}^{-1.069\,6} = 0.343\,15.
\end{aligned}
$$

注意到 $\hat{\pi}_1+\hat{\pi}_2+\hat{\pi}_3=1$, 容易求得 $\hat{\pi}_1=0.020\,7, \hat{\pi}_2=0.234\,8, \hat{\pi}_3=0.744\,5$.

当然, 以上参数 π_j 的估计值也可以采用以下代码来获得:

```
> predict(pologit, data.frame(cx=1),type="p")   #估计cx=1时cy=1,2,3的概率
         1          2          3
0.02067008 0.23480266 0.74452726
```

对于中等收入家庭组有

$$\ln\frac{\hat{\pi}_1}{\hat{\pi}_2+\hat{\pi}_3}=-3.858\,2+2.328 \Rightarrow \frac{\hat{\pi}_1}{\hat{\pi}_2+\hat{\pi}_3}=\mathrm{e}^{-1.530\,2}=0.216\,49,$$
$$\ln\frac{\hat{\pi}_1+\hat{\pi}_2}{\hat{\pi}_3}=-1.069\,6+2.328 \Rightarrow \frac{\hat{\pi}_1+\hat{\pi}_2}{\hat{\pi}_3}=\mathrm{e}^{1.258\,4}=3.519\,78.$$

注意到 $\hat{\pi}_1+\hat{\pi}_2+\hat{\pi}_3=1$, 容易求得 $\hat{\pi}_1=0.178\,1, \hat{\pi}_2=0.600\,7, \hat{\pi}_3=0.221\,2$.

当然, 以上参数 π_j 的估计值也可以采用以下代码来获得:

```
> predict(pologit, data.frame(cx=2),type="p")   #估计cx=2时cy=1,2,3的概率
        1         2         3
0.1779776 0.6007795 0.2212429
```

对于低收入家庭组有

$$\ln\frac{\hat{\pi}_1}{\hat{\pi}_2+\hat{\pi}_3}=-3.858\,2+5.576 \Rightarrow \frac{\hat{\pi}_1}{\hat{\pi}_2+\hat{\pi}_3}=\mathrm{e}^{1.717\,8}=5.572\,26,$$
$$\ln\frac{\hat{\pi}_1+\hat{\pi}_2}{\hat{\pi}_3}=-1.069\,6+5.576 \Rightarrow \frac{\hat{\pi}_1+\hat{\pi}_2}{\hat{\pi}_3}=\mathrm{e}^{4.506\,4}=90.595\,09.$$

注意到 $\hat{\pi}_1+\hat{\pi}_2+\hat{\pi}_3=1$, 容易求得 $\hat{\pi}_1=0.848\,1, \hat{\pi}_2=0.141\,0, \hat{\pi}_3=0.010\,9$.

当然, 以上参数 π_j 的估计值也可以采用以下代码来获得:

```
> predict(pologit, data.frame(cx=3),type="p")   #估计cx=3时cy=1,2,3的概率
         1          2          3
0.84783286 0.14124792 0.01091922
```

3.7 计数变量和 Poisson 对数线性模型

定义 3.9 设 Y 服从参数为 λ 的 Poisson 分布, 即 Y 是计数变量, 于是 $\mu = E(Y) = \lambda$, 采用对数连接函数建立广义线性模型, 即

$$g(\mu) = \ln(\lambda) = \beta_0 + \beta_1 x_1 + \cdots + \beta_p x_p. \tag{3.30}$$

这个广义线性模型称为 **Poisson 对数线性模型**.

例 3.4 某机构计划了解家庭一年外出旅游次数 y 与家庭年收入 x_1 (万元) 和是否有私家车 x_2 的关系, 随机调查了 60 个家庭, 得到如表 3-3 所示的数据. 根据这个数据建立 Poisson 对数线性模型并对模型的系数进行显著性检验.

数据文件 example 3.4

表 3-3 家庭旅游数据

编号	x_1	x_2	y	编号	x_1	x_2	y	编号	x_1	x_2	y
1	10	0	2	21	11	0	3	41	20	1	7
2	11	0	2	22	10	0	1	42	11	1	4
3	9	0	1	23	10	0	2	43	18	1	6
4	11	0	1	24	11	0	3	44	10	1	5
5	12	0	3	25	12	0	2	45	11	1	6
6	8	0	1	26	10	0	2	46	15	1	6
7	10	0	2	27	9	0	1	47	27	1	8
8	11	0	3	28	12	0	3	48	20	1	6
9	12	0	3	29	11	0	4	49	11	1	5
10	10	0	1	30	13	0	4	50	28	1	4
11	9	0	1	31	15	1	3	51	23	1	6
12	12	0	3	32	20	1	5	52	10	1	4
13	13	0	4	33	13	1	3	53	13	1	5
14	13	0	4	34	21	1	6	54	21	1	6
15	14	0	3	35	18	1	5	55	26	1	9
16	10	0	3	36	16	1	7	56	9	1	4
17	11	0	2	37	15	1	6	57	12	1	6
18	8	0	1	38	21	1	5	58	25	1	5
19	9	0	3	39	22	1	6	59	22	1	6
20	11	0	2	40	24	1	7	60	12	1	4

说明: x_2 =0 表示没有私家车, $x_2 = 1$ 表示有私家车.

解: 根据这个数据可以建立 Poisson 对数线性模型

$$\ln y_i = \beta_0 + \beta_1 x_{1i} + \beta_2 x_{2i}. \tag{3.31}$$

采用 R 软件中的广义线性模型过程 glm() 来建立 Poisson 对数线性模型并对模型的系数进行显著性检验.

```
#例3.4广义线性模型:Poisson对数线性模型
> setwd("C:/mdata")   #设定工作路径
> d3.4<-read.csv("example3.4.csv",header=T)
                                   #将example3.4.csv数据读入到d3.4中
> glm.ln<-glm(y~x1+x2,family=poisson(link=log),data=d3.4)①
                                   #建立y关于x1,x2的Poisson对数线性模型
> summary(glm.ln)   #模型汇总,给出模型回归系数的估计和显著性检验等
```

运行以上程序可得如下结果:

```
Call:
glm(formula = y~x1 + x2, family = poisson(link = log), data = d3.4)


Deviance Residuals:
      Min        1Q    Median        3Q       Max
  -1.31792  -0.28238  -0.02022  0.40880  0.97977


Coefficients:
             Estimate  Std. Error  z value  Pr(>|z|)
(Intercept)   0.54798     0.19085    2.871  0.004088**
x1            0.02772     0.01374    2.017  0.043655*
x2            0.65596     0.17736    3.698  0.000217***
---
Signif. codes: 0 '***' 0.001 '**' 0.01 '*' 0.05 '.' 0.1 ' ' 1


(Dispersion parameter for poisson family taken to be 1)


    Null deviance: 63.153 on 59 degrees of freedom
```

① Poisson 分布的默认连接函数是对数连接函数, 因此代码中的 (link=log) 可以省略.

```
Residual deviance: 19.554 on 57 degrees of freedom
AIC: 211.77

Number of Fisher Scoring iterations: 4
```

于是, 得回归模型

$$\ln \hat{y} = 0.547\,98 + 0.027\,72x_1 + 0.655\,96x_2.$$

从检验结果可以看出 x_1 和 x_2 的系数都显著, 说明家庭年收入 x_1 和是否有私家车 x_2 对家庭一年外出旅游次数 y 有显著影响. 家庭年收入 x_1 的回归系数为 0.027 72, 表明保持其他预测变量不变, 家庭年收入每增加 1 万元, 家庭一年外出旅游次数的对数均值将相应地增加 0.027 72.

在因变量的初始尺度 (家庭收入, 而不是家庭收入的对数) 上解释回归系数比较容易, 因此, 将系数进行指数化处理得

```
> exp(coef(glm.ln))   #指数化系数
  (Intercept)          x1          x2
     1.729759   1.028110   1.926987
```

可以看出: 保持其他预测变量不变, 家庭年收入每增加 1 万元, 家庭一年外出旅游次数将乘 1.028; 保持其他预测变量不变, 有私家车 (即 $x_2 = 1$) 的家庭比没有私家车的家庭一年外出旅游的次数多 92.70%.

3.8 列联表和对数线性模型

对于计数因变量 Y, 前面采用了 logistic 模型、probit 模型、名义 logit 模型和 Poisson 对数线性模型等方法进行拟合. 在列联表分析中, 每个格子中都是各种变量组合的计数, 假定有 n 个格子, 如果落入每个格子都有一个概率 $p_i(i = 1, 2, \cdots, n)$, 那么可以用多项分布来描述这个问题. 如果每个格子计数的均值都随一些自变量的变化而变化, 则可以考虑多项分布对数线性模型.

如表 3–4 所示的 4×3 列联表, 一共有 12 个格子, 落入格子 (i, j) 的概率为 $p_{ij}(i = 1, 2, 3, 4; j = 1, 2, 3)$, 假设对格子 (i, j) 进行了 n_{ij} 次重复观测, 而 Y_{ij} 是落入格子 (i, j) 的数目, 如果 Y_{ij} 的数学期望 $E(Y_{ij}) = \mu_{ij}$ 随行变量 A 和列

变量 B 的变化而变化, 则可以采用以下多项分布对数线性模型来拟合 μ_{ij}:

$$\ln \mu_{ij} = \ln n_{ij} + \mu + \alpha_i + \beta_j \quad (i = 1, 2, 3, 4; j = 1, 2, 3), \tag{3.32}$$

其中参数 μ 是因变量 Y 的总平均值, α_i 是 A 的第 i 个水平 A_i 对应的 Y 的均值, β_j 是 B 的第 j 个水平 B_j 对应的 Y 的均值.

表 3–4　一个 4×3 列联表

行变量 A	列变量 B		
	B_1	B_2	B_3
A_1	Y_{11}	Y_{12}	Y_{13}
A_2	Y_{21}	Y_{22}	Y_{23}
A_3	Y_{31}	Y_{32}	Y_{33}
A_4	Y_{41}	Y_{42}	Y_{43}

如果我们关心的是落入格子 (i, j) 的概率 p_{ij}, 那么可以采用以下多项分布对数线性模型来拟合 p_{ij}:

$$\ln p_{ij} = \ln \frac{\mu_{ij}}{n_{ij}} = \mu + \alpha_i + \beta_j \quad (i = 1, 2, 3, 4; j = 1, 2, 3). \tag{3.33}$$

数据文件 example 3.5

例 3.5　著名的 Titanic (泰坦尼克) 号① 事件的相关数据一共有 5 个变量 (class, sex, age, survived, freq)、2 201 个观测值, 具体情况见表 3–5, 变量 class 表示船舱等级 (一等为 1st, 二等为 2nd, 三等为 3rd, 船员为 crew), 变量 sex 表示性别 (男性为 male, 女性为 female), 变量 age 表示年龄 (儿童为 child, 成年人为 adult), 变量 survived 表示是否生还 (生还为 yes, 没有生还为 no), 变量 freq 表示生还的人数, 根据给定的数据:

(1) 以生还概率为关心的变量建立合适的模型进行分析;

(2) 根据模型参数估计女乘客生还的概率比男乘客高多少?

(3) 根据模型参数估计一等舱乘客生还的概率比三等舱乘客高多少?

解: (1) 显然, 这个列联表是 $4 \times 2 \times 2 \times 2$ 的 (变量 class 分为 4 类, 变量 sex、age 和 survived 都分为 2 类), 一共有 32 个格子, 由于都是分类变量, 所

① 泰坦尼克号数据 Titanic 是 R 自带的数据, 可以通过命令 attributes(Titanic) 载入这个数据并转换为与 example3.5 同样格式的数据集 D, 具体代码如下:

```
attributes(Titanic)  #载入数据 Titanic
Tit<-Titanic  #数据集 Tit 的存储格式为列联表 (table 格式)
D<-as.data.frame(Tit)  #数据集 Tit 转换为数据框格式 (dataframe 格式) 的数据集 D
```

表 3–5 泰坦尼克号事件的相关数据

class	sex	age	survived	freq	class	sex	age	survived	freq
1st	male	child	no	0	1st	male	child	yes	5
2nd	male	child	no	0	2nd	male	child	yes	11
3rd	male	child	no	35	3rd	male	child	yes	13
crew	male	child	no	0	crew	male	child	yes	0
1st	female	child	no	0	1st	female	child	yes	1
2nd	female	child	no	0	2nd	female	child	yes	13
3rd	female	child	no	17	3rd	female	child	yes	14
crew	female	child	no	0	crew	female	child	yes	0
1st	male	adult	no	118	1st	male	adult	yes	57
2nd	male	adult	no	154	2nd	male	adult	yes	14
3rd	male	adult	no	387	3rd	male	adult	yes	75
crew	male	adult	no	670	crew	male	adult	yes	192
1st	female	adult	no	4	1st	female	adult	yes	140
2nd	female	adult	no	13	2nd	female	adult	yes	80
3rd	female	adult	no	89	3rd	female	adult	yes	76
crew	female	adult	no	3	crew	female	adult	yes	20

以相应的多项分布对数线性模型为

$$\ln \mu_{ijk} = \ln n_{ijk} + \mu + \text{class}_i + \text{sex}_j + \text{age}_k \quad (i = 1, 2, 3, 4; j = 1, 2; k = 1, 2),$$

其中 μ_{ijk} 是格子 (i, j, k) 里生还的平均人数, 这里 $i = 1, 2, 3, 4$ 分别表示船舱为一、二、三等和船员, $j = 1, 2$ 分别表示男性和女性, $k = 1, 2$ 分别表示儿童和成年人, 而 n_{ijk} 是格子 (i, j, k) 里的总人数 (即变量 freq). 因此, 以生还概率为关心的变量, 等价地可以建立以下多项分布对数线性模型:

$$\ln \frac{\mu_{ijk}}{n_{ijk}} = \mu + \text{class}_i + \text{sex}_j + \text{age}_k \quad (i = 1, 2, 3, 4; j = 1, 2; k = 1, 2).$$

即生还概率为 $\dfrac{\mu_{ijk}}{n_{ijk}} = \exp\{\mu + \text{class}_i + \text{sex}_j + \text{age}_k\}$.

多项分布对数线性模型可以采用程序包 MASS 中的 `glm()` 函数完成拟合, 具体代码如下:

```
#例3.5泰坦尼克号事件数据:多项分布对数线性模型
> library(MASS)
> setwd("C:/mdata")   #设定工作路径
> D<-read.csv("example3.5.csv",header=T)   #将example3.5.csv数据读入到D中
> w<-D[D$Survived=="Yes",]   #统计生还人数
> w$n<-D[1:16,5]+D[17:32,5]   #构建包含生还人数n的数据w
> w<-w[w$n!=0,]   #去掉n=0的数据
> w.fit<-glm(freq~class+sex+age,family=poisson,data=w,offset=log(n))
> summary(w.fit)   #查看所拟合的模型
```

运行以上代码可得如下结果:

```
Call:
glm(formula = freq~class + sex + age, family = poisson, data = w,
    offset = log(n))

Deviance Residuals:
      Min        1Q   Median       3Q      Max
  -4.0906   -0.4338   0.1433   0.9919   3.0362

Coefficients:
              Estimate  Std. Error  z value  Pr(>|z|)
(Intercept)   0.008821    0.074509    0.118  0.905757
class2nd     -0.376492    0.117564   -3.202  0.001363**
class3rd     -0.764527    0.106891   -7.152  8.53e-13***
classcrew    -0.303959    0.113666   -2.674  0.007492**
sexmale      -1.191743    0.089211  -13.359    <2e-16***
agechild      0.480281    0.145603    3.299  0.000972***
---
Signif. codes: 0 '***' 0.001 '**' 0.01 '*' 0.05 '.' 0.1 ' ' 1

(Dispersion parameter for poisson family taken to be 1)

    Null deviance: 348.387 on 13 degrees of freedom
Residual deviance:  38.881 on  8 degrees of freedom
```

```
AIC: 121.57


Number of Fisher Scoring iterations: 4
```

以上结果给出了 6 个参数 μ、class_i、sex_j 和 age_k 的估计值, 比如 $\hat{\mu} = 0.008\,8$, $\text{class}_2 = -0.376\,5$, $\text{sex}_1 = -1.191\,7$, $\text{age}_1 = 0.480\,3$.

为了查看模型拟合效果, 我们把实际生还人数和模型拟合的生还人数进行对比, 具体程序代码和输出图形如下:

```
#例3.5泰坦尼克号事件数据:多项分布对数线性模型
> plot(w$Freq,w.fit$fitted.values,xlab="实际生还人数",
      ylab="模型拟合生还人数")
> lines(c(0,200),c(0,200))
```

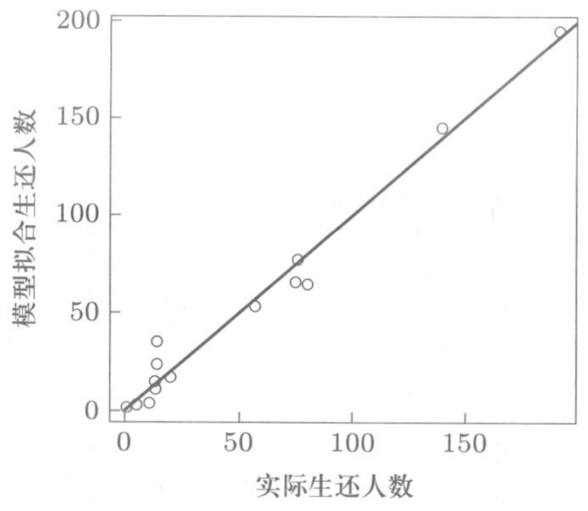

图 3–1 实际生还人数和模型拟合生还人数对比图

图 3–1 说明模型拟合效果很好.

(2) 根据模型意义和参数估计结果可计算:

在其他条件相同时, $\dfrac{\text{女乘客生还的概率}}{\text{男乘客生还的概率}} = \dfrac{\exp\{0\}}{\exp\{-1.191\,743\}} = 3.292\,816$, 即在其他条件相同时女乘客生还的概率约为男乘客的 3.3 倍.

(3) 类似地, 根据模型意义和参数估计结果可计算:

在其他条件相同时, $\dfrac{\text{一等舱乘客生还的概率}}{\text{三等舱乘客生还的概率}} = \dfrac{\exp\{0\}}{\exp\{-0.764\,527\}} = 2.147\,978$, 即在其他条件相同时一等舱乘客生还的概率约为三等舱乘客的 2.15 倍.

本章小结

本章讨论可以处理离散型或连续型因变量的广义线性模型，首先介绍了指数族分布的定义、常见指数族分布和指数族分布的基本性质，然后给出了广义线性模型的定义，最后结合数据具体类型分别介绍实际中应用广泛的几种广义线性模型：二元变量和 logistic 模型 (probit 模型)、分类变量和名义及有序 logit 模型、计数变量和 Poisson 对数线性模型、列联表和对数线性模型.

习题 3

数据文件
exe3.1

3.1　表 3–6 给出了某城市 48 个家庭的调查数据，其中 y 是分类变量 (是否购买住房，1 表示是，0 表示否)，x_1 是家庭年收入 (万元)，x_2 是家中是否有孩子 (1 表示有，0 表示没有). 根据数据建立 logistic 回归模型并估计年收入为 20 万元、家里有孩子的家庭购买住房的可能性.

表 3–6　某城市 48 个家庭的调查数据

x_1	x_2	y	x_1	x_2	y	x_1	x_2	y
20	1	1	25	0	1	12	1	0
30	1	1	12	0	0	35	0	1
10	0	0	30	1	1	9	1	0
22	0	1	15	0	1	38	1	1
8	0	0	47	1	1	10	1	0
30	1	1	22	0	1	22	0	1
16	0	0	9	0	0	24	0	1
26	0	1	26	0	1	9	0	0
42	1	1	28	1	1	15	1	0
36	0	1	31	0	1	28	1	1
7	0	0	8	0	0	30	0	1
54	1	1	19	1	0	6	0	0
60	0	1	66	1	1	23	0	0
21	1	1	25	0	1	26	1	1
18	0	1	16	1	1	10	0	0
50	1	1	33	1	1	36	1	1

3.2 某调查机构询问 180 个不同年龄的人对某部有争议的影片的观点 (肯定和否定分别用 1 和 0 表示), 得到的数据如表 3–7 所示. 以对该影片的观点为因变量 y, 年龄为自变量 x, 建立回归方程, 并估计年龄为 30 岁的人对该影片持肯定观点的可能性.

数据文件
exe3.2

表 3–7　调查得到的 180 个不同年龄的人对某部影片的看法

编号	年龄	观点	编号	年龄	观点	编号	年龄	观点	编号	年龄	观点	编号	年龄	观点	编号	年龄	观点
1	16	1	31	38	0	61	20	1	91	55	0	121	38	0	151	28	1
2	17	1	32	39	1	62	20	1	92	49	0	122	40	0	152	20	1
3	18	1	33	40	1	63	20	1	93	58	0	123	41	0	153	20	1
4	18	1	34	40	0	64	20	1	94	16	1	124	43	0	154	26	0
5	18	1	35	42	0	65	20	0	95	17	1	125	44	0	155	27	1
6	18	0	36	43	0	66	20	1	96	17	1	126	45	0	156	21	1
7	19	1	37	44	0	67	21	1	97	18	0	127	46	0	157	21	0
8	19	1	38	45	0	68	21	0	98	19	1	128	48	1	158	22	1
9	19	1	39	46	0	69	22	1	99	19	1	129	50	0	159	22	0
10	19	0	40	47	0	70	22	0	100	19	0	130	51	0	160	22	1
11	20	1	41	48	1	71	22	1	101	20	1	131	52	0	161	23	0
12	20	1	42	50	0	72	23	0	102	20	0	132	56	0	162	24	0
13	20	0	43	51	0	73	24	0	103	21	1	133	57	0	163	24	1
14	21	1	44	54	0	74	24	1	104	21	1	134	61	0	164	25	1
15	21	1	45	55	0	75	25	1	105	22	1	135	66	0	165	25	1
16	22	1	46	60	0	76	25	1	106	22	1	136	18	1	166	36	0
17	23	1	47	63	0	77	36	0	107	23	1	137	16	1	167	38	0
18	23	1	48	18	1	78	38	0	108	23	1	138	18	1	168	40	1
19	23	0	49	18	1	79	39	1	109	24	1	139	16	1	169	40	0
20	24	1	50	18	1	80	40	1	110	24	1	140	18	1	170	42	0
21	24	1	51	18	1	81	40	0	111	25	0	141	18	0	171	43	0
22	25	0	52	18	0	82	43	0	112	25	1	142	19	1	172	44	0
23	25	1	53	19	1	83	44	0	113	26	0	143	19	1	173	46	0
24	26	0	54	19	1	84	45	0	114	30	1	144	19	1	174	47	0
25	32	0	55	19	0	85	47	0	115	32	0	145	19	0	175	48	1
26	33	0	56	20	1	86	48	1	116	33	0	146	20	1	176	50	0
27	35	1	57	20	1	87	50	0	117	35	1	147	20	1	177	55	0
28	35	0	58	20	0	88	51	0	118	35	0	148	21	1	178	54	0
29	36	0	59	21	1	89	53	0	119	36	0	149	21	1	179	60	0
30	36	0	60	21	1	90	54	0	120	36	0	150	20	1	180	59	0

资料来源: 费宇, 石磊. 统计学. 2 版. 北京: 高等教育出版社, 2017.

数据文件
exe3.3

3.3 表 3–8 是关于 200 个不同年龄 (age, 定量变量) 和性别 (sex, 定性变量, 用 0 和 1 代表女和男) 的人对某项服务产品的观点 (opinion, 二水平定性变量, 用 1 和 0 代表认可和不认可) 的数据. 这里观点是因变量, 它只有两个值, 试用 logistic 回归模型加以分析, 并预测一个年龄是 30 岁的女性对该项服务产品认可的可能性.

表 3–8　200 个不同年龄和性别的人对某项服务产品的观点

年龄	性别	观点	年龄	性别	观点	年龄	性别	观点	年龄	性别	观点
51	1	0	26	1	1	23	0	1	30	0	0
57	1	0	43	1	0	42	0	1	20	0	1
46	1	0	63	1	0	35	1	0	67	1	0
20	1	1	58	1	0	27	1	0	60	1	0
50	0	0	60	0	0	64	1	0	21	1	0
22	1	0	53	1	1	54	0	1	55	1	0
40	1	0	58	1	0	21	0	1	55	0	0
29	0	1	66	1	0	52	1	0	47	1	0
68	1	0	19	1	0	54	1	0	58	1	0
66	0	0	40	1	0	60	1	0	64	1	0
28	1	1	30	0	0	60	1	0	64	1	0
43	0	1	45	1	1	22	1	0	60	0	0
43	0	0	31	1	1	67	1	0	59	1	0
53	0	1	43	1	0	35	1	0	41	0	1
69	1	0	38	0	1	56	0	1	24	1	1
63	0	1	30	1	0	25	0	1	66	1	0
47	0	1	68	1	0	24	1	1	40	0	1
67	0	0	34	1	0	45	0	0	67	1	0
65	0	0	33	1	1	21	1	0	51	0	0
66	1	0	35	1	1	67	1	0	49	1	0
24	0	0	52	1	0	27	0	1	50	1	0
38	0	1	70	1	0	63	1	0	29	1	0
24	1	0	63	1	0	45	0	0	33	1	0
40	1	1	23	0	1	48	1	1	66	1	0
33	1	1	63	1	0	21	0	1	29	1	0
36	1	1	51	1	1	56	1	0	20	1	1
68	1	0	34	1	0	57	1	0	40	0	0

续表

年龄	性别	观点	年龄	性别	观点	年龄	性别	观点	年龄	性别	观点
28	0	1	62	1	0	51	1	0	25	1	1
43	0	1	42	1	1	28	0	1	19	0	1
58	1	1	68	1	0	58	1	0	52	1	0
28	0	1	37	0	0	69	1	0	30	0	1
27	0	1	41	1	0	42	0	0	64	1	0
38	0	0	33	0	0	66	0	1	33	1	0
40	1	0	68	1	0	23	0	1	38	1	0
64	0	1	63	1	0	45	1	0	58	0	1
63	1	0	33	1	1	47	1	0	66	0	0
26	0	1	36	1	1	20	1	1	20	0	1
43	0	0	41	0	1	40	1	0	38	0	1
42	1	1	49	1	0	60	1	0	51	0	1
56	1	0	51	0	1	60	1	0	51	1	0
51	1	0	20	1	0	43	0	1	34	0	1
22	0	1	30	1	0	34	1	1	32	1	0
29	0	1	37	0	1	53	1	0	33	1	0
69	1	0	35	0	1	65	1	0	55	0	0
64	0	0	51	1	0	39	1	0	39	0	0
21	1	0	51	1	0	64	0	0	61	1	0
61	0	0	25	1	0	39	0	1	42	1	0
45	1	0	18	1	1	68	1	0	25	0	1
51	0	0	66	0	0	58	1	0	46	1	0
36	1	1	33	1	0	56	1	1	55	0	0

资料来源: 吴喜之. 统计学: 从数据到结论. 北京: 中国统计出版社, 2004.

3.4　表 3–9 给出了 400 名研究生的录取数据, 因变量为 admit (是否录取, 1 表示录取, 0 表示不录取), 3 个自变量分别为 GRE (GRE 成绩), gpa (GPA 成绩) 和 rank (本科学校排名, 有 $1, 2, 3, 4$ 四个取值). 根据这些数据建立 logistic 回归模型, 并对模型的系数进行显著性检验.

数据文件
exe3.4

表 3–9　400 名研究生的录取数据 (部分)

编号	admit	GRE	gpa	rank
1	0	145	3.61	3
2	1	164	3.67	3
3	1	170	4	1
4	1	162	3.19	4

续表

编号	admit	GRE	gpa	rank
5	0	154	2.93	4
6	1	170	3	2
7	1	157	2.98	1
8	0	146	3.08	2
9	1	156	3.39	3
10	0	166	3.92	2
⋮	⋮	⋮	⋮	⋮
396	0	161	4	2
397	0	157	3.04	3
398	0	151	2.63	2
399	0	166	3.65	2
400	0	160	3.89	3

数据文件
exe3.5

3.5 表 3–10 中的数据是 R 软件 robust 包中的 Breslow 癫痫数据. 我们讨论在治疗初期的八周内, 癫痫药物对癫痫发病次数的影响, 因变量为八周内癫痫发病次数 (y), 自变量为八周内的基础发病次数 (x_1)、年龄 (x_2) 和治疗条件 (x_3), 其中治疗条件是二值变量, $x_3 = 0$ 表示服用安慰剂, $x_3 = 1$ 表示服用药物. 根据这个数据建立 Poisson 对数线性模型并对模型的系数进行显著性检验.

表 3–10　Breslow 癫痫数据

编号	x_1	x_2	x_3	y	编号	x_1	x_2	x_3	y
1	11	31	0	14	12	33	24	0	30
2	11	30	0	14	13	18	23	0	16
3	6	25	0	11	14	42	36	0	42
4	8	36	0	13	15	87	26	0	59
5	66	22	0	55	16	50	26	0	16
6	27	29	0	22	17	18	28	0	6
7	12	31	0	12	18	111	31	0	123
8	52	42	0	95	19	18	32	0	15
9	23	37	0	22	20	20	21	0	16
10	10	28	0	33	21	12	29	0	14
11	52	36	0	66	22	9	21	0	14

续表

编号	x_1	x_2	x_3	y	编号	x_1	x_2	x_3	y
23	17	32	0	13	42	13	40	1	12
24	28	25	0	30	43	46	33	1	65
25	55	30	0	143	44	36	21	1	26
26	9	40	0	6	45	38	35	1	39
27	10	19	0	10	46	7	25	1	7
28	47	22	0	53	47	36	26	1	32
29	76	18	1	42	48	11	25	1	3
30	38	32	1	28	49	151	22	1	302
31	19	20	1	7	50	22	32	1	13
32	10	30	1	13	51	41	25	1	26
33	19	18	1	19	52	32	35	1	10
34	24	24	1	11	53	56	21	1	70
35	31	30	1	74	54	24	41	1	13
36	14	35	1	20	55	16	32	1	15
37	11	27	1	10	56	22	26	1	51
38	67	20	1	24	57	25	21	1	6
39	41	22	1	29	58	13	36	1	0
40	7	28	1	4	59	12	37	1	10
41	22	23	1	6					

3.6 某企业想了解顾客对其产品的满意程度, 进行了一次问卷调查. 顾客按年龄分为三组: 青年 (30 岁及以下), 中年 (31 ~ 50 岁), 老年 (51 岁及以上); 顾客按居住地分为两组: 城市和农村. 顾客按年龄和居住地两个变量可分为 6 组, 每组分别调查了 50 位女顾客和 50 位男顾客, 一共调查了 600 位顾客, 表 3–11 给出了调查的结果. 根据这个数据建立多项分布对数线性模型.

数据文件
exe3.6

表 3–11 顾客对产品的满意程度数据

年龄 x_1	性别 x_2	居住地 x_3	满意人数 y
1	0	1	20
2	0	1	40
3	0	1	35

续表

年龄 x_1	性别 x_2	居住地 x_3	满意人数 y
1	1	1	10
2	1	1	15
3	1	1	36
1	0	2	26
2	0	2	44
3	0	2	23
1	1	2	22
2	1	2	30
3	1	2	25

说明: 年龄 $x_1=1$ 表示青年组, $x_1=2$ 表示中年组, $x_1=3$ 表示老年组; 性别 $x_2=0$ 表示女顾客, $x_2=1$ 表示男顾客; 居住地 $x_3=1$ 表示城市, $x_3=2$ 表示农村.

数据文件
exe3.7

3.7　2006 年美国社会调查关于家庭收入和幸福感的数据, 一共调查了 2 955 人, 按家庭收入 x 分为三组: 高于平均水平、平均水平和低于平均水平; 幸福感 y 分为三类: 不幸福、幸福和非常幸福. 表 3–12 给出调查的结果, 根据这个数据建立对数线性模型, 分析幸福感与家庭收入的关系.

表 3–12　家庭收入和幸福感数据

家庭收入 x	幸福感 y			合计
	不幸福 1	幸福 2	非常幸福 3	
高于平均水平 1	49	294	272	615
平均水平 2	131	835	454	1420
低于平均水平 3	208	527	185	920
合计	388	1656	911	2955

资料来源: AGRESTI A. Analysis of Ordinal Categorical Data. 2nd ed. John Wiley & Sons, Inc., 2010.

参考文献

[1] 费宇, 石磊. 统计学. 2 版. 北京: 高等教育出版社, 2017.
[2] 汤银才. R 语言与统计分析. 北京: 高等教育出版社, 2008.
[3] 薛毅, 陈立萍. 统计建模与 R 软件. 北京: 清华大学出版社, 2007.
[4] 吴喜之. 统计学: 从数据到结论. 北京: 中国统计出版社, 2004.

[5] 吴喜之. 复杂数据统计方法: 基于 R 的应用. 3 版. 北京: 中国人民大学出版社, 2015.

[6] AGRESTI A. Analysis of Ordinal Categorical Data. 2nd ed. John Wiley & Sons, Inc., 2010.

[7] DOBSON A J, BARNETT A G. An Introduction to Generalized Linear Models. 3rd ed. CHAPMAN and HALL/CRC, 2008.

第 4 章

聚类分析

常言说: 物以类聚, 人以群分. 传统的分类问题中, 人们主要依据经验和专业知识, 采用定性方法进行分类. 随着科学技术的发展, 分类越来越细, 分类的要求越来越高, 需要引入统计和数学工具, 采用定性与定量相结合的方法对研究对象进行更为科学的分类, 聚类分析方法应运而生. **聚类分析 (cluster analysis)** 就是研究如何将由多个个体组成的研究对象按照个体之间的相似性进行合理分类的一种多元统计方法. 这里所说的相似性常常用距离、相关系数等描述. 在机器学习中聚类分析属于无指导学习或无监督学习. 目前聚类分析已广泛应用于经济、管理、医学、心理学、气象预报、地质勘探、生物分类等诸多领域. 用一个具体例子来说明:

数据文件 example 4.0

例 4.0 花岗岩样品分类问题 从湖南邓阜仙岩体采集了 7 块花岗岩样品, 分别测得其 5 种化学成分: 二氧化硅 SiO_2, 二氧化钛 TiO_2, 氧化亚铁 FeO, 氧化钙 CaO, 氧化钾 K_2O, 见表 4–0 所示数据.

表 4–0 随机采集的 7 块花岗岩样品的部分化学成分数据

序号	SiO_2	TiO_2	FeO	CaO	K_2O
1	75.20	0.14	1.86	0.91	5.21
2	75.15	0.16	2.11	0.74	4.93
3	72.19	0.13	1.52	0.69	4.65
4	72.35	0.13	1.37	0.83	4.87
5	72.74	0.10	1.41	0.72	4.99
6	73.29	0.033	1.07	0.17	3.15
7	73.72	0.033	0.77	0.28	2.78

若将 7 块样品视为 7 个 5 维点, 能否利用样品点之间的距离 (如欧氏距离) 对样品进行分类? 分为几类较为合适? 这个问题实际上是一个利用高维点之间的距离远近来对样品进行分类的问题, 可以先定义样品点 (或点集) 间的距离, 然后利用系统聚类法来解决, 参见本章例 4.1. 当需要分类的对象包含的点的个

数较多时, 逐个计算这些点 (或点集) 之间的距离进行聚类所需的计算量较大, 能否有一种较为快捷的聚类方法? 此时 k 均值聚类法提供了一种简便的解决方案, 参见本章例 4.2. 此外, 如何选择适当的 k 值大小? 怎样利用变量之间的相关性 (如相关系数) 大小来聚类? 本章例 4.3 对此作了一定的探讨. 本章最后介绍了一种较为实用的 EM 聚类法, 见本章例 4.4.

设 $\boldsymbol{X}=(x_{ij})$ 是对研究对象的 n 次观测得到的 $n\times p$ 数据矩阵, 进行聚类时, 可以按照观测值对 n 个样品 (视为 n 个 p 维点) 进行聚类, 称为 **Q 型聚类**, 即对样品的聚类; 也可以按照观测值对 p 个变量进行聚类, 称为 **R 型聚类**, 即对变量的聚类. 虽然两种类型的聚类分析关心的问题不同, 但从数学处理上说, 二者并没有实质性的差别, 都是把相似程度高的个体聚为一类.

聚类的基础是聚类对象个体与个体之间、变量与变量之间的相似性. 本章内容如下: 4.1 节简单讨论相似性的度量; 4.2 节借助**系统聚类法 (hierarchical clustering)** 阐述聚类分析的基本思想方法; 4.3 节介绍一种快速聚类方法——**k 均值聚类法 (k-means clustering)**; 4.4 节介绍其他聚类函数, 通过一个例子来介绍其中较常用的期望最大化 EM (expectation maximization) 聚类方法.

4.1 相似性度量

Q 型聚类是对样品进行聚类, 即根据样品之间的靠近程度来进行聚类. 样品间的靠近程度通常用距离来衡量. 每个样品可以看成空间 $\mathbf{R}^p$ 中的一个点, n 个样品就是 $\mathbf{R}^p$ 中的 n 个点, 需要定义这 n 个点之间的各种距离来度量它们之间的靠近程度. 设 $\boldsymbol{x}=(x_1,x_2,\cdots,x_p)^{\mathrm{T}}$ 与 $\boldsymbol{y}=(y_1,y_2,\cdots,y_p)^{\mathrm{T}}$ 是 p 维向量, 度量 $\boldsymbol{x}$ 与 $\boldsymbol{y}$ 之间的靠近程度常用的距离有以下六种.

1. Euclid (欧氏) 距离

$$d(\boldsymbol{x},\boldsymbol{y})=\sqrt{\sum_{i=1}^{p}(x_i-y_i)^2}.$$

2. 绝对距离

$$d(\boldsymbol{x},\boldsymbol{y})=\sum_{i=1}^{p}|x_i-y_i|.$$

3. Chebyshev (切比雪夫) 距离

$$d(\boldsymbol{x},\boldsymbol{y})=\max_{1\leqslant i\leqslant p}|x_i-y_i|.$$

4. Minkowski (闵可夫斯基) 距离

$$d(\boldsymbol{x},\boldsymbol{y})=\sqrt[k]{\sum_{i=1}^{p}|x_i-y_i|^k}.$$

易见, 当 $k=1,2$ 和 ∞ 时就可分别得到上面的绝对距离、Euclid 距离和 Chebyshev 距离.

5. Mahalanobis (马氏) 距离

$$d(\boldsymbol{x},\boldsymbol{y})=\sqrt{(\boldsymbol{x}-\boldsymbol{y})^{\mathrm{T}}\boldsymbol{S}^{-1}(\boldsymbol{x}-\boldsymbol{y})},$$

其中 $\boldsymbol{S}$ 是样本协方差矩阵, 采用 Mahalanobis 距离的好处就是考虑了各个变量之间的相关性, 而且消除了变量单位不一致的影响, 不便之处是样本协方差矩阵 $\boldsymbol{S}$ 要事先确定. 如果各个变量之间互不相关, 方差都是 1, 则 $\boldsymbol{S}$ 为单位矩阵, Mahalanobis 距离就退化为 Euclid 距离.

6. Lance (兰斯) 距离

$$d(\boldsymbol{x},\boldsymbol{y})=\sum_{i=1}^{p}\frac{|x_i-y_i|}{x_i+y_i},$$

其中 $x_i>0, y_i>0\ (i=1,2,\cdots,p)$. 如果不要求 $x_i>0, y_i>0\ (i=1,2,\cdots,p)$, 则可得扩展的 Lance 距离

$$d(\boldsymbol{x},\boldsymbol{y})=\sum_{i=1}^{p}\frac{|x_i-y_i|}{|x_i+y_i|}.$$

在 R 软件中可用 `dist()` 函数来计算各样品点之间的距离, 使用格式见例 4.1 说明.

R 型聚类通常用于对变量进行聚类, 即根据变量之间的相似程度来进行聚类, 这时常用变量 x_i 与 x_j 间的相似系数 c_{ij} 来度量变量之间的相似程度 (见第 4 章参考文献 [1]). 两个变量之间的相似系数的绝对值越接近于 1, 表明两个变量的关系越密切; 绝对值越接近于 0, 表明两个变量的关系越疏远. 最常用的相

似系数有两种:

1. 相关系数

设 $\boldsymbol{X}=(x_{ij})$ 是对研究对象的 n 次观测得到的 $n\times p$ 数据矩阵, n 行看成 n 个样品, 每个样品有 p 个变量, 则第 i 个变量 x_i 与第 j 个变量 x_j 的相关系数为

$$r_{ij}=\frac{\sum\limits_{k=1}^{n}(x_{ki}-\bar{x}_i)(x_{kj}-\bar{x}_j)}{\sqrt{\sum\limits_{k=1}^{n}(x_{ki}-\bar{x}_i)^2\sum\limits_{k=1}^{n}(x_{kj}-\bar{x}_j)^2}},\quad i,j=1,2,\cdots,p,$$

其中 $\bar{x}_i=\frac{1}{n}\sum\limits_{k=1}^{n}x_{ki}$, $\bar{x}_j=\frac{1}{n}\sum\limits_{k=1}^{n}x_{kj}$ 分别表示第 i 个变量与第 j 个变量的样本均值. 相关系数的绝对值越大表示两个变量的相似程度越高.

2. 夹角余弦

p 个变量可视为 n 维空间 $\mathbf{R}^n$ 中的 p 个 n 维向量, 向量之间的夹角余弦可以度量变量间的相似程度, 变量 x_i 与 x_j 的夹角余弦为

$$\cos\theta_{ij}=\frac{\sum\limits_{k=1}^{n}x_{ki}x_{kj}}{\sqrt{\sum\limits_{k=1}^{n}x_{ki}^2\sum\limits_{k=1}^{n}x_{kj}^2}},\quad i,j=1,2,\cdots,p.$$

向量之间的夹角余弦的绝对值越大, 表示两个变量的相似程度越高.

对上述 $n\times p$ 数据矩阵 $\boldsymbol{X}$, 在 R 软件中可用 `scale()` 函数来对数据进行中心化 $(x_{ki}^*=x_{ki}-\bar{x}_i)$ 或标准化 $\left(x_{ki}^*=\dfrac{x_{ki}-\bar{x}_i}{s_i}\right)$, 其中 $s_i^2=\frac{1}{n-1}\sum\limits_{k=1}^{n}(x_{ki}-\bar{x}_i)^2$, 进而计算 $\boldsymbol{X}$ 的列向量间的夹角余弦; 还可用 `cor()` 函数来计算 $\boldsymbol{X}$ 的列向量间的相关系数. 计算这两个相似性指标的 R 程序如下:

```
> Y<-scale(X, center=F, scale=T)/sqrt(nrow(X)-1)
                                    #对X的列向量作不减样本均值的标准化
> C<-t(Y)%*%Y    #可计算出X的列向量间的夹角余弦
> R<-cor(X)   #计算X的列向量间的相关系数矩阵
```

程序中选项 `center` 是逻辑变量, 等于 `T` (或 `F`) 表示对数据作 (或不作) 中心化变换; 选项 `scale` 也是逻辑变量, 等于 `T` (或 `F`) 表示对数据作 (或不作) 标准化变换, 两个逻辑变量的默认值均为 `T`.

不同的变量之间也可以定义距离, 变量 x_i 与 x_j 间的距离 d_{ij} 常借助于相似系数 c_{ij} 来定义, 如定义 $d_{ij} = 1 - c_{ij}$. 普通距离定义 (如上述六种) 通常用于 Q 型聚类分析, 而形如 $d_{ij} = 1 - c_{ij}$ 这种变量间的距离通常用于 R 型聚类分析.

4.2 系统聚类法

系统聚类法是一种常用的聚类方法, 它的基本思想是依据个体间的相似性大小将个体逐步合并, 使得研究对象的分类数由多变少, 也称为分层聚类法. 设有 n 个样品, 每个样品有 p 个变量. 系统聚类的基本步骤为: 先将每个个体 (样品或变量) 各自看成一类, 总共有 r 类 (如果是 Q 型聚类, 则 $r = n$; 如果是 R 型聚类, 则 $r = p$). 根据个体间的相似程度 (距离、相关系数等) 将 r 类个体中最相似的两类合并成一个新类, 得到 $r-1$ 类, 再在这 $r-1$ 类中找出最相似的两类合并, 得到 $r-2$ 类, 如此下去, 直到将所有的 r 类个体合并成一个大类为止. 因此, 系统聚类法是从多到少的聚类方法. 每一步合并类的关键是: 相似程度最高的两类优先合并为一类. 最后将上述并类过程画成一张树形图, 按一定的原则决定分成几类.

但问题是: 如何度量两个类之间的相似程度?

对于 Q 型聚类情形: 设 G_s 与 G_t 为两个类, 用 d_{ij} 表示 G_s 中第 i 个样品与 G_t 中第 j 个样品之间的距离, 规定不同的类与类之间的距离, 产生不同的系统聚类方法. 常用的度量 G_s 与 G_t 之间的距离 D_{st} 的方法有以下几种.

(1) 最小距离法: G_s 与 G_t 之间的距离 D_{st} 定义为两类中最近样品之间的距离, 即

$$D_{st} = \min_{i \in G_s, j \in G_t} d_{ij}.$$

(2) 最大距离法: G_s 与 G_t 之间的距离 D_{st} 定义为两类中最远样品之间的距离, 即

$$D_{st} = \max_{i \in G_s, j \in G_t} d_{ij}.$$

(3) 中间距离法: G_s 与 G_t 之间的距离 D_{st} 既不取两类中最近样品间的距离, 也不取两类中最远样品间的距离, 而是取介于两者中间的距离. 该方法是最

小距离法和最大距离法的一个折中. 设 $G_t = \{G_p, G_q\}$, 则 G_s 与 G_t 之间的距离 D_{st} 的递推公式为

$$D_{st} = \frac{1}{2}D_{sp} + \frac{1}{2}D_{sq} - \frac{1}{4}D_{pq}.$$

(4) 重心距离法: G_s 与 G_t 之间的距离 D_{st} 定义为两类中样品重心之间的距离, 即

$$D_{st} = d(\bar{x}_s, \bar{x}_t),$$

其中 $\bar{x}_s$ 和 $\bar{x}_t$ 分别表示 G_s 和 G_t 的重心.

(5) 类平均距离法: G_s 与 G_t 之间的距离 D_{st} 定义为两类中样品两两之间的距离的平均, 即

$$D_{st} = \frac{1}{n_s n_t}\sum_{i\in G_s}\sum_{j\in G_t} d_{ij},$$

其中 n_s 与 n_t 分别为类 G_s 与类 G_t 中元素的个数.

(6) 离差平方和法 (Ward 法): 基于方差分析思想构建的分类方法, 如果分类正确, 同类样品的离差平方和应该较小, 类与类的离差平方和应该较大. 设 $G_t = \{G_p, G_q\}$, 则 G_s 与 G_t 之间的距离 D_{st} 的递推公式为

$$D_{st} = \frac{n_s + n_p}{n_s + n_t}D_{sp} + \frac{n_s + n_q}{n_s + n_t}D_{sq} - \frac{n_s}{n_s + n_t}D_{pq}.$$

对于 R 型聚类情形: 设 G_s 和 G_t 为两个类, 用 r_{ij} 表示 G_s 中第 i 个样品与 G_t 中第 j 个样品之间的相似系数, 通常用系数

$$R_{st} = \max_{i\in G_s, j\in G_t} |r_{ij}|$$

作为 G_s 和 G_t 之间的相似系数.

注意: 对于 R 型聚类, 也可以将变量间的相似系数 c_{ij} 转化成变量间的距离 d_{ij} (例如 $d_{ij} = 1 - c_{ij}$ 或者 $d_{ij}^2 = 1 - c_{ij}^2$ 等), 再利用 d_{ij} 来构造类与类之间的各种距离, 如最小距离、最大距离、重心距离等, 仿照 Q 型聚类的方法步骤进行聚类.

例 4.1 为研究例 4.0 中花岗岩样品的分类情况, 计算 7 块样品之间的 Euclid 距离 (也可采用其他距离, R 程序见下) 结果如表 4–1 所示, 试用系统聚类的最小距离法和最大距离法对这 7 块花岗岩样品进行聚类.

表 4–1　7 块花岗岩样品之间的 Euclid 距离

样品	1	2	3	4	5	6	7
1	0.000						
2	0.416	0.000					
3	3.088	3.032	0.000				
4	2.913	2.898	0.341	0.000			
5	2.518	2.511	0.657	0.426	0.000		
6	3.012	2.837	1.986	2.092	2.027	0.000	
7	3.113	2.948	2.565	2.630	2.540	0.651	0.000

解: 首先采用最小距离法进行聚类, 将 7 块花岗岩样品看成 7 个基本类, 分别记为 $\pi_1, \pi_2, \cdots, \pi_7$, 这 7 个基本类之间的距离如表 4–1 所示. 容易看出 π_3 和 π_4 之间的距离最小, 距离为 0.341, 因此把它们先合并为一个新类, 记为 $G_1 = \{\pi_3, \pi_4\} = \{3, 4\}$, 此时聚类对象变为 6 个类, 分别为 $\pi_1, \pi_2, G_1, \pi_5, \pi_6, \pi_7$; 然后再计算这 6 类之间的距离, 发现 π_1 和 π_2 之间的距离最小, 距离为 0.416, 同样把它们合并为第二个新类, 记为 $G_2 = \{\pi_1, \pi_2\} = \{1, 2\}$, 此时总类数变为 5, 分别为 $G_2, G_1, \pi_5, \pi_6, \pi_7$; 接下来发现 G_1 与 π_5 距离最小, 为 0.426 (注意这里已经是最小距离了), 同样把它们合并为第三个新类, 记为 $G_3 = \{G_1, \pi_5\} = \{3, 4, 5\}\cdots\cdots$ 如此一直进行下去, 直到把所有 7 块花岗岩样品合并为一个大类 G_6, 聚类合并的次序及合并距离如表 4–2 所示.

表 4–2　7 块花岗岩样品按最小距离法的合并次序及合并距离

合并次序	合并的类	合并后的新类	最小距离法合并距离 (Euclid 距离)
1	π_3, π_4	$G_1 = \{3, 4\}$	0.341
2	π_1, π_2	$G_2 = \{1, 2\}$	0.416
3	G_1, π_5	$G_3 = \{3, 4, 5\}$	0.426
4	π_6, π_7	$G_4 = \{6, 7\}$	0.651
5	G_3, G_4	$G_5 = \{3, 4, 5, 6, 7\}$	1.986
6	G_2, G_5	$G_6 = \{1, 2, 3, 4, 5, 6, 7\}$	2.511

同理, 若采用最大距离法进行聚类 (R 程序见后), 聚类结果及合并距离见表 4–3 所示. 注意第 3、4 两步和最小距离法刚好相反. 故采用不同的距离聚类时, 相应的并类次序和聚类结果可能不相同.

表 4–3 7 块花岗岩样品按最大距离法的合并次序及合并距离

合并次序	合并的类	合并后的新类	最大距离法合并距离 (Euclid 距离)
1	π_3, π_4	$G_1 = \{3, 4\}$	0.341
2	π_1, π_2	$G_2 = \{1, 2\}$	0.416
3	π_6, π_7	$G_3 = \{6, 7\}$	0.651
4	G_1, π_5	$G_4 = \{3, 4, 5\}$	0.657
5	G_3, G_4	$G_5 = \{3, 4, 5, 6, 7\}$	2.630
6	G_2, G_5	$G_6 = \{1, 2, 3, 4, 5, 6, 7\}$	3.113

以上聚类过程的 R 程序为

```
#例4.1系统聚类
> setwd("C:/mdata")   #设定工作路径
> d4.0<-read.csv("example4.0.csv",header=T)
                                   #将example4.0.csv数据读入到d4.0中
> d<-dist(d4.0,method=" euclidean ",diag=T,upper=F,p=2)
  #采用Euclid距离计算距离矩阵d, diag设定是否输出对角线上值,输出结果见
   表4-1
  #upper设定是否输出d的上三角部分值, p为Minkowski距离参数k
> HC<-hclust(d,method="single")   #采用最小距离法(single)聚类
> plot(HC,hang=-1)   #绘制最小距离法聚类树状图
  #当hang取负值时,从底部对齐开始绘制聚类树状图
```

说明: 函数 `dist()` 中的 `method` 为距离计算方法, 包括 `"euclidean"` (Euclid 距离)、`"manhattan"` (绝对距离)、`"minkowski"` (Minkowski 距离)、`"binary"` (定性变量距离) 等, 读者可参看 R 帮助文件. 函数 `hclust()` 中的 `method` 为系统聚类方法, 包括 `"single"` (最小距离法)、`"complete"` (最大距离法)、`"average"` (类平均距离法)、`"median"` (中间距离法)、`"centroid"` (重心距离法)、`"ward"` (Ward 法) 等.

这个过程绘制的聚类树状图如图 4–1 所示.

从图 4–1 和表 4–2 可知, 如果取合并距离大于 1.986, 比如取为 2.2, 则 7 块样品可以分为两类, 第一类为 $\{1, 2\}$, 第二类为 $\{3, 4, 5, 6, 7\}$; 如果取合并距离大于 0.651, 比如取为 1, 则 7 块样品可以分为三类, 第一类为 $\{1, 2\}$, 第二类为 $\{3, 4, 5\}$, 第三类为 $\{6, 7\}$.

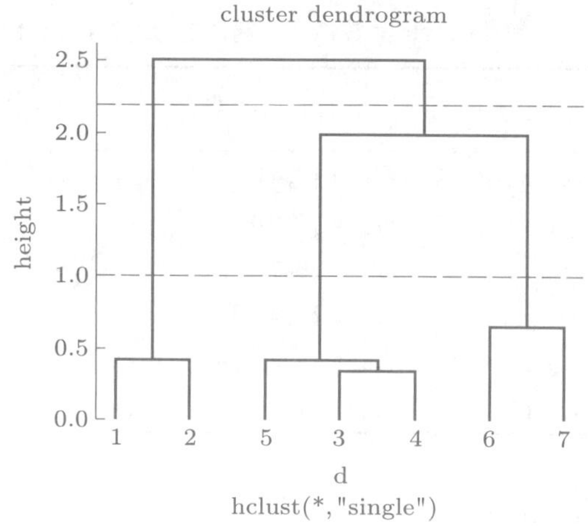

图 4–1　7 块花岗岩样品最小距离法系统聚类树状图

事实上, 可以通过画纵坐标 (即合并距离) 分别为 2.2 和 1 的两条水平虚线帮助准确分类, 它们与树状图的垂线分别有 2 个和 3 个交点, 各个交点之下的 "枝束" 就是对应的分类.

```
> abline(h=c(2.2,1),lty=3)
  #分别画合并距离为2.2和1的水平虚线,如图4-1
```

其次, 采用最大距离法进行聚类, 样品与样品之间仍采用 Euclid 距离来度量. 由于此时并类距离发生变化, 故聚类的结果可能与最小距离法的聚类结果有所不同. 事实上, 最大距离法聚类的第 3、4 两步和最小距离法刚好相反 (见表 4–2 和表 4–3). 这个聚类过程的 R 程序为

```
> HC1<-hclust(d,method="complete")   #采用最大距离法(complete)聚类
> x11()   #另开一个绘图窗口
> plot(HC1,hang=-1)   #绘制最大距离法聚类树状图
> rect.hclust(HC1,k=3,border="red")  #用红色①矩形框出聚类数为3的分类结果
```

在 R 软件中, 函数 rect.hclust() 根据树状图 (也称谱系图) 来确定最终的分类, 它可用不同颜色的矩形框出指定个数的分类结果. 图 4–2 中, 用矩形框

① 全书黑白印刷, 颜色不显示.

出了 3 个 ($k=3$) 分类的结果; 若 $k=2$, 则可框出 2 个分类的结果, 读者可自己输入命令 "`rect.hclust(HC1,k=2,border="blue")`" 尝试一下.

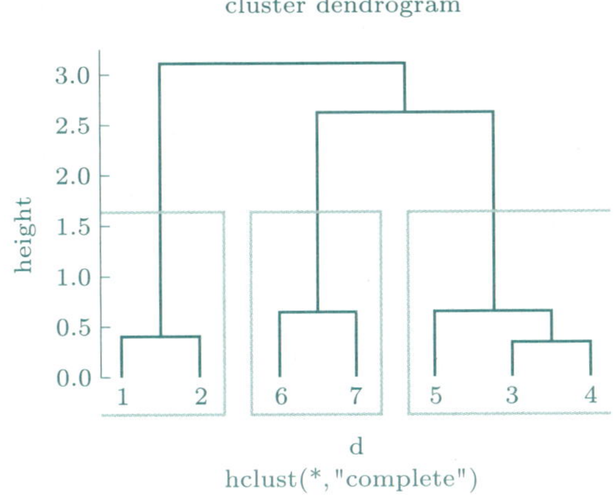

图 4–2 7 块花岗岩样品最大距离法系统聚类树状图

在 R 中和它类似的一个函数是 `cutree()`, 它可以对 `hclust()` 函数聚类的结果进行剪枝, 即顺序指定分类样品所属类别. 例如, 对本例可使用如下 R 命令:

```
> cutree(HC1, k=3)    #这里HC1是hclust()函数生成的对象,指定分类个数k=3
[1]  1  1  2  2  2  3  3
```

输出结果表明 7 块样品可以分为三类, 按原来的样本顺序它们的属类分别为 $1,1,2,2,2,3,3$, 即三个分类分别为 $\{1,2\}$, $\{3,4,5\}$ 和 $\{6,7\}$, 与上面的分类结果一致.

4.3 k 均值聚类法

系统聚类法的每一步都要计算类间距离, 计算量比较大, 特别是当样本量比较大的时候, 系统聚类需要占很大的内存空间, 计算也比较费时间. 为了改进这个不足, Mac Queen (麦奎因, 1967) 提出了一种动态快速聚类方法——**k 均值聚类法**, 其基本思想是: 根据 n 个对象的具体情况, 先选定 k 个临时中心 (具有代表性的点, 也可称为 "聚点", 它们的选择决定初始分类), 计算每个点到这 k 个临时中心的距离, 然后把该点归入距其最近的那个中心所在的类, 这样就把 n

个对象粗略地分成了 k 类. 接着这 k 个类各自计算本类的中心, 得到 k 个新的临时中心. 再重复上面的步骤, 按照某种最优原则 (通常表示为一个准则函数) 不断调整不合理的分类, 直到准则函数收敛为止, 就得到了一个最终的 k 均值聚类结果.

数据文件 example 4.2

例 4.2　表 4–4 给出了全国 31 个省、直辖市、自治区 (不含港澳台) 截止到 2020 年第二季度的最近 6 季度的地区生产总值 (累计值). 根据这些数据, 采用 k 均值聚类法进行聚类分析, k 分别取 4 和 5.

表 4–4　截止到 2020 年第二季度的最近 6 季度的地区生产总值 (累计值)　单位: 亿元

地区	2020 (二)	2020 (一)	2019 (四)	2019 (三)	2019 (二)	2019 (一)
北京	16 205.55	7 462.19	35 371.28	25 446.71	16 443.52	7 784.27
天津	6 309.28	2 874.35	14 104.28	10 146.86	6 556.84	3 103.97
河北	16 387.25	7 410.13	35 104.52	25 254.80	16 319.51	7 725.56
山西	7 821.64	3 634.73	17 026.68	12 249.29	7 915.42	3 747.12
内蒙古	7 704.09	3 550.88	17 212.53	12 382.99	7 895.82	3 676.02
辽宁	11 132.49	5 082.07	24 909.45	17 920.29	11 579.99	5 414.03
吉林	5 441.92	2 441.84	11 726.82	8 436.48	5 316.06	2 492.34
黑龙江	5 250.63	2 409.04	13 612.68	8 744.81	5 586.52	2 581.18
上海	17 356.80	7 856.62	38 155.32	27 449.59	17 737.77	8 396.96
江苏	46 722.92	21 002.80	99 631.52	71 676.63	46 317.03	21 926.23
浙江	29 086.63	13 113.99	62 351.74	44 856.91	28 986.29	13 721.95
安徽	17 551.13	7 821.26	37 113.98	26 700.44	17 253.67	8 167.79
福建	19 901.39	8 999.09	42 395.00	30 499.69	19 708.73	9 330.00
江西	11 691.13	5 343.43	24 757.50	17 810.97	11 509.35	5 448.46
山东	33 025.83	14 919.34	71 067.53	51 127.20	33 038.11	15 640.06
河南	25 608.46	11 510.15	54 259.20	39 035.00	25 224.20	11 940.99
湖北	17 480.51	6 379.35	45 828.31	32 969.67	21 304.82	10 085.58
湖南	19 026.38	8 824.82	39 752.12	28 598.36	18 480.10	8 748.38
广东	49 234.20	22 518.67	107 671.07	77 460.42	50 054.49	23 695.52
广西	10 206.04	4 670.85	21 237.14	15 278.36	9 872.79	4 673.73
海南	2 383.01	1 115.28	5 308.93	3 819.34	2 468.03	1 168.35
重庆	11 209.83	4 987.66	23 605.77	16 982.40	10 973.93	5 195.00
四川	22 130.27	10 172.85	46 615.82	33 536.22	21 670.92	10 258.89
贵州	7 985.53	3 704.04	16 769.34	12 064.15	7 795.79	3 690.48

续表

地区	2020 (二)	2020 (一)	2019 (四)	2019 (三)	2019 (二)	2019 (一)
云南	11 129.77	5 107.77	23 223.75	16 707.57	10 796.33	5110.92
西藏	838.38	384.58	1 697.82	1 221.44	789.29	373.64
陕西	11 794.92	5 439.66	25 793.17	18 556.05	11 990.81	5 676.39
甘肃	4 101.90	1 908.27	8 718.30	6 272.10	4 053.00	1 918.66
青海	1 390.74	652.68	2 965.95	2 133.76	1 378.82	652.73
宁夏	1 763.86	808.13	3 748.48	2 696.72	1 742.61	824.94
新疆	6 412.80	3 055.51	13 597.11	9 781.99	6 321.07	2 992.36

资料来源: 国家统计局数据库 (分省季度修订前数据).

解: 采用 k 均值聚类法的 R 程序如下:

```
> setwd("C:/mdata")   #设定工作路径
> eg4.2<-read.csv("example4.2.csv",header=T)   #将example4.2.csv数据读入
> d4.2=eg4.2[,-1]   #eg4.2的第一列为地名,不是数值先去掉
> rownames(d4.2)=eg4.2[,1]   #用eg4.2的第一列为d4.2的行重新命名
> KM<-kmeans(d4.2, 4, nstart=20, algorithm="Hartigan-Wong")
            #聚类个数设为4
            #初始随机集合的个数为20, 算法为"Hartigan-Wong"(默认)
            #其他备选算法为"Lloyd" "Forgy" "MacQueen"
> KM
```

说明: 实际问题中, 设定的随机集合个数不同, 算法不同, 得到的聚类结果可能有所不同. 甚至在相同条件下重复运行聚类程序, 其结果也会有少量变化. 运行以上程序可得如下结果:

```
K-means clustering with 4 clusters of sizes 18, 2, 3, 8
Cluster means:
    X2020.2   X2020.1   X2019.4  X2019.3   X2019.2   X2019.1
1  6920.442  3176.154  15000.87 10733.64  6919.026  3263.351
2 47978.560 21760.735 103651.30 74568.52 48185.760 22810.875
3 29240.307 13181.160  62559.49 45006.37 29082.867 13767.667
4 18254.910  8115.789  40042.04 28806.93 18614.880  8812.179


Clustering vector:
```

```
北京  天津  河北  山西  内蒙古  辽宁  吉林  黑龙江  上海
   4     1     4     1       1     1     1       1     4
江苏  浙江  安徽  福建    江西  山东  河南    湖北  湖南
   2     3     4     4       1     3     3       4     4
广东  广西  海南  重庆    四川  贵州  云南    西藏  陕西
   2     1     1     1       4     1     1       1     1
甘肃  青海  宁夏  新疆
   1     1     1     1
Within cluster sum of squares by cluster:
[1]  2257087892  61894987  285218326  288166359
(between_SS / total_SS = 93.0%)
```

其中 sizes 表示各类的个数, 31 个地区被聚为大小为 18、2、3 和 8 的四个类; means 表示各类的均值, Clusering vector 表示按地区原顺序聚类后的分类情况及类间平方和在总平方和中的占比 (这里为 93%, 该比值越大越好) 等.

对分类结果进行排序并查看分类情况:

```
> sort(KM$cluster)    #对分类结果进行排序并查看分类情况
天津  山西  内蒙古  辽宁  吉林  黑龙江  江西  广西  海南
   1     1       1     1     1       1     1     1     1
重庆  贵州    云南  西藏  陕西    甘肃  青海  宁夏  新疆
   1     1       1     1     1       1     1     1     1
江苏  广东    浙江  山东  河南    北京  河北  上海  安徽
   2     2       3     3     3       4     4     4     4
福建  湖北    湖南  四川
   4     4       4     4
```

即按分类结果排序, 31 个地区分为 4 类:

第 1 类: 天津, 山西, 内蒙古, 辽宁, 吉林, 黑龙江, 江西, 广西, 海南, 重庆, 贵州, 云南, 西藏, 陕西, 甘肃, 青海, 宁夏, 新疆.

第 2 类: 江苏, 广东.

第 3 类: 浙江, 山东, 河南.

第 4 类: 北京, 河北, 上海, 安徽, 福建, 湖北, 湖南, 四川.

如果将聚类个数设定为 5, 则聚类结果为:

```
> KM<-kmeans(d4.2, 5, nstart=15); sort(KM$cluster)   #聚类个数设为5
天津  吉林  黑龙江  海南  西藏    甘肃  青海  宁夏  新疆
   1     1       1     1     1       1     1     1     1
浙江  山东    河南  江苏  广东    北京  河北  上海  安徽
   2     2       2     3     3       4     4     4     4
福建  湖北    湖南  四川  山西  内蒙古  辽宁  江西  广西
   4     4       4     4     5       5     5     5     5
重庆  贵州    云南  陕西
   5     5       5     5
```

分析比较: 在 $k=4$ 和 $k=5$ 两种情形下, 江苏和广东均聚为一类, 属于第一梯队, 是 GDP 大省; 浙江、山东和河南均聚为一类, 属于 GDP 第二梯队; 北京、河北、上海、安徽、福建、湖北、湖南和四川 8 个地区也都聚为一类; 差别只是在其余地区的分类上, $k=4$ 情形下的第 1 类 18 个地区恰好在 $k=5$ 情形下被分为第 1 类 (9 个地区) 和第 5 类 (9 个地区).

k 均值聚类的一个重要问题是 k 值的选择. 一个常用的选择指标是类间平方和在总平方和中的占比 (`between_SS / total_SS`, 记作 r_k), 该比值越大, 说明类间差异越大, 类内差异越小, 表示聚类效果越好. 下面用一个实例来说明.

数据文件 example 4.3

例 4.3 2017 年全国 113 个环保重点城市空气质量的主要监测指标分别为二氧化硫 (SO_2) 年平均浓度 (μg/m^3)、二氧化氮 (NO_2) 年平均浓度 (μg/m^3)、可吸入颗粒物 (PM_{10}) 年平均浓度 (μg/m^3)、一氧化碳 (CO) 日均值第 95 百分位浓度 (mg/m^3)、臭氧 (O_3) 日最大 8 小时第 90 百分位浓度 (μg/m^3)、细颗粒物 ($PM_{2.5}$) 年平均浓度 (μg/m^3)、空气质量达到及好于二级的天数 (days, 天). 部分数据如表 4–5.

表 4–5 2017 年全国 113 个环保重点城市空气质量主要监测指标

城市	SO_2	NO_2	PM_{10}	CO	O_3	$PM_{2.5}$	天数
北京	8	46	84	2.1	193	58	226
天津	16	50	94	2.8	192	62	209
石家庄	33	54	154	3.6	201	86	151
⋮	⋮	⋮	⋮	⋮	⋮	⋮	⋮
乌鲁木齐	13	49	105	3.4	122	70	241
克拉玛依	8	23	69	1.6	131	34	318

资料来源: 国家统计局数据库.

由于聚类对象数目较大, 在利用 kmeans 函数对 113 个城市进行聚类时, 逐个尝试让聚类个数 k 由小到大逐渐增加, 同时计算类间平方和与总平方和的比值 r_k. 利用 R 程序可求得 r_k 序列值并作出该序列的散点图 (见图 4–3).

```
> setwd("C:/mdata")   #设定工作路径
> eg4.3<-read.csv("example4.3.csv",header=T)   #将example4.3数据读入
> rk=rep(0,20)
> for(k in 1:20){
   km=kmeans(eg4.3[,-1],centers=k)
   rk[k]=km$betweenss/km$totss}
> rks=round(rk,3); rks   #从1到20依次计算rk序列值,取三位小数
   [1] 0.000 0.608 0.806 0.851 0.869 0.883 0.895 0.909 0.913 0.918 0.920
  [12] 0.933 0.935 0.938 0.941 0.949 0.950 0.949 0.955 0.950
> plot(rks,type="o")
```

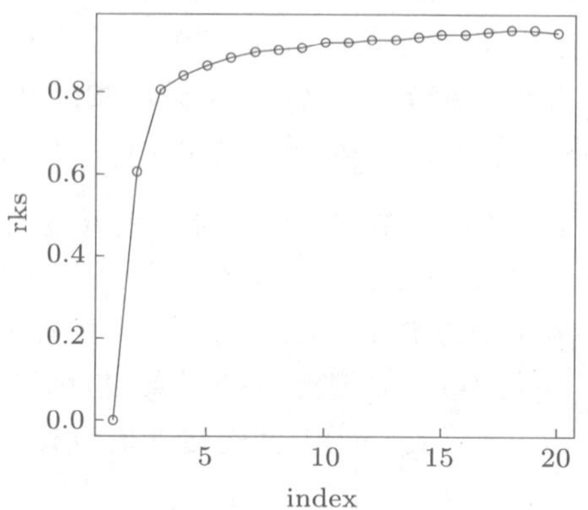

图 4–3　k 均值聚类法聚类个数 k 选择示意图

从图 4–3 容易看出, 当 $k=9$ 之后, 类间平方和占比的增幅就很小了, r_k 趋近于 1. 注意, 作聚类分析时既要使类间平方和占比 r_k 尽量大, 聚类个数又不能太大 (否则分类太零碎), 权衡后取 $k=9$ 进行聚类,R 程序及输出结果如下:

```
> km9=kmeans(eg4.3[,-1],centers=9) ; km9
  K-means clustering with 9 clusters of sizes 14, 9, 14, 15, 11, 14, 8,
                                              11, 17
  Cluster means:
```

```
        SO2      NO2       PM10       CO       O3     PM2.5  days
1  18.57143 35.92857  71.28571 1.700000 151.6429 40.64286   297
2  17.66667 23.44444  67.44444 1.633333 125.5556 37.44444   318
3  28.92857 44.14286 112.71429 2.350000 191.2857 62.78571   194
4  20.73333 42.20000  92.60000 1.933333 171.4667 53.06667   235
5  14.27273 26.45455  52.45455 1.327273 123.1818 28.09091   354
6  19.07143 43.42857  72.64286 1.585714 175.5714 44.28571   262
7  10.12500 27.12500  49.50000 1.087500 148.0000 30.75000   335
8  33.81818 49.63636 131.72727 3.063636 201.6364 76.00000   157
9  18.70588 37.41176  83.64706 1.811765 145.1765 52.76471   267
> sort(km9$cluster)   #限于篇幅输出结果未全部列出,参见下面对9个分类的说明
```

依据 R 程序输出结果中 9 个分类的均值点的值, 特别是最后一列空气质量达到及好于二级的天数 (days) 这一指标来对 9 类城市从高到低进行排序, 结果如下:

最优 (第 5 类, 有 11 个城市): 厦门、汕头、南宁、海口、攀枝花、贵阳、遵义、昆明、曲靖、玉溪、拉萨;

优 (第 7 类, 有 8 个城市): 温州、福州、泉州、韶关、深圳、珠海、湛江、北海;

良好 (第 2 类, 有 9 个城市): 赤峰、本溪、齐齐哈尔、牡丹江、张家界、柳州、桂林、金昌、克拉玛依;

中上 (第 1 类, 有 14 个城市): 大同、大连、连云港、宁波、南昌、九江、青岛、烟台、岳阳、广州、绵阳、南充、延安、西宁;

中等 (第 9 类, 有 17 个城市): 包头、鞍山、抚顺、长春、吉林、哈尔滨、日照、武汉、宜昌、荆州、长沙、株洲、湘潭、常德、泸州、宜宾、乌鲁木齐;

中下 (第 6 类, 有 14 个城市): 秦皇岛、沈阳、锦州、上海、南京、无锡、常州、苏州、南通、杭州、湖州、绍兴、芜湖、重庆;

较差 (第 4 类, 有 15 个城市): 北京、呼和浩特、扬州、镇江、合肥、马鞍山、三门峡、成都、自贡、德阳、铜川、宝鸡、兰州、银川、石嘴山;

差 (第 3 类, 有 14 个城市): 天津、唐山、阳泉、长治、徐州、济南、淄博、枣庄、潍坊、济宁、泰安、开封、平顶山、西安;

最差 (第 8 类, 有 11 个城市): 石家庄、邯郸、保定、太原、临汾、郑州、洛阳、安阳、焦作、咸阳、渭南.

还可利用上面聚类所得的 9 类城市的均值点的最后两列数据 ($PM_{2.5}$ 和 days) 对九个聚类结果进行排序并作图, 见图 4–4.

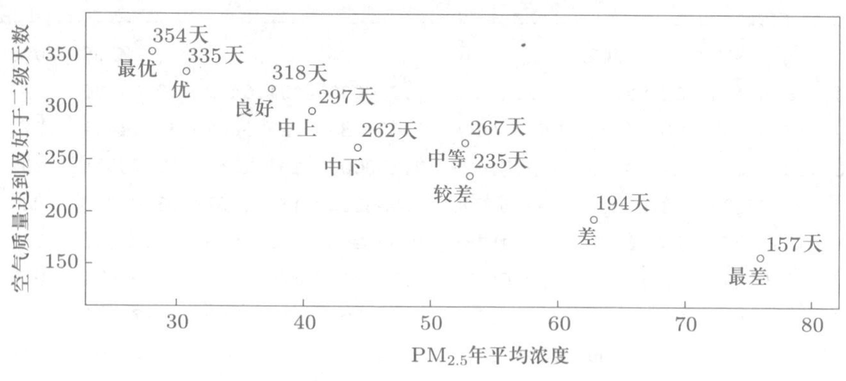

图 4–4　9 类城市空气质量排序图

注意: 由于随机因素影响, 重复运行上述 R 程序时聚类结果会有轻微波动.

上面的讨论都是对样品进行聚类, 即对 113 个样品 (城市) 做 Q 型聚类. 实际上, 本例也可做 R 型聚类, 即对 7 个变量 SO_2, NO_2, PM_{10}, CO, O_3, $PM_{2.5}$ 和 days 进行聚类. 这里需要先计算这 7 个变量的相关系数矩阵 $\boldsymbol{R} = (r_{ij})$, 然后定义变量间的距离为 $d_{ij} = 1 - r_{ij}$, 可得到变量间的距离矩阵 $\boldsymbol{d} = (d_{ij})$. 据此距离矩阵可用上面的方法进行聚类. 下面采用类平均距离法作系统聚类, R 程序及输出结果如下.

```
> R4.3=cor(eg4.3[,-1])       #先计算7个变量的相关系数矩阵
> d=as.dist(1-R4.3,diag=T)  #as.dist()的作用是将普通矩阵转化为聚类分析用
                               的距离矩阵
> d=round(d,3); d   #将相关系数矩阵转化为距离矩阵
          SO2    NO2   PM10     CO     O3  PM2.5  days
  SO2   0.000
  NO2   0.725  0.000
  PM10  0.432  0.331  0.000
  CO    0.329  0.463  0.257  0.000
  O3    0.590  0.356  0.301  0.515  0.000
  PM2.5 0.581  0.344  0.091  0.342  0.306  0.000
  days  1.495  1.695  1.916  1.632  1.856  1.929  0.000
> HC<-hclust(d, method="average")   #采用类平均距离法作系统聚类
> plot(HC,hang=-1)   #从底部对齐绘制聚类树状图
> rect.hclust(HC,k=3,border="blue")   #用蓝色矩形框出聚类数为3的分类结果,
                                        见图4-5
```

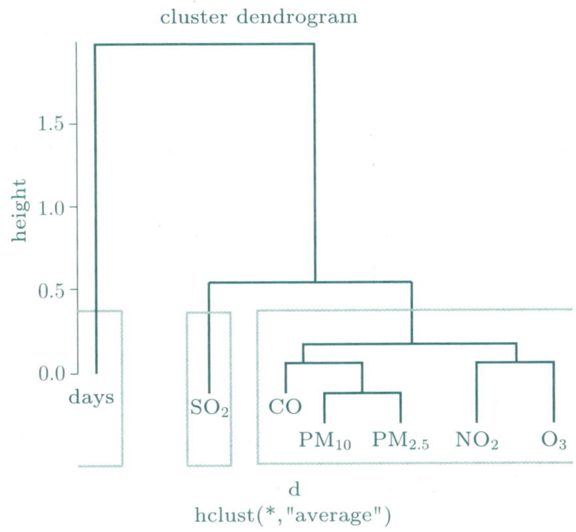

图 4–5 7 个检测指标的 R 型聚类树状图

4.4 EM 聚类法

除了经典的系统聚类函数 `hclust()` 和应用最广泛的 k 均值聚类函数 `kmeans()` 之外, R 软件还发展出了若干新的聚类分析函数, 包括进行 K-中心点聚类的 `pam()` 函数 (需先加载 clust 程序包)、进行密度聚类的 `dbscan()` 函数 (需先下载并加载 fpc 程序包) 和进行期望最大化 EM 聚类的 `Mclust()` 函数 (需先下载并加载 mclust 程序包) 等.

EM 聚类的算法设计基于统计分布, 它认为全体观测值可被分成 k (待定) 个 "自然小类", 其中每一个小类所包含的观测值来自一个特定的统计分布总体, 全体观测值是来自 k 个统计分布总体的混合样本. EM 聚类的难点在于: 不但分类数 k 是未知的, 而且即使知道分类数为 k, 这 k 个总体分布包含的参数也是未知的, 需要通过观测值来估计, 同时各个观测值归入各个总体的概率也需要逐个计算. EM 算法在潜变量 (如样本归属某个小类的概率) 和分布参数 (如某小类总体分布参数) 未知的情况下, 通过迭代方式最大化似然函数来实现. 在确定分类数为 k 的条件下 (常对较小的 $k=1,2,3,\cdots$ 逐个尝试, 然后用某种标准 (如 BIC 值准则) 挑选最佳的 k), EM 聚类的迭代思路是: 设有关于分类参数 z 和成分参数 θ 的两个参数集合 Z 和 Θ. 初始步, 从集合 Θ 中指定一个值作为 t 时刻成分参数 θ 的估计值, 记作 $\theta^{(t)}$; 第一步, 在 $\theta^{(t)}$ 的基础上找到 t

时刻使联合密度最大的分类参数 $z^{(t)} \in Z$; 第二步, 在 $z^{(t)}$ 基础上计算使对数似然函数最大的成分参数 θ, 记作 $\theta^{(t+1)}$. 重复上述第一步和第二步, 直到成分参数和分类参数均收敛到固定值为止. 上述两个步骤分别称为 EM 算法的 E 步和 M 步, 通过“反复估计”找出参数的最优迭代解, 同时给出相应的最优分类数 k. 关于 EM 聚类算法的详细介绍可参看相关文献资料.

函数 `Mclust()` 的使用格式为

```
Mclust(data, G, modelNames, prior, control, ...)
```

其中 `data` 为待聚类数据集; `G` 为预设类别数, 默认值为 1 至 9, 由软件根据 BIC 值选择最优值; `modelNames` 用于设定模型类别, 也由函数自动选取最优值. 详情可参考 R 帮助文件和相关参考文献资料.

以下用一个例子来说明 EM 聚类函数 `Mclust()` 的使用方法并绘制图形展示聚类结果.

例 4.4 在 R 软件内置数据集中, 包含一个由地质学家于 1978 年 8 月至 1979 年 8 月在美国黄石公园旅游景点老忠实泉记录的间歇喷泉喷发数据集, 名为 faithful. 数据集有 272 行 2 列, 两列数据分别是泉水喷发持续时间 (eruptions) 和喷发间隔时间 (waiting), 时间单位均为分钟. 以下用两种方法进行 EM 聚类: (1) 直接对样本进行 EM 聚类; (2) 先在样本中混入均匀分布随机点增大样本量后再进行 EM 聚类.

解: (1) 用程序包 mclust 中的函数 `Mclust` 直接对数据集 faithful 进行聚类:

```
#期望最大化聚类(EM聚类),需先下载并加载R软件包mclust
> library(mclust)
    __  ___________    __  _____________
   /  |/  / ____/ /   / / / / ___/_  __/
  / /|_/ / /   / /   / / / /\__ \ / /
 / /  / / /___/ /___/ /_/ /___/ // /
/_/  /_/\____/_____/\____//____//_/    version 5.4.7
Type 'citation("mclust")' for citing this R package in publications.
> EM1 <- Mclust(faithful)   #直接作EM聚类
fitting ...    |
  |====================================================================| 100%
```

```
> summary(EM1, parameter = TRUE)   #查看模型建模结果
----------------------------------------------------------------
Gaussian finite mixture model fitted by EM algorithm
----------------------------------------------------------------
Mclust EEE (ellipsoidal,equal volume,shape and orientation) model with 3
components:
 log-likelihood   n  df       BIC       ICL
      -1126.326 272  11 -2314.316 -2357.824
Clustering table:
  1   2   3
 40  97 135
Mixing probabilities:
        1         2         3
0.1656784 0.3563696 0.4779520
Means:
               [,1]      [,2]      [,3]
eruptions  3.793066  2.037596  4.463245
waiting   77.521051 54.491158 80.833439
Variances:
[,,1]
           eruptions    waiting
eruptions 0.07825448  0.4801979
waiting   0.48019785 33.7671464
[,,2]
           eruptions    waiting
eruptions 0.07825448  0.4801979
waiting   0.48019785 33.7671464
[,,3]
           eruptions    waiting
eruptions 0.07825448  0.4801979
waiting   0.48019785 33.7671464
> plot(EM1, what = "classification")   #绘制聚类结果的概率分布图(见图4-6)
```

从程序输出结果和图 4–6 易见, 全部 272 个原始数据被聚为三类, 样本大小分别为 40 (圆点)、97 (空心方块点) 和 135 (三角点), 占比依次约为 0.165 7、0.356 4 和 0.477 9. 三个类的均值分别为 (3.793 1, 77.521 1), (2.037 6, 54.491 2)

和 (4.463 2, 80.833 4), 同时输出三类数据对应的协方差矩阵以及似然函数值和 BIC 值等.

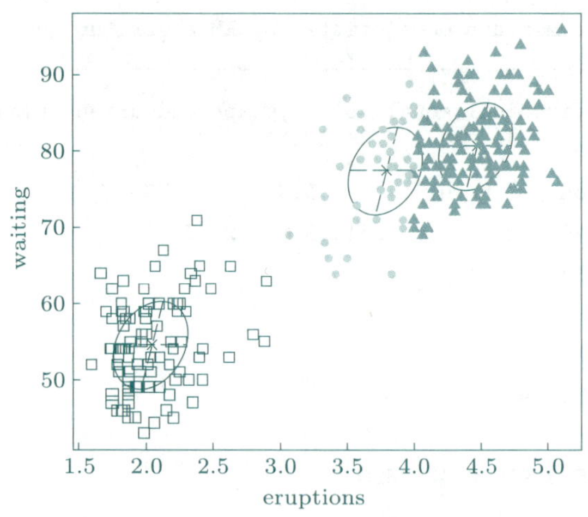

图 4–6 对 faithful 数据直接进行 EM 聚类结果图

(2) 首先在 faithful 数据分布范围内随机生成 728 个均匀分布随机数, 将它们与原来的 faithful 数据混合得到大小为 1 000 的混合样本数据, 再用函数 `Mclust` 对混合样本作 EM 聚类分析. R 程序及输出结果如下:

```
> nNoise <- 728   #设定均匀分布噪声数据个数
> set.seed(9)   #设置随机数种子
> Noise <- apply(faithful, 2, function(x)runif(nNoise,
                 min = min(x) - 0.1, max = max(x) + 0.1))
#在faithful数据分布范围内生成nNoise=728行,2列的均匀分布噪声数据
> data <- rbind(faithful, Noise)   #按行合并faithful和Noise,得到1 000个
                                    混合数据样本
> plot(faithful)   #绘制喷发—间隔数据散点图
> points(Noise, pch = 16, cex = 0.5)   #在上面的散点图中汇入728个均匀分
                                         布噪声数据点
> NoiseInit <- sample(c(TRUE, FALSE), size = nrow(faithful) + nNoise,
                      replace = TRUE, prob = c(3, 1) / 4)
> EM2 <- Mclust(data, initialization = list(noise = NoiseInit))
                                                #进行EM聚类
fitting ...
```

```
  |==================================================================| 100%
> summary(EM2, parameter = TRUE)   #查看模型建模结果
-----------------------------------------------------------------
Gaussian finite mixture model fitted by EM algorithm
-----------------------------------------------------------------
Mclust EEI (diagonal, equal volume and shape) model with 2 components
and a noise term:
  log-likelihood    n  df       BIC       ICL
       -5185.799 1000   9 -10433.77 -10828.2
Clustering table:
  1   2   0
 83 167 750
Mixing probabilities:
         1          2          0
0.08432429 0.15219803 0.76347769
Means:
               [,1]      [,2]
eruptions  2.120904  4.331225
waiting   54.118834 79.906843
Variances:
[,,1]
          eruptions  waiting
eruptions 0.1123591  0.00000
waiting   0.0000000 20.08491
[,,2]
          eruptions  waiting
eruptions 0.1123591  0.00000
waiting   0.0000000 20.08491
Hypervolume of noise component:
195.8854
> plot(EM2, what = "classification")   #绘制聚类结果的概率分布图(见图4-7)
```

从程序输出结果和图 4–7 易见, 原始样本点大致被聚为 2 类, 样本大小分别为 83 (圆点) 和 167 (空心方块点), 其余 750 个点均被视为噪声点. 两个类的均值分别为 $(2.1209, 54.1188)$ 和 $(4.3312, 79.9068)$, 同样也输出了两类数据对应的协方差矩阵以及似然函数值和 BIC 值等.

从图 4–7 还可以看出, 对混合样本的 EM 聚类基本没有受到均匀分布噪声的影响, 并将 faithful 数据聚为 2 类. 这与 (1) 中采用直接聚类法聚成 3 类的结果有所区别, 所以不同的聚类方法会产生不同的聚类结果. 在样本数据量较小时, 适当加入一些均匀分布数据点有时能改进聚类效果. 比如本例, 将图 4–6 中右上角的两类合并成一个大类 (即合并成图 4–7 右上角的一个大类) 可能更符合实际情况.

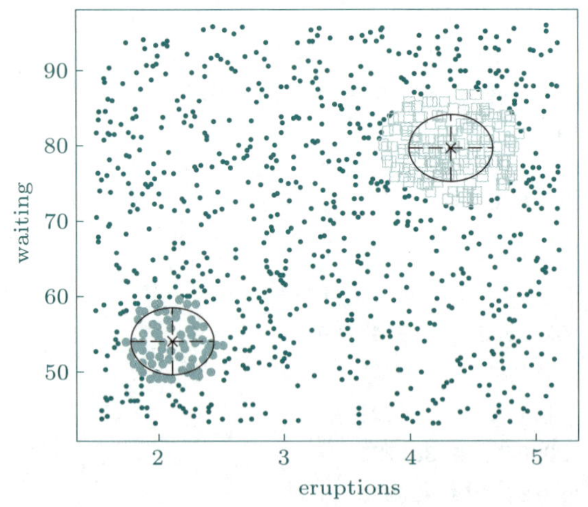

图 4–7　对 faithful 数据与均匀分布数据的混合样本进行 EM 聚类结果图

本章小结

聚类分析分为对样品的 Q 型聚类和对变量的 R 型聚类. 聚类的基本思想都是把相似程度高的个体聚为一类, 而这种相似性常常表现为样品间的距离、变量间的相关系数等. 本章主要介绍了几种常见的聚类方法: 系统聚类法、k 均值聚类法和 EM 聚类法.

习题 4

数据文件
exe4.1

4.1　为比较 10 种红葡萄酒的质量, 由 5 位品酒师对每种酒的颜色、香味、酸度、甜度、纯度和果味 6 项指标进行打分, 最低分为 1 分, 最高分为 10 分, 得到每种酒的每项指标的平均分如表 4–6 所示, 试用系统聚类的最小距离法和最大距离法对 10 种红葡萄酒进行聚类.

表 4–6　10 种红葡萄酒的得分数据

酒	颜色 x_1	香味 x_2	酸度 x_3	甜度 x_4	纯度 x_5	果味 x_6
1	4.65	4.22	5.01	4.50	4.15	4.12
2	6.32	6.11	6.21	6.85	6.52	6.33
3	4.87	4.60	4.95	4.15	4.02	4.11
4	4.88	4.68	4.43	4.12	4.03	4.14
5	6.73	6.65	6.72	6.13	6.51	6.36
6	7.45	7.56	7.60	7.80	7.20	7.18
7	8.10	8.23	8.01	7.95	8.31	6.26
8	8.42	8.54	8.12	7.88	8.26	7.98
9	6.45	6.81	6.52	6.31	6.27	6.06
10	7.50	7.32	7.42	7.52	7.10	6.95

4.2　对 305 名女中学生测量 8 个体型变量, 相应的相关系数矩阵 $\boldsymbol{R}=(r_{ij})$ 见表 4–7, 若定义变量间的距离为 $d_{ij}=1-r_{ij}$, 可得到变量间的距离矩阵 $\boldsymbol{d}=(d_{ij})$. 据此用系统聚类法和 k 均值聚类法对 8 个体型变量进行聚类, 并对比合并距离分别为 0.8 和 0.6 的系统聚类结果和 k 分别取 2 和 3 的 k 均值聚类结果.

数据文件 exe4.2

表 4–7　305 名女中学生 8 个体型变量之间的相关系数

	身高	小臂长	上肢长	下肢长	体重	颈围	胸围	胸宽
身高	1	0.846	0.805	0.859	0.473	0.398	0.301	0.382
小臂长	0.846	1	0.881	0.826	0.376	0.326	0.277	0.415
上肢长	0.805	0.881	1	0.801	0.380	0.319	0.237	0.345
下肢长	0.859	0.826	0.801	1	0.436	0.329	0.327	0.365
体重	0.473	0.376	0.380	0.436	1	0.762	0.730	0.629
颈围	0.398	0.326	0.319	0.329	0.762	1	0.583	0.577
胸围	0.301	0.277	0.237	0.327	0.730	0.583	1	0.539
胸宽	0.382	0.415	0.345	0.365	0.629	0.577	0.539	1

4.3　表 4–8 给出了 2018 年云南省 16 个州市土地、气温和降水量数据. 它们分别为: 土地调查面积 x_1 (10^4 km^2); 牧草地面积 x_2 (10^2 km^2); 年平均气温 x_3 (℃); 年降水量 x_4 (mm). 请据此对这 16 个州市进行系统聚类并给出聚类数为 5 的聚类结果.

数据文件 exe4.3

表 4–8　2018 年云南省 16 个州市土地、气温和降水量数据

州市	x_1	x_2	x_3	x_4
昆明市	2.10	0.29	16.3	902.8
曲靖市	2.89	0.88	14.7	1 019.0
玉溪市	1.49	0.02	17.4	903.9
保山市	1.91	0.15	16.4	1 256.4
昭通市	2.24	1.66	15.8	920.2
丽江市	2.06	1.80	15.0	978.1
普洱市	4.43	0.08	19.1	1 641.5
临沧市	2.36	0.20	18.9	1 270.7
楚雄州	2.84	0.00	16.8	794.9
红河州	3.22	0.09	19.1	1 372.7
文山州	3.14	0.14	17.8	1 327.3
西双版纳州	1.91	0.01	21.1	1 659.3
大理州	2.83	0.22	16.2	821.9
德宏州	1.12	0.04	20.0	1 426.3
怒江州	1.46	0.41	16.1	1 171.4
迪庆州	2.32	8.68	8.3	753.7

资料来源: 云南统计年鉴 2019.

数据文件
exe4.4

4.4　表 4–9 给出了 2013 年至 2019 年全国分地区居民人均消费支出数据 (元), 根据这些数据作聚类数分别为 4 和 5 的 k 均值聚类分析.

表 4–9　2013 年至 2019 年全国分地区居民人均消费支出数据　　单位: 元

地区	2013 年	2014 年	2015 年	2016 年	2017 年	2018 年	2019 年
北京	29 176	31 103	33 803	35 416	37 425	39 843	43 038
天津	20 419	22 343	24 162	26 129	27 841	29 903	31 854
河北	10 872	11 932	13 031	14 247	15 437	16 722	17 987
山西	10 118	10 864	11 729	12 683	13 664	14 810	15 863
内蒙古	14 878	16 258	17 179	18 072	18 946	19 665	20 743
辽宁	14 950	16 068	17 200	19 853	20 463	21 398	22 203
吉林	12 054	13 026	13 764	14 773	15 632	17 200	18 075
黑龙江	12 037	12 769	13 403	14 446	15 577	16 994	18 111
上海	30 400	33 065	34 784	37 458	39 792	43 351	45 605

续表

地区	2013 年	2014 年	2015 年	2016 年	2017 年	2018 年	2019 年
江苏	17 926	19 164	20 556	22 130	23 469	25 007	26 697
浙江	20 610	22 552	24 117	25 527	27 079	29 471	32 026
安徽	10 544	11 727	12 840	14 712	15 752	17 045	19 137
福建	16 177	17 644	18 850	20 167	21 249	22 996	25 314
江西	10 053	11 089	12 403	13 259	14 459	15 792	17 650
山东	11 897	13 329	14 578	15 926	17 281	18 780	20 427
河南	10 002	11 000	11 835	12 712	13 730	15 169	16 332
湖北	11 761	12 928	14 316	15 889	16 938	19 538	21 567
湖南	11 946	13 289	14 267	15 750	17 160	18 808	20 479
广东	17 421	19 205	20 976	23 448	24 820	26 054	28 995
广西	9 596	10 274	11 401	12 295	13 424	14 935	16 418
海南	11 193	12 471	13 575	14 275	15 403	17 528	19 555
重庆	12 600	13 811	15 140	16 385	17 898	19 248	20 774
四川	11 055	12 368	13 632	14 839	16 180	17 664	19 338
贵州	8 288	9 303	10 414	11 932	12 970	13 798	14 780
云南	8 824	9 870	11 005	11 769	12 658	14 250	15 780
西藏	6 307	7 317	8 246	9 319	10 320	11 520	13 029
陕西	11 217	12 204	13 087	13 943	14 900	16 160	17 465
甘肃	8 943	9 875	10 951	12 254	13 120	14 624	15 879
青海	11 576	12 605	13 611	14 775	15 503	16 557	17 545
宁夏	11 292	12 485	13 816	14 965	15 350	16 715	18 297
新疆	11 392	11 904	12 867	14 066	15 087	16 189	17 397

资料来源: 中国统计年鉴 2020.

4.5　表 4–10 给出了 2018 年和 2019 年中国保险公司经济技术指标的统计数据. 根据这些数据作聚类数为 6 的系统聚类分析.

数据文件
exe4.5

表 4–10　2018 年和 2019 年中国保险公司经济技术指标　　单位: 亿元

项目	2018 年保费	2019 年保费	2018 年赔付	2019 年赔付
财产保险公司	11 755.7	13 016.3	6 455.3	7 278.7
企财险	423.1	464.1	242.9	237.0
家财险	76.8	91.2	34.6	36.7
机动车辆保险	7 834.0	8 188.3	4 402.0	4 613.4

续表

项目	2018 年保费	2019 年保费	2018 年赔付	2019 年赔付
工程险	120.8	117.8	54.2	67.6
责任险	590.8	753.3	265.3	341.7
信用险	242.5	200.0	127.9	113.4
保证保险	645.0	843.7	235.3	376.7
船舶险	53.0	55.5	38.3	35.2
货运险	121.1	130.1	67.6	69.7
特殊风险保险	59.5	68.9	20.1	39.5
农业保险	572.6	672.5	393.5	527.9
健康险	569.0	840.3	434.2	623.4
意外险	416.6	526.6	123.8	153.6
其他险	31.0	64.1	15.6	42.9
人身保险公司	26 260.9	29 628.4	5 842.2	5 615.3
寿险	20 722.8	22 754.1	4 388.1	3 743.2
健康险 1	4 879.1	6 225.7	1 310.2	1 728.1
意外险 1	658.9	648.6	143.9	144.0

资料来源: 中国统计摘要 2020.

参考文献

[1] 王学仁, 王松桂. 实用多元统计分析. 上海: 上海科学技术出版社, 1990.
[2] 方开泰. 实用多元统计分析. 上海: 华东师范大学出版社, 1989.
[3] 薛毅, 陈立萍. R 语言实用教程. 北京: 清华大学出版社, 2014.
[4] 卢纹岱. SPSS for Windows 统计分析.3 版. 北京: 电子工业出版社, 2006.
[5] 费宇. 应用数理统计: 基本概念与方法. 北京: 科学出版社, 2007.
[6] 张良均, 谢佳标, 杨坦, 等. R 语言与数据挖掘. 北京: 机械工业出版社, 2016.
[7] 吴喜之. 复杂数据统计方法: 基于 R 的应用. 3 版. 北京: 中国人民大学出版社, 2015.

第 5 章

判别分析

判别分析 (discriminant analysis) 是在研究对象分类确定的条件下, 按照某种分类准则根据个体的观测指标来判断该个体所属类别的一种统计方法. 它主要关心如何将个体"归类". 这种判别规则通常是利用已有的某些样品数据资料作为所谓的"训练样本"建立起来的. 当然, 我们要求判别规则在某种意义下是最优的, 例如样品距所属类别的距离最短, 或样品归属某个类别的概率最大, 或误判平均损失最小等. 待判个体可以是一个新样品, 也可以是之前建立判别规则时的既用样品 (一般称对既用样品的判别为"回判"). 这种统计方法在实际中很常用也很重要. 判别分析的方法很多, 本章主要介绍四种常用的判别方法, 即距离判别、Fisher 判别、Bayes 判别和二次判别, 并介绍它们在 R 中的实现过程.

例 5.0 金融机构客户信用评级问题 按规定, 金融机构客户的信用度等级分为五级, 表 5–0 是某金融机构 17 个客户的个人资料. 该金融机构要建立客户的信用度评价体系, 所选 8 个指标: x_1 为月收入; x_2 为月生活费支出; x_3 是虚拟变量, 住房的所有权属于自己的为"1", 租用的为"0"; x_4 为目前工作的年限; x_5 为前一个工作的年限; x_6 为目前住所的居住年限; x_7 为前一个住所的居住年限; x_8 为家庭赡养的人口数; G 为信用度级别, 信用度最高为"5", 信用度最低为"1".

数据文件 example 5.0

表 5–0 某金融机构客户的信用度评价数据

G	x_1	x_2	x_3	x_4	x_5	x_6	x_7	x_8
1	6 500	19 500.0	0	0.1	0.3	0.1	0.3	4
1	22 750	16 250.0	0	0.5	0.5	0.5	2.0	1
1	7 800	6 500.0	0	0.5	0.5	1.0	0.5	3
1	5 200	5 200.0	0	0.1	1.0	5.0	1.0	3
1	19 500	18 200.0	0	1.0	2.0	3.0	4.0	3
2	29 250	22 750.0	0	8.0	2.0	10.0	1.0	5
2	19 500	16 900.0	1	6.0	1.0	3.0	4.0	2

续表

G	x_1	x_2	x_3	x_4	x_5	x_6	x_7	x_8
3	19 500	9 750.0	0	2.0	8.0	6.0	2.0	5
3	5 525	2 762.5	1	3.0	3.0	25.0	25.0	1
3	14 300	7 800.0	1	6.0	3.0	1.0	4.0	1
4	26 000	6 500.0	1	3.0	5.0	3.0	2.0	1
4	45 500	24 050.0	1	10.0	4.0	10.0	1.0	4
4	29 250	9 750.0	1	6.0	4.0	4.0	9.0	3
5	58 500	14 625.0	1	8.0	4.0	5.0	3.0	2
5	48 750	19 500.0	1	10.0	3.0	10.0	3.0	4
5	19 500	6 500.0	1	20.0	5.0	15.0	10.0	1
5	16 250	4 550.0	1	10.0	5.0	15.0	5.0	3

五个信用度等级的样品可视为来自五个不同的总体 $G_1, G_2, \cdots, G_5$, 诸总体有各自的均值 (中心) 和协方差矩阵. 问题是怎样利用上述客户数据资料 (训练样本) 建立判别规则? 常用的一个判别规则为: 待判样品被判入距所属类别均值点最近的那个类. 获得一个新客户的 8 个指标 (样品点) 后, 就可分别计算该点与五个均值点的距离从而判断其归属.

若直接计算待判样品点与诸均值点的距离还不能有效进行判别, 可先设法对诸样品点作一定的预处理, 如旋转、投影等, 使得预处理后同一类别的样品点尽量靠拢, 不同类别的样品点尽量分开. 之后再计算相关距离来进行判别, 这就是 Fisher 判别法的基本思想. 此外还可采用判入概率最大、错判平均损失最小等判别准则来进行判别. 本章的例 5.1—例 5.4 等将用几个实例来展示说明.

类似的问题还有很多, 例如医生在掌握以往的各种病症 (如肺炎、肝炎、冠心病、糖尿病等) 指标特点的情况下, 根据一个新患者的各项检查指标来判断该病属于哪类病症; 又如在天气预报中, 利用已有的一段时期关于某地区每天气象的记录资料 (阴晴雨、气温、风向、气压、湿度等), 建立一种判别准则来判别 (预报) 明天或未来多天的天气状况; 再如研究人员依照国家划分不同地区经济类型的数量标准, 根据某个地区的 GDP、人均收入、消费水平等相关指标判断该地区属于哪一种经济类型地区等.

判别分析与聚类分析的主要区别在于: 作聚类分析时, 人们事先并不知道所讨论的样品应该分成几类, 完全要根据样品数据的具体情况来确定; 而作判别分析时, 样品分为几个类事先已经明确, 需要做的主要工作是利用训练样本建立判别准则, 对待判样品所属类别进行判定.

5.1 距离判别

5.1.1 距离判别简介

距离是判别分析中的基本概念, 距离判别法根据一个样品与各个类别距离的远近对该样品的所属类别进行判定. 第 4 章中列举了六种距离, 其中常用的是 Euclid 距离和 Mahalanobis 距离. 设 $\boldsymbol{x}=(x_1,x_2,\cdots,x_p)^{\mathrm{T}}$ 和 $\boldsymbol{y}=(y_1,y_2,\cdots,y_p)^{\mathrm{T}}$ 是两个随机向量, 有相同的协方差矩阵 $\boldsymbol{\Sigma}$, 则 $\boldsymbol{x}$ 与 $\boldsymbol{y}$ 之间的 Mahalanobis 距离定义为

$$d(\boldsymbol{x},\boldsymbol{y})=\sqrt{(\boldsymbol{x}-\boldsymbol{y})^{\mathrm{T}}\boldsymbol{\Sigma}^{-1}(\boldsymbol{x}-\boldsymbol{y})}. \tag{5.1}$$

特别地, 当 $\boldsymbol{\Sigma}=\boldsymbol{I}$ 时, Mahalanobis 距离就是通常的 Euclid 距离.

在判别分析中, Mahalanobis 距离更常用, 这是因为 Euclid 距离对每一个样品同等对待, 将样品 $\boldsymbol{x}$ 的各分量视作互不相关, 而 Mahalanobis 距离考虑了样品数据之间的依存关系, 从绝对和相对两个角度考察样品, 消除了变量单位不一致的影响, 更具合理性.

这里以二维情形下一个简单的图形作一个直观的解释: 如图 5–1 所示, 设大椭圆和小椭圆分别表示两个总体 G_1 和 G_2 的置信水平均为 $1-\alpha$ 的置信区域, 尽管样品 $\boldsymbol{x}$ 到总体 G_2 的 Euclid 距离比到总体 G_1 的 Euclid 距离更短, 但 $\boldsymbol{x}$ 却包含在总体 G_1 的置信椭圆内, 同时位于总体 G_2 的置信椭圆外, 说明若用 Mahalanobis 距离这种 "标准化" 距离来度量的话, 样品 $\boldsymbol{x}$ 到总体 G_1 的距离更近, 应该把样品 $\boldsymbol{x}$ 判入总体 G_1.

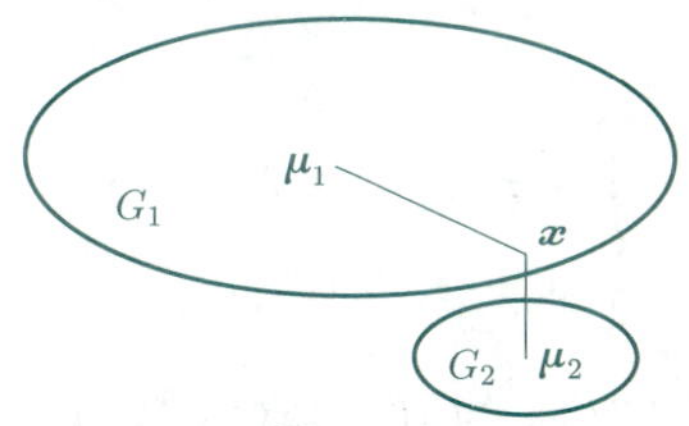

图 5–1 Euclid 距离与 Mahalanobis 距离的选择示意图

Mahalanobis 距离也有不足: 当 $\boldsymbol{\Sigma}^{-1}$ (或其估计样本协方差矩阵 $\boldsymbol{S}^{-1}$) 不存在时, 就无法计算对应的 Mahalanobis 距离, 这时可用其他距离代替.

5.1.2　两个总体的距离判别

设有两个总体 G_1 和 G_2, 其均值分别为 $\boldsymbol{\mu}_1$ 和 $\boldsymbol{\mu}_2$, 有相同的协方差矩阵 $\boldsymbol{\Sigma}$, 对于给定的一个样品 $\boldsymbol{x}$, 要判断它属于哪一个总体. 如果将样品 $\boldsymbol{x}$ 到两个总体 G_1 和 G_2 的距离 $d(\boldsymbol{x},G_1)$ 和 $d(\boldsymbol{x},G_2)$ 分别规定为 $\boldsymbol{x}$ 与 $\boldsymbol{\mu}_i(i=1,2)$ 的 Mahalanobis 距离, 那么, 直观的方法是分别计算样品 $\boldsymbol{x}$ 到两个总体 G_1 和 G_2 的 Mahalanobis 距离 $d(\boldsymbol{x},\boldsymbol{\mu}_1)$ 和 $d(\boldsymbol{x},\boldsymbol{\mu}_2)$, 再根据这两个距离的大小来判断 $\boldsymbol{x}$ 的归属: 当 $d(\boldsymbol{x},\boldsymbol{\mu}_1)<d(\boldsymbol{x},\boldsymbol{\mu}_2)$ 时, 把 $\boldsymbol{x}$ 判入总体 G_1; 当 $d(\boldsymbol{x},\boldsymbol{\mu}_1)>d(\boldsymbol{x},\boldsymbol{\mu}_2)$ 时, 把 $\boldsymbol{x}$ 判入总体 G_2; 当 $d(\boldsymbol{x},\boldsymbol{\mu}_1)=d(\boldsymbol{x},\boldsymbol{\mu}_2)$ 时, $\boldsymbol{x}$ 可以属于总体 G_1 和 G_2 中的任何一个, 通常把 $\boldsymbol{x}$ 判入总体 G_1. 故判别准则可描述为

$$\begin{cases}\boldsymbol{x}\in G_1, & d(\boldsymbol{x},\boldsymbol{\mu}_1)\leqslant d(\boldsymbol{x},\boldsymbol{\mu}_2),\\ \boldsymbol{x}\in G_2, & d(\boldsymbol{x},\boldsymbol{\mu}_1)>d(\boldsymbol{x},\boldsymbol{\mu}_2).\end{cases}$$

由于在相互比较时, Mahalanobis 距离定义式 (5.1) 与 Mahalanobis 距离的平方等价, 为方便起见, 以下考虑两个 Mahalanobis 距离的平方的差

$$\begin{aligned}d^2(\boldsymbol{x},\boldsymbol{\mu}_2)-d^2(\boldsymbol{x},\boldsymbol{\mu}_1)&=(\boldsymbol{x}-\boldsymbol{\mu}_2)^{\mathrm{T}}\boldsymbol{\Sigma}^{-1}(\boldsymbol{x}-\boldsymbol{\mu}_2)-(\boldsymbol{x}-\boldsymbol{\mu}_1)^{\mathrm{T}}\boldsymbol{\Sigma}^{-1}(\boldsymbol{x}-\boldsymbol{\mu}_1)\\&=2\left(\boldsymbol{x}-\frac{\boldsymbol{\mu}_1+\boldsymbol{\mu}_2}{2}\right)^{\mathrm{T}}\boldsymbol{\Sigma}^{-1}(\boldsymbol{\mu}_1-\boldsymbol{\mu}_2).\end{aligned}\tag{5.2}$$

令 $\bar{\boldsymbol{\mu}}=\dfrac{\boldsymbol{\mu}_1+\boldsymbol{\mu}_2}{2}$, $\boldsymbol{a}=\boldsymbol{\Sigma}^{-1}(\boldsymbol{\mu}_1-\boldsymbol{\mu}_2)$, 并记

$$W(\boldsymbol{x})=\left(\boldsymbol{x}-\frac{\boldsymbol{\mu}_1+\boldsymbol{\mu}_2}{2}\right)^{\mathrm{T}}\boldsymbol{\Sigma}^{-1}(\boldsymbol{\mu}_1-\boldsymbol{\mu}_2)=(\boldsymbol{x}-\bar{\boldsymbol{\mu}})^{\mathrm{T}}\boldsymbol{a}.\tag{5.3}$$

于是判别准则等价于

$$\begin{cases}\boldsymbol{x}\in G_1, & W(\boldsymbol{x})\geqslant 0,\\ \boldsymbol{x}\in G_2, & W(\boldsymbol{x})<0.\end{cases}$$

这个判别准则取决于 $W(\boldsymbol{x})$ 的值, 通常称 $W(\boldsymbol{x})$ 为判别函数, 由于它是 $\boldsymbol{x}$ 的线性函数, 又称其为线性判别函数, 称 $\boldsymbol{a}$ 为判别系数. 线性判别函数 $W(\boldsymbol{x})$ 使用最方便, 在实际应用中使用也最广泛.

特别地, 当 $p=1$, G_1 和 G_2 的分布分别为 $N(\mu_1,\sigma^2)$ 和 $N(\mu_2,\sigma^2)$, μ_1,μ_2,σ^2 均为已知, 且 $\mu_1<\mu_2$ 时, 判别系数为 $a=\dfrac{\mu_1-\mu_2}{\sigma^2}<0$, 判别函数为 $W(x)=$

$a(x-\bar{\mu})$. 判别准则为

$$\begin{cases} x \in G_1, & x \leqslant \bar{\mu}, \\ x \in G_2, & x > \bar{\mu}. \end{cases}$$

在实际应用中, 总体的均值和协方差矩阵一般是未知的, 可由样本均值和样本协方差矩阵分别进行估计. 设 $\boldsymbol{X}_1^{(1)}, \boldsymbol{X}_2^{(1)}, \cdots, \boldsymbol{X}_{n_1}^{(1)}$ 是来自总体 G_1 的样本, $\boldsymbol{X}_1^{(2)}, \boldsymbol{X}_2^{(2)}, \cdots, \boldsymbol{X}_{n_2}^{(2)}$ 是来自总体 G_2 的样本, $\boldsymbol{\mu}_1$ 和 $\boldsymbol{\mu}_2$ 的无偏估计分别为

$$\bar{\boldsymbol{X}}^{(1)} = \frac{1}{n_1}\sum_{i=1}^{n_1} \boldsymbol{X}_i^{(1)}, \quad \bar{\boldsymbol{X}}^{(2)} = \frac{1}{n_2}\sum_{i=1}^{n_2} \boldsymbol{X}_i^{(2)}.$$

协方差矩阵 $\boldsymbol{\Sigma}$ 的一个无偏估计为

$$\hat{\boldsymbol{\Sigma}} = \frac{1}{n_1+n_2-2}[(n_1-1)\boldsymbol{S}_1 + (n_2-1)\boldsymbol{S}_2],$$

其中 $\boldsymbol{S}_i = \dfrac{1}{n_i-1}\sum\limits_{j=1}^{n_i}(\boldsymbol{X}_j^{(i)} - \bar{\boldsymbol{X}}^{(i)})(\boldsymbol{X}_j^{(i)} - \bar{\boldsymbol{X}}^{(i)})^{\mathrm{T}}$ $(i=1,2)$. 判别函数为

$$\hat{W}(\boldsymbol{x}) = (\boldsymbol{x} - \bar{\boldsymbol{X}})^{\mathrm{T}}\hat{\boldsymbol{a}},$$

其中

$$\bar{\boldsymbol{X}} = \frac{1}{2}(\bar{\boldsymbol{X}}^{(1)} + \bar{\boldsymbol{X}}^{(2)}), \quad \hat{\boldsymbol{a}} = \hat{\boldsymbol{\Sigma}}^{-1}(\bar{\boldsymbol{X}}^{(1)} - \bar{\boldsymbol{X}}^{(2)}).$$

这样, 判别准则为

$$\begin{cases} \boldsymbol{x} \in G_1, & \hat{W}(\boldsymbol{x}) \geqslant 0, \\ \boldsymbol{x} \in G_2, & \hat{W}(\boldsymbol{x}) < 0. \end{cases}$$

应该注意, 当 $\boldsymbol{\mu}_1 \neq \boldsymbol{\mu}_2$, $\boldsymbol{\Sigma}_1 \neq \boldsymbol{\Sigma}_2$ 时, 我们仍可采用式 (5.2) 的变式作为判别函数, 即

$$\begin{aligned} W^*(\boldsymbol{x}) &= d^2(\boldsymbol{x}, \boldsymbol{\mu}_2) - d^2(\boldsymbol{x}, \boldsymbol{\mu}_1) \\ &= (\boldsymbol{x} - \boldsymbol{\mu}_2)^{\mathrm{T}}\boldsymbol{\Sigma}_2^{-1}(\boldsymbol{x} - \boldsymbol{\mu}_2) - (\boldsymbol{x} - \boldsymbol{\mu}_1)^{\mathrm{T}}\boldsymbol{\Sigma}_1^{-1}(\boldsymbol{x} - \boldsymbol{\mu}_1). \end{aligned} \tag{5.4}$$

它是 $\boldsymbol{x}$ 的二次函数, 相应的判别准则为

$$\begin{cases} \boldsymbol{x} \in G_1, & W^*(\boldsymbol{x}) \geqslant 0, \\ \boldsymbol{x} \in G_2, & W^*(\boldsymbol{x}) < 0. \end{cases}$$

最后要强调的就是作距离判别时, $\boldsymbol{\mu}_1$ 和 $\boldsymbol{\mu}_2$ 要有显著的差异才行, 否则判别的误差较大, 判别结果没有太大意义.

数据文件 example 5.1

例 5.1 表 5–1 是某气象站预报有无春旱的数据资料, x_1 和 x_2 是两个综合性预报因子. 表中给出了有春旱的 6 个年份数据和无春旱的 8 个年份数据. 若查到某两年的预报因子数据为 (24.5, −2.3) 和 (21.7, −1.6), 试用距离判别法判断它们的归属.

表 5–1 某气象站预报有无春旱的数据资料

序号	组别	G	x_1	x_2
1	春旱	1	24.8	−2.0
2		1	24.1	−2.4
3		1	26.6	−3.0
4		1	23.5	−1.9
5		1	25.5	−2.1
6		1	27.4	−3.1
7	无春旱	2	22.1	−0.7
8		2	21.6	−1.4
9		2	22.0	−0.8
10		2	22.8	−1.6
11		2	22.7	−1.5
12		2	21.5	−1.0
13		2	22.1	−1.2
14		2	21.4	−1.3

解: 先利用表 5–1 中数据计算春旱和无春旱两个总体的样本均值和样本协方差矩阵, R 程序如下:

```
> setwd("C:/mdata")   #设定工作路径
> d5.1<-read.csv("example5.1.csv",header=T)   #将example5.1数据读入
> G1=d5.1[1:6,2:3]; G2=d5.1[7:14,2:3]   #选定总体G1,G2对应数据
> mu1=apply(G1,2,mean); mu2=apply(G2,2,mean); mu1;mu2   #计算样本均值
```

```
          x1          x2
  25.316667  -2.416667
          x1          x2
  22.0250    -1.1875
> S1=var(G1); S2=var(G2); S1; S2   #计算样本协方差矩阵
               x1           x2
  x1    2.2136667  -0.6576667
  x2   -0.6576667   0.2696667
               x1           x2
  x1   0.27357143 -0.06321429
  x2  -0.06321429  0.10696429
```

当两个总体的协方差矩阵相同时, 可利用式 (5.2) 或式 (5.3) 编写一个简单的 R 程序计算 $W(\boldsymbol{x})$; 而当两个总体的协方差矩阵不相同时 (本例属于这种情形), 可利用式 (5.4) 编写 R 程序计算 $W^*(\boldsymbol{x})$, 再根据计算结果作出判别.

```
> W2unequal=function(x,mu1,mu2,S1,S2){mahalanobis(x,mu2,S2)
                                      -mahalanobis(x,mu1,S1)}
> x1=c(24.5, -2.3);x2=c(21.7, -1.6)
> W2unequal(x1, mu1, mu2, S1, S2)   #将x1代入,值为正,判断该样品点属于G1
  [1]   25.04076
> W2unequal(x2, mu1, mu2, S1, S2)   #将x2代入,值为负,判断该样品点属于G2
  [1]  -3.843434
```

距离判别结果表明: 预报因子数据为 (24.5, −2.3) 的年份被判定为春旱年, 而预报因子数据为 (21.7, −1.6) 的年份被判定为无春旱年.

5.1.3 多个总体的距离判别

设有 k 个总体 $G_1, G_2, \cdots, G_k$, 其均值和协方差矩阵分别是 $\boldsymbol{\mu}_1, \boldsymbol{\mu}_2, \cdots, \boldsymbol{\mu}_k$ 和 $\boldsymbol{\Sigma}_1, \boldsymbol{\Sigma}_2, \cdots, \boldsymbol{\Sigma}_k$, 而且 $\boldsymbol{\Sigma}_1 = \boldsymbol{\Sigma}_2 = \cdots = \boldsymbol{\Sigma}_k = \boldsymbol{\Sigma}$. 对于一个新的样品 $\boldsymbol{x}$, 要判断它来自哪个总体. 该问题与两个总体的距离判别问题的解决思想一样, 计算新样品 $\boldsymbol{x}$ 到每一个总体的距离, 即

$$\begin{aligned} d^2(\boldsymbol{x}, \boldsymbol{\mu}_j) &= (\boldsymbol{x} - \boldsymbol{\mu}_j)^{\mathrm{T}} \boldsymbol{\Sigma}^{-1} (\boldsymbol{x} - \boldsymbol{\mu}_j) \\ &= \boldsymbol{x}^{\mathrm{T}} \boldsymbol{\Sigma}^{-1} \boldsymbol{x} - 2\boldsymbol{\mu}_j^{\mathrm{T}} \boldsymbol{\Sigma}^{-1} \boldsymbol{x} + \boldsymbol{\mu}_j^{\mathrm{T}} \boldsymbol{\Sigma}^{-1} \boldsymbol{\mu}_j \end{aligned}$$

$$= \boldsymbol{x}^{\mathrm{T}}\boldsymbol{\Sigma}^{-1}\boldsymbol{x} - 2(\boldsymbol{I}_j^{\mathrm{T}}\boldsymbol{x} + C_j),$$

这里 $\boldsymbol{I}_j = \boldsymbol{\Sigma}^{-1}\boldsymbol{\mu}_j$, $C_j = -\dfrac{1}{2}\boldsymbol{\mu}_j^{\mathrm{T}}\boldsymbol{\Sigma}^{-1}\boldsymbol{\mu}_j (j = 1, 2, \cdots, k)$. 故可以取线性判别函数为

$$W_j(\boldsymbol{x}) = \boldsymbol{I}_j^{\mathrm{T}}\boldsymbol{x} + C_j, \quad j = 1, 2, \cdots, k.$$

$W_j(\boldsymbol{x})$ 越大, $d^2(\boldsymbol{x}, \boldsymbol{\mu}_j)$ 越小, 相应的判别准则为

$$\boldsymbol{x} \in G_i \quad 如果\ W_i(\boldsymbol{x}) = \max_{1 \leqslant j \leqslant k}\{\boldsymbol{I}_j^{\mathrm{T}}\boldsymbol{x} + C_j\}.$$

与二维情形类似, 当 $\boldsymbol{\mu}_1, \boldsymbol{\mu}_2, \cdots, \boldsymbol{\mu}_k$ 和 $\boldsymbol{\Sigma}$ 均未知时, 可以通过相应的样本均值和样本协方差矩阵来替代. 另外, 诸总体的协方差矩阵 $\boldsymbol{\Sigma}_1, \boldsymbol{\Sigma}_2, \cdots, \boldsymbol{\Sigma}_k$ 不全相同时, 也可以仿照二维情形用相应的样本协方差矩阵 $\boldsymbol{S}_1, \boldsymbol{S}_2, \cdots, \boldsymbol{S}_k$ 来替代.

当 k 较大时, 还可直接根据式 (5.4), 借助 R 循环语句编写一个 R 程序, 对每一个 j, 依次计算 $W_j^*(\boldsymbol{x}) = d^2(\boldsymbol{x}, \boldsymbol{\mu}_j) = (\boldsymbol{x} - \boldsymbol{\mu}_j)^{\mathrm{T}}\boldsymbol{\Sigma}_j^{-1}(\boldsymbol{x} - \boldsymbol{\mu}_j)$, $j = 1, 2, \cdots, k$. 最后将样品 $\boldsymbol{x}$ 判入总体 G_i, 其中 $W_i^*(\boldsymbol{x}) = \min\{W_1^*(\boldsymbol{x}), W_2^*(\boldsymbol{x}), \cdots, W_k^*(\boldsymbol{x})\}$.

5.2 Fisher 判别

Fisher 于 1936 年提出了该判别法, 这是判别分析中奠基性的工作. 该方法的主要思想是通过将多维数据投影到一维直线上, 使得同一类别 (总体) 中的数据在该直线上尽量靠拢, 不同类别 (总体) 的数据尽可能分开. 从方差分析的角度来说, 就是组内变差尽量小, 组间变差尽量大. 然后再利用前面的距离判别法来建立判别准则. Fisher 判别法包括线性判别、非线性判别和典型判别等多种常用方法. 以下主要介绍线性判别法.

5.2.1　两总体的 Fisher 判别

先考虑有两个总体 G_1 和 G_2 的情形, Fisher 判别法的思想是将高维空间中的点投影到一条直线 y 上, 使得总体 G_1 和 G_2 中的点在 y 上的投影点尽可能分开, 而同一总体在 y 上的投影点尽可能靠拢, 在此基础上再利用前面的距离判别法来建立判别准则. 我们用一个简单的图形 (见图 5–2) 说明其原理.

如图 5–2 所示, 二维平面上有两类点, 大圆点属于总体 G_1, 小圆点属于总体 G_2, 按照原来的横坐标 x_1 和纵坐标 x_2, 很难将它们区分开来, 但若把它们

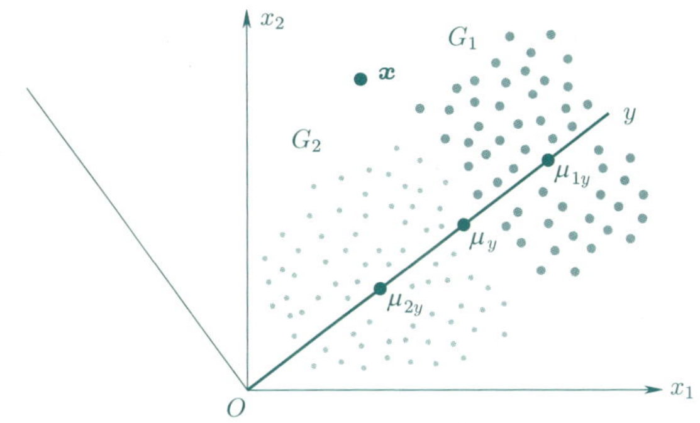

图 5-2 投影直线选取示意图

都投影到直线 y 上, 则它们的投影点明显分为两组, 同类的点聚集在一起, 容易区分. 若把它们投影到与直线 y 垂直的直线上, 则它们的投影点混杂在一起, 难以分开. 可见, 投影直线的选取不一样, 数据点的分类效果就大不相同, 这提示我们要去寻找分类效果最好的投影直线 y, 使得在该投影直线 y 上, 同一类别的点的投影点尽量靠拢, 不同类别的点的投影点尽量分开. 显然, 直线 y 是 x_1 和 x_2 的线性组合, 即 $y=c_1x_1+c_2x_2$. 一般地, 在 p 维情况下, $\boldsymbol{x}$ 的线性组合为

$$y=\boldsymbol{a}^{\mathrm{T}}\boldsymbol{x}, \tag{5.5}$$

其中 $\boldsymbol{a}$ 为 p 维实向量. 设总体 G_1 和 G_2 的均值分别为 $\boldsymbol{\mu}_1$ 和 $\boldsymbol{\mu}_2$, 它们有共同的协方差矩阵 $\boldsymbol{\Sigma}$, 那么线性组合 $y=\boldsymbol{a}^{\mathrm{T}}\boldsymbol{x}$ 在两个总体下的均值分别为

$$\begin{aligned} \mu_{1y}&=E(y|\boldsymbol{x}\in G_1)=\boldsymbol{a}^{\mathrm{T}}\boldsymbol{\mu}_1,\\ \mu_{2y}&=E(y|\boldsymbol{x}\in G_2)=\boldsymbol{a}^{\mathrm{T}}\boldsymbol{\mu}_2. \end{aligned} \tag{5.6}$$

共同的方差为

$$\mathrm{Var}(y|\boldsymbol{x}\in G_i)=\mathrm{Var}(\boldsymbol{a}^{\mathrm{T}}\boldsymbol{x}|\boldsymbol{x}\in G_i)=\boldsymbol{a}^{\mathrm{T}}\boldsymbol{\Sigma}\boldsymbol{a}. \tag{5.7}$$

显然, 使得 μ_{1y} 与 μ_{2y} 的距离越大的线性组合越好, 所以考虑比值

$$\frac{(\mu_{1y}-\mu_{2y})^2}{\mathrm{Var}(y|\boldsymbol{x}\in G_i)}=\frac{[\boldsymbol{a}^{\mathrm{T}}(\boldsymbol{\mu}_1-\boldsymbol{\mu}_2)]^2}{\boldsymbol{a}^{\mathrm{T}}\boldsymbol{\Sigma}\boldsymbol{a}}. \tag{5.8}$$

定理 5.1 设 $\boldsymbol{x}$ 为 p 维随机向量, $y=\boldsymbol{a}^{\mathrm{T}}\boldsymbol{x}$, 当 $\boldsymbol{a}=c\boldsymbol{\Sigma}^{-1}(\boldsymbol{\mu}_1-\boldsymbol{\mu}_2)$ ($c\neq 0$ 为常数) 时, 式 (5.8) 达到最大. 特别地, 当 $c=1$ 时, 线性函数

$$y = \boldsymbol{a}^{\mathrm{T}}\boldsymbol{x} = (\boldsymbol{\mu}_1 - \boldsymbol{\mu}_2)^{\mathrm{T}}\boldsymbol{\Sigma}^{-1}\boldsymbol{x} \tag{5.9}$$

称为 Fisher 线性判别函数 (证明略).

记 $\bar{\boldsymbol{\mu}} = \dfrac{1}{2}(\boldsymbol{\mu}_1 + \boldsymbol{\mu}_2)$, 则有

$$\mu_y = \frac{1}{2}(\mu_{1y} + \mu_{2y}) = \frac{1}{2}(\boldsymbol{\mu}_1 - \boldsymbol{\mu}_2)^{\mathrm{T}}\boldsymbol{\Sigma}^{-1}(\boldsymbol{\mu}_1 + \boldsymbol{\mu}_2) = \boldsymbol{a}^{\mathrm{T}}\bar{\boldsymbol{\mu}}. \tag{5.10}$$

即 μ_y 为 μ_{1y} 与 μ_{2y} 的中点, 也为 $\bar{\boldsymbol{\mu}}$ 在直线 y 上的投影点. 在 $\boldsymbol{\mu}_1 \neq \boldsymbol{\mu}_2$ 的条件下, 容易证明 (见习题 5.1) $\mu_{1y} - \mu_y > 0$, $\mu_{2y} - \mu_y < 0$, 于是可得 Fisher 判别准则为

$$\begin{cases} \boldsymbol{x} \in G_1, & \boldsymbol{a}^{\mathrm{T}}\boldsymbol{x} \geqslant \mu_y, \\ \boldsymbol{x} \in G_2, & \boldsymbol{a}^{\mathrm{T}}\boldsymbol{x} < \mu_y. \end{cases}$$

在直线 y 上进行直观的几何解释能帮助我们理解这个判别准则. 注意 μ_{1y} 是总体 G_1 中所有点在直线 y 上投影点的平均位置, μ_{2y} 是总体 G_2 中所有点在直线 y 上投影点的平均位置, 而 μ_y 是 μ_{1y} 与 μ_{2y} 的中点且 $\mu_{2y} < \mu_y < \mu_{1y}$. 若 $\boldsymbol{a}^{\mathrm{T}}\boldsymbol{x} \geqslant \mu_y$, 说明点 $\boldsymbol{x}$ 在直线 y 上的投影点 $\boldsymbol{a}^{\mathrm{T}}\boldsymbol{x}$ 在 μ_y 的右侧, 更靠近 μ_{1y}, 这时应把 $\boldsymbol{x}$ 判入总体 G_1; 反之, 若 $\boldsymbol{a}^{\mathrm{T}}\boldsymbol{x} < \mu_y$, 说明 $\boldsymbol{x}$ 在直线 y 上的投影点 $\boldsymbol{a}^{\mathrm{T}}\boldsymbol{x}$ 在 μ_y 的左侧, 更靠近 μ_{2y}, 则应把 $\boldsymbol{x}$ 判入总体 G_2. 据此, 如果记 $W(\boldsymbol{x}) = \boldsymbol{a}^{\mathrm{T}}\boldsymbol{x} - \mu_y$, 则判别准则等价于

$$\begin{cases} \boldsymbol{x} \in G_1, & W(\boldsymbol{x}) \geqslant 0, \\ \boldsymbol{x} \in G_2, & W(\boldsymbol{x}) < 0. \end{cases}$$

需要指出的是: 当总体的均值和协方差矩阵未知时, 通常用样本均值和样本协方差矩阵来估计. 设 $\boldsymbol{X}_1^{(1)}, \boldsymbol{X}_2^{(1)}, \cdots, \boldsymbol{X}_{n_1}^{(1)}$ 和 $\boldsymbol{X}_1^{(2)}, \boldsymbol{X}_2^{(2)}, \cdots, \boldsymbol{X}_{n_2}^{(2)}$ 分别是来自总体 G_1 和 G_2 的样本, 记 $\boldsymbol{S}_i = \dfrac{1}{n_i - 1}\displaystyle\sum_{j=1}^{n_i}(\boldsymbol{X}_j^{(i)} - \bar{\boldsymbol{X}}^{(i)})(\boldsymbol{X}_j^{(i)} - \bar{\boldsymbol{X}}^{(i)})^{\mathrm{T}}$ $(i = 1, 2)$, 就可以分别用 $\bar{\boldsymbol{X}}^{(1)} = \dfrac{1}{n_1}\displaystyle\sum_{j=1}^{n_1}\boldsymbol{X}_j^{(1)}$, $\bar{\boldsymbol{X}}^{(2)} = \dfrac{1}{n_2}\displaystyle\sum_{j=1}^{n_2}\boldsymbol{X}_j^{(2)}$ 和 $\hat{\boldsymbol{\Sigma}} = \dfrac{1}{n_1 + n_2 - 2}[(n_1 - 1)\boldsymbol{S}_1 + (n_2 - 1)\boldsymbol{S}_2]$ 来估计 $\boldsymbol{\mu}_1$, $\boldsymbol{\mu}_2$ 和 $\boldsymbol{\Sigma}$.

5.2.2 多总体的 Fisher 判别

如果变量很多或有多个总体, 通常要选择若干个投影, 即若干个判别函数 $y_1=\boldsymbol{a}_1^{\mathrm{T}}\boldsymbol{x}_1, y_2=\boldsymbol{a}_2^{\mathrm{T}}\boldsymbol{x}_2,\cdots,y_s=\boldsymbol{a}_s^{\mathrm{T}}\boldsymbol{x}_s$ 来进行判别. 设有 k 个总体 $G_1,G_2,\cdots,G_k$, 它们有共同的协方差矩阵 $\boldsymbol{\Sigma}$, 均值分别为 $\boldsymbol{\mu}_1,\boldsymbol{\mu}_2,\cdots,\boldsymbol{\mu}_k$, 令

$$\bar{\boldsymbol{\mu}}=\frac{1}{k}\sum_{i=1}^{k}\boldsymbol{\mu}_i,\quad \boldsymbol{G}=\sum_{i=1}^{k}(\boldsymbol{\mu}_i-\bar{\boldsymbol{\mu}})(\boldsymbol{\mu}_i-\bar{\boldsymbol{\mu}})^{\mathrm{T}}. \tag{5.11}$$

考虑 p 维随机向量 $\boldsymbol{x}$ 的线性组合 $y=\boldsymbol{a}^{\mathrm{T}}\boldsymbol{x}$, $\boldsymbol{a}$ 为 p 维实向量, 则均值和方差分别为

$$\begin{aligned}&\mu_{iy}=E(y|\boldsymbol{x}\in G_i)=E(\boldsymbol{a}^{\mathrm{T}}\boldsymbol{x}|\boldsymbol{x}\in G_i)=\boldsymbol{a}^{\mathrm{T}}\boldsymbol{\mu}_i,\\&\mathrm{Var}(y|\boldsymbol{x}\in G_i)=\boldsymbol{a}^{\mathrm{T}}\boldsymbol{\Sigma}\boldsymbol{a}.\end{aligned} \tag{5.12}$$

注意到

$$\mu_y=\frac{1}{k}\sum_{i=1}^{k}\mu_{iy}=\frac{1}{k}\sum_{i=1}^{k}\boldsymbol{a}^{\mathrm{T}}\boldsymbol{\mu}_i=\boldsymbol{a}^{\mathrm{T}}\bar{\boldsymbol{\mu}}, \tag{5.13}$$

考虑比值

$$\frac{\sum\limits_{i=1}^{k}(\mu_{iy}-\mu_y)^2}{\mathrm{Var}(y|\boldsymbol{x}\in G_i)}=\frac{\sum\limits_{i=1}^{k}(\boldsymbol{a}^{\mathrm{T}}\boldsymbol{\mu}_i-\boldsymbol{a}^{\mathrm{T}}\bar{\boldsymbol{\mu}})^2}{\boldsymbol{a}^{\mathrm{T}}\boldsymbol{\Sigma}\boldsymbol{a}}=\frac{\boldsymbol{a}^{\mathrm{T}}\boldsymbol{G}\boldsymbol{a}}{\boldsymbol{a}^{\mathrm{T}}\boldsymbol{\Sigma}\boldsymbol{a}}. \tag{5.14}$$

问题等价于: 如何选择 $\boldsymbol{a}$, 使得式 (5.14) 达到最大. 为了方便起见, 设 $\boldsymbol{a}^{\mathrm{T}}\boldsymbol{\Sigma}\boldsymbol{a}=1$.

定理 5.2 设 $\lambda_1,\lambda_2,\cdots,\lambda_s(\lambda_1\geqslant\lambda_2\geqslant\cdots\geqslant\lambda_s>0)$ 为 $\boldsymbol{\Sigma}^{-1}\boldsymbol{G}$ 的 s 个非零特征值, $s\leqslant\min\{k-1,p\}$, $\boldsymbol{e}_1,\boldsymbol{e}_2,\cdots,\boldsymbol{e}_s$ 为相应的特征向量且满足 $\boldsymbol{e}_i^{\mathrm{T}}\boldsymbol{\Sigma}\boldsymbol{e}_i=1$ $(i=1,2,\cdots,s)$, 那么当 $\boldsymbol{a}=\boldsymbol{e}_1$ 时, 式 (5.14) 达到最大, 称 $y=\boldsymbol{e}_1^{\mathrm{T}}\boldsymbol{x}$ 为第一判别函数. 而 $\boldsymbol{a}=\boldsymbol{e}_2$ 是在约束条件 $\mathrm{Cov}(\boldsymbol{e}_1^{\mathrm{T}}\boldsymbol{x},\boldsymbol{e}_2^{\mathrm{T}}\boldsymbol{x})=0$ 下使得式 (5.14) 达到最大值的解, 称 $y=\boldsymbol{e}_2^{\mathrm{T}}\boldsymbol{x}$ 为第二判别函数. 如此下去, $\boldsymbol{a}=\boldsymbol{e}_s$ 是在约束条件 $\mathrm{Cov}(\boldsymbol{e}_s^{\mathrm{T}}\boldsymbol{x},\boldsymbol{e}_i^{\mathrm{T}}\boldsymbol{x})=0$ $(i<s)$ 下使得式 (5.14) 达到最大值的解, 称 $y=\boldsymbol{e}_s^{\mathrm{T}}\boldsymbol{x}$ 为第 s 个判别函数 (证明略).

当总体的均值和协方差矩阵未知时, 通常用样本均值和样本协方差矩阵来估计. 与两总体的 Fisher 判别方法类似, 也可以建立多个总体的 Fisher 判别准

则, 但形式比较复杂, 这里不再讨论.

数据文件 example 5.2

例 5.2　从三个不同地区采集了 56 个原油样品数据 (见第 5 章参考文献 [1]) 见表 5–2. 每个样品测量了 5 个指标: $x_1 = \mathrm{V}$ (钒), $x_2 = \mathrm{Fe}^{1/2}$ (铁 $^{1/2}$), $x_3 = \mathrm{Pi}^{1/2}$ (铍 $^{1/2}$), $x_4 =$ (饱和烃)$^{-1}$, $x_5 =$ 芳烃. 根据其化学成分, 这 56 个样品归属于三个砂岩层, 即三个总体: G_1 7 个、G_2 11 个和 G_3 38 个. 试对其作 Fisher 判别分析.

表 5–2　三个砂岩层的原油样品数据

序号	G	x_1	x_2	x_3	x_4	x_5
1	1	3.9	51.0	0.20	7.06	12.19
2	1	2.7	49.0	0.07	7.14	12.23
⋮	⋮	⋮	⋮	⋮	⋮	⋮
6	1	3.9	43.0	0.07	6.25	10.42
7	1	2.7	35.0	0.00	5.11	9.00
8	2	5.0	47.0	0.07	7.06	6.10
9	2	3.4	32.0	0.20	5.82	4.69
⋮	⋮	⋮	⋮	⋮	⋮	⋮
17	2	4.4	46.0	0.07	7.54	5.76
18	2	3.0	30.0	0.00	5.12	10.77
19	3	6.3	13.0	0.50	4.24	8.27
20	3	1.7	5.6	1.00	5.69	4.64
⋮	⋮	⋮	⋮	⋮	⋮	⋮
55	3	5.0	34.0	0.70	4.21	6.50
56	3	6.2	27.0	0.30	3.97	2.97

解: 先读入样品数据, R 程序如下:

```
#例5.2三个不同地区采集的56个原油样品数据的Fisher判别
> setwd("C:/mdata")   #设定工作路径
> d5.2<-read.csv("example5.2.csv",header=T)   #将example5.2数据读入
> attach(d5.2)   #把变量的名字读入内存以便用列名使用数据
> library(MASS)   #加载MASS程序包,以便使用其中的lda( )函数
```

将砂岩层种类取为因变量 G, 后五列取为自变量. 下面用 MASS 程序包中

的线性判别函数 lda() 作判别分析, R 程序如下:

```
> ld=lda(G~x1+x2+x3+x4+x5,data=d5.2); ld   #作Fisher判别分析
Call:
lda(G~x1 + x2 + x3 + x4 + x5, data = d5.2)
Prior probabilities of groups:
        1          2          3
0.1250000  0.1964286  0.6785714
Group means:
        x1        x2         x3       x4        x5
1 3.228571  43.57143  0.1171429 6.795714 11.540000
2 4.445455  33.09091  0.1709091 6.560909  5.483636
3 7.226316  22.25263  0.4321053 4.658158  5.767895
Coefficients of linear discriminants:
           LD1         LD2
x1  0.32909445 -0.12439009
x2 -0.06083308  0.04086974
x3  2.43960691  1.96756870
x4 -0.46178613 -0.94306396
x5 -0.19815316  0.40360732
Proportion of trace:
   LD1    LD2
0.8625 0.1375
```

程序输出中包括了 lda() 所用的公式、先验概率、各组均值向量、第一及第二线性判别函数的系数、两个判别式及其对判别贡献的大小等. 可以在 R 中用 help(lda) 查看该函数的详细用法. 需要指出的是, R 中有内置函数 predict(), 可以对原始数据进行回判分类, 从而可以将 lda() 的输出结果与原始数据真正的分类进行对比, 考察误差的大小. R 程序及输出结果如下:

```
> Z=predict(ld)   #作回判预测
> newG=Z$class
> cbind(G,newG,Z$post)   #Fisher判别法把样品判入后验概率大的那一类
  G newG            1            2            3
1 1    1 9.996697e-01 3.301794e-04 1.097086e-07
2 1    1 9.998666e-01 1.334134e-04 4.304522e-09
```

```
......
6   1   1   9.873772e-01  1.259637e-02  2.640359e-05
7   1   1   9.540599e-01  4.477817e-02  1.161959e-03
8   2   2   2.151499e-02  9.782649e-01  2.201082e-04
......
12  2   2   1.729945e-05  9.999205e-01  6.219369e-05
13  2   3   8.361455e-06  3.213406e-01  6.786510e-01
14  2   2   7.892136e-04  9.848217e-01  1.438904e-02
......
17  2   2   9.990328e-03  9.899725e-01  3.713480e-05
18  2   1   9.841511e-01  1.489680e-02  9.520767e-04
19  3   3   5.273170e-08  6.584812e-05  9.999341e-01
20  3   3   3.165525e-09  4.653605e-04  9.995346e-01
......
41  3   3   1.884145e-06  7.268450e-04  9.992713e-01
42  3   2   1.412254e-04  6.564218e-01  3.434369e-01
43  3   3   9.610347e-07  3.290927e-03  9.967081e-01
......
55  3   3   1.256259e-05  2.666409e-04  9.997208e-01
56  3   3   2.586721e-08  1.905251e-03  9.980947e-01
```

这里 G 是原始类别, newG 是回判类别, 后三列给出了每个样品判入每个类的后验概率. 显然, 回判时 Fisher 判别法把每个样品判入后验概率最大的那一类. 这恰好说明了 13 号、18 号和 42 号三个样品产生错判的原因. 其中有 2 个原属于 G_2 类的样品被误判 (13 号被误判入 G_3 类, 18 号被误判入 G_1 类),42 号样品原属于 G_3 类, 被误判入 G_2 类.

我们还可以用 table() 函数来列表比较整体判别情况, R 程序及结果如下:

```
> tab=table(newG,G); tab
      G
newG  1  2   3
   1  7  1   0
   2  0  9   1
   3  0  1  37
```

由结果可以看出, 对 56 个原始数据的预测中, 只有 3 个判别错误, 误判率为 5.357%. 还可将回判结果画在两个判别函数 LD1 和 LD2 所构成的二维判别

空间中, 由图 5–3 易见三个类分离得比较好. R 程序及作图结果如下:

```
> x=Z$x[,1];y=Z$x[,2]
> plot(Z$x,type="n")
> points(x[1:7],y[1:7],pch=17)
> points(x[8:18],y[8:18],pch=25)
> points(x[19:56],y[19:56],pch=19)
> text(c(-4.2,-2,1),c(1.2,-1.8,0.1), labels =c("G1","G2","G3"))
```

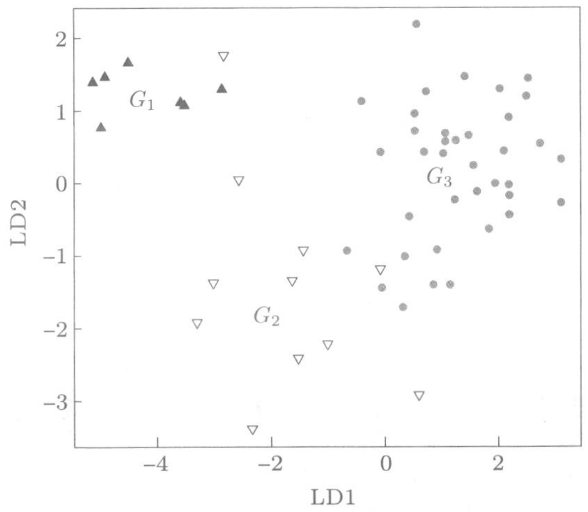

图 5–3 56 个原油样品数据的 Fisher 回判结果分类图

进一步, 若新采集到 3 个原油样品, 其五个指标的测量值分别为 $(4.5, 33, 0.2, 6.5, 5.5)$, $(3.2, 43, 0.1, 6.8, 11.5)$ 和 $(7.3, 22, 0.4, 4.6, 5.8)$, 利用函数 `predict()` 对它们的归属进行判别, R 程序及结果如下 (要求新数据以数据框的形式录入):

```
> newdata=data.frame(x1=c(4.5,3.2,7.3),x2=c(33,43,22),x3=c(0.2,0.1,0.4),
                     x4=c(6.5,6.8,4.6),x5=c(5.5,11.5,5.8))
> (predict(ld,newdata))   #对3个新的原油样品的类别进行判别并直接显示
$class
[1]  2  1  3
Levels: 1  2  3
$posterior
            1              2              3
```

```
1  7.683027e-04  0.9838032325  1.542846e-02
2  9.977194e-01  0.0022798350  7.952299e-07
3  2.881668e-08  0.0008259309  9.991740e-01
```

判别结果表明: 这 3 个新样品分别被判入 G_2 类、G_1 类和 G_3 类. 注意对应的 3 个后验概率几乎均为 1, 这是因为我们在构造这 3 个样品的 5 个指标值时, 有意把它们取在三个类的组均值附近.

5.3 Bayes 判别

上面讲的几种判别分析方法计算简单, 易于操作, 比较实用. 但是这些方法也有明显的不足之处: 一是判别方法与总体各自出现的概率的大小无关; 二是判别方法与错判之后所造成的损失无关. Bayes (贝叶斯) 判别法就是为了解决这些问题而提出的一种判别方法, 它假定对研究对象已经有了一定的认识, 这种认识可以用先验概率来描述, 当取得样本后, 就可以利用样本来修正已有的先验概率分布, 得到后验分布, 再通过后验分布进行各种统计推断. Bayes 判别法属于概率判别法, 判别准则是个体归属某类的概率最大或错判总平均损失最小.

5.3.1 两总体的 Bayes 判别

设有两个总体 G_1 和 G_2, 它们的密度函数分别为 $f_1(\boldsymbol{x})$ 与 $f_2(\boldsymbol{x})$, 其中 $\boldsymbol{x}$ 是一个 p 维随机向量, Ω 为 $\boldsymbol{x}$ 的所有可能取值构成的样本空间, R_1 为 $\boldsymbol{x}$ 的根据某种规则被判入总体 G_1 的取值全体之集, 那么 $R_2 = \Omega - R_1$ 就为 $\boldsymbol{x}$ 的根据相同规则被判入总体 G_2 的取值全体之集. 设样本 $\boldsymbol{x}$ 来自总体 G_1 (形式记为 $\boldsymbol{x} \in G_1$), 但被判入总体 G_2 的概率为

$$P(2|1) = P(\boldsymbol{x} \in R_2|\boldsymbol{x} \in G_1) = \int_{R_2} f_1(\boldsymbol{x})\mathrm{d}\boldsymbol{x}.$$

又记 $\boldsymbol{x}$ 来自总体 G_2 (形式记为 $\boldsymbol{x} \in G_2$), 但被判入总体 G_1 的概率为

$$P(1|2) = P(\boldsymbol{x} \in R_1|\boldsymbol{x} \in G_2) = \int_{R_1} f_2(\boldsymbol{x})\mathrm{d}\boldsymbol{x}.$$

类似地, $\boldsymbol{x}$ 来自总体 G_1 被判入 G_1, 来自总体 G_2 被判入 G_2 的概率可分别记为

$$P(1|1) = P(\boldsymbol{x} \in R_1|\boldsymbol{x} \in G_1) = \int_{R_1} f_1(\boldsymbol{x})\mathrm{d}\boldsymbol{x},$$
$$P(2|2) = P(\boldsymbol{x} \in R_2|\boldsymbol{x} \in G_2) = \int_{R_2} f_2(\boldsymbol{x})\mathrm{d}\boldsymbol{x}.$$

又设总体 G_1 和 G_2 出现的先验概率分别为 p_1 和 p_2, 且 $p_1 + p_2 = 1$, 于是

$$\begin{aligned} P(\boldsymbol{x}\ \text{被正确判入}\ G_1) &= P(\boldsymbol{x} \in G_1, \boldsymbol{x} \in R_1) \\ &= P(\boldsymbol{x} \in R_1|\boldsymbol{x} \in G_1)P(\boldsymbol{x} \in G_1) \\ &= P(1|1)p_1, \\ P(\boldsymbol{x}\ \text{被错误判入}\ G_1) &= P(\boldsymbol{x} \in G_2, \boldsymbol{x} \in R_1) \\ &= P(\boldsymbol{x} \in R_1|\boldsymbol{x} \in G_2)P(\boldsymbol{x} \in G_2) \\ &= P(1|2)p_2. \end{aligned}$$

同理

$$P(\boldsymbol{x}\ \text{被正确判入}\ G_2) = P(2|2)p_2,$$
$$P(\boldsymbol{x}\ \text{被错误判入}\ G_2) = P(2|1)p_1.$$

假设 $L(j|i)$ $(i, j = 1, 2)$ 表示 $\boldsymbol{x}$ 来自总体 G_i 而被误判入总体 G_j 引起的损失, 显然有 $L(1|1) = L(2|2) = 0$, 将上述误判概率与误判损失结合起来, 可以定义**平均误判损失** (expected cost of misclassification, ECM) 为

$$\mathrm{ECM}(R_1, R_2) = L(2|1)P(2|1)p_1 + L(1|2)P(1|2)p_2. \tag{5.15}$$

一个合理的判别准则是极小化 ECM. 可以证明 (见第 5 章参考文献 [1]): 极小化 ECM 所对应的样本空间 Ω 的划分为

$$R_1 = \left\{\boldsymbol{x} \left| \frac{f_1(\boldsymbol{x})}{f_2(\boldsymbol{x})} \geqslant \frac{L(1|2)}{L(2|1)}\frac{p_2}{p_1} \right.\right\}, \quad R_2 = \left\{\boldsymbol{x} \left| \frac{f_1(\boldsymbol{x})}{f_2(\boldsymbol{x})} < \frac{L(1|2)}{L(2|1)}\frac{p_2}{p_1} \right.\right\}. \tag{5.16}$$

因此, 可以将式 (5.16) 作为 Bayes 判别的判别准则.

当两总体服从正态分布时, 设 $G_i \sim N(\boldsymbol{\mu}_i, \boldsymbol{\Sigma}_i)$ $(i = 1, 2)$, 可分两种情形讨论:

若 $\boldsymbol{\Sigma}_1 = \boldsymbol{\Sigma}_2 = \boldsymbol{\Sigma}$, 则两总体的密度函数为

$$f_i(\boldsymbol{x}) = (2\pi)^{-p/2}|\boldsymbol{\Sigma}|^{-1/2} \exp\left\{-\frac{1}{2}(\boldsymbol{x}-\boldsymbol{\mu}_i)^{\mathrm{T}}\boldsymbol{\Sigma}^{-1}(\boldsymbol{x}-\boldsymbol{\mu}_i)\right\}, \quad i=1,2.$$

此时式 (5.16) 等价于

$$R_1 = \{\boldsymbol{x}|W(\boldsymbol{x}) \geqslant \beta\}, \quad R_2 = \{\boldsymbol{x}|W(\boldsymbol{x}) < \beta\}, \tag{5.17}$$

式中

$$\begin{aligned} W(\boldsymbol{x}) &= \frac{1}{2}(\boldsymbol{x}-\boldsymbol{\mu}_2)^{\mathrm{T}}\boldsymbol{\Sigma}^{-1}(\boldsymbol{x}-\boldsymbol{\mu}_2) - \frac{1}{2}(\boldsymbol{x}-\boldsymbol{\mu}_1)^{\mathrm{T}}\boldsymbol{\Sigma}^{-1}(\boldsymbol{x}-\boldsymbol{\mu}_1) \\ &= \left(\boldsymbol{x} - \frac{\boldsymbol{\mu}_1+\boldsymbol{\mu}_2}{2}\right)^{\mathrm{T}} \boldsymbol{\Sigma}^{-1}(\boldsymbol{\mu}_1-\boldsymbol{\mu}_2), \end{aligned} \tag{5.18}$$

$$\beta = \ln\frac{L(1|2)p_2}{L(2|1)p_1}. \tag{5.19}$$

由此可见, 对于两正态分布总体的 Bayes 判别, 其判别式 (5.17)、式 (5.18) 和式 (5.19) 可以看成两总体的距离判别的推广, 当 $p_1 = p_2$, $L(1|2) = L(2|1)$ 时, $\beta = \ln 1 = 0$, 这正是距离判别, 这里的 $W(\boldsymbol{x})$ 也与两总体距离判别的 $W(\boldsymbol{x})$ 完全一致, 参见式 (5.3).

若 $\boldsymbol{\Sigma}_1 \neq \boldsymbol{\Sigma}_2$, 可仿上对式 (5.16) 作推广, 参见文献 [2].

5.3.2　多总体的 Bayes 判别

从上面的讨论可知, Bayes 判别的本质就是寻找一种适当的判别准则, 使得平均误判损失 ECM 达到最小. 在两总体情形下, 由式 (5.15), 若假设所有错判损失相同, 即设 $L(2|1) = L(1|2) = C$, 那么

$$\begin{aligned} \mathrm{ECM}(R_1, R_2) &= L(2|1)P(2|1)p_1 + L(1|2)P(1|2)p_2 \\ &= C[1 - p_1P(1|1) - p_2P(2|2)]. \end{aligned}$$

要 ECM 尽量小, 相当于要 $p_1P(1|1) + p_2P(2|2)$ 尽量大, 这有助于理解多总体 Bayes 判别所用的判别准则.

设有 k 个总体 $G_1, G_2, \cdots, G_k$, 其各自的密度函数为 $f_1(\boldsymbol{x}), f_2(\boldsymbol{x}), \cdots, f_k(\boldsymbol{x})$, 相应的先验概率分别为 $p_1, p_2, \cdots, p_k$, 并假设所有的错判损失相同, 对待判样品

$\boldsymbol{x}$, 相应的判别准则为

$$R_i = \left\{ \boldsymbol{x} \,\middle|\, p_i f_i(\boldsymbol{x}) = \max_{1 \leqslant j \leqslant k} p_j f_j(\boldsymbol{x}) \right\}, \quad i = 1, 2, \cdots, k. \tag{5.20}$$

以下只对 $G_1, G_2, \cdots, G_k$ 均为正态总体, 即 $G_i \sim N(\boldsymbol{\mu}_i, \boldsymbol{\Sigma}_i)$ $(i = 1, 2, \cdots, k)$ 的情况进行讨论.

当 k 个总体的协方差矩阵都相同, 即 $\boldsymbol{\Sigma}_1 = \boldsymbol{\Sigma}_2 = \cdots = \boldsymbol{\Sigma}_k = \boldsymbol{\Sigma}$ 时, 总体 G_j 的密度函数为

$$f_j(\boldsymbol{x}) = (2\pi)^{-p/2} |\boldsymbol{\Sigma}|^{-1/2} \exp\left\{ -\frac{1}{2} (\boldsymbol{x} - \boldsymbol{\mu}_j)^{\mathrm{T}} \boldsymbol{\Sigma}^{-1} (\boldsymbol{x} - \boldsymbol{\mu}_j) \right\}, \quad j = 1, 2, \cdots, k,$$

计算函数为

$$d_j(\boldsymbol{x}) = \frac{1}{2} (\boldsymbol{x} - \boldsymbol{\mu}_j)^{\mathrm{T}} \boldsymbol{\Sigma}^{-1} (\boldsymbol{x} - \boldsymbol{\mu}_j) - \ln p_j,$$

在实际计算过程中, 协方差矩阵 $\boldsymbol{\Sigma}$ 可用其估计式 $\hat{\boldsymbol{\Sigma}}$ 代替.

当 k 个总体的协方差矩阵不全相同时, 总体 G_j 的密度函数为

$$f_j(\boldsymbol{x}) = (2\pi)^{-p/2} |\boldsymbol{\Sigma}_j|^{-1/2} \exp\left\{ -\frac{1}{2} (\boldsymbol{x} - \boldsymbol{\mu}_j)^{\mathrm{T}} \boldsymbol{\Sigma}_j^{-1} (\boldsymbol{x} - \boldsymbol{\mu}_j) \right\}, \quad j = 1, 2, \cdots, k,$$

则相应的计算函数为

$$d_j(\boldsymbol{x}) = \frac{1}{2} (\boldsymbol{x} - \boldsymbol{\mu}_j)^{\mathrm{T}} \boldsymbol{\Sigma}_j^{-1} (\boldsymbol{x} - \boldsymbol{\mu}_j) - \ln p_j - \frac{1}{2} \ln(|\boldsymbol{\Sigma}_j|).$$

在实际计算过程中, 协方差矩阵 $\boldsymbol{\Sigma}_j$ 可用其估计式 $\hat{\boldsymbol{\Sigma}}_j$ 代替.

判别准则式 (5.20) 等价于

$$R_i = \left\{ \boldsymbol{x} \,\middle|\, d_i(\boldsymbol{x}) = \min_{1 \leqslant j \leqslant k} d_j(\boldsymbol{x}) \right\}, \quad i = 1, 2, \cdots, k.$$

例 5.3 (续例 5.0) 根据表 5–0 中的数据对 17 个客户的信用度等级进行 Bayes 判别, 又若一位新客户的 8 个指标分别为 (16 250, 9 750, 0, 3, 2, 3, 4, 1), 试对该客户的信用度进行评价.

解: 在 R 主窗口中输入如下命令, 可将保存在目录"`C:/mdata`" 下的数据文件 `example5.0.csv` 读入 R.

```
> setwd("C:/mdata")   #设定工作路径
> d5.3<-read.csv("example5.0.csv",header=T)   #将example5.0数据读入
> attach(d5.3)
> ld=lda(G~.,prior=c(5,2,3,3,4)/17,data=d5.3)   #进行Bayes判别
> ld #输出判别结果
Call:
lda(G ~., data = d5.3, prior = c(5, 2, 3, 3, 4)/17)
Prior probabilities of groups:
        1         2         3         4         5
0.2941176 0.1176471 0.1764706 0.1764706 0.2352941
Group means:
        x1       x2        x3        x4       x5        x6       x7       x8
1 12350.00 13130.00 0.0000000  0.440000 0.860000  1.920000  1.56000 2.800000
2 24375.00 19825.00 0.5000000  7.000000 1.500000  6.500000  2.50000 3.500000
3 13108.33  6770.83 0.6666667  3.666667 4.666667 10.666667 10.33333 2.333333
4 33583.33 13433.33 1.0000000  6.333333 4.333333  5.666667  4.00000 2.666667
5 35750.00 11293.75 1.0000000 12.000000 4.250000 11.250000  5.25000 2.500000
Coefficients of linear discriminants:
             LD1           LD2           LD3           LD4
x1 -0.0001102212  0.0000553276 -5.193033e-05 -5.113308e-05
x2  0.0001526791 -0.0001040121  1.735844e-04  9.781802e-05
x3 -6.3503345862 -1.0084830487  2.375378e+00 -3.490206e-01
x4 -0.1873884661  0.2314166950 -7.389953e-02  9.721016e-02
x5 -0.9351221766 -0.6699135788  7.313290e-02  4.770251e-02
x6 -0.0670499156  0.0718332863 -4.583268e-02  4.991890e-02
x7  0.0297970134 -0.1451930438 -1.026094e-02  6.493549e-02
x8 -0.6139592787  0.0719928551  2.066527e-01  7.829162e-02
Proportion of trace:
   LD1    LD2    LD3    LD4
0.9494 0.0388 0.0080 0.0038
```

再用函数 predict() 对原始数据进行回判分类, 并与样品的原始分类进行对比, R 程序及结果如下:

```
> Z=predict(ld)   #对原始数据进行回判分类
> newG=Z$class; G=d5.3$G
> cbind(G,newG,Z$post)
  #对比原始分类和回判分类,给出后验概率值,只有12号样品判错
   G newG            1            2            3            4            5
1  1    1 1.000000e+00 1.227119e-12 1.383805e-27 1.358376e-46 1.535010e-59
2  1    1 1.000000e+00 3.837253e-12 8.817109e-26 1.143012e-43 1.171875e-54
3  1    1 1.000000e+00 2.976602e-09 1.117004e-21 1.435602e-37 6.106781e-47
```

```
4  1   1  9.999999e-01 6.715992e-08 4.448919e-19 1.997998e-34 2.212452e-43
5  1   1  9.999957e-01 4.279122e-06 2.602445e-15 1.396851e-30 3.808027e-41
6  2   2  1.057763e-05 9.999894e-01 1.168112e-08 4.568299e-17 2.441305e-22
7  2   2  6.418528e-12 9.954750e-01 4.524864e-03 9.403021e-08 8.403882e-14
8  3   3  7.161886e-24 3.835197e-08 9.997522e-01 2.478053e-04 8.956075e-10
9  3   3  4.693048e-22 4.194240e-07 9.999907e-01 8.900903e-06 1.064378e-10
10 3   3  2.094998e-18 2.100510e-03 9.950136e-01 2.885848e-03 4.609018e-08
11 4   4  3.988083e-33 3.046613e-11 1.820397e-02 9.810438e-01 7.522734e-04
12 4   5  2.164814e-45 2.527348e-15 6.778993e-08 4.269475e-01 5.730525e-01
13 4   4  3.090695e-36 4.249146e-12 2.155792e-03 9.926006e-01 5.243655e-03
14 5   5  4.435382e-51 1.318130e-20 7.483593e-11 1.220436e-02 9.877956e-01
15 5   5  4.596634e-46 3.042433e-16 1.645365e-09 3.390928e-02 9.660907e-01
16 5   5  1.494594e-51 3.071736e-20 5.024523e-11 2.798769e-04 9.997201e-01
17 5   5  4.084106e-47 1.191121e-17 1.036977e-07 7.307777e-02 9.269221e-01
> tab=table(G,newG)   #列表比较
> tab #显示列表比较结果
      newG
G       1   2  3  4  5
   1    5   0  0  0  0
   2    0   2  0  0  0
   3    0   0  3  0  0
   4    0   0  0  2  1
   5    0   0  0  0  4
> sum(diag(prop.table(tab)))    #计算回判正确率
  [1] 0.9411765
> newdata=data.frame(x1=16250,x2=9750,x3=0,x4=3,x5=2,x6=3,x7=4,x8=1)
> predict(ld,newdata)    #对新客户数据的预测输出为1,应判别该客户信用级别为1
$class
[1] 1
Levels: 1  2  3  4  5
$posterior
          1             2              3              4              5
1 0.9999991  9.398528e-07  3.874671e-16  3.405835e-31  5.009639e-40
$x
       LD1        LD2         LD3         LD4
1 6.807461  0.257595  -1.558805  -0.358043
```

由程序输出可见, 17 个客户的信用度等级回判结果中有 16 个回判准确, 只有 12 号客户被误判入第五组 (因为判入该组的后验概率 0.573 05, 比判入第四组的概率 0.426 95 大), 回判正确率为 94.12%. 新客户的信用度等级判别为 1.

5.4 二次判别

二次判别实际上属于距离判别法中的内容, 以两总体的距离判别法为例, 对总体 G_1 和 G_2, 当它们各自的协方差矩阵 $\boldsymbol{\Sigma}_1$ 和 $\boldsymbol{\Sigma}_2$ 不相等 (或样本协方差矩阵 $\boldsymbol{S}_1$ 和 $\boldsymbol{S}_2$ 不相等) 时, 判别函数只能采用本章式 (5.4) 这样的二次函数形式, 而不能采用式 (5.2) 或式 (5.3) 那样的线性函数形式了. 使用二次判别函数进行对象分类的判别方法叫做二次判别法. 当不同总体的协方差矩阵不同时, 应该使用二次判别法. 二次判别法需要从不同的总体中分别取出样本以估计对应总体的协方差矩阵和均值, 比如下面的例 5.4 就是从三类鸢尾花数据中各自随机抽取 40 个数据, 共 120 个数据来进行二次判别.

距离判别、Fisher 判别和 Bayes 判别本质上都属于二次判别 (特殊情形下变成线性判别), 所以 R 软件中并没有单独提供这三种判别方法, 而是将判别方法综合在一起, 分别给出线性判别函数 `lda()` 和二次判别函数 `qda()`. 在例 5.2 和例 5.3 中已经使用过 `lda()`, 以下主要比照 `lda()` 来介绍 `qda()` 的使用.

在使用 `lda()` 和 `qda()` 之前, 都应加载 MASS 程序包, 它们使用的格式基本相同, 有公式形式和矩阵或数据框形式两种.

公式形式:

```
lda(formula,data,...,subset,na.action)
qda(formula,data,...,subset,na.action)
```

其中参数 `formula` 为公式, 形如 `G~x1+x2+...`; `data` 为数据框; `subset` 为可选变量, 表示观测值的子集; `na.action` 为函数, 表示数据缺失值的处理方法.

矩阵或数据框形式:

```
lda(x, grouping, prior=proportions, method, CV=F,...)
qda(x, grouping, prior=proportions, method, CV=F,...)
```

其中参数 `x` 为矩阵或数据框, 或者包含解释变量的矩阵; `grouping` 为指定样本属于哪一类的因子向量, 可以用函数 `factor` 来实现; `prior` 为各类数据出现的先验概率, 默认值是已有训练样本的计算结果; `method` 表示估计方法, 取 “`mle`” 表示最大似然估计, 取 “`moment`” 表示均值和方差的标准估计; `CV` 是逻辑变量, 如果取 `TRUE`, 返回值中将包含留一法交叉验证内容 (意指作交叉验证时, 每次保留一个样本作测试集, 其余样本作训练集, 逐个轮流一遍).

`qda()` 的返回值与 `lda()` 的返回值相同, 只是没有线性判别系数, 但共同的地方是: 无论作预测还是作回代判别, 二者都需要预测函数 `predict()`.

predict() 函数的返回值有 $class (分类)、$posterior (后验概率) 和 $x (qda() 函数无此项).

下面以 R 软件中自带的鸢尾花数据为例来说明如何作二次判别分析.

例 5.4 在 R 软件的内置档案中自带了著名的鸢尾花 (iris3) 数据, 该数据给出了 setosa (刚毛鸢尾花)、versicolor (变色鸢尾花) 和 virginica (弗吉尼亚鸢尾花) 3 个品种鸢尾花的各 50 个数据. 各个品种数据均有 4 列: sepal length (花萼长度), sepal width (花萼宽度), petal length (花瓣长度), petal width (花瓣宽度) 和 species (品种), 对此数据作二次判别分析.

```
> iris3   #直接用文件名从R的内置档案中调入数据
, , Setosa
       sepal l.  sepal w.  petal l.  petal w.
 [1,]       5.1       3.5       1.4       0.2
 [2,]       4.9       3.0       1.4       0.2
 ......
[50,]       5.0       3.3       1.4       0.2
, , Versicolor
       sepal l.  sepal w.  petal l.  petal w.
 [1,]       7.0       3.2       4.7       1.4
 [2,]       6.4       3.2       4.5       1.5
 ......
[50,]       5.7       2.8       4.1       1.3
, , Virginica
       sepal l.  sepal w.  petal l.  petal w.
 [1,]       6.3       3.3       6.0       2.5
 [2,]       5.8       2.7       5.1       1.9
 ......
[50,]       5.9       3.0       5.1       1.8
```

现要从每类鸢尾花数据中各自无放回地随机抽取 40 个数据, 共 120 个数据, 组成训练样本集来建立二次判别函数, 并利用它对剩下的 30 个样本数据的类别进行二次判别.

解: 每个类中抽取 40 个样本, 按行合并成训练集 train, 余下样本合并成测试集 test, R 程序如下:

```
> set.seed(8)   #设置随机数种子
> library(MASS)
> tr <- sample(1:50,40)   #设置为无放回随机抽样模式
> train <- rbind(iris3[tr,,1],iris3[tr,,2],iris3[tr,,3])
              #每类各抽40个样本,并按行合并成训练样本
> test <- rbind(iris3[-tr,,1],iris3[-tr,,2],iris3[-tr,,3])
             #每类余下的10个样本按行合并成测试样本
> G <- factor(c(rep("s",40), rep("c",40), rep("v",40)))
            #根据训练样本集顺序设置样本点属类
  #有"s" "c" "v"三个水平
> iris.qda<- qda(train,G)   #利用训练样本建立二次判别模型
```

用所建二次判别模型对训练集进行回判, 对测试集进行预测, R 代码及结果如下:

```
> pretrain <- predict(iris.qda, train)   #用所建模型对训练集train进行回判
> pretrain$post
                c             s             v
  [1,]  4.585201e-22  1.000000e+00  1.896658e-28
 ......
 [54,]  4.558803e-01  5.299085e-100  5.441197e-01
                                     #54号训练样品由"c"错判成 "v"
 ......
[120,]  4.073009e-04  2.138018e-196  9.995927e-01
> A <- table(G, pretrain$class); A   #将原数据类别和回判类别列表比较
  G   c   s   v
  c  39   0   1
  s   0  40   0
  v   0   0  40
> sum(diag(prop.table(A)))   #计算回判正确率
[1] 0.9916667
> pretest<-predict(iris.qda,test); pretest #对测试集test进行二次判别预测
$class
 [1] s s s s s s s s s s c c c c c v c c c c v v v v v v v v v v
Levels: c s v
$posterior
```

```
                c              s             v
 [1,]  1.436233e-24   1.000000e+00  1.332228e-32
 ......
[16,]  4.343050e-02  4.184399e-114  9.565695e-01
                                    #16号测试样品由"c"错判成 "v"
 ......
[30,]  3.762256e-02  4.536404e-116  9.623774e-01
```

可见, 120 个训练样本只有 1 个判错 (54 号样品, "c" 错判成"v"), 回判正确率超过 99%; 30 个测试样本只有 1 个判错 (16 号样品, "c" 错判成"v"), 预测正确率为 96.7%. 注意: 由于计算机上 R 软件版本的不同及随机抽样的影响, 运行上述 R 程序的输出结果可能有微小的差异.

还可以再详细查看一下 iris.qda 中的内容, R 代码及结果如下:

```
> iris.qda
Call:
qda(train, grouping = G)
Prior probabilities of groups:
        c         s         v
0.3333333 0.3333333 0.3333333
Group means:
   sepal l.  sepal w.  petal l.  petal w.
c   5.9575     2.775    4.2775    1.3175
s   4.9700     3.395    1.4775    0.2550
v   6.5850     2.945    5.5375    2.0175
```

5.5 案例分析与 R 实现

案例 5.1 表 5–3 中列出了 2020 年前 7 个月我国 35 个主要城市食品烟酒类城市居民消费价格指数 $x_1, x_2, \cdots, x_7$ (2020 年第 k 月为报告期, 2019 年第 k 月为基期, $k=1,2,\cdots,7$, 设上年同月为 100) (%). 下面先利用前 30 个城市数据进行 $k=3$ 的 k 均值聚类, 再以这三个类为基础, 分别用 Fisher 判别法、Bayes 判别法和距离判别法, 对表中前 30 个城市进行回判, 再对余下 5 个城市天津、海口、成都、昆明和乌鲁木齐的属类进行判别分析.

数据文件 case5.1

表 5-3　2020 年前 7 个月我国 35 个城市食品烟酒类城市居民消费价格指数

地区	$x1$	$x2$	$x3$	$x4$	$x5$	$x6$	$x7$
北京	110.3	109.8	109.0	106.9	104.2	105.3	106.0
石家庄	113.0	111.5	110.6	108.0	107.0	107.4	109.5
太原	113.2	113.8	112.9	108.6	106.6	107.1	106.9
呼和浩特	107.9	108.1	106.8	104.4	102.0	103.2	103.7
沈阳	117.6	116.0	112.9	109.2	107.6	106.1	108.0
大连	113.0	112.2	111.0	108.3	106.7	106.0	107.6
长春	115.0	113.9	111.8	110.4	107.3	104.8	106.4
哈尔滨	116.7	116.8	116.2	112.5	108.6	106.4	106.8
上海	110.9	109.4	107.6	107.2	105.3	105.0	106.8
南京	114.8	115.8	112.2	110.6	108.6	110.0	113.7
杭州	112.4	113.0	110.3	109.3	106.0	107.3	108.4
宁波	110.7	111.3	109.6	107.7	105.9	106.7	108.5
合肥	115.4	115.2	111.5	109.6	105.9	109.0	111.6
福州	113.0	113.0	111.8	110.7	106.8	107.4	108.8
厦门	114.9	116.4	112.9	111.4	108.6	108.6	109.4
南昌	111.2	113.4	110.9	108.6	106.3	107.8	110.1
济南	119.2	115.5	114.4	113.0	111.5	111.5	112.9
青岛	116.0	114.0	112.5	110.4	108.3	108.3	108.5
郑州	115.5	116.4	113.6	110.1	107.4	107.5	107.8
武汉	112.4	117.5	119.9	114.3	107.7	106.5	110.1
长沙	112.3	114.5	111.3	108.1	104.9	107.5	110.7
广州	115.5	116.4	114.2	114.2	111.0	110.3	110.8
深圳	117.2	115.1	113.7	111.8	108.7	108.1	108.4
南宁	118.5	119.9	115.4	114.3	111.7	110.7	109.5
重庆	113.3	118.6	113.6	110.4	107.0	108.2	111.0
贵阳	115.5	118.3	115.5	113.7	110.2	109.1	111.9
西安	110.8	113.8	109.1	107.1	105.2	105.8	105.6
兰州	108.4	110.3	107.2	106.4	104.7	104.5	105.1
西宁	109.7	111.7	110.2	107.8	106.5	107.2	107.8
银川	109.7	110.2	108.6	107.3	104.2	103.4	104.0
天津	111.8	111.3	110.3	108.4	106.4	106.2	107.3
海口	114.5	113.7	113.5	113.1	107.1	106.1	106.2
成都	117.0	121.5	115.9	113.8	111.5	113.2	114.1
昆明	115.1	118.2	116.1	112.9	109.6	107.8	109.6
乌鲁木齐	108.8	106.0	103.9	103.4	100.6	102.9	104.4

资料来源: 国家统计局数据库.

解: 先作 $k=3$ 的 k 均值聚类, 再进行 Fisher 判别、Bayes 判别和距离判别并作相互比较.

(1) k 均值聚类

读入数据 case5.1, 先对前 30 个城市作分类数为 3 的 k 均值聚类, 然后对新分类指定类别号并显示, R 程序及输出结果如下:

```
> setwd("C:/mdata")   #设定工作路径
> d5.1<-read.csv("case5.1.csv",header=T)   #将case5.1数据读入
> ca5.1=d5.1[,-1]   #d5.1的第一列为样本名称,先去掉
> rownames(ca5.1)=d5.1[,1]   #用d5.1的第一列为ca5.1的行重新命名
> KM3<-kmeans(ca5.1[1:30,],3,nstart=15,algorithm="Hartigan-Wong")
                                                   #聚类数为3
> sort(KM3$cluster)   #对分类结果进行排序并查看
北京  呼和浩特  上海  兰州  银川  石家庄  太原   大连  长春  杭州
  1         1     1     1     1       2     2      2     2     2
宁波      福州  南昌  长沙  西安    西宁  沈阳  哈尔滨  南京  合肥
  2         2     2     2     2       2     3      3     3     3
厦门      济南  青岛  郑州  武汉    广州  深圳    南宁  重庆  贵阳
  3         3     3     3     3       3     3      3     3     3
> f5.1=sort(KM3$cluster); names(f5.1)
> c5.1=ca5.1[names(f5.1),]   #对前30个城市的分类结果重新按类排序
> G=rep(c(1,2,3), KM3[[7]])   #重复上述步骤时城市排序可能变化,用KM3[[7]]
                                动态调整
> cn5.1=cbind(G, c5.1); cn5.1 #对新类指定类别号并展示
          G     x1     x2     x3     x4     x5     x6     x7
北京      1  110.3  109.8  109.0  106.9  104.2  105.3  106.0
呼和浩特  1  107.9  108.1  106.8  104.4  102.0  103.2  103.7
上海      1  110.9  109.4  107.6  107.2  105.3  105.0  106.8
兰州      1  108.4  110.3  107.2  106.4  104.7  104.5  105.1
银川      1  109.7  110.2  108.6  107.3  104.2  103.4  104.0
--------------------------------------------------------------------
石家庄    2  113.0  111.5  110.6  108.0  107.0  107.4  109.5
太原      2  113.2  113.8  112.9  108.6  106.6  107.1  106.9
大连      2  113.0  112.2  111.0  108.3  106.7  106.0  107.6
长春      2  115.0  113.9  111.8  110.4  107.3  104.8  106.4
杭州      2  112.4  113.0  110.3  109.3  106.0  107.3  108.4
宁波      2  110.7  111.3  109.6  107.7  105.9  106.7  108.5
```

```
福州      2  113.0  113.0  111.8  110.7  106.8  107.4  108.8
南昌      2  111.2  113.4  110.9  108.6  106.3  107.8  110.1
长沙      2  112.3  114.5  111.3  108.1  104.9  107.5  110.7
西安      2  110.8  113.8  109.1  107.1  105.2  105.8  105.6
西宁      2  109.7  111.7  110.2  107.8  106.5  107.2  107.8
--------------------------------------------------------------------
沈阳      3  117.6  116.0  112.9  109.2  107.6  106.1  108.0
哈尔滨    3  116.7  116.8  116.2  112.5  108.6  106.4  106.8
南京      3  114.8  115.8  112.2  110.6  108.6  110.0  113.7
合肥      3  115.4  115.2  111.5  109.6  105.9  109.0  111.6
厦门      3  114.9  116.4  112.9  111.4  108.6  108.6  109.4
济南      3  119.2  115.5  114.4  113.0  111.5  111.5  112.9
青岛      3  116.0  114.0  112.5  110.4  108.3  108.3  108.5
郑州      3  115.5  116.4  113.6  110.1  107.4  107.5  107.8
武汉      3  112.4  117.5  119.9  114.3  107.7  106.5  110.1
广州      3  115.5  116.4  114.2  114.2  111.0  110.3  110.8
深圳      3  117.2  115.1  113.7  111.8  108.7  108.1  108.4
南宁      3  118.5  119.9  115.4  114.3  111.7  110.7  109.5
重庆      3  113.3  118.6  113.6  110.4  107.0  108.2  111.0
贵阳      3  115.5  118.3  115.5  113.7  110.2  109.1  111.9
```

注意: 重复上述 k 均值聚类步骤时, 各类的排序号可能发生变化, 但每组成员不变, 这时可用 KM3[[7]] 动态匹配这种变化 (这里 KM3[[7]]=(5,11,14)).

(2) Fisher 判别法

沿用上面的数据变量名称.

```
> attach(cn5.1)   #把数据变量名字放入内存
> library(MASS)
> ld=lda(G~x1+x2+x3+x4+x5+x6+x7,data=cn5.1)
> ld
Call:
lda(G ~x1 + x2 + x3 + x4 + x5 + x6 + x7, data = cn5.1)
Prior probabilities of groups:
        1          2          3
0.1666667  0.3666667  0.4666667
Group means:
```

```
          x1        x2        x3        x4        x5        x6        x7
1   109.4400  109.5600  107.8400  106.4400  104.0800  104.2800  105.1200
2   112.2091  112.9182  110.8636  108.6000  106.2909  106.8182  108.2091
3   115.8929  116.5643  114.1786  111.8214  108.7714  108.5929  110.0286
Coefficients of linear discriminants:
           LD1          LD2
x1  0.36391605   0.27863144
......
x7  0.11607995  -0.11950152
Proportion of trace:
   LD1     LD2
0.9828  0.0172
```

以上输出结果中包括了 `lda()` 所用的公式、先验概率、各组均值向量和线性判别函数的系数. 再用 `predict()` 函数对原始数据进行回判分类, 将 `lda()` 判别的输出结果与原始数据真正的分类进行对比. R 程序及结果如下:

```
> Z=predict(ld)   #预测判定结果
> newG=Z$class   #新分类
> cbind(G, newG, Z$post)   #合并原分类、回判分类、回判后验概率
       G  newG            1             2             3
北京    1     1  9.329013e-01  6.709868e-02  1.517116e-09
......
银川    1     1  9.998689e-01  1.311142e-04  8.634216e-14
石家庄  2     2  1.954933e-05  9.995079e-01  4.725858e-04
......
西宁    2     2  4.709723e-03  9.952887e-01  1.612069e-06
沈阳    3     3  5.199081e-14  8.354152e-04  9.991646e-01
......
贵阳    3     3  5.335377e-17  2.352881e-05  9.999765e-01
> tab=table(G,newG)   #原分类和新分类列表比较
> tab
     newG
G       1    2    3
   1    5    0    0
   2    0   11    0
```

```
  3    0    0  14
> sum(diag(prop.table(tab)))    #计算判别符合率
[1]  1
```

可见, 三类城市的回判全部正确. 再对 5 个待判城市 (newdata) 的属类进行判别.

```
> newdata=ca5.1[31:35,]    #选取待判别城市
> predict(ld, newdata=newdata)    #对5个待判城市的属类进行判定
$class
[1]  2  2  3  3  1
Levels: 1  2  3
$posterior
                     1              2              3
天津       2.230797e-02  9.776865e-01  5.529849e-06
海口       5.696717e-03  9.740976e-01  2.020564e-02
成都       2.081615e-29  1.221230e-10  1.000000e+00
昆明       3.670545e-16  8.264183e-05  9.999174e-01
乌鲁木齐   1.000000e+00  2.894338e-09  9.371758e-23
```

由 $class 可以看出 5 个待判城市中, 天津、海口被判入第 2 类; 成都、昆明被判入第 3 类; 乌鲁木齐被判入第 1 类.

(3) Bayes 判别法

Bayes 判别法和 Fisher 判别法类似, 不同的是在使用函数 lda() 时要输入先验概率. 默认情形下, R 软件使用各组数据出现的比例 $(5/30, 11/30, 14/30)$ 来作先验概率 (这也是 Fisher 判别的默认选择), 并假设误判损失相等. 为了区别起见, 这里我们采用先验概率 $(1/3, 1/3, 1/3)$ 来作 Bayes 判别, 具体操作及结果如下:

```
> attach(cn5.1)    #把数据变量名字放入内存
> library(MASS)
> ld=lda(G~x1+x2+x3+x4+x5+x6+x7,prior=c(1,1,1)/3,data=cn5.1)
> ld
Call:
lda(G~x1+x2+x3+x4+x5+x6+x7, data=cn5.1, prior=c(1,1,1)/3)
```

```
Prior probabilities of groups:
        1         2         3
0.3333333 0.3333333 0.3333333
Group means:
        x1       x21       x31        x4        x5        x6        x7
1 109.4400  109.5600  107.8400  106.4400  104.0800  104.2800  105.1200
2 112.2091  112.9182  110.8636  108.6000  106.2909  106.8182  108.2091
3 115.8929  116.5643  114.1786  111.8214  108.7714  108.5929  110.0286
Coefficients of linear discriminants:
          LD1          LD2
x1  0.35159439   0.29402680
......
x7  0.12111268  -0.11439794
Proportion of trace:
   LD1    LD2
0.9856  0.0144
```

再作回判预测, R 程序及结果如下:

```
> Z=predict(ld)   #预测判定结果
> newG=Z$class   #新分类
> cbind(G, newG, Z$post)   #按列合并原分类、回判分类和回判后验概率
        G  newG            1             2             3
北京    1    1   9.683419e-01  3.165806e-02  5.624109e-10
......
银川    1    1   9.999404e-01  5.960161e-05  3.083869e-14
石家庄  2    2   4.301187e-05  9.995856e-01  3.713463e-04
......
西宁    2    2   1.030316e-02  9.896956e-01  1.259508e-06
沈阳    3    3   1.455411e-13  1.063014e-03  9.989370e-01
......
贵阳    3    3   1.493896e-16  2.994557e-05  9.999701e-01
> tab=table(G, newG)   #原分类和新分类列表比较
> tab
     newG
G        1    2   3
   1     5    0   0
```

```
  2    0   11    0
  3    0    0   14
> sum(diag(prop.table(tab)))
[1]  1
```

由输出结果可见, 三类城市的回判仍然全部正确, 只是后验概率的数值有一定变化. 再对 5 个待判城市 (newdata) 的属类进行判别.

```
> prenew=predict(ld, newdata= newdata); prenew    #对五个待判样本进行判定
$class
[1]  2  2  3  3  1
Levels: 1  2  3
$posterior
                    1              2              3
天津       4.779807e-02  9.521977e-01  4.231608e-06
海口       1.250145e-02  9.716624e-01  1.583617e-02
成都       5.828523e-29  1.554292e-10  1.000000e+00
昆明       1.027729e-15  1.051781e-04  9.998948e-01
乌鲁木齐   1.000000e+00  1.315608e-09  3.347057e-23
```

Bayes 判别法对 5 个待判城市的判定结果与 Fisher 判别法相同.

(4) 距离判别法

```
> n1=KM3[[7]][1]; n2=KM3[[7]][2];n3=KM3[[7]][3]
> G1=cn5.1[1:n1,2:8];G2=cn5.1[(n1+1):(n1+n2),2:8];
  G3=cn5.1[(n1+n2+1):30,2:8]  #分别选取三个总体样本
> S1=var(G1);det(S1); S2=var(G2);det(S2); S3=var(G3); det(S3)
  #可发现三个总体的样本协方差矩阵有一个为退化矩阵,不能计算Mahalanobis距离
> mu1=apply(G1,2,mean); mu2=apply(G2,2,mean); mu3=apply(G3,2,mean)
> D=rbind(newdata,"mu1"=mu1,"mu2"=mu2,"mu3"=mu3)
> d<-dist(D, method="euclidean", diag=T, upper=F, p=2)
  #采用Euclid距离计算距离矩阵
> d=round(d,3); d    #距离矩阵取三位小数
            天津    海口    成都    昆明  乌鲁木齐    mu1    mu2    mu3
天津       0.000
海口       6.862   0.000
```

```
成都      17.688  14.336   0.000
昆明      11.423   6.936   8.269   0.000
乌鲁木齐  12.490  18.269  29.642  23.657    0.000
mu1        5.684  11.521  23.111  16.721    7.238   0.000
mu2        2.089   6.186  15.861   9.799   14.045   7.323  0.000
mu3        9.487   5.992   8.815   3.108   21.664  14.985  7.800  0.000
```

距离矩阵给出了 5 个待判城市与 3 个已知分类的均值点 mu1, mu2 和 mu3 的距离. 根据距离最小原则, 易见天津被判入第 2 类; 海口、成都、昆明被判入第 3 类; 乌鲁木齐被判入第 1 类. 判别结果与 Fisher 判别法和 Bayes 判别法稍有不同.

本章小结

判别分析根据某种“最优”分类规则 (如距离最短、后验概率最大、误判平均损失最小等) 把判别对象归入已知类别的某个类中. Fisher 判别和 Bayes 判别的主要区别是用各类样品的比例来作先验概率还是事先人为给定先验概率; 距离判别要求样本协方差矩阵可逆, 二次判别实际上是推广的距离判别; 案例 5.1 结合第 4 章的内容, 先对训练样品进行类别数为 3 的 k 均值聚类, 然后以这 3 个类别为已知类别, 综合运用 Fisher 判别法、Bayes 判别法和距离判别法对各类样品进行判别和比较, 是聚类分析和判别分析的综合应用.

习题 5

5.1 在定理 5.1 的假设下, 证明: 当 $\boldsymbol{\mu}_1 \neq \boldsymbol{\mu}_2$ 时, 有 $\mu_{1y} - \mu_y > 0$ 及 $\mu_{2y} - \mu_y < 0$ 成立.

5.2 为研究舒张期血压和血浆胆固醇对冠心病的作用, 某医院测定了 50—59 岁 15 例冠心病患者和 16 例健康人的舒张压 x_1 (mmHg) 和胆固醇指标 x_2 (mg/dL), 结果见表 5–4. 据此数据作距离判别以便在临床中帮助筛选出冠心病患者. 今又测得两例患者的两项指标分别为 (90, 160) 和 (85, 155), 应如何对他们进行判断?

数据文件
exe5.2

表 5–4　15 例冠心病患者和 16 例健康人的舒张压和胆固醇指标

冠心病患者			健康人		
组别	x_1	x_2	组别	x_1	x_2
1	74	200	2	80	80
1	100	144	2	94	172
1	110	150	2	100	118
1	70	274	2	70	152
1	96	212	2	80	172
1	80	158	2	80	190
1	80	172	2	70	142
1	100	140	2	80	107
1	100	230	2	80	124
1	100	220	2	80	194
1	90	239	2	78	152
1	110	155	2	70	190
1	100	155	2	80	104
1	96	140	2	80	94
1	100	230	2	84	132
			2	70	140

数据文件
exe5.3

5.3　某外贸公司为推销某一新产品, 为保险起见, 在新产品大量上市前将该产品的样品寄往 12 个国家的进口代理商, 并附意见调查表, 要求对该产品的式样 x_1、包装 x_2 及耐久性 x_3 三项指标给予评估. 评分表采用 10 分制, 最后要求说明是否愿意购买 (购买组为 1, 非购买组为 2), 调查结果如表 5–5 所示. 试对其进行 Fisher 判别分析. 若另有一家外商打出的三项评分为 $x_1 = 9$, $x_2 = 5$, $x_3 = 4$, 试对其购买意向进行判别.

表 5–5　某外贸公司一款新产品的三项指标预评分表及外商购买意向调查表

序号	组别	式样 x_1	包装 x_2	耐久性 x_3
1	1	9	8	7
2	1	7	6	6
3	1	10	7	8
4	1	8	4	5
5	1	9	9	3

续表

序号	组别	式样 x_1	包装 x_2	耐久性 x_3
6	1	8	6	7
7	1	7	5	6
8	2	8	4	4
9	2	3	6	6
10	2	6	3	3
11	2	6	4	5
12	2	8	2	2

5.4 联合国《2020 年人类发展报告》给出了人均国民收入 x_1 (美元)、预期寿命 x_2 (岁)、预期受教育年限 x_3 (年) 和平均受教育年限 x_4 (年) 数据. 现从 2020 年各国人文发展指数 (简称 HDI) 排序中选取了极高发展水平、高发展水平和中等发展水平国家各 6 个作为 3 个已知分类样品组, 另选 4 个国家作为待判样品, 数据合并如表 5–6 所示. 对此数据进行 Fisher 判别分析.

数据文件
exe5.4

表 5–6 2020 年部分国家人文发展指数和主要指标

序号	国家	G	x_1	x_2	x_3	x_4
1	美国	1	63 826	78.9	16.3	13.4
2	德国	1	55 314	81.3	17.0	14.2
3	希腊	1	30 155	82.2	17.9	10.6
4	新加坡	1	88 155	83.6	16.4	11.6
5	意大利	1	42 776	83.5	16.1	10.4
6	韩国	1	43 044	83.0	16.5	12.2
7	古巴	2	8 621	78.8	14.3	11.8
8	伊朗	2	12 447	76.7	14.8	10.3
9	巴西	2	14 263	75.9	15.4	8.0
10	泰国	2	17 781	77.2	15.0	7.9
11	乌克兰	2	13 216	72.1	15.1	11.4
12	印度尼西亚	2	11 459	71.7	13.6	8.2
13	尼泊尔	3	3 457	70.8	12.8	5.0
14	伊拉克	3	10 801	70.6	11.3	7.3
15	喀麦隆	3	3 581	59.3	12.1	6.3
16	巴基斯坦	3	5 005	67.3	8.3	5.2

续表

序号	国家	G	x_1	x_2	x_3	x_4
17	缅甸	3	4 961	67.1	10.7	5.0
18	叙利亚	3	3 613	72.7	8.9	5.1
19	日本	待判	42 932	84.6	15.2	12.9
20	印度	待判	6 681	69.7	12.2	6.5
21	中国	待判	16 057	76.9	14.0	8.1
22	南非	待判	12 129	64.1	13.8	10.2

数据文件 exe5.5

5.5　选取 7 个因子进行砂基液化问题研究. 今从已液化和未液化的地层中分别抽取 10 个和 20 个样本, 数据见表 5–7 所示. 表中 1 类表示已液化类, 2 类表示未液化类. 试对这 30 个样本进行 Bayes 判别分析.

表 5–7　砂基液化原始分类数据

编号	类别	x_1	x_2	x_3	x_4	x_5	x_6	x_7
1	1	6.6	39	1.0	6.0	6	0.12	20
2	1	6.6	39	1.0	6.0	12	0.12	20
3	1	6.1	47	1.0	6.0	6	0.08	12
4	1	6.1	47	1.0	6.0	12	0.08	12
5	1	8.4	32	2.0	7.5	19	0.35	75
6	1	7.2	6	1.0	7.0	28	0.30	30
7	1	8.4	113	3.5	6.0	18	0.15	75
8	1	7.5	52	1.0	6.0	12	0.16	40
9	1	7.5	52	3.5	7.5	6	0.16	40
10	1	8.3	113	0.0	7.5	35	0.12	180
11	2	8.4	32	1.0	5.0	4	0.35	75
12	2	8.4	32	2.0	9.0	10	0.35	75
13	2	8.4	32	2.5	4.0	10	0.35	75
14	2	6.3	11	4.5	7.5	3	0.20	15
15	2	7.0	8	4.5	4.5	9	0.25	30
16	2	7.0	8	6.0	7.5	4	0.25	30
17	2	7.0	8	1.5	6.0	1	0.25	30
18	2	8.3	161	1.5	4.0	4	0.08	70
19	2	8.3	161	0.5	2.5	1	0.08	70

续表

编号	类别	x_1	x_2	x_3	x_4	x_5	x_6	x_7
20	2	7.2	6	3.5	4.0	12	0.30	30
21	2	7.2	6	1.0	3.0	3	0.30	30
22	2	7.2	6	1.0	6.0	5	0.30	30
23	2	5.5	6	2.5	3.0	7	0.18	18
24	2	8.4	113	3.5	4.5	6	0.15	75
25	2	8.4	113	3.5	4.5	8	0.15	75
26	2	7.5	52	1.0	6.0	6	0.16	40
27	2	7.5	52	1.0	7.5	8	0.16	40
28	2	8.3	97	0.0	6.0	5	0.15	180
29	2	8.3	97	2.5	6.0	5	0.15	180
30	2	8.3	89	0.0	6.0	10	0.16	180

5.6 表 5–8 给出了 2019 年全国分地区城镇居民家庭人均主要食品消费量 (kg), 选取了 10 个指标: 粮食 x_1、食用油 x_2、蔬菜及食用菌 x_3、肉类 x_4、禽类 x_5、水产品 x_6、蛋类 x_7、奶类 x_8、干鲜瓜果类 x_9 和食糖 x_{10}. 据此数据先作分类数为 3 的 k 均值聚类, 再进一步作 Fisher 判别, 并进行回判和评价.

数据文件 exe5.6

表 5–8　2019 年全国分地区城镇居民家庭人均主要食品消费量

序号	地区	x_1	x_2	x_3	x_4	x_5	x_6	x_7	x_8	x_9	x_{10}
1	北京	95.7	6.7	115.9	25.8	6.7	10.3	14.4	31.1	87.1	1.1
2	天津	96.1	8.1	116.4	25.0	6.4	18.0	18.8	18.4	90.8	1.1
3	河北	130.5	7.9	111.8	24.5	6.5	10.0	17.1	20.5	88.6	1.0
4	山西	117.6	7.0	102.6	17.0	3.6	4.3	14.4	21.3	77.5	0.9
5	内蒙古	137.5	7.3	109.8	32.9	6.8	8.0	12.3	29.9	82.8	1.2
6	辽宁	116.8	9.3	119.4	27.1	6.6	19.3	14.9	21.3	81.7	1.2
7	吉林	118.3	9.9	104.2	24.0	5.9	12.1	12.2	14.9	79.3	1.2
8	黑龙江	113.7	11.1	101.4	23.2	6.0	12.2	13.4	13.6	76.4	1.5
9	上海	100.1	8.2	102.9	28.2	12.8	26.9	12.2	21.6	61.9	1.4
10	江苏	108.4	8.5	105.7	27.3	13.2	21.8	11.5	16.8	51.8	1.0
11	浙江	118.0	10.8	95.4	28.5	12.5	28.3	9.3	15.1	62.1	1.4
12	安徽	125.0	8.2	106.2	29.3	15.0	16.6	12.8	14.3	70.6	0.9
13	福建	94.1	8.2	82.8	27.9	11.7	26.7	9.0	12.3	48.5	1.2

续表

序号	地区	x_1	x_2	x_3	x_4	x_5	x_6	x_7	x_8	x_9	x_{10}
14	江西	119.7	13.4	107.2	31.8	11.8	18.1	8.3	15.8	56.9	1.0
15	山东	104.6	8.3	103.3	23.6	6.8	18.3	18.0	21.8	87.6	0.7
16	河南	126.4	8.0	104.5	20.8	8.4	6.4	16.4	19.1	73.9	1.1
17	湖北	94.9	10.2	94.2	27.6	7.7	19.6	7.7	9.8	50.9	0.7
18	湖南	110.5	11.7	107.3	32.7	13.6	17.8	8.2	10.1	70.8	1.2
19	广东	100.8	8.4	110.6	39.4	23.9	29.5	8.7	10.8	53.9	1.4
20	广西	95.6	7.9	94.6	31.5	24.8	16.6	6.9	8.1	52.2	1.2
21	海南	80.8	8.2	99.5	26.9	24.0	32.8	5.4	6.6	39.6	0.8
22	重庆	106.2	14.4	125.7	39.0	12.9	13.9	10.4	17.0	52.8	1.9
23	四川	109.7	11.3	131.2	40.6	14.1	11.7	9.2	15.1	58.7	1.5
24	贵州	94.7	7.5	76.2	29.1	7.8	4.3	4.9	8.3	46.8	0.7
25	云南	100.3	7.3	93.7	29.9	8.6	6.5	5.0	10.1	50.1	1.3
26	西藏	181.8	26.1	97.0	56.7	5.3	2.2	7.2	20.3	19.9	4.0
27	陕西	118.9	9.5	106.7	18.9	4.7	5.3	10.6	20.8	71.3	0.9
28	甘肃	139.5	9.1	115.3	21.8	6.2	5.6	11.5	29.7	92.3	1.4
29	青海	93.6	9.4	64.7	24.6	4.1	3.3	5.7	23.0	38.0	1.0
30	宁夏	88.2	6.9	95.5	17.1	7.0	4.2	7.5	19.7	84.6	1.2
31	新疆	124.2	12.1	103.2	24.6	7.0	6.1	8.8	33.0	73.9	1.2

资料来源: 中国统计年鉴 2020.

参考文献

[1] 孙文爽, 陈兰祥. 多元统计分析. 北京: 高等教育出版社, 1994.
[2] 薛毅, 陈立萍. 统计建模与 R 软件. 北京: 清华大学出版社, 2007.
[3] 王学仁, 王松桂. 实用多元统计分析. 上海: 上海科学技术出版社, 1990.

第 6 章

主成分分析

主成分分析 (principal component analysis, PCA) 是将具有相关性的多个变量有效转化为少数几个综合变量来处理, 从而简化相关统计分析的一种多元统计方法. 本章将要介绍主成分分析的基本思想、总体主成分和样本主成分的定义、性质、主成分个数的确定、主成分的计算和解释、主成分回归等.

例 6.0 石油勘探样品数据的分析 某沉积盆地有一坳陷区, 在其中选定 17 个取样点进行了勘探, 每个勘探点测定了 6 个地质变量: x_1 为有机碳 (%); x_2 为生油层埋深 (m); x_3 为油层孔隙度 (%); x_4 为储层厚度 (m); x_5 为地下水含碘量 (10^{-6}); x_6 为地下水矿化度 (g/L), 见表 6–0 (见第 6 章参考文献 [1]).

数据文件 example 6.0

表 6–0 17 个地质勘探点样品的标准化数据

序号	x_1	x_2	x_3	x_4	x_5	x_6
1	−0.914 2	−0.711 9	−0.929 3	−0.438 5	−0.571 0	0.736 1
2	−0.309 5	−0.520 6	−1.330 9	−0.276 4	−0.571 0	0.571 4
3	−1.065 4	−0.711 9	0.275 6	−0.762 6	−1.095 7	0.900 7
4	−1.307 3	−0.951 1	1.257 4	0.371 8	−1.095 7	1.394 6
5	0.174 3	−0.472 7	0.320 3	−0.989 5	−0.046 3	−0.251 8
6	−0.823 5	−0.592 3	0.409 5	1.344 1	−0.833 3	0.406 8
7	0.900 0	2.158 3	−0.126 0	−0.859 8	1.790 1	−1.898 3
8	−0.007 1	−0.353 2	−1.420 1	−1.021 9	−0.046 3	−0.581 1
9	1.202 3	1.679 9	−0.750 8	−0.600 5	2.314 8	−1.239 7
10	0.174 3	−0.353 2	−0.973 9	1.344 1	−0.046 3	0.242 1
11	2.260 6	1.440 7	0.721 9	2.640 5	0.740 7	−1.075 0
12	−1.428 2	−0.951 1	0.007 9	−0.795 0	−1.095 7	1.065 3
13	−0.339 7	−0.520 6	2.149 9	−0.114 4	−0.571 0	0.406 8
14	0.779 0	−0.233 6	1.197 0	0.695 9	0.216 1	0.910 4
15	0.416 2	0.723 2	1.078 9	−0.308 8	0.478 4	0.745 7
16	−0.611 8	−0.711 9	0.364 9	0.047 7	−0.571 0	1.559 3
17	0.900 0	1.082 0	0.141 8	−0.276 4	1.003 1	−0.581 1

由于地质变量的单位不一样, 取值范围悬殊, 例如有机碳取值在 0.2%~1.5%, 生油层埋深则在 1 200~3 200 m, 数据的预处理该怎么做? 这时数据的中心化或标准化是常用的手段, 实际上表 6–0 给出的就是标准化处理后的数据; 变量个数较多, 且 6 个变量中部分变量相关性较强, 包含的信息有重叠, 能否将其有效压缩成少数几个综合变量来处理? 实际上可用 2 个综合变量 (主成分) 来有效简化统计分析过程, 见例 6.1. 这里所说的 "信息" 的含义是什么? 该怎么量化? 主成分个数 2 是怎样确定的? 这 2 个主成分如何计算? 怎样借助 R 软件实现上述分析过程并作出直观图形? 如何解释其理论和实际意义? 这些问题都将在本章后续内容中给出答案.

6.1 主成分分析的基本思想

主成分分析也称主分量分析, 是由 Pearson (皮尔逊) 于 1901 年首先提出, 到 1933 年由 Hotelling (霍特林) 加以完善后发展起来的. 目前, 在涉及高维数据分析处理的诸多领域中, 主成分分析都有广泛的应用.

由于实际统计分析时碰到的问题多数是多维数据分析问题, 变量较多, 维数较大, 增加了分析问题的复杂性. 在实际问题中, 变量之间经常存在一定的相关性, 因此, 所讨论的全部变量中可能存在信息重叠. 为去除这些信息重叠, 人们自然希望用个数较少但是保留了原始变量大部分信息的几个不相关的综合变量 (即主成分) 来代替原来较多的变量. 注意这里不是像 "逐步回归" 那样删除变量, 而是有效地 "综合" 或 "组合" 原来的多个变量, 从而简化数据, 对原来复杂的数据关系进行简明有效的统计分析. 主成分分析的本质就是 "有效降维", 既要减少变量个数, 又不能损失太多信息. 换句话说, 就是 "降噪" 或者 "冗余消除", 将高维数据有效地转化为低维数据来处理, 揭示变量之间的内在联系, 进而分析解决实际问题.

当一个变量只取一两个数值时, 这个变量 (数据) 提供的信息量是非常有限的, 当这个变量取一系列不同数值时, 我们可以从中得出最大值、最小值、平均数等不同的信息. 变量取值的变异性越大, 说明它提供的信息量就越大. 主成分分析中的信息, 就是指变量的变异性, 常用标准差或方差表示.

6.2 总体主成分

6.2.1 主成分的含义

在多元统计分析中, 总体 $\boldsymbol{X}$ 通常是一个 p 维随机变量 $(x_1, x_2, \cdots, x_p)^{\mathrm{T}}$, 为了解释什么是主成分, 我们以二维 $(p=2)$ 正态分布样本点来直观说明. 假设共有 n 个样品, 每个样品都测量了两个变量值 (x_1, x_2), 它们大致分布在平面上的一个椭圆内, 如图 6–1 所示. 可以看出, 样本点之间的差异是由 x_1 和 x_2 的共同变化引起的. 若把原坐标 x_1 和 x_2 用新坐标 y_1 和 y_2 来代替, 则容易看出: 这些样本点的差异主要体现在 y_1 轴上, n 个点在 y_1 轴方向上的变差达到最大, 即在此方向上包含了有关 n 个样品的最多的信息. 因此, 若欲将二维空间的点投影到某个一维方向上, 则选择 y_1 轴方向能使信息的损失最小, 如果 y_1 轴方向体现的差异占了全部样本点差异的绝大部分, 那么将 y_2 忽略是合理的, 这样就把两个变量简化为一个. 显然这里的 y_1 轴代表了数据变化最大的方向, 称为第一主成分, y_2 称为第二主成分, 并要求已经包含在 y_1 中的信息不出现在 y_2 中, 即有

$$\mathrm{Cov}(y_1, y_2) = 0.$$

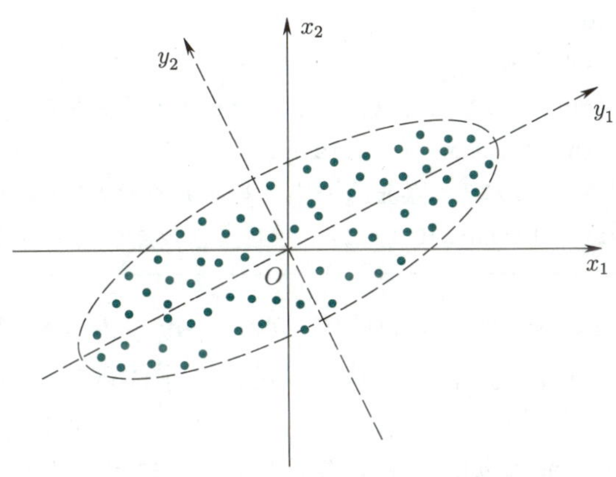

图 6–1 二维情形主成分示意图

注意两个主成分 y_1 和 y_2 都是 x_1 和 x_2 的线性组合. 事实上, 若将原坐标系按逆时针方向旋转某个角度 θ, 就可由 x_1 和 x_2 得到 y_1 和 y_2, 其矩阵表示形式为

$$\begin{pmatrix} y_1 \\ y_2 \end{pmatrix} = \begin{pmatrix} \cos\theta & \sin\theta \\ -\sin\theta & \cos\theta \end{pmatrix} \begin{pmatrix} x_1 \\ x_2 \end{pmatrix} = \boldsymbol{P}^{\mathrm{T}}\boldsymbol{X}, \tag{6.1}$$

其中 $\boldsymbol{P}$ 为旋转变换矩阵, 它是正交矩阵, 即有 $\boldsymbol{P}^{\mathrm{T}} = \boldsymbol{P}^{-1}$ 或 $\boldsymbol{P}^{\mathrm{T}}\boldsymbol{P} = \boldsymbol{I}$. 第一主成分的效果与椭圆的形状有很大的关系, 椭圆越扁平, n 个点在 y_1 轴上的方差相对就越大, 在 y_2 轴上的方差相对就越小, 用第一主成分代替所有样品所造成的信息损失也就越小.

考虑两种极端的情形可以帮助我们理解主成分: 一种是椭圆的长轴与短轴的长度相等, 即椭圆变成圆, 第一主成分 y_1 只体现了二维样品点约一半的信息, 若此时忽略 y_2, 则将损失约 50% 的信息, 这显然是不可取的. 其原因是原始变量 x_1 和 x_2 的相关程度几乎为零, 它们所包含的信息几乎不重叠, 无法用一个一维变量 y_1 来综合 x_1 和 x_2 的大部分信息. 另一种极端情况是椭圆扁平到了极限, 变成 y_1 轴上的一条线段, 第一主成分 y_1 几乎包含二维样品点的全部信息, 仅用变量 y_1 代替原始数据几乎不会有任何信息损失, 此时主成分分析的降维效果是非常理想的, 其原因是第二主成分 y_2 几乎不包含任何信息, 舍弃它当然没有信息损失. 我们可以对数据的相关系数矩阵进行特征分解来找到主成分.

利用 R 程序来模拟这一过程 (需要先从 R 镜像网站中下载安装多元正态和 t 分布程序包 mvtnorm), 具体如下:

```
> library(mvtnorm)
> set.seed(8)   #设置随机数种子
> sigma<-matrix(c(1,0.9,0.9,1),ncol=2)   #设置协方差矩阵,相关系数为0.9
> mnorm<-rmvnorm(n=200,mean=c(0,0),sigma=sigma)
> plot(mnorm)   #产生200个二维正态分布随机数并画散点图(见图6-2)
> abline(a=0,b=1); abline(a=0,b=-1)   #画坐标轴旋转45°后的二条直线
```

从图 6–2 可以看出, 虽然我们使用了两个维度来表示数据, 但数据大多数都集中在 45° 线 (即 y_1 方向) 上, 其差异性也几乎体现在该直线上. 若能将原坐标轴 x_1 旋转 45° 与直线 y_1 重合, 那么只需要 y_1 (即旋转后的 x_1) 这一个维度就能表示原来的二维数据的绝大多数差异性了. 再求样本相关系数矩阵的特征值、特征向量, R 程序及结果如下:

```
> eig<-eigen(cor(mnorm)); eig
$values
[1]  1.8854282  0.1145718
```

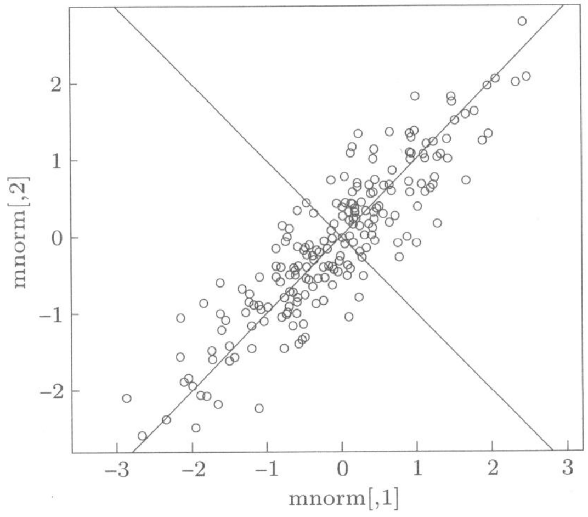

图 6–2 二维正态分布模拟数据的主成分示意图

```
$vectors
           [,1]        [,2]
[1,] 0.7071068  -0.7071068
[2,] 0.7071068   0.7071068
```

第一个特征向量 (0.707, 0.707) 正好对应 45° 线方向, 相应的特征值为 1.885 4, 比第二个特征值 0.114 6 大得多, 说明模拟数据在第二个特征向量 (−0.707, 0.707) 方向 (即 y_2 方向) 上的变差很小, 几乎可以忽略. 这样我们可以只保留 y_1, 忽略 y_2, 从而达到降维的目的. R 程序及结果如下:

```
> vector1<-eig$vectors[,1]; vector2<-eig$vectors[,2]
> y1<-scale(mnorm)%*%vector1; y2<-scale(mnorm)%*%vector2
  # 函数scale将数据标准化
> plot(y1,y2,ylim=c(-2,2)) ; abline(h=0,v=0)    #见图6-3
> cbind(var(y1), var(y2), cor(y1,y2))
          [,1]        [,2]          [,3]
[1,]  1.885428  0.1145718  4.418324e-16
```

上面程序中, 函数 scale 将数据标准化; y_1 方向的变差为 1.885 4, y_2 方向的变差为 0.114 6, 且 y_1 和 y_2 不相关 (相关系数为 $4.418\,3\times10^{-16}$, 可视为零). 图 6–3 是旋转坐标轴后的结果, 可以看出此时数据的变化都体现在 y_1 一个维度上了.

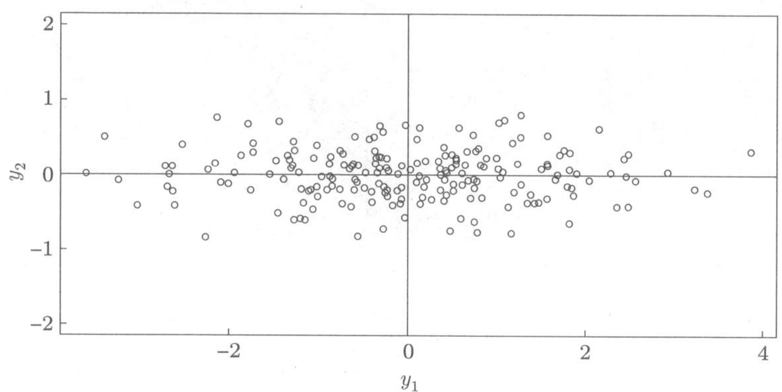

图 6–3 坐标轴旋转以后的散点图

对 p 维情形也可以仿照二维情形讨论. 一般地, 设总体 $\boldsymbol{X}=(x_1,x_2,\cdots,x_p)^{\mathrm{T}}$ 的期望为 $\boldsymbol{\mu}$, 协方差矩阵为 $\boldsymbol{\Sigma}$, $\boldsymbol{X}$ 的 p 个主成分记为 $y_1,y_2,\cdots,y_p$, 二者的关系为

$$\begin{cases} y_1=a_{11}x_1+a_{12}x_2+\cdots+a_{1p}x_p=\boldsymbol{a}_1^{\mathrm{T}}\boldsymbol{X}, \\ y_2=a_{21}x_1+a_{22}x_2+\cdots+a_{2p}x_p=\boldsymbol{a}_2^{\mathrm{T}}\boldsymbol{X}, \\ \cdots\cdots\cdots\cdots \\ y_p=a_{p1}x_1+a_{p2}x_2+\cdots+a_{pp}x_p=\boldsymbol{a}_p^{\mathrm{T}}\boldsymbol{X}, \end{cases} \tag{6.2}$$

其中 y_i 的方差为

$$\operatorname{Var}(y_i)=\boldsymbol{a}_i^{\mathrm{T}}\boldsymbol{\Sigma}\boldsymbol{a}_i,\quad i=1,2,\cdots,p. \tag{6.3}$$

因为 $y_1,y_2,\cdots,y_p$ 分别为 $\boldsymbol{X}$ 的第一主成分, 第二主成分 $\cdots\cdots$ 第 p 主成分, 所以要求它们一定是互不相关的, 即 $\operatorname{Cov}(y_i,y_j)=0\ (i\neq j)$, 而且 y_1 是 $\boldsymbol{X}$ 的一切线性组合中方差达到最大的, y_2 是与 y_1 不相关的一切 $\boldsymbol{X}$ 的线性组合中方差达到最大的 $\cdots\cdots$ y_i 是与 $y_1,y_2,\cdots,y_{i-1}$ 均不相关的一切 $\boldsymbol{X}$ 的线性组合中方差达到最大的. 最后从全部主成分 $y_1,y_2,\cdots,y_p$ 中按方差由大到小的顺序挑出部分主成分 $y_1,y_2,\cdots,y_k$, 它们要满足条件: (1) $y_1,y_2,\cdots,y_k$ 保留原始变量 $x_1,x_2,\cdots,x_p$ 的大部分信息; (2) $k\ll p$; (3) $y_1,y_2,\cdots,y_k$ 互不相关.

这里 $y_1,y_2,\cdots,y_p$ 不是因变量, 而是对原始变量 $x_1,x_2,\cdots,x_p$ 的信息进行综合而得的变量, 形式上表现为 $x_1,x_2,\cdots,x_p$ 的线性组合. 主成分分析中不区分自变量和因变量.

6.2.2 主成分的计算

下面简要介绍找出 $\boldsymbol{X}$ 的 p 个主成分 $y_1, y_2, \cdots, y_p$ 的方法. 定理 6.1 回答了什么样的组合系数能使 $x_1, x_2, \cdots, x_p$ 的线性组合达到较大的方差.

定理 6.1 设总体 $\boldsymbol{X} = (x_1, x_2, \cdots, x_p)^{\mathrm{T}}$ 的协方差矩阵为 $\boldsymbol{\Sigma}, \lambda_1, \lambda_2, \cdots, \lambda_p$ 为 $\boldsymbol{\Sigma}$ 的 p 个特征值 $(\lambda_1 \geqslant \lambda_2 \geqslant \cdots \geqslant \lambda_p \geqslant 0)$, $\boldsymbol{e}_1, \boldsymbol{e}_2, \cdots, \boldsymbol{e}_p$ 为对应的单位正交特征向量, 则 $\boldsymbol{X}$ 的第 i 个主成分为

$$y_i = \boldsymbol{e}_i^{\mathrm{T}} \boldsymbol{X} = e_{i1}x_1 + e_{i2}x_2 + \cdots + e_{ip}x_p, \quad i = 1, 2, \cdots, p, \tag{6.4}$$

且

$$\begin{aligned} &\mathrm{Var}(y_i) = \boldsymbol{e}_i^{\mathrm{T}} \boldsymbol{\Sigma} \boldsymbol{e}_i = \lambda_i, \quad i = 1, 2, \cdots, p, \\ &\mathrm{Cov}(y_i, y_j) = \boldsymbol{e}_i^{\mathrm{T}} \boldsymbol{\Sigma} \boldsymbol{e}_j = 0, \quad i, j = 1, 2, \cdots, p, \quad i \neq j, \end{aligned} \tag{6.5}$$

亦即

$$\mathrm{Cov}(y_i, y_j) = \begin{cases} \lambda_i, & i = j, \\ 0, & i \neq j, \end{cases} \quad i, j = 1, 2, \cdots, p.$$

证明: 参见本章参考文献 [1].

此定理说明 $\boldsymbol{X}$ 的主成分是以 $\boldsymbol{\Sigma}$ 的单位正交特征向量的分量为组合系数的 $x_1, x_2, \cdots, x_p$ 的线性组合, 第 i 个主成分 y_i 的组合系数是对应于 $\boldsymbol{\Sigma}$ 的第 i 大特征值 λ_i 的单位正交特征向量的分量, 而且 y_i 的方差等于 λ_i, 不同的 y_i 和 y_j 互不相关.

6.2.3 主成分的主要性质

设 $\boldsymbol{y} = (y_1, y_2, \cdots, y_p)^{\mathrm{T}}$ 是 $\boldsymbol{X}$ 的主成分向量, 由 $\boldsymbol{\Sigma}$ 的 p 个特征值 $\lambda_1, \lambda_2, \cdots, \lambda_p$ 构成的对角矩阵为 $\boldsymbol{\Lambda} = \mathrm{diag}(\lambda_1, \lambda_2, \cdots, \lambda_p)$, 由式 (6.4) 有

$$\begin{aligned} \boldsymbol{y} &= (y_1, y_2, \cdots, y_p)^{\mathrm{T}} = (\boldsymbol{e}_1^{\mathrm{T}} \boldsymbol{X}, \boldsymbol{e}_2^{\mathrm{T}} \boldsymbol{X}, \cdots, \boldsymbol{e}_p^{\mathrm{T}} \boldsymbol{X})^{\mathrm{T}} \\ &= (\boldsymbol{e}_1, \boldsymbol{e}_2, \cdots, \boldsymbol{e}_p)^{\mathrm{T}} \boldsymbol{X} = \boldsymbol{P}^{\mathrm{T}} \boldsymbol{X}, \end{aligned} \tag{6.6}$$

其中 $\boldsymbol{P} = (\boldsymbol{e}_1, \boldsymbol{e}_2, \cdots, \boldsymbol{e}_p)$ 是由 $\boldsymbol{\Sigma}$ 的 p 个单位正交特征向量为列向量排成的正交矩阵. 由此可以得到主成分的几个主要性质.

性质 6.1　主成分 $\boldsymbol{y}=(y_1,y_2,\cdots,y_p)^{\mathrm{T}}$ 的协方差矩阵是对角矩阵

$$\boldsymbol{\Lambda}=\mathrm{diag}(\lambda_1,\lambda_2,\cdots,\lambda_p).$$

证明: 由式 (6.6) 知

$$\mathrm{Var}(\boldsymbol{y})=\mathrm{Cov}(\boldsymbol{P}^{\mathrm{T}}\boldsymbol{X},\boldsymbol{P}^{\mathrm{T}}\boldsymbol{X})=\boldsymbol{P}^{\mathrm{T}}\mathrm{Cov}(\boldsymbol{X},\boldsymbol{X})\boldsymbol{P}=\boldsymbol{P}^{\mathrm{T}}\boldsymbol{\Sigma}\boldsymbol{P}=\boldsymbol{\Lambda}.$$

性质 6.2　主成分 $y_1,y_2,\cdots,y_p$ 的方差之和等于原始变量 $x_1,x_2,\cdots,x_p$ 的方差之和.

证明: 因为 $\boldsymbol{P}$ 为正交矩阵, 利用矩阵迹的性质可得

$$\begin{aligned}\sum_{i=1}^{p}\mathrm{Var}(y_i)&=\sum_{i=1}^{p}\lambda_i=\mathrm{tr}(\boldsymbol{\Lambda})=\mathrm{tr}(\boldsymbol{P}^{\mathrm{T}}\boldsymbol{\Sigma}\boldsymbol{P})=\mathrm{tr}(\boldsymbol{\Sigma})\\&=\sum_{i=1}^{p}\sigma_{ii}=\sum_{i=1}^{p}\mathrm{Var}(x_i).\end{aligned}\tag{6.7}$$

性质 6.3　主成分 y_k 与原始变量 x_i 的相关系数为 $\rho_{ki}=\rho(y_k,x_i)=\dfrac{\sqrt{\lambda_k}}{\sqrt{\sigma_{ii}}}e_{ki}$, 其中 e_{ki} 为 $\boldsymbol{e}_k$ 的第 i 个分量.

证明: 记 $\boldsymbol{\varepsilon}_i=(0,\cdots,0,1,0,\cdots,0)^{\mathrm{T}}$ 是第 i 个元素为 1, 其他元素为 0 的向量, 则

$$\begin{aligned}\rho(y_k,x_i)&=\frac{\mathrm{Cov}(y_k,x_i)}{\sqrt{\mathrm{Var}(y_k)\mathrm{Var}(x_i)}}=\frac{\mathrm{Cov}(\boldsymbol{e}_k^{\mathrm{T}}\boldsymbol{X},\boldsymbol{\varepsilon}_i^{\mathrm{T}}\boldsymbol{X})}{\sqrt{\lambda_k\sigma_{ii}}}\\&=\frac{\boldsymbol{\varepsilon}_i^{\mathrm{T}}(\boldsymbol{\Sigma}\boldsymbol{e}_k)}{\sqrt{\lambda_k\sigma_{ii}}}=\frac{\lambda_k e_{ki}}{\sqrt{\lambda_k\sigma_{ii}}}=\frac{\sqrt{\lambda_k}}{\sqrt{\sigma_{ii}}}e_{ki}.\end{aligned}$$

由式 (6.6), $\boldsymbol{y}=\boldsymbol{P}^{\mathrm{T}}\boldsymbol{X}$ 变形可得 $\boldsymbol{X}=\boldsymbol{P}\boldsymbol{y}$, 其分量形式为

$$x_i=e_{1i}y_1+e_{2i}y_2+\cdots+e_{ki}y_k+\cdots+e_{pi}y_p,\quad i=1,2,\cdots,p.$$

一般而言, 称正交矩阵 $\boldsymbol{P}$ 为原始变量 $\boldsymbol{X}$ 关于主成分 $\boldsymbol{y}$ 的 "载荷矩阵", 而称 e_{ki} 为第 i 个变量 x_i 在第 k 个主成分 y_k 上的 "载荷". "载荷" 越大, 说明 x_i 与 y_k 的相关性越强. 有的文献或软件 (如 SPSS 软件) 也称 $\boldsymbol{P}\boldsymbol{\Lambda}^{1/2}=(\sqrt{\lambda_1}\boldsymbol{e}_1,\sqrt{\lambda_2}\boldsymbol{e}_2,\cdots,\sqrt{\lambda_p}\boldsymbol{e}_p)$ 为原始变量 $\boldsymbol{X}$ 关于主成分 $\boldsymbol{y}$ 的 "载荷矩阵", 而称

$\sqrt{\lambda_k}e_{ki}$ 为第 i 个变量 x_i 在第 k 个主成分 y_k 上的"载荷".

6.2.4 主成分个数的确定

进行主成分分析的目的是要有效降维, 减少变量的个数, 所以一般不会使用所有 p 个主成分, 忽略一些方差较小的主成分不会给总方差带来太大的影响. 性质 6.2 说明原来 p 个原始变量的总的变差等于 p 个主成分的总的变差, 故可采用指标

$$\omega_i = \lambda_i \Big/ \sum_{j=1}^{p} \lambda_j, \quad i = 1, 2, \cdots, p \tag{6.8}$$

来度量主成分 y_i 概括原变量信息大小的程度, 称 ω_i 为主成分 y_i 的方差贡献率. 第一主成分 y_1 的贡献率最大, 这表明 $y_1 = \boldsymbol{e}_1^{\mathrm{T}}\boldsymbol{X}$ 综合原始变量 $x_1, x_2, \cdots, x_p$ 信息的能力最强, 而 $y_2, \cdots, y_p$ 的综合能力依次递减. 前 $k(k < p)$ 个 ω_i 的和 $\sum_{i=1}^{k} \omega_i = \sum_{j=1}^{k} \lambda_j \Big/ \sum_{j=1}^{p} \lambda_j$ 称为前 k 个主成分的累积贡献率. 累积贡献率表明 $y_1, y_2, \cdots, y_k$ 综合 $x_1, x_2, \cdots, x_p$ 信息的能力, 通常取使得累积贡献率达到 80% 的最小的 k 为主成分的个数.

说明: 有的文献规定取使得累积贡献率首次超过 85% 的 k. 另外, Kaiser-Harris (凯泽–哈里斯) 准则建议保留特征值大于 1 的主成分, 特征值小于 1 的主成分能解释的方差相对较小. Cattell (卡特尔) 碎石检验则绘制了特征值与主成分数的图形, 这类图形可以展示图形弯曲状况, 在图形变化最大处之上的主成分都保留.

6.2.5 变量的标准化及意义

上面对主成分分析的讨论是从总体协方差矩阵 $\boldsymbol{\Sigma}$ 出发的, 其结果通常会受变量单位的影响. 不同的变量往往有不同的单位 (例如例 6.0 中有机碳 x_1 (%) 取值在 0.2%~1.5%, 生油层埋深 x_2 (m) 取值则在 1 200~3 200 m), 对同一变量单位的改变会产生不同的主成分, 主成分倾向于反映方差大的变量的信息, 对于方差小的变量就可能体现得不够, 存在"大数吃小数"的问题. 为使主成分分析能够均等地对待每一个原始变量, 消除由于单位的不同可能带来的影响, 我们常常将各原始变量作标准化处理 (常用 R 函数 `scale` 来实现), 即令

$$x_i^* = \frac{x_i - E(x_i)}{\sqrt{\mathrm{Var}(x_i)}}, \quad i = 1, 2, \cdots, p. \tag{6.9}$$

显然, 标准化后的总体 $\boldsymbol{X}^*=(x_1^*,x_2^*,\cdots,x_p^*)^{\mathrm{T}}$ 的协方差矩阵就是原总体 $\boldsymbol{X}$ 的相关系数矩阵 $\boldsymbol{\rho}$. 需要强调的是, 从相关系数矩阵求得的主成分与从协方差矩阵求得的主成分一般是不同的. 实际表明, 这种差异有时很大. 如果各指标之间的数量级悬殊, 特别是各指标有不同的物理量纲的话, 较为合理的做法是使用 $\boldsymbol{\rho}$ 代替 $\boldsymbol{\Sigma}$. 对于研究经济问题所涉及的变量单位大都不统一, 采用 $\boldsymbol{\rho}$ 代替 $\boldsymbol{\Sigma}$ 后, 可以看作用标准化的数据来作分析, 这样使得主成分有现实经济意义, 既便于剖析实际问题, 又能避免突出数值大的变量.

总的来说, 在解决实际问题时, 既可以从 $\boldsymbol{X}$ 的协方差矩阵 $\boldsymbol{\Sigma}$ 出发来作主成分分析, 也可以从 $\boldsymbol{X}$ 的相关系数矩阵 $\boldsymbol{\rho}$ 出发来作主成分分析. 由于上述原因, 一般以后者为主. 另外, 从 $\boldsymbol{\rho}$ 出发导出的主成分也有与 6.2.3 小节中性质 6.1、性质 6.2 及性质 6.3 类似的性质, 这里从略.

6.3 样本主成分

实际问题中总体协方差矩阵 $\boldsymbol{\Sigma}$ 或相关系数矩阵 $\boldsymbol{\rho}$ 往往是未知的, 通常需要用样本数据来估计.

设 $\boldsymbol{X}_{(i)}=(x_{i1},x_{i2},\cdots,x_{ip})^{\mathrm{T}}\ (i=1,2,\cdots,n)$ 为来自总体 $\boldsymbol{X}$ 的样本, 样本数据矩阵为

$$\boldsymbol{X}=\begin{pmatrix} x_{11} & x_{12} & \cdots & x_{1p} \\ x_{21} & x_{22} & \cdots & x_{2p} \\ \vdots & \vdots & & \vdots \\ x_{n1} & x_{n2} & \cdots & x_{np} \end{pmatrix}=\begin{pmatrix} \boldsymbol{X}_{(1)}^{\mathrm{T}} \\ \boldsymbol{X}_{(2)}^{\mathrm{T}} \\ \vdots \\ \boldsymbol{X}_{(n)}^{\mathrm{T}} \end{pmatrix}=(\boldsymbol{X}_1,\boldsymbol{X}_2,\cdots,\boldsymbol{X}_p),$$

其中 $\boldsymbol{X}_{(i)}^{\mathrm{T}}$ 表示样本数据矩阵的第 i 行 $(i=1,2,\cdots,n)$, 表示对 $\boldsymbol{X}$ 的第 i 次观测值, $\boldsymbol{X}_j$ 表示样本数据矩阵的第 j 列 $(j=1,2,\cdots,p)$. 样本的协方差矩阵为

$$\boldsymbol{S}=\frac{1}{n-1}\sum_{i=1}^{n}(\boldsymbol{X}_{(i)}-\bar{\boldsymbol{X}})(\boldsymbol{X}_{(i)}-\bar{\boldsymbol{X}})^{\mathrm{T}}=(s_{kl})_{p\times p},$$

其中

$$\bar{\boldsymbol{X}}=\frac{1}{n}\sum_{i=1}^{n}\boldsymbol{X}_{(i)}=(\bar{x}_1,\bar{x}_2,\cdots,\bar{x}_p)^{\mathrm{T}},$$

$$s_{kl}=\frac{1}{n-1}\sum_{i=1}^{n}(x_{ik}-\bar{x}_k)(x_{il}-\bar{x}_l)\quad(k,l=1,2,\cdots,p).$$

样本的相关系数矩阵 $\boldsymbol{R}$ 为

$$\boldsymbol{R}=\frac{1}{n-1}\sum_{i=1}^{n}\boldsymbol{X}_{(i)}^{*}\boldsymbol{X}_{(i)}^{*\mathrm{T}}=(r_{kl})_{p\times p},\quad r_{kl}=\frac{s_{kl}}{\sqrt{s_{kk}s_{ll}}},\quad k,l=1,2,\cdots,p,$$

其中

$$\begin{aligned}\boldsymbol{X}_{(i)}^{*}&=\left(\frac{x_{i1}-\bar{x}_1}{\sqrt{s_{11}}},\frac{x_{i2}-\bar{x}_2}{\sqrt{s_{22}}},\cdots,\frac{x_{ip}-\bar{x}_p}{\sqrt{s_{pp}}}\right)^{\mathrm{T}}\\&=(x_{i1}^{*},x_{i2}^{*},\cdots,x_{ip}^{*})^{\mathrm{T}}=\begin{pmatrix}x_{i1}^{*}\\x_{i2}^{*}\\\vdots\\x_{ip}^{*}\end{pmatrix}.\end{aligned}$$

6.3.1 样本主成分的性质和计算

设 $\lambda_1,\lambda_2,\cdots,\lambda_p(\lambda_1\geqslant\lambda_2\geqslant\cdots\geqslant\lambda_p\geqslant0)$ 为样本协方差矩阵 $\boldsymbol{S}$ 的 p 个特征值, $\boldsymbol{a}_1,\boldsymbol{a}_2,\cdots,\boldsymbol{a}_p$ 为对应的单位正交特征向量, 则样本的第 i 个主成分为 $z_i=\boldsymbol{a}_i^{\mathrm{T}}\boldsymbol{x}\ (i=1,2,\cdots,p)$, 其中 $\boldsymbol{x}=(x_1,x_2,\cdots,x_p)^{\mathrm{T}}$. 令

$$\boldsymbol{z}=(z_1,z_2,\cdots,z_p)^{\mathrm{T}}=(\boldsymbol{a}_1,\boldsymbol{a}_2,\cdots,\boldsymbol{a}_p)^{\mathrm{T}}\boldsymbol{x}=\boldsymbol{A}^{\mathrm{T}}\boldsymbol{x},$$

其中 $\boldsymbol{A}=(\boldsymbol{a}_1,\boldsymbol{a}_2,\cdots,\boldsymbol{a}_p)=(a_{ij})_{p\times p}$.

类似于总体主成分, 基于 $\boldsymbol{S}$ 的样本主成分有如下性质:

(1) $\mathrm{Var}(z_i)=\lambda_i\ (i=1,2,\cdots,p)$.

(2) $\mathrm{Cov}(z_i,z_j)=0\ (i,j=1,2,\cdots,p;i\neq j)$.

(3) 样本总方差 $\sum\limits_{i=1}^{p}s_{ii}=\sum\limits_{i=1}^{p}\lambda_i$.

(4) 样本主成分 z_k 与 x_i 的相关系数 $r_{ki}=r(z_k,x_i)=\dfrac{\sqrt{\lambda_k}}{\sqrt{\sigma_{ii}}}a_{ki}\ (k,i=1,2,\cdots,p)$.

实际问题中更常用的是从样本相关系数矩阵 $\boldsymbol{R}$ 出发求样本主成分, 方法是用 $\boldsymbol{R}$ 替换上面的 $\boldsymbol{S}$, 其余操作不变:

设 $\lambda_1^*, \lambda_2^*, \cdots, \lambda_p^*$ $(\lambda_1^* \geqslant \lambda_2^* \geqslant \cdots \geqslant \lambda_p^* \geqslant 0)$ 为样本相关系数矩阵 $\boldsymbol{R} = (r_{ij})_{p\times p}$ 的 p 个特征值, $\boldsymbol{a}_1^*, \boldsymbol{a}_2^*, \cdots, \boldsymbol{a}_p^*$ 为对应的单位正交特征向量, 则样本的第 i 个主成分为 $z_i^* = \boldsymbol{a}_i^{*\mathrm{T}}\boldsymbol{x}^*$ $(i = 1, 2, \cdots, p)$, 其中 $\boldsymbol{x}^* = (x_1^*, x_2^*, \cdots, x_p^*)^{\mathrm{T}}$, $x_i^* = \dfrac{x_i - \bar{x}_i}{\sqrt{s_{ii}}}$ $(i = 1, 2, \cdots, p)$. 又记 $\boldsymbol{A}^* = (\boldsymbol{a}_1^*, \boldsymbol{a}_2^*, \cdots, \boldsymbol{a}_p^*) = (a_{ij}^*)_{p\times p}$, 与上面类似, 基于 $\boldsymbol{R}$ 的样本主成分有如下性质:

(1) $\mathrm{Var}(z_i^*) = \lambda_i^*$ $(i = 1, 2, \cdots, p)$.

(2) $\mathrm{Cov}(z_i^*, z_j^*) = 0$ $(i, j = 1, 2, \cdots, p; i \neq j)$.

(3) 样本总方差 $\displaystyle\sum_{i=1}^{p} r_{ii} = \sum_{i=1}^{p} \lambda_i^* = p.$

证明: $\displaystyle\sum_{i=1}^{p} \lambda_i^* = \mathrm{tr}(\boldsymbol{R}) = \sum_{i=1}^{p} r_{ii} = \sum_{i=1}^{p} \frac{s_{ii}}{\sqrt{s_{ii}s_{ii}}} = \sum_{i=1}^{p} 1 = p.$

(4) 样本主成分 z_k^* 与 x_i^* 的相关系数 $r_{ki}^* = r(z_k^*, x_i^*) = \sqrt{\lambda_k^*}a_{ki}^*$ $(k, i = 1, 2, \cdots, p)$.

6.3.2　主成分分析的步骤和相关 R 函数

在实际应用中, 使用较多的是从样本的相关系数矩阵 $\boldsymbol{R}$ 出发进行主成分分析, 在 R 中可用几个函数命令来完成. 其具体步骤可以归纳为

(1) 将原始样本数据标准化;

(2) 求样本的相关系数矩阵 $\boldsymbol{R}$;

(3) 求 $\boldsymbol{R}$ 的 p 个特征值 $\lambda_1^*, \lambda_2^*, \cdots, \lambda_p^*$ $(\lambda_1^* \geqslant \lambda_2^* \geqslant \cdots \geqslant \lambda_p^* \geqslant 0)$ 以及相应的单位正交特征向量 $\boldsymbol{a}_1^*, \boldsymbol{a}_2^*, \cdots, \boldsymbol{a}_p^*$;

特别说明: 采用 (3) 中记号, 向量 $\boldsymbol{a}_i^*$ 和向量 $-\boldsymbol{a}_i^*$ 均是 $\boldsymbol{R}$ 的对应于特征值 λ_i^* $(i = 1, 2, \cdots, p)$ 的单位特征向量, 并且在 $\boldsymbol{a}_i^*$ 前的正负号可自由选取其一的条件下, $\pm\boldsymbol{a}_1^*, \pm\boldsymbol{a}_2^*, \cdots, \pm\boldsymbol{a}_p^*$ 可能有 2^p 种组合情形, 其中每一种组合情形均是一组单位正交特征向量, 这就意味着实际计算得到的主成分可能是 $z_i^* = \boldsymbol{a}_i^{*\mathrm{T}}\boldsymbol{x}^*$, 也可能是 $z_i^* = -\boldsymbol{a}_i^{*\mathrm{T}}\boldsymbol{x}^*$ $(i = 1, 2, \cdots, p)$. 两者相差一个负号, 但均满足定理 6.1 给出的主成分要求. 在主成分的实际计算、作图和解释时 (特别是计算主成分得分时) 要注意这一点.

(4) 按主成分累积贡献率超过 80% 确定主成分的个数 k, 并写出样本主成分表达式 $z_i^* = \boldsymbol{a}_i^{*\mathrm{T}}\boldsymbol{x}^*$ $(i = 1, 2, \cdots, k)$;

(5) 对分析结果作出统计意义和实际意义两方面的解释.

在 R 中进行主成分分析的常用函数如下:

1. princomp 函数

```
princomp(x,cor=FALSE,score=TRUE,···) (矩阵形式)
```

这是作主成分分析最常用的函数, 其中 x 是用于主成分分析的数据矩阵或数据框; cor=TRUE 表示用样本相关系数矩阵 $\boldsymbol{R}$ 作主成分分析, cor=FALSE (默认值) 表示用样本协方差矩阵 $\boldsymbol{S}$ 作主成分分析; score 为是否输出主成分得分. 该函数还有一种使用形式:

```
princomp(formula,data=NULL,cor=TRUE,···)(公式形式)
```

其中 formula 为公式, 但无响应变量, 形如~X1+···+Xp; data 为数据框; cor=TRUE 表示用样本相关系数矩阵 $\boldsymbol{R}$ 作主成分分析.

2. summary 函数

```
summary(object,loadings=TRUE,···)
```

该函数用于提取主成分的信息, 其中 object 是由 princomp() 得到的对象; loadings=TRUE 表示显示载荷矩阵 loadings 的内容 (见下面 loadings 函数的说明), 默认不显示.

3. loadings 函数

```
loadings(object)
```

该函数用于显示主成分分析 (或因子分析) 中载荷矩阵的内容, 其中 object 是由 princomp() 得到的对象. 若从样本相关系数矩阵 $\boldsymbol{R}$ 出发作主成分分析, 则该函数输出载荷矩阵 $\boldsymbol{A}^* = (\boldsymbol{a}_1^*, \boldsymbol{a}_2^*, \cdots, \boldsymbol{a}_p^*) = (a_{ij}^*)_{p\times p}$, 其中 $\boldsymbol{A}^*$ 是由 $\boldsymbol{R}$ 的 p 个单位正交特征向量生成的正交矩阵, 主成分向量 $\boldsymbol{z}^* = \boldsymbol{A}^{*\mathrm{T}}\boldsymbol{x}^*$ 或 $\boldsymbol{x}^* = \boldsymbol{A}^*\boldsymbol{z}^*$, a_{ik}^* 称为第 i 个变量 x_i^* 在第 k 个主成分 z_k^* 上的载荷. 实际上, 若在 summary 函数中输入选项 loadings=TRUE, 就可显示 loadings 函数的相关内容.

4. predict 函数

```
predict(object,newdata,···)
```

该函数用于预测主成分的值, 其中 object 是由 princomp() 得到的对象, newdata 是要由其进行预测的数据框. 若不给出 newdata, 则对样本数据作拟合预测.

5. screeplot 函数

```
screeplot(object,type = c( "barplot","lines",...))
```

该函数用于画出主成分的碎石图 (这是一种象形的称呼, 碎石图将特征值从大到小排列, 可以由此直观地确定主成分的个数. 它还有另一种称呼叫陡坡图, 同样是象形称呼, 意指这些特征值点的连线像一个陡峭的山坡), 其中 `object` 是由 `princomp()` 得到的对象, `type` 为碎石图的类型: `"barplot"` 是直方图类型, `"lines"` 是直线图类型. 碎石图将特征值从大到小排列, 可以由此直观地确定主成分的个数.

注意这里只罗列了在 R 中作主成分分析时常用的几个函数, 更多的函数和命令见相关程序包和参考文献. 如 psych 包中提供的各种函数, 它们有更丰富实用的选项, 输出结果也更便于使用, 见参考文献 [2].

例 6.1 利用上述 R 函数对例 6.0 中的石油勘探样品数据 example 6.0 进行主成分分析.

主要步骤: (1) 先读取数据, 计算样本数据的相关系数矩阵;

(2) 利用 `princomp` 函数和样本相关系数矩阵作主成分分析, 得到主成分载荷矩阵, 并按累积贡献率不低于 80% 确定主成分的个数;

(3) 写出主成分表达式, 结合问题背景解释各主成分的统计及实际含义;

(4) 对样本作回代预测, 即计算各样本在主成分上的得分;

(5) 利用碎石图来直观分析主成分;

(6) 利用主成分的载荷散点图来解释主成分;

(7) 利用 `biplot` 函数绘制样本点在前两个主成分坐标系和原始变量坐标系下的双坐标散点图, 进一步探究主成分的统计意义及实际意义.

解: 先读取数据, 求样本相关系数矩阵. R 程序如下:

```
> #例6.1 17个石油地质勘探点样品数据的主成分分析
> setwd("C:/mdata")    #设定工作路径
> d6.1<-read.csv("example6.0.csv",header=T)
                 #将example6.0数据读入到d6.1中
> R=round(cor(d6.1), 3); R  #求样本相关系数矩阵, 保留三位小数
      x1      x2      x3      x4      x5      x6
x1  1.000   0.840   0.003   0.347   0.839  -0.747
x2  0.840   1.000  -0.051   0.077   0.939  -0.839
x3  0.003  -0.051   1.000   0.259  -0.164   0.285
```

```
x4  0.347   0.077   0.259   1.000  -0.037   0.022
x5  0.839   0.939  -0.164  -0.037   1.000  -0.827
x6 -0.747  -0.839   0.285   0.022  -0.827   1.000
```

在 R 中, 函数 `symnum()` 用简洁的符号表示出相关系数矩阵中绝对值位于不同区间内的相关系数的位置, 其中, $[0,0.3]$ 用空格`" "`; $(0.3,0.6]$ 用句点`"."`; $(0.6,0.8]$ 用逗号`","`; $(0.8,0.9]$ 用加号`"+"`; $(0.9,0.95]$ 用星号`"*"`; $(0.95,1]$ 用字母`"B"`. 在相关系数矩阵的维数较大时, 用这种方法可快速找出相关性较强的变量. 其使用格式为

```
> symnum(cor(d6.1,use="complete.obs"))
   x1 x2 x3 x4 x5 x6
x1 1
x2 +  1
x3       1
x4 .        1
x5 +  *        1
x6 ,  +        +  1
attr(,"legend")
[1] 0 ' ' 0.3 '.' 0.6 ',' 0.8 '+' 0.9 '*' 0.95 'B' 1
```

易见, x_2 与 x_5 相关性最强, 对应符号为`"*"`, 其绝对值在 0.9~0.95, x_1 与 x_2, x_1 与 x_5, x_2 与 x_6, x_5 与 x_6 的相关性较强, 对应符号均为`"+"`, 其绝对值在 0.8~0.9, 说明六个变量之间确实存在较强的相关关系, 应当进行"降维"处理. 下面作主成分分析, 求样本相关系数矩阵的特征值和主成分载荷, R 程序和运行结果如下:

```
> options(digits=3)   #设置小数点后位数为3
> PCA6.1=princomp(d6.1, cor=T, scores=T) #用样本相关系数矩阵作主成分分析
> PCA6.1
Call:
princomp(x = d6.1, cor = T, scores = T)
Standard deviations:
Comp.1  Comp.2  Comp.3  Comp.4  Comp.5  Comp.6
 1.885   1.170   0.860   0.430   0.340   0.197
```

```
  6 variables and 17 observations.
> summary(PCA6.1, loadings=T)   #列出主成分分析结果
Importance of components:
                          Comp.1  Comp.2  Comp.3  Comp.4  Comp.5   Comp.6
Standard deviation         1.885   1.170   0.860  0.4301  0.3399  0.19653
Proportion of Variance     0.592   0.228   0.123  0.0308  0.0193  0.00644
Cumulative Proportion      0.592   0.820   0.943  0.9743  0.9936  1.00000
Loadings:
    Comp.1 Comp.2 Comp.3 Comp.4 Comp.5 Comp.6
x1   0.485  0.239          0.291  0.735  0.274
x2   0.510         -0.166        -0.587  0.600
x3          0.646  -0.728 -0.181
x4          0.702   0.640        -0.254 -0.153
x5   0.509         -0.154  0.409 -0.187 -0.713
x6  -0.484  0.159          0.837 -0.118  0.155
```

由程序运行结果知六个主成分的标准差分别为

$$\sqrt{\lambda_1}=1.885,\quad \sqrt{\lambda_2}=1.170,\quad \sqrt{\lambda_3}=0.860,$$
$$\sqrt{\lambda_4}=0.430,\quad \sqrt{\lambda_5}=0.340,\quad \sqrt{\lambda_6}=0.197.$$

从输出结果可以看出, 前两个主成分的累积贡献率为 $0.592+0.228=0.82$, 已经超过 80%, 所以取两个主成分就可以了. 第一主成分和第二主成分各为 (为简明起见, 样本主成分表达式 $z_i^*=\boldsymbol{a}_i^{*\mathrm{T}}\boldsymbol{x}^*$ 中的所有 “*” 省略, 以下同):

$$z_1=0.485x_1+0.510x_2+0.509x_5-0.484x_6,$$
$$z_2=0.239x_1+0.646x_3+0.702x_4+0.159x_6.$$

第一主成分 z_1 表达式中有四个变量 x_1 (有机碳)、x_2 (生油层埋深)、x_5 (地下水含碘量) 和 x_6 (地下水矿化度) 系数较大, 通常解释为这四个变量在主成分 z_1 上载荷较大, 说明 z_1 与这四个变量关系密切 (其中 z_1 与 x_6 呈显著负相关). 而这些地质变量的结合大致反映了 “生油条件” 这个综合地质因素, 因此主成分 z_1 可称为 “生油” 主成分; 第二主成分 z_2 与 x_3 (油层孔隙度) 和 x_4 (储层厚度) 这两个变量关系特别密切, 这两个地质变量相结合大致反映了 “储油条件” 这个综合地质因素, 因此可称主成分 z_2 是 “储油” 主成分. 这样的分析结果与石油地

质理论是相符合的.

要对 17 个勘探点根据两个主成分进行分类, 可以将各个勘探点的样本数据带入两个主成分 z_1 和 z_2 的表达式, 算出每个点的两个主成分值 (实际上就是下面预测输出结果的前两列), 将它们在 z_1 和 z_2 构成的坐标面上标出 (见图 6–6), 可帮助我们对勘探点进行分类. 回代预测的 R 程序及输出结果如下:

```
> round(predict(PCA6.1),3)    #作回代预测,保留三位小数
       Comp.1 Comp.2 Comp.3 Comp.4 Comp.5 Comp.6
 [1,]  -1.333 -1.150  0.635  0.136 -0.150 -0.015
 [2,]  -0.798 -1.175  1.073  0.252  0.153  0.261
 [3,]  -1.901 -0.540 -0.429 -0.187 -0.047  0.287
 [4,]  -2.421  0.956 -0.424 -0.124 -0.402 -0.125
 [5,]  -0.037 -0.640 -0.669 -0.357  0.749 -0.144
 [6,]  -1.209  1.034  0.836 -0.626 -0.472 -0.190
 [7,]   3.560 -1.001 -0.862 -0.504 -0.495  0.093
 [8,]   0.265 -1.930  0.606 -0.359  0.514  0.003
 [9,]   3.474 -1.110 -0.216  0.441 -0.255 -0.375
[10,]   0.042  0.264  1.814  0.143 -0.052 -0.229
[11,]   3.033  2.636  1.183 -0.323  0.189  0.304
[12,]  -2.269 -0.814 -0.245 -0.119 -0.201  0.095
[13,]  -1.047  1.250 -1.458 -0.573  0.258 -0.144
[14,]  -0.040  1.500 -0.294  0.678  0.464 -0.181
[15,]   0.451  0.589 -1.098  0.725 -0.161  0.258
[16,]  -1.692  0.285 -0.030  0.668 -0.095  0.000
[17,]   1.922 -0.152 -0.420  0.129  0.003  0.102
```

特别要注意各勘探样本点在第一主成分和第二主成分上的得分, 得分绝对值较大的 (包括正值和负值) 在输出结果中已经用粗体标出. 另外, 函数 predict (PCA6.1) 和函数 PCA6.1$scores 的输出结果是一样的, 都是计算各样本点的主成分得分.

下面用碎石图来分析主成分, R 程序如下:

```
> screeplot (PCA6.1,type="lines")   #画碎石图,用直线图类型(见图6-4)
```

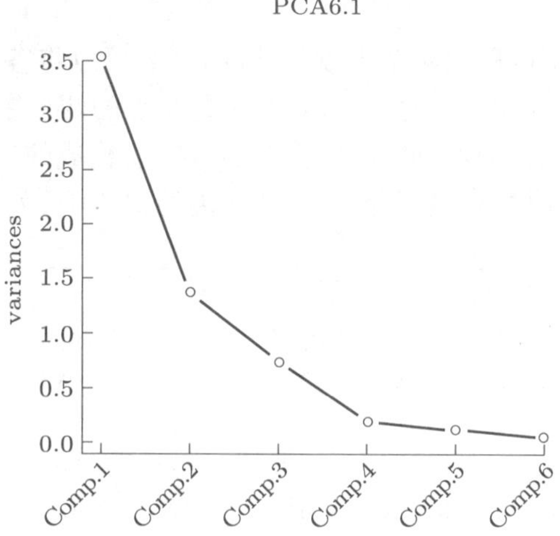

图 6–4 17 个石油地质勘探点样本数据的主成分碎石图

从图 6–4 容易直观地看出, 前两个主成分的方差占了总方差变化的大部分, 因此主成分的个数取为 2 是适当的.

下面用主成分载荷矩阵的前两列数据作主成分载荷散点图 (见图 6–5), R 程序如下:

```
load=loadings(PCA6.1)   #提取主成分载荷矩阵
plot(load[,1:2],xlim=c(-0.5,1),ylim=c(-0.2,0.8))   #作散点图
rnames=c("x1有机碳","x2生油层埋深","x3油层孔隙度","x4储层厚度","x5地下水
        含碘量","x6地下水矿化度")   #见图6-5
text(load[,1], load[,2],labels=rnames,cex=0.8,adj=c(-0.1, 0.6))
     #用中文为散点标号
abline(h=0,v=0,lty=3)   #用虚线划分象限
```

六个变量在主成分 z_1 和 z_2 构成的坐标面上的载荷散点图进一步直观地表明了两个主成分 z_1 和 z_2 具有明显的 “生油” 和 “储油” 倾向特征.

分别以 17 个勘探样本点在两个主成分 z_1 和 z_2 上的得分为横坐标和纵坐标, 利用函数 biplot 来绘制它们在 z_1 和 z_2 构成的坐标面 z_1Oz_2 上的散点图, 并且加入 6 个变量在同一坐标面 z_1Oz_2 上的载荷散点图, 得到 “双坐标” 散点图, 据此可帮助我们对样品点进行分类. R 作图命令为

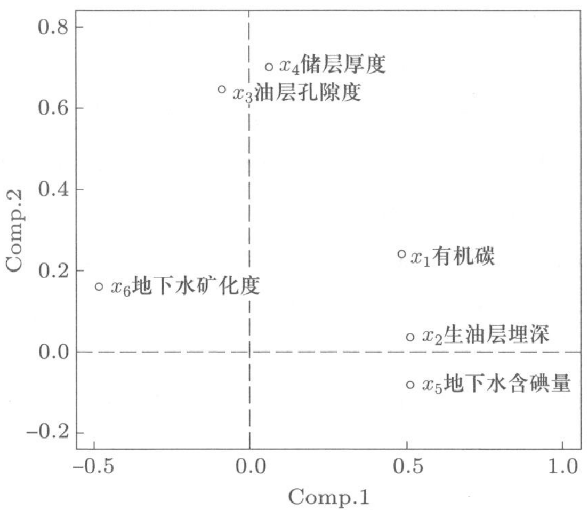

图 6–5 两个主成分的载荷散点图

```
> biplot(PCA6.1, scale=0.5)
  #绘制17个样本点和6个变量关于主成分 z1 和 z2 的散点图
```

绘图结果见图 6–6, 图中黑色的数字标明各个样本点在坐标面 z_1Oz_2 上的位置, 同时还大致表示了这些点与原始变量 (箭头) 之间的相对位置. 该图还可

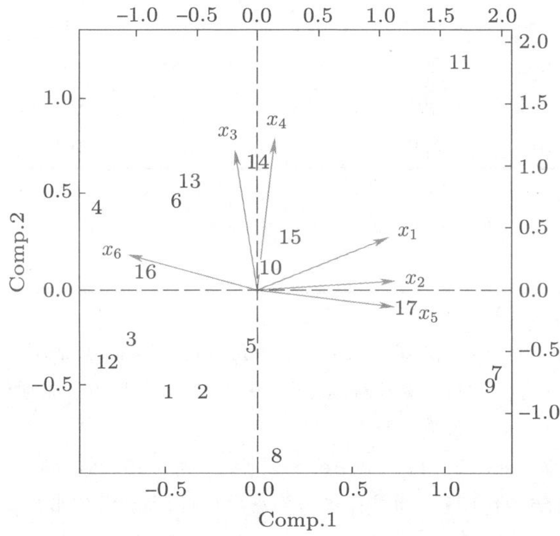

图 6–6 17 个石油地质勘探点样本数据的双坐标散点图

以用来对 17 个勘探样本点进行主成分分类: 11 号样本点单独作一类, 7, 9, 17 号样本点作一类, 8 号样本点单独作一类, 其余样本点合并为一类. 特别是 11 号样本点, 它在 "生油" 主成分 z_1 和 "储油" 主成分 z_2 上得分均高, 应该重点关注. 另外, 在 z_1 和 z_2 上至少有一个得分高的编号为 7, 9, 8, 17, 4, 12 等的样本点也应该重点考察, 仔细研究其石油分布状况.

数据文件 example 6.2

例 6.2 表 6–1 (见第 6 章参考文献 [3]) 给出了 20 世纪 80 年代法国不同类型的家庭在食品上的平均支出数据. 这些家庭按手工工人、雇工和经理分类, 各自有不同数目的孩子 (2, 3, 4, 5 不等). 食品种类分为 X_1 (面包)、X_2 (蔬菜)、X_3 (水果)、X_4 (肉类)、X_5 (禽类)、X_6 (牛奶)、X_7 (酒). 根据这些数据进行主成分分析.

表 6–1 不同类型的法国家庭在食品上的平均支出 单位: 法郎

	X_1	X_2	X_3	X_4	X_5	X_6	X_7
手工 2 孩	332	428	354	1 437	526	247	427
雇工 2 孩	293	559	388	1 527	567	239	258
经理 2 孩	372	767	562	1 948	927	235	433
手工 3 孩	106	563	341	1 507	544	324	407
雇工 3 孩	386	608	396	1 501	558	319	363
经理 3 孩	438	843	689	2 345	1 148	243	341
手工 4 孩	534	660	367	1 620	638	414	407
雇工 4 孩	460	699	481	1 836	762	400	416
经理 4 孩	385	789	621	2 366	1 149	304	282
手工 5 孩	655	776	123	1 818	759	495	486
雇工 5 孩	581	995	518	2 056	893	518	319
经理 5 孩	515	1 097	887	2 630	1 167	561	284

解: (1) 先读入数据, 计算样本相关系数矩阵.

```
> setwd("C:/mdata")   #设定工作路径
> eg6.2<-read.csv("example6.2.csv",header=T)   #将example6.2数据读入
> d6.2=eg6.2[,-1]   #第一列为样本名称,先去掉,只保留数值以便计算样本相关
                    系数矩阵
> rownames(d6.2)=eg6.2[,1]   #用eg6.2的第一列为d6.2的行重新命名
> R=round(cor(d6.2), 3)   #求样本相关系数矩阵,保留三位小数
> R
```

```
      X1      X2      X3      X4      X5      X6      X7
X1  1.000   0.602   0.039   0.403   0.377   0.683   0.125
X2  0.602   1.000   0.665   0.879   0.827   0.663  -0.356
X3  0.039   0.665   1.000   0.822   0.794   0.097  -0.624
X4  0.403   0.879   0.822   1.000   0.982   0.364  -0.451
X5  0.377   0.827   0.794   0.982   1.000   0.233  -0.400
X6  0.683   0.663   0.097   0.364   0.233   1.000   0.007
X7  0.125  -0.356  -0.624  -0.451  -0.400   0.007   1.000
```

易见, X_4 和 X_5 相关性最强, 样本相关系数为 0.982; X_2, X_3 与 X_4, X_5 两两之间, X_1, X_2 与 X_6 之间的相关性也很强.

(2) 利用样本相关系数矩阵作主成分分析, 计算载荷矩阵. R 程序及结果如下:

```
> options(digits=3)   #设置小数点位数为3
> PCAd6.2=princomp(d6.2, cor=T)   #用样本相关系数矩阵 R 作主成分分析
> summary(PCAd6.2, loadings=T)   #列出主成分分析结果
Importance of components:
                       Comp.1 Comp.2  Comp.3 Comp.4 Comp.5 Comp.6 Comp.7
Standard deviation      2.035  1.320  0.7837 0.5583 0.3640 0.2375 0.0440
Proportion of Variance  0.592  0.249  0.0877 0.0445 0.0189 0.0081 0.0003
Cumulative Proportion   0.592  0.840  0.9282 0.9727 0.9917 0.9997 1.0000
Loadings:
   Comp.1 Comp.2  Comp.3 Comp.4 Comp.5 Comp.6 Comp.7
X1  0.256  0.569          0.685  0.370
X2  0.468  0.156         -0.169 -0.157 -0.832
X3  0.398 -0.368         -0.272  0.789
X4  0.475          0.235        -0.270  0.379  0.703
X5  0.453 -0.122   0.404  0.118 -0.342  0.171 -0.676
X6  0.255  0.537  -0.481 -0.499         0.360 -0.182
X7 -0.247  0.453   0.737 -0.405  0.152
```

(3) 确定主成分. 前两个主成分的累积方差贡献率为 84%, 按照累积方差贡献率大于 80% 的原则, 主成分的个数取为 2. 前两个主成分分别为

$$z_1 = 0.256X_1 + 0.468X_2 + 0.398X_3 + 0.475X_4 + 0.453X_5 + 0.255X_6 - 0.247X_7,$$

$$z_2 = 0.569X_1 + 0.156X_2 - 0.368X_3 - 0.122X_5 + 0.537X_6 + 0.453X_7.$$

变量 X_2 (蔬菜)、X_3 (水果)、X_4 (肉类)、X_5 (禽类) 在第一主成分 z_1 上载荷值均较大, 有三个取值在 0.45 以上, 可视为反映主要食品支出 (由表 6–1 知这些均是支出大项) 的主成分, 注意 z_1 和 X_7 负相关. 变量 X_1 (面包)、X_6 (牛奶)、X_7 (酒) 在第二主成分 z_2 上载荷值较大且取值为正, 可视为反映日常固定支出和休闲饮品支出的主成分, 注意 z_2 和 X_3 负相关.

(4) 画碎石图 (见图 6–7) 和 7 个变量在前两个主成分坐标面 z_1Oz_2 上的载荷图 (见图 6–8), R 程序如下:

```
> screeplot (PCAd6.2, type="barplot")   #画碎石图,用直方图类型
> load=loadings(PCAd6.2)    #提取主成分载荷矩阵
> plot(load[,1:2], xlim=c(-0.5,0.9), ylim=c(-0.5,0.7))
      #用载荷矩阵前两列作散点图
> rnames=c("面包X1","蔬菜X2","水果X3","肉类X4","禽类X5","牛奶X6","酒X7")
         #用中文命名
> text(load[,1],load[,2],labels=rnames,adj=c(-0.2, 1.5),cex=0.7)
      #为散点用中文标号
> abline(h=0,v=0,lty=3)   #用虚线划分象限
```

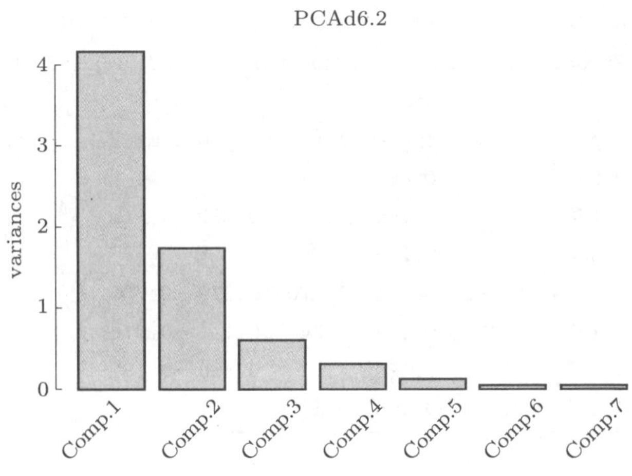

图 6–7　7 个主成分的碎石图

按图 6–8 的散点位置, 可将 7 个变量进行大致分类: X_3, X_4, X_5 分为一类, 反映大项消费支出; X_1, X_2, X_6 分为一类, 反映日常固定支出; X_7 单独分为一

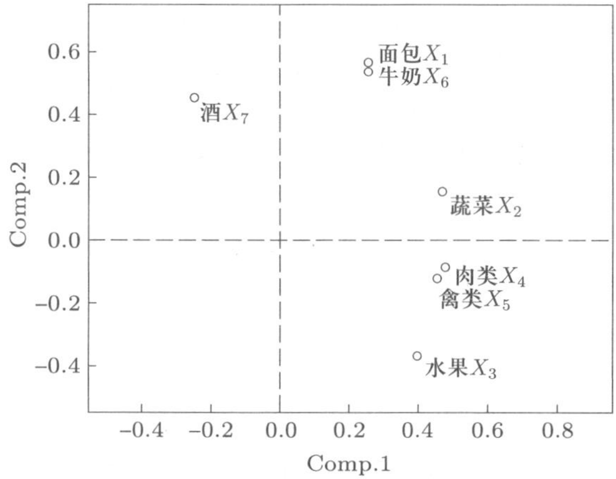

图 6-8 7 个变量在坐标面 z_1Oz_2 上的载荷图

类, 反映休闲饮品支出.

(5) 计算主成分得分和行业综合得分及排名.

```
> A=round(PCAd6.2$scores,3) ;A    #计算主成分得分,取3位小数
> B=round(apply(A[,1:2],1,crossprod),2)
          #按行加总前2个主成分上的载荷平方得综合得分
> cbind(A,"得分"=B,"排名"=rank(B))    #按列合并主成分得分、综合得分和排序
        Comp.1 Comp.2 Comp.3 Comp.4 Comp.5 Comp.6 Comp.7  得分 排名
手工2孩 -2.756 -0.291  0.375  0.070  0.410  0.305  0.026  7.68   10
雇工2孩 -1.637 -1.599 -1.311  0.751 -0.158 -0.118  0.049  5.24    6
经理2孩 -0.017 -0.581  1.473 -0.173  0.172 -0.429 -0.018  0.34    1
手工3孩 -2.481 -0.862 -0.192 -1.372 -0.521 -0.048 -0.007  6.90    9
雇工3孩 -1.569 -0.106 -0.545  0.175  0.304 -0.143  0.000  2.47    4
经理3孩  1.834 -1.265  1.106  0.482  0.005 -0.095  0.042  4.96    5
手工4孩 -0.865  1.278 -0.254  0.246  0.383  0.114 -0.062  2.38    3
雇工4孩 -0.219  0.667  0.250 -0.266  0.323  0.198 -0.022  0.49    2
经理4孩  1.833 -1.498  0.206  0.444 -0.550  0.367 -0.070  5.60    8
手工5孩 -0.481  3.150  0.507  0.303 -0.595  0.058  0.054 10.15   11
雇工5孩  1.987  1.152 -0.969  0.094 -0.075 -0.372 -0.050  5.28    7
经理5孩  4.370 -0.044 -0.646 -0.754  0.302  0.163  0.058 19.10   12
```

从表 6-1 易看出, 在家庭小孩数相同的条件下, 手工类家庭食品总支出最低, 雇工类家庭食品总支出居中, 经理类家庭食品总支出最高. 利用 12 类家庭

主成分得分数据, 按行加总每个变量在前 2 个主成分上载荷的平方得到综合得分 (这里借鉴了因子分析中共同度的思想, 参见第 7 章因子分析) 以及该家庭在 12 个家庭中的排名 (见上面输出结果倒数第二列和最后一列). 可以看出, 经理 5 孩家庭的综合得分排名最高, 说明该类家庭食品支出是最高的, 经理类家庭通常收入较高, 有能力满足 5 个孩子的食品需求; 得分第二的是手工 5 孩家庭, 其特点是酒类消费支出最高, 这一特点值得仔细研究; 得分最低的是经理 2 孩家庭, 说明其食品支出压力最小.

注意, 用不同的软件作主成分分析时, 得到的载荷矩阵的列是单位正交的特征向量, 也可能是单位正交的特征向量乘以相应特征值的平方根, 而且可能相差一个负号. 上面计算各类家庭综合得分时, 把所取的主成分上载荷的平方相加, 就是为了消除负号的影响, 突出载荷绝对值都较大的家庭.

还可以用函数 biplot 来绘制 12 个家庭样本点在前两个主成分坐标面 z_1Oz_2 上的双坐标散点图 (见图 6–9), 并对图中各类家庭所处位置作出适当解释 (略), R 程序如下:

```
> biplot(PCAd6.2,xlim=c(-1.5,2),scale=0.5,cex=0.7)
        #绘制12个家庭在坐标面 z1Oz2 上的散点图
> abline(h=0,v=0,lty=3)   #划分象限
```

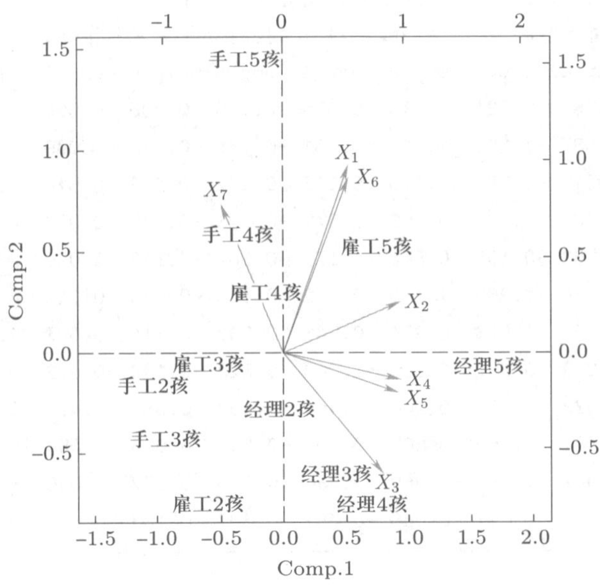

图 6–9 法国 12 个家庭 7 项食品支出的双坐标散点图

6.4 案例分析与 R 实现

主成分回归是主成分分析和线性回归分析结合的产物，是一种常用的回归分析方法. 它的基本思想是先用主成分分析法对回归模型中的多重共线性进行消除，然后将主成分变量作为自变量进行回归分析，还可将主成分回归模型中的自变量还原为原始变量得到新的模型. 下面通过一个例子来介绍主成分回归模型.

案例 6.1 表 6–2 给出了 2017 年全国 31 个主要城市空气质量的部分年度数据. 它们分别为：二氧化硫年平均浓度 (x_1 μg/m^3)；二氧化氮年平均浓度 (x_2 μg/m^3)；可吸入颗粒物 (PM_{10}) 年平均浓度 (x_3 μg/m^3)；细颗粒物 ($PM_{2.5}$) 年平均浓度 (x_4 μg/m^3)；空气质量达到及好于二级的天数 (y 天). 根据这些数据作线性回归分析和主成分回归分析，并比较它们的异同.

数据文件
case6.1

表 6–2 2017 年全国 31 个主要城市空气质量年度数据

城市	x_1	x_2	x_3	x_4	y
北京	8	46	84	58	226
天津	16	50	94	62	209
石家庄	33	54	154	86	151
太原	54	54	131	65	176
呼和浩特	29	45	95	43	255
沈阳	37	40	85	50	256
长春	26	40	78	46	276
哈尔滨	25	44	84	58	271
上海	12	44	55	39	275
南京	16	47	76	40	264
杭州	11	45	72	45	271
合肥	12	52	80	56	224
福州	6	29	51	27	349
南昌	15	37	76	41	300
济南	25	48	128	65	181
郑州	21	54	118	66	166
武汉	10	50	85	52	255

续表

城市	x_1	x_2	x_3	x_4	y
长沙	13	40	69	52	262
广州	12	52	56	35	294
南宁	11	35	56	35	337
海口	6	12	37	20	352
重庆	12	46	72	45	277
成都	11	53	88	56	235
贵阳	13	27	53	32	347
昆明	15	32	58	28	360
拉萨	8	23	54	20	361
西安	19	59	126	73	180
兰州	20	57	111	49	232
西宁	24	40	83	34	294
银川	48	42	106	48	232
乌鲁木齐	13	49	105	70	241

资料来源: 中国统计年鉴 2018.

解: (1) 先作线性回归分析, 类似于第 2 章的方法, R 程序及结果如下:

```
> setwd("C:/data")   #设定工作路径
> c6.1<-read.csv("case6.1.csv",header=T)   #将case6.1.csv数据读入到c6.1中
> options(digits=3)   #取三位有效数字
> lmc6.1<-lm(y~1+x1+x2+x3+x4, data= c6.1)
> summary(lmc6.1)
Call:
lm(formula = y~1 + x1 + x2 + x3 + x4, data = c6.1)
Residuals:
    Min      1Q  Median    3Q    Max
 -34.64  -11.00    1.61  7.81  33.92
Coefficients:
             Estimate  Std. Error  t value  Pr(>|t|)
(Intercept)  461.413       13.907    33.18    <2e-16***
x1            -0.292        0.407    -0.72    0.4805
x2            -1.461        0.512    -2.86    0.0083**
x3            -0.623        0.331    -1.88    0.0712.
```

```
x4              -1.622       0.516    -3.15    0.0041**
---
Signif. codes: 0 '***' 0.001 '**' 0.01 '*' 0.05 '.' 0.1 ' ' 1
Residual standard error: 17.9 on 26 degrees of freedom
Multiple R-squared: 0.92, Adjusted R-squared: 0.907
F-statistic: 74.3 on 4 and 26 DF, p-value: 7.71e-14
```

从上述输出结果可以看出, 回归方程是非常显著的, R^2 为 0.92, 模型拟合效果很好, 但 x_1 和 x_3 的回归系数没有通过显著性检验. 回归方程为

$$y = 461.413 - 0.292x_1 - 1.461x_2 - 0.623x_3 - 1.622x_4.$$

也可进行逐步回归, R 程序及结果如下:

```
> summary(step(lmc6.1))
......
Call:
lm(formula = y~x2 + x3 + x4, data = c6.1)
Residuals:
    Min      1Q  Median      3Q     Max
 -33.22  -13.36    1.24  10.53   35.79
Coefficients:
             Estimate  Std. Error  t value  Pr(>|t|)
(Intercept)   460.902      13.763    33.49   <2e-16***
x2             -1.412       0.502    -2.81   0.0091**
x3             -0.778       0.248    -3.14   0.0041**
x4             -1.497       0.481    -3.11   0.0043**
---
Signif. codes: 0 '***' 0.001 '**' 0.01 '*' 0.05 '.' 0.1 ' ' 1
Residual standard error: 17.7 on 27 degrees of freedom
Multiple R-squared: 0.918, Adjusted R-squared: 0.909
F-statistic: 101 on 3 and 27 DF, p-value: 9e-15
```

从输出结果可见, 回归方程和四个回归系数均是非常显著的, R^2 为 0.918, 模型拟合效果也很好, 逐步回归所得方程为

$$y = 460.902 - 1.412x_2 - 0.778x_3 - 1.497x_4.$$

(2) 再作主成分回归分析, 先求样本相关系数矩阵, R 程序及结果如下:

```
> R=round(cor(c6.1[,2:6]), 3); R   #求样本相关系数矩阵，保留三位小数
       x1     x2     x3     x4      y
x1  1.000  0.313  0.641  0.408 -0.506
x2  0.313  1.000  0.732  0.789 -0.840
x3  0.641  0.732  1.000  0.879 -0.906
x4  0.408  0.789  0.879  1.000 -0.925
 y -0.506 -0.840 -0.906 -0.925  1.000
```

可见 x_3, x_4 与 y 两两高度相关, 可用主成分降维, 作主成分回归的 R 程序及结果如下:

```
> c6.1pr<-princomp(~x1+x2+x3+x4,data=c6.1,cor=T)   #公式法作主成分回归
> summary(c6.1pr,loadings=T)
Importance of components:
                       Comp.1  Comp.2  Comp.3  Comp.4
Standard deviation      1.711   0.873  0.4825  0.2779
Proportion of Variance  0.732   0.191  0.0582  0.0193
Cumulative Proportion   0.732   0.923  0.9807  1.0000
```

前两个主成分累积贡献率已超过 92%, 故选择前两个主成分就足够了.

注意: 用公式形式作主成分回归时公式左侧不能有响应变量. 也可采用矩阵形式来作主成分回归. 其格式为:

```
> c6.1pr<- princomp(c6.1 [,2:5], cor=T)   #用矩阵形式作主成分回归
```

下面计算样本主成分得分, 并将第 1 和第 2 主成分得分放入数据框 c6.1 的后两列中, 记作 z_1 和 z_2, 再作响应变量 y 关于两个主成分 z_1 和 z_2 的回归分析.

```
> pre<-predict(c6.1pr)   #计算主成分得分
> c6.1$z1<-pre[,1]; c6.1$z2<-pre[,2]
> lmpr<-lm(y~z1+z2,data=c6.1)   #作y关于主成分z1和z2的回归
```

```
> summary(lmpr)
Call:
lm(formula = y~z1 + z2, data = c6.1)
Residuals:
    Min      1Q  Median     3Q    Max
 -40.99  -10.90    1.21  9.27  32.34
Coefficients:
             Estimate  Std. Error  t value  Pr(>|t|)
(Intercept)    261.58        3.15    83.03   <2e-16***
z1             -31.89        1.84   -17.32   <2e-16***
z2               9.49        3.61     2.63    0.014*
---
Signif. codes: 0 '***' 0.001 '**' 0.01 '*' 0.05 '.' 0.1 ' ' 1
Residual standard error: 17.5 on 28 degrees of freedom
Multiple R-squared: 0.916, Adjusted R-squared: 0.91
F-statistic: 153 on 2 and 28 DF, p-value: 8.15e-16
```

可见, 作 y 关于两个主成分 z_1 和 z_2 的回归分析效果理想, 回归方程和三个回归系数均是非常显著的, R^2 为 0.916, 模型拟合效果也很好, 主成分回归方程为

$$y = 261.58 - 31.89z_1 + 9.49z_2.$$

主成分回归是主成分分析和线性回归分析结合的产物, 是回归分析的一种新的形式, 但使用起来并不方便. 可以利用主成分与原来自变量间的关系 $\boldsymbol{Z}^* = \boldsymbol{A}^{\mathrm{T}}\boldsymbol{X}^*$ 将主成分还原为原来的自变量, 参见参考文献 [4]. R 程序及结果如下:

```
> beta<-coef(lmpr); A<-loadings(c6.1pr)[,1:2]
> x.bar<-c6.1pr$center; x.sd<-c6.1pr$scale
> coef<-A %*% beta[2:3]/x.sd
> beta0 <- beta[1]- x.bar %*% coef
> c(beta0, coef)
[1]  467.330  -0.358  -1.927  -0.635  -1.279
```

由输出结果知主成分 z_1 和 z_2 还原为原始变量后所得回归方程为

$$y = 467.33 - 0.358x_1 - 1.927x_2 - 0.635x_3 - 1.279x_4.$$

可将它和最初得到的回归方程 $y = 461.413 - 0.292x_1 - 1.461x_2 - 0.623x_3 - 1.622x_4$ 进行比较, 发现两者差异不大, 但要注意这里所得的回归方程是从主成分回归方程 (方程和回归系数均显著) 变形而来, 而最初回归方程中 x_1 和 x_3 的回归系数不显著. 故这里所得的回归方程更合理. 还可将原始样本数据分别代入这两个回归方程作回代预测, 会发现主成分回归方程变形所得的回归方程预测效果要相对好得多, 详情留给读者自己验证.

本章小结

深入理解主成分分析的基本思想和总体主成分的基本性质. 在作主成分分析之前, 应先确定变量之间确实存在相关关系, 这是主成分分析能够进行并能有效降维的前提. 实际问题中, 多数是从样本相关系数矩阵出发来作主成分分析, 要能够熟练使用几个常用的 R 函数, 碎石图、载荷散点图和双坐标散点图能帮助我们对分析结果进行直观解释. 主成分回归是对经典线性回归的一种有益补充.

习题 6

数据文件 exe6.1

6.1　表 6–3 给出了某市工业部门 10 个行业 8 项重要经济指标数据, 其中, X_1 为年末固定资产净值 (万元); X_2 为职工人数 (人); X_3 为工业总产值 (万元); X_4 为全员劳动生产率 (元/(人・年)); X_5 为百元固定资产原值实现产值 (元); X_6 为资金利税率 (%); X_7 为标准燃料消费量 (t); X_8 为能源利用效果 (万元/t). 根据这些数据进行主成分分析.

表 6–3　某市工业部门 10 个行业 8 项重要经济指标

	X_1	X_2	X_3	X_4	X_5	X_6	X_7	X_8
冶金	90 342	52 455	101 091	19 272	82.0	16.1	197 435	0.172
电力	4 903	1 973	2 035	10 313	34.2	7.1	592 077	0.003
煤炭	6 735	21 139	3 767	1 780	36.1	8.2	726 396	0.003
化学	49 454	36 241	81 557	22 504	98.1	25.9	348 226	0.985
机器	139 190	203 505	215 898	10 609	93.2	12.6	139 572	0.628
建材	12 215	16 219	10 351	6 382	62.5	8.7	145 818	0.066
食品	11 062	23 078	54 935	23 804	370.4	41.0	65 486	0.263
纺织	17 111	23 907	52 108	21 796	221.5	21.5	63 806	0.276
皮革	2 150	5 704	6 200	10 870	184.2	12.0	8 913	0.274
造纸	5 251	6 155	10 383	16 875	146.4	27.5	78 796	0.151

6.2 利用表 6–4 中给出的 2018 年云南省各州市水资源及用水情况数据进行主成分分析.

数据文件 exe6.2

表 6–4　2018 年云南省各州市水资源及用水情况　　单位: 10^8 m^3

州市	水资源总量	用水总量	农业用水	工业用水	生活用水	生态用水
昆明	64.82	18.88	8.30	4.81	4.69	1.08
曲靖	120.34	14.91	9.20	3.36	2.30	0.05
玉溪	46.86	9.17	6.02	1.43	1.20	0.52
保山	147.33	11.50	8.74	1.33	1.24	0.19
昭通	132.83	10.47	5.18	1.92	3.10	0.28
丽江	65.71	6.06	4.76	0.37	0.48	0.45
普洱	335.74	11.69	9.66	0.69	1.29	0.05
临沧	156.20	8.40	6.80	0.58	0.94	0.08
楚雄	51.81	10.02	8.08	0.81	1.06	0.07
红河	214.89	15.83	10.90	2.41	2.18	0.36
文山	161.62	10.21	7.24	1.11	1.67	0.18
西双版纳	165.85	5.40	4.51	0.20	0.67	0.01
大理	92.87	12.53	9.03	1.44	1.68	0.38
德宏	130.01	7.18	6.25	0.21	0.60	0.11
怒江	202.56	1.83	1.37	0.20	0.20	0.06
迪庆	117.04	1.61	1.13	0.15	0.29	0.03

资料来源: 云南统计年鉴 2019.

6.3 表 6–5 给出了 40 名学生的数学 (x_1)、物理 (x_2)、化学 (x_3)、语文 (x_4)、历史 (x_5) 和英语 (x_6) 成绩, 对其进行主成分分析.

数据文件 exe6.3

表 6–5　40 名学生六门课程成绩数据

学号	x_1	x_2	x_3	x_4	x_5	x_6	学号	x_1	x_2	x_3	x_4	x_5	x_6
1	77	77	76	64	70	55	8	84	67	75	60	70	63
2	67	63	49	65	67	57	9	62	67	83	71	85	77
3	66	71	67	52	65	57	10	91	74	97	62	71	66
4	83	100	79	41	67	50	11	66	61	77	62	73	64
5	86	94	97	51	63	55	12	90	78	78	59	72	66
6	67	84	53	58	66	56	13	72	68	77	83	92	79
7	77	90	80	68	66	60	14	72	67	61	92	92	88

续表

学号	x_1	x_2	x_3	x_4	x_5	x_6	学号	x_1	x_2	x_3	x_4	x_5	x_6
15	68	85	70	84	89	86	28	71	58	45	83	77	73
16	85	91	95	63	76	66	29	87	98	87	68	78	64
17	91	85	100	70	65	76	30	69	72	79	89	82	73
18	74	74	84	61	80	69	31	79	73	69	65	73	73
19	88	100	85	49	71	66	32	87	86	88	70	73	70
20	87	84	100	74	81	76	33	76	61	73	63	60	70
21	64	79	64	72	76	74	34	99	100	99	53	63	60
22	60	51	60	78	74	76	35	72	90	73	76	80	79
23	59	75	81	82	77	73	36	69	64	60	68	74	80
24	64	61	49	100	99	95	37	52	62	65	100	96	100
25	56	48	61	85	82	80	38	70	72	56	74	82	74
26	62	45	67	78	76	82	39	72	74	75	88	91	86
27	86	78	92	87	87	77	40	68	74	70	87	87	83

数据文件
exe6.4

6.4　表 6–6 给出了全国 28 个省市 19~22 岁年龄组城市男生六个形体指标的相关系数矩阵, 它们分别为: 身高 (x_1)、坐高 (x_2)、体重 (x_3)、胸围 (x_4)、肩宽 (x_5) 和盆骨宽 (x_6), 试对其进行主成分分析.

表 6–6　全国 28 个省市 19~22 岁年龄组城市男生形体指标的相关系数

	x_1	x_2	x_3	x_4	x_5	x_6
x_1	1	0.956	0.854	0.414	0.181	0.100
x_2	0.956	1	0.806	0.406	0.246	0.235
x_3	0.854	0.806	1	0.533	0.242	0.058
x_4	0.414	0.406	0.533	1	−0.054	0.330
x_5	0.181	0.246	0.242	−0.054	1	0.436
x_6	0.100	0.235	0.058	0.330	0.436	1

数据文件
exe6.5

6.5　表 6–7 给出了 1949~1959 年法国经济分析数据, 其中 y 为进口总额, x_1 为国内总产值, x_2 为储存量, x_3 为总消费量 (单位: 10 亿法郎). 试对此数据作线性回归分析和主成分回归分析并进行比较.

表 6–7　1949～1959 年法国经济分析数据　　单位: 10 亿法郎

序号	年份	x_1	x_2	x_3	y
1	1949	149.3	4.2	108.1	15.9
2	1950	161.2	4.1	114.8	16.4
3	1951	171.5	3.1	123.2	19.0
4	1952	175.5	3.1	126.9	19.1
5	1953	180.8	1.1	132.1	18.8
6	1954	190.7	2.2	137.7	20.4
7	1955	202.1	2.1	146.0	22.7
8	1956	212.4	5.6	154.1	26.5
9	1957	226.1	5.0	162.3	28.1
10	1958	231.9	5.1	164.3	27.6
11	1959	239.0	0.7	167.6	26.3

6.6　2019 年我国分地区农村居民平均每百户年末主要耐用消费品拥有量数据如表 6–8 所示, 这些指标分别为家用汽车 x_1 (辆)、摩托车 x_2 (辆)、电动助力车 x_3 (辆)、洗衣机 x_4 (台)、电冰箱 x_5 (台)、微波炉 x_6 (台)、彩色电视机 x_7 (台)、空调 x_8 (台)、热水器 x_9 (台)、排油烟机 x_{10} (台)、移动电话 x_{11} (部)、计算机 x_{12} (台) 和照相机 x_{13} (台). 试对这些数据进行主成分分析.

数据文件
exe6.6

表 6–8　2019 年我国分地区农村居民平均每百户年末主要耐用消费品拥有量

地区	x_1	x_2	x_3	x_4	x_5	x_6	x_7	x_8	x_9	x_{10}	x_{11}	x_{12}	x_{13}
北京	49.6	8.5	82.8	102.3	111.8	65.7	136.4	185.2	108.2	85.2	249.2	65.4	12.1
天津	44.5	16.0	121.8	102.3	106.5	32.7	120.4	131.2	91.0	65.9	232.4	35.2	2.6
河北	38.5	39.9	112.3	100.3	97.2	16.8	112.1	83.0	67.6	31.7	246.4	39.1	2.0
山西	15.9	39.8	60.0	88.2	77.8	6.2	103.4	21.2	29.4	17.0	216.6	26.0	1.0
内蒙古	27.4	57.5	55.4	94.6	106.0	6.5	106.6	3.0	23.0	16.9	238.5	20.2	1.3
辽宁	20.4	55.9	53.1	90.1	100.3	12.9	108.7	13.9	30.6	25.1	220.9	25.5	2.2
吉林	25.0	57.2	23.1	92.2	96.6	8.5	104.7	1.3	13.0	13.6	247.4	27.4	1.2
黑龙江	18.3	41.7	26.6	92.5	97.5	6.2	102.4	0.9	9.4	10.6	236.1	20.3	0.8
上海	32.3	6.6	129.6	85.9	103.7	77.2	170.0	155.6	89.9	54.8	203.5	40.0	8.5
江苏	23.8	22.6	144.9	97.9	109.4	65.9	149.9	148.7	94.3	39.9	244.7	31.9	3.4
浙江	28.9	19.6	102.7	87.9	107.7	37.4	176.3	145.4	97.5	68.4	249.6	46.1	5.1
安徽	24.7	30.5	117.2	89.7	103.5	26.2	133.6	118.3	90.6	34.3	271.7	25.3	2.4

续表

地区	x_1	x_2	x_3	x_4	x_5	x_6	x_7	x_8	x_9	x_{10}	x_{11}	x_{12}	x_{13}
福建	16.7	78.7	51.8	89.6	104.0	35.5	136.0	91.6	103.8	47.9	261.5	33.8	3.0
江西	22.4	63.8	70.2	66.5	97.3	15.5	127.5	69.0	82.6	35.8	274.1	25.5	1.9
山东	39.4	43.2	124.3	96.0	101.5	18.6	107.7	92.8	84.8	44.2	231.4	41.7	3.4
河南	24.3	39.6	121.2	98.5	96.2	13.7	114.4	103.1	72.4	20.1	269.7	30.1	1.6
湖北	23.2	83.2	40.3	86.5	104.9	13.2	121.3	88.1	87.2	32.2	270.8	33.6	2.6
湖南	14.6	78.5	21.0	89.8	102.7	9.3	115.0	71.8	77.9	32.1	286.0	27.2	2.2
广东	26.0	116.6	40.5	90.0	97.0	29.1	116.5	129.6	98.0	52.1	286.3	38.4	4.4
广西	19.8	92.3	63.1	82.3	100.3	26.7	107.9	50.5	83.7	15.8	289.5	21.5	0.9
海南	10.3	82.9	91.1	50.8	84.7	9.4	104.0	74.8	73.1	13.1	290.7	12.8	0.6
重庆	16.2	36.7	19.3	87.8	105.4	18.9	117.3	76.5	75.4	22.1	269.3	20.1	2.8
四川	20.6	49.1	33.9	94.9	101.0	11.6	115.6	59.3	76.1	17.4	260.5	17.7	2.7
贵州	22.8	54.3	17.7	96.8	91.9	6.5	102.5	6.0	61.9	10.6	298.7	13.5	0.8
云南	26.7	78.9	20.8	88.2	86.1	11.6	102.6	1.6	77.3	10.4	289.8	8.8	1.0
西藏	32.3	92.3	21.5	78.8	77.8	2.8	111.2	0.6	8.8	1.4	258.0	4.6	1.0
陕西	18.5	55.5	46.7	92.9	84.5	7.2	105.0	41.5	49.5	12.0	260.6	15.2	1.1
甘肃	21.6	63.8	39.7	93.3	84.0	5.7	109.2	2.3	34.5	10.0	302.5	17.9	1.8
青海	47.0	68.2	17.4	96.1	103.8	13.8	100.5	0.7	38.3	22.1	288.9	15.6	2.0
宁夏	32.2	56.0	71.8	104.7	100.8	16.3	108.8	1.8	100.8	28.1	295.5	26.1	1.2
新疆	22.8	48.4	97.1	98.5	107.6	6.9	105.0	3.4	64.0	28.7	226.1	9.7	0.9

资料来源: 中国统计年鉴 2020.

参考文献

[1] 孙文爽, 陈兰祥. 多元统计分析. 北京: 高等教育出版社, 1994.

[2] KABACOFF R I. R 语言实战. 北京: 人民邮电出版社, 2013.

[3] 沃尔夫冈 · 哈德勒, 利奥波德 · 西马, 著. 应用多元统计分析. 陈诗一, 译. 2 版. 北京: 北京大学出版社, 2011.

[4] 朱建平. 应用多元统计分析. 北京: 科学出版社, 2006.

[5] 薛毅, 陈立萍. 统计建模与 R 软件. 北京: 清华大学出版社, 2007.

第 7 章

因子分析

因子分析 (factor analysis) 是一种用于分析具有潜在相关结构的多维数据的统计方法. 在实际数据分析中, 常常会出现数据中的绝大部分波动被少数几个潜在的、不可观测的公共"因子"所反映的现象. 例如, 在 20 世纪早期的心理学研究中, 因子分析模型的先驱者 C. E. Spearman (斯皮尔曼) 发现, 学生在校的不同得分之间常常具有正相关性, 于是他猜想这些分数受到一般智力能力 (general mental ability) 因子或者 g-因子的影响, 这也启发 Spearman 提出了**单一因子模型 (single-factor model)**. Thurstone (瑟斯顿, 1931) 进一步提出了多因子分析模型, 并将其成功地用于心理测量学的数据分析工作中. 因子分析的目的, 是在尽可能保留数据中信息的前提下降低数据的维度, 从而更好地依托潜在因子所承载的信息提供更有说服力的数据分析结论. 由于因子分析有较好的适应性, 也有较为完备的理论体系, 因此该方法在心理测量学、经济分析、金融、社会学研究以及机器学习中得到了广泛的应用.

下面我们考虑一个体育数据方面的引例.

例 7.0 十项全能成绩问题 本例子的完整数据来源于 Schomaker 和 Heumann (朔马克和休曼, 2011), 该数据集为 30 名运动员参加 2004 年雅典奥运会十项全能比赛时各子项目的成绩数据. 表 7–0 中给出了部分数据[①].

数据文件 example 7.0

表 7–0 2004 年雅典奥运会十项全能比赛成绩数据 (部分数据)

运动员	x_1	x_2	x_3	x_4	x_5	x_6	x_7	x_8	x_9	x_{10}
Roman Sebrle (捷克)	10.85	7.84	16.36	2.12	48.36	14.05	48.72	5.0	70.52	280.01
Bryan Clay (美国)	10.44	7.96	15.23	2.066	49.19	14.13	50.11	4.9	69.71	282.00
Dmitrity Karpov (哈萨克斯坦)	10.5	7.81	15.93	2.09	46.81	13.97	51.65	4.6	55.54	278.11

① 表 7–0 中变量 x_1 为 100 米跑成绩 (s), x_2 为跳远成绩 (m), x_3 为铅球成绩 (m), x_4 为跳高成绩 (m), x_5 为 400 米跑成绩 (s), x_6 为 110 米栏成绩 (s), x_7 为铁饼成绩 (m), x_8 为撑竿跳成绩 (m), x_9 为标枪成绩 (m), x_{10} 为 1500 米跑成绩 (s).

续表

运动员	x_1	x_2	x_3	x_4	x_5	x_6	x_7	x_8	x_9	x_{10}
Dean Macey (英国)	10.89	7.47	15.73	2.15	48.97	14.56	48.34	4.4	58.46	265.42
⋮	⋮	⋮	⋮	⋮	⋮	⋮	⋮	⋮	⋮	⋮
Victor Covalenco (摩尔多瓦)	11.28	7.2	13.04	1.85	51.82	15.08	38.19	4.65	53.46	263.81

资料来源: Schomaker M, Heumann C. *Model averaging in factor analysis: an analysis of Olympic decathlon data*. Journal of Quantitative Analysis in Sports, 2011 (7), Article 4.

本例中给出的十项全能比赛成绩数据在分析起来较为困难, 原因在于这类数据的维度相对样本量而言比较高 (本数据集有 10 个变量, 而样本量为 30). 因此, 需要仔细考虑如何降低数据的维度, 但同时也必须尽可能地保留数据的信息.

首先, 我们在表 7–1 中列出该数据的样本相关系数矩阵.

表 7–1　2004 年雅典奥运会十项全能比赛成绩数据的样本相关系数矩阵

	x_1	x_2	x_3	x_4	x_5	x_6	x_7	x_8	x_9	x_{10}
x_1	1.000	−0.678	−0.430	−0.360	0.660	0.568	−0.309	−0.262	−0.060	−0.013
x_2	−0.678	1.000	0.199	0.325	−0.610	−0.552	0.285	0.268	0.054	−0.112
x_3	−0.430	0.199	1.000	0.641	−0.278	−0.299	0.692	0.038	0.409	0.195
x_4	−0.360	0.325	0.641	1.000	−0.239	−0.348	0.533	−0.023	0.256	0.050
x_5	0.660	−0.610	−0.278	−0.239	1.000	0.524	−0.209	−0.129	−0.127	0.444
x_6	0.568	−0.552	−0.299	−0.348	0.524	1.000	−0.302	−0.148	−0.084	0.103
x_7	−0.309	0.285	0.692	0.533	−0.209	−0.302	1.000	−0.162	0.252	0.288
x_8	−0.262	0.268	0.038	−0.023	−0.129	−0.148	−0.162	1.000	−0.045	0.182
x_9	−0.060	0.054	0.409	0.256	−0.127	−0.084	0.252	−0.045	1.000	−0.206
x_{10}	−0.013	−0.112	0.195	0.050	0.444	0.103	0.288	0.182	−0.206	1.000

表 7–1 中的相关系数矩阵表明, 一些变量之间有较强的相关性 (例如 x_1 和 x_5, 即 100 米跑和 400 米跑的成绩之间), 因此, 有理由认为这些变量均受到一些潜在的、无法观测的因子的影响. 我们将试图通过因子分析将这些因子从数据中挖掘出来, 同时尽可能地保存数据中的信息.

7.1 因子分析模型的设定

$\boldsymbol{X}=(x_1,x_2,\cdots,x_p)^{\mathrm{T}}$ 为一 p 维随机向量, k 为一正整数, 满足 $1\leqslant k\leqslant p$. 因子模型的表达式为

$$\boldsymbol{X}=\boldsymbol{\mu}+\boldsymbol{L}\boldsymbol{f}+\boldsymbol{v}, \tag{7.1}$$

其中 $\boldsymbol{\mu}=(\mu_1,\mu_2,\cdots,\mu_p)^{\mathrm{T}}$ 为均值向量, $\boldsymbol{f}=(f_1,f_2,\cdots,f_k)^{\mathrm{T}}$ 为随机潜变量向量, 满足 $E(\boldsymbol{f})=\boldsymbol{0}_{k\times 1}$ 和 $E(\boldsymbol{f}\boldsymbol{f}^{\mathrm{T}})=\boldsymbol{I}_k$, $f_1,\cdots,f_k$ 亦被称为**共同因子 (common factor)** 或因子得分, $\boldsymbol{L}=(l_{ij})_{p\times k}$ 是 $\boldsymbol{f}$ 所对应的**因子载荷矩阵 (loading matrix)**, 刻画了潜在因子对数据的影响程度, $\boldsymbol{v}=(v_1,v_2,\cdots,v_p)^{\mathrm{T}}$ 中包含了无法被均值和共同因子所解释的信息, 被称为**特殊因子 (specific factor)**, $\boldsymbol{v}$ 满足 $E(\boldsymbol{v})=\boldsymbol{0}_{p\times 1}$, $E(\boldsymbol{v}\boldsymbol{v}^{\mathrm{T}})=\boldsymbol{\Psi}=\mathrm{diag}(\psi_1^2,\psi_2^2,\cdots,\psi_p^2)$, 其中 $\psi_i^2>0, i=1,2,\cdots,p$. ψ_i^2 表示了上述共同因子所无法解释的剩余波动, 被称为**特殊度 (uniqueness) 或者特殊方差 (specific variance)**. 另外, 还假定 $E(\boldsymbol{f}\boldsymbol{v}^{\mathrm{T}})=\boldsymbol{0}_{k\times p}$. 在上述设定中可以看出, 因子模型 (7.1) 假定 k 个共同因子之间不相关, 且共同因子与特殊因子之间也不相关. 值得注意的是, 在模型 (7.1) 中我们**没有施加任何关于 $\boldsymbol{X}$ 具体分布的假定**.

在模型 (7.1) 的设定下, 我们立刻知道

$$E(\boldsymbol{X})=\boldsymbol{\mu},$$

且

$$\begin{aligned}\mathrm{Cov}(\boldsymbol{X})&=E\{(\boldsymbol{X}-\boldsymbol{\mu})(\boldsymbol{X}-\boldsymbol{\mu})^{\mathrm{T}}\}\\&=E\{(\boldsymbol{L}\boldsymbol{f}+\boldsymbol{v})(\boldsymbol{L}\boldsymbol{f}+\boldsymbol{v})^{\mathrm{T}}\}\\&=E(\boldsymbol{L}\boldsymbol{f}\boldsymbol{f}^{\mathrm{T}}\boldsymbol{L}^{\mathrm{T}})+E(\boldsymbol{L}\boldsymbol{f}\boldsymbol{v}^{\mathrm{T}})+E(\boldsymbol{v}\boldsymbol{f}^{\mathrm{T}}\boldsymbol{L}^{\mathrm{T}})+E(\boldsymbol{v}\boldsymbol{v}^{\mathrm{T}})\\&=\boldsymbol{L}\boldsymbol{L}^{\mathrm{T}}+\boldsymbol{\Psi}.\end{aligned} \tag{7.2}$$

由式 (7.2) 可以得到,

$$\mathrm{Var}(x_i)=\sum_{j=1}^{k}l_{ij}^2+\psi_i^2. \tag{7.3}$$

式 (7.3) 为式 (7.1) 中的因子模型提供了直观的统计学解释. 式 (7.3) 表明, 如果依托 k 个因子, 式 (7.1) 可以解释 x_i 的波动性的比例为 $\sum_{j=1}^{k} l_{ij}^2 \bigg/ \left(\sum_{j=1}^{k} l_{ij}^2 + \psi_i^2\right)$. 另外, 记 $h_i^2 = \sum_{j=1}^{k} l_{ij}^2$, h_i^2 表示了 k 个共同因子对 x_i 的波动性的累积贡献, 被称为**共同度 (communality)**. 此外,

$$\begin{aligned} \operatorname{Cov}(\boldsymbol{X}, \boldsymbol{f}) &= E\{(\boldsymbol{X} - \boldsymbol{\mu})\boldsymbol{f}^{\mathrm{T}}\} = E\{(\boldsymbol{L}\boldsymbol{f} + \boldsymbol{v})\boldsymbol{f}^{\mathrm{T}}\} \\ &= E(\boldsymbol{L}\boldsymbol{f}\boldsymbol{f}^{\mathrm{T}}) = \boldsymbol{L}. \end{aligned} \tag{7.4}$$

式 (7.4) 表明

$$\operatorname{Cov}(x_i, f_j) = l_{ij}, \tag{7.5}$$

且可观测数据 $\boldsymbol{X}$ 与共同因子 $\boldsymbol{f}$ 间的协方差矩阵为 $\boldsymbol{L}$. 相应地, 我们亦可用因子载荷矩阵 $\boldsymbol{L}$ 的第 j 列元素的平方和 $b_j^2 = \sum_{i=1}^{p} l_{ij}^2$ 度量第 j 个因子对所有的 p 个方差的贡献. 此外, 由式 (7.5) 可以得到, 随机变量 x_i, f_j 之间的相关系数

$$\operatorname{Corr}(x_i, f_j) = \frac{\operatorname{Cov}(x_i, f_j)}{\sqrt{\operatorname{Var}(x_i)\operatorname{Var}(f_j)}} = \frac{l_{ij}}{\sqrt{\sum_{j=1}^{k} l_{ij}^2 + \psi_i^2}}.$$

当 $k > 1$ 时, 满足式 (7.1) 的因子载荷矩阵和共同因子不是唯一的. 为了演示这个事实, 考虑 k 维正交矩阵 $\boldsymbol{Q}$, 即 $\boldsymbol{Q}^{\mathrm{T}}\boldsymbol{Q} = \boldsymbol{Q}\boldsymbol{Q}^{\mathrm{T}} = \boldsymbol{I}_k$, 令 $\boldsymbol{L}_1 = \boldsymbol{L}\boldsymbol{Q}$, $\boldsymbol{f}_1 = \boldsymbol{Q}^{\mathrm{T}}\boldsymbol{f}$, 经过基本的代数运算, 可以得到

$$\boldsymbol{X} = \boldsymbol{\mu} + \boldsymbol{L}\boldsymbol{f} + \boldsymbol{v} = \boldsymbol{\mu} + \boldsymbol{L}\boldsymbol{Q}\boldsymbol{Q}^{\mathrm{T}}\boldsymbol{f} + \boldsymbol{v} = \boldsymbol{\mu} + \boldsymbol{L}_1\boldsymbol{f}_1 + \boldsymbol{v}. \tag{7.6}$$

另外,

$$\begin{aligned} E(\boldsymbol{f}_1) &= E(\boldsymbol{f}) = \boldsymbol{0}_{k\times 1}, \\ E(\boldsymbol{f}_1\boldsymbol{f}_1^{\mathrm{T}}) &= E(\boldsymbol{f}\boldsymbol{f}^{\mathrm{T}}) = \boldsymbol{I}_k, \\ E(\boldsymbol{f}_1\boldsymbol{v}^{\mathrm{T}}) &= \boldsymbol{Q}^{\mathrm{T}}E(\boldsymbol{f}\boldsymbol{v}^{\mathrm{T}}) = \boldsymbol{0}_{k\times p}, \end{aligned} \tag{7.7}$$

$$\mathrm{Cov}(\boldsymbol{X}) = \boldsymbol{L}_1\boldsymbol{L}_1^{\mathrm{T}} + \boldsymbol{\varPsi} = \boldsymbol{L}\boldsymbol{Q}\boldsymbol{Q}^{\mathrm{T}}\boldsymbol{L}^{\mathrm{T}} + \boldsymbol{\varPsi} = \boldsymbol{L}\boldsymbol{L}^{\mathrm{T}} + \boldsymbol{\varPsi}. \tag{7.8}$$

式 (7.6) 和式 (7.7) 表明, 经过正交变换的因子载荷矩阵和共同因子在代入原来的因子模型 (7.1) 之后, 不会改变模型 (7.1) 的表达式和基本设定. 而式 (7.8) 表明, 正交变换并不会改变 $\boldsymbol{X}$ 的协方差矩阵的表达式. 这个性质为后续 7.3 节中的因子旋转提供了理论支持.

因子分析模型 (7.1) 中的均值 $\boldsymbol{\mu}$, 因子载荷矩阵 $\boldsymbol{L}$ 以及特殊度矩阵 $\boldsymbol{\varPsi}$ 均为未知参数, 因此, 要依托模型 (7.1) 进行数据分析, 首先应当从可观测数据中将这些未知参数的信息恢复出来. 此外, 在一些场合, 还需要对共同因子 $\boldsymbol{f}$ 进行预测. 这些问题落入了参数估计和预测的范畴. 我们将在 7.2 节中对三种常用的参数估计方法进行讨论. 在 7.3 节中, 我们将学习因子旋转技术. 在 7.4 节中, 我们将给出共同因子 (因子得分) $\boldsymbol{f}$ 的预测方法.

7.2 常用估计方法

在因子分析中, 常用的参数估计方法有**主成分法 (principal component method)**, **迭代主因子法 (iterated principal factor method)** 和**最大似然估计法 (maximum likelihood estimation method)**. 在本节中, 我们将一一学习这些方法.

7.2.1 主成分法

我们在第 6 章学习了主成分分析, 由此可以获得因子载荷矩阵 $\boldsymbol{L}$ 以及特殊度矩阵 $\boldsymbol{\varPsi}$ 的估计. 记 $\boldsymbol{\Sigma} = \mathrm{Cov}(\boldsymbol{X}) = \boldsymbol{L}\boldsymbol{L}^{\mathrm{T}} + \boldsymbol{\varPsi}$, 考虑 $\boldsymbol{\Sigma}$ 的谱分解 (spectral decomposition), 即

$$\boldsymbol{\Sigma} = \boldsymbol{K}\boldsymbol{\varLambda}\boldsymbol{K}^{\mathrm{T}},$$

其中 $\boldsymbol{K} = (\boldsymbol{e}_1, \boldsymbol{e}_2, \cdots, \boldsymbol{e}_p)$, $\boldsymbol{\varLambda} = \mathrm{diag}(\lambda_1, \lambda_2, \cdots, \lambda_p)$, λ_i 是 $\boldsymbol{\Sigma}$ 的第 i 个特征根, 满足 $\lambda_1 \geqslant \lambda_2 \geqslant \cdots \geqslant \lambda_p$, $\boldsymbol{e}_i$ 是 λ_i 所对应的标准正交化特征向量. 此谱分解亦可被写为

$$\boldsymbol{\Sigma} = \boldsymbol{K}\boldsymbol{\varLambda}\boldsymbol{K}^{\mathrm{T}} = (\boldsymbol{e}_1, \boldsymbol{e}_2, \cdots, \boldsymbol{e}_p)\mathrm{diag}(\lambda_1, \lambda_2, \cdots, \lambda_p)\begin{pmatrix} \boldsymbol{e}_1^{\mathrm{T}} \\ \vdots \\ \boldsymbol{e}_p^{\mathrm{T}} \end{pmatrix} = \sum_{i=1}^{p} \lambda_i \boldsymbol{e}_i \boldsymbol{e}_i^{\mathrm{T}}. \tag{7.9}$$

因子分析的主要目的是找到尽可能小的 k, 使得 $\boldsymbol{L}\boldsymbol{L}^{\mathrm{T}}$ 能尽可能多地容纳 $\boldsymbol{\Sigma}$ 中的信息. 这启发我们考虑下列近似, 给定 $k \leqslant p$, 在式 (7.9) 的基础上, 如果只考虑前 k 个最大的特征根, 定义

$$\boldsymbol{L}_k = (\lambda_1^{1/2}\boldsymbol{e}_1, \cdots, \lambda_k^{1/2}\boldsymbol{e}_k)$$

则有

$$\boldsymbol{L}_k\boldsymbol{L}_k^{\mathrm{T}} = \sum_{i=1}^{k} \lambda_i \boldsymbol{e}_i \boldsymbol{e}_i^{\mathrm{T}}.$$

主成分法使用下列表达式近似 $\boldsymbol{\Sigma}$:

$$\boldsymbol{\Sigma} \approx \boldsymbol{L}_k\boldsymbol{L}_k^{\mathrm{T}} + \mathrm{diag}(\delta_1, \cdots, \delta_p), \tag{7.10}$$

其中 δ_s 是 $\sum\limits_{i=k+1}^{p} \lambda_i \boldsymbol{e}_i \boldsymbol{e}_i^{\mathrm{T}}$ 的第 s 个主对角元, 满足 $\delta_s = \sum\limits_{i=k+1}^{p} \lambda_i e_{is}^2$, 这里 e_{is} 为 $\boldsymbol{e}_i$ 的第 s 个分量, $s = 1, \cdots, p$.

式 (7.10) 基于未知的 $\boldsymbol{\Sigma}$, 因此, 在实际数据分析中, 需要从样本中将其估计出来. 首先, 假设 $\boldsymbol{X}_i, i = 1, 2, \cdots, n$ 是因子模型 (7.1) 产生的 n 次独立实现. 定义**样本协方差矩阵**

$$\hat{\boldsymbol{S}}_n = \frac{1}{n}\sum_{i=1}^{n} (\boldsymbol{X}_i - \bar{\boldsymbol{X}})(\boldsymbol{X}_i - \bar{\boldsymbol{X}})^{\mathrm{T}},$$

其中 $\bar{\boldsymbol{X}} = \sum\limits_{i=1}^{n} \boldsymbol{X}_i/n$. 由于 $\boldsymbol{X}_i$ 的每个分量的单位有可能不一致, 直接使用 $\hat{\boldsymbol{S}}_n$ 会产生量纲不统一的问题, 故我们首先将样本进行标准化, 即使用 $\hat{\boldsymbol{D}}_n^{-1/2}\boldsymbol{X}_i$ 而不是原始的 $\boldsymbol{X}_i$ 开展参数估计, 其中 $\hat{\boldsymbol{D}}_n^{-1/2} = \mathrm{diag}(1/\sqrt{\hat{s}_{n,11}}, 1/\sqrt{\hat{s}_{n,22}}, \cdots, 1/\sqrt{\hat{s}_{n,pp}})$, $\hat{s}_{n,ii}$ 是 $\hat{\boldsymbol{S}}_n$ 的第 i 个 $(i = 1, 2, \cdots, p)$ 主对角元. 这意味着我们实际上使用的是**样本相关系数矩阵**

$$\begin{aligned}\hat{\boldsymbol{R}}_n &= \frac{1}{n}\sum_{i=1}^{n} \left\{\hat{\boldsymbol{D}}_n^{-1/2}\boldsymbol{X}_i - \frac{1}{n}\left(\sum_{i=1}^{n} \hat{\boldsymbol{D}}_n^{-1/2}\boldsymbol{X}_i\right)\right\}\left\{\hat{\boldsymbol{D}}_n^{-1/2}\boldsymbol{X}_i - \frac{1}{n}\left(\sum_{i=1}^{n} \hat{\boldsymbol{D}}_n^{-1/2}\boldsymbol{X}_i\right)\right\}^{\mathrm{T}} \\ &= \frac{1}{n}\sum_{i=1}^{n} \hat{\boldsymbol{D}}_n^{-1/2}(\boldsymbol{X}_i - \bar{\boldsymbol{X}})(\boldsymbol{X}_i - \bar{\boldsymbol{X}})^{\mathrm{T}}\hat{\boldsymbol{D}}_n^{-1/2}\end{aligned}$$

进行后续的分析. 现在考虑 $\hat{\boldsymbol{R}}_n$ 的谱分解,

$$\hat{\boldsymbol{R}}_n = \sum_{i=1}^{p} \hat{\lambda}_i \hat{\boldsymbol{e}}_i \hat{\boldsymbol{e}}_i^{\mathrm{T}},$$

其中 $\hat{\lambda}_i$ 是 $\hat{\boldsymbol{R}}_n$ 的第 i 个特征根 (降序排列), $\hat{\boldsymbol{e}}_i$ 是 $\hat{\lambda}_i$ 对应的标准正交化特征向量. 重复式 (7.9)–式 (7.10) 中的过程, 可以得到因子载荷矩阵 $\boldsymbol{L}_k$ 的主成分法估计:

$$\hat{\boldsymbol{L}}_k = (\hat{\lambda}_1^{1/2} \hat{\boldsymbol{e}}_1, \cdots, \hat{\lambda}_k^{1/2} \hat{\boldsymbol{e}}_k). \tag{7.11}$$

此外, 我们使用 $\widehat{\boldsymbol{\Psi}} = \mathrm{diag}(\hat{\delta}_1, \cdots, \hat{\delta}_p)$ 作为 $\boldsymbol{\Psi}$ 的主成分法估计, 其中 $\hat{\delta}_s$ 是 $\sum\limits_{i=k+1}^{p} \hat{\lambda}_i \hat{\boldsymbol{e}}_i \hat{\boldsymbol{e}}_i^{\mathrm{T}}$ 的第 s 个主对角元, 满足 $\hat{\delta}_s = \sum\limits_{i=k+1}^{p} \hat{\lambda}_i \hat{e}_{is}^2$, 这里 $\hat{e}_{is}$ 是 $\hat{\boldsymbol{e}}_i$ 的第 s 个分量.

在推导主成分法估计时, 一个需要立刻回答的问题是如何确定共同因子的数目 k. 为了解决此问题, 我们分析式 (7.10) 中提出的近似表达式的误差, 使用 $\|\boldsymbol{A}\|$ 表示一个一般矩阵 $\boldsymbol{A}$ 的谱范数, 即 $\|\boldsymbol{A}\| = \sqrt{\lambda_{\max}(\boldsymbol{A}^{\mathrm{H}}\boldsymbol{A})}$, 这里 $\boldsymbol{A}^{\mathrm{H}}$ 表示 $\boldsymbol{A}$ 的共轭转置, $\lambda_{\max}(\cdot)$ 表示矩阵的最大特征根. 如果 $\boldsymbol{A}$ 是一实列向量, 则 $\|\boldsymbol{A}\|$ 与 Euclid 范数等价, 即 $\|\boldsymbol{A}\| = \sqrt{\boldsymbol{A}^{\mathrm{T}}\boldsymbol{A}}$. 结合式 (7.9)—式 (7.10) 可以看出, 式 (7.10) 中提出的近似表达的近似误差为 $\sum\limits_{i=k+1}^{p} \lambda_i \boldsymbol{e}_i \boldsymbol{e}_i^{\mathrm{T}} - \mathrm{diag}(\delta_1, \cdots, \delta_p)$. 事实上, 对所有 $s = 1, 2, \cdots, p$, 满足 $e_{is}^2 \leqslant \|\boldsymbol{e}_i\|^2$. 此外, 注意到 $\|\boldsymbol{e}_i\|^2 = 1$, 因此, 由 $\delta_s = \sum\limits_{i=k+1}^{p} \lambda_i e_{is}^2$,

$$|\delta_s| = \sum_{i=k+1}^{p} \lambda_i e_{is}^2 \leqslant \sum_{i=k+1}^{p} \lambda_i \|\boldsymbol{e}_i\|^2 \leqslant (p-k) \max_{k+1 \leqslant i \leqslant p} \lambda_i = (p-k)\lambda_{k+1}.$$

由此可知

$$\begin{aligned} \left\| \sum_{i=k+1}^{p} \lambda_i \boldsymbol{e}_i \boldsymbol{e}_i^{\mathrm{T}} - \mathrm{diag}(\delta_1, \cdots, \delta_p) \right\| &\leqslant \left\| \sum_{i=k+1}^{p} \lambda_i \boldsymbol{e}_i \boldsymbol{e}_i^{\mathrm{T}} \right\| + \|\mathrm{diag}(\delta_1, \cdots, \delta_p)\| \\ &\leqslant 2(p-k)\lambda_{k+1}. \end{aligned}$$

因此, 若使用 $\boldsymbol{L}_k\boldsymbol{L}_k^{\mathrm{T}}$ 去近似 $\boldsymbol{\Sigma}$, 其近似误差由 $\boldsymbol{\Sigma}$ 的第 $k+1$ 个最大特征根和 $2(p-k)$ 所共同决定. 另外, 由于 $\mathrm{tr}(\boldsymbol{\Sigma})=\sum_{i=1}^{p}\lambda_i$, 因此

$$\left(\frac{\sum_{i=1}^{k}\lambda_i}{\sum_{i=1}^{p}\lambda_i}\right)\times 100\%$$

反映了前 k 个共同因子对总方差的贡献, 也反映了模型拟合程度的高低. 上述讨论启发我们使用下列**经验准则**确定合理的共同因子数目 k:

$$\left(\frac{\sum_{i=1}^{k}\hat{\lambda}_i}{\sum_{i=1}^{p}\hat{\lambda}_i}\right)\times 100\%.$$

随着 k 的递增, 模型的拟合程度越高, 该准则将越趋于 1. 但是 k 过大会增加模型的复杂度, 引入额外的抽样误差, 最终导致不稳定的参数估计结果. 因此, 在实际进行数据分析时, 将结合问题的具体背景和需要, 在共同因子所占的方差贡献率和模型复杂度之间进行权衡. 关于模型估计精度和模型复杂度的权衡问题的讨论可以在 Burnham 和 Anderson (伯纳姆和安德森, 2002) 的 1.4 节中找到.

下面我们通过三个例题演示主成分法.

例 7.1 十项全能成绩问题的主成分法分析 我们继续使用例 7.0 中提到的十项全能成绩数据进行因子分析中主成分法的演示. 我们使用 R 软件中的 “principal” 函数实现参数估计, 相应的代码如下:

```
#例7.1十项全能成绩问题的主成分法分析
> setwd("C:/data")   #设定工作路径,可根据电脑的实际配置修改
> d7.0<-read.csv("example7.0.csv",header=T)   #读入数据
> data<-d7.0[,-1]   #将数据的第一列移除
> name<-d7.0[,1]   #将第一列命名为name
> da<-scale(data)   #将数据标准化
> da   #显示da
```

```
> R<-round(cor(da),3)    #计算样本相关系数矩阵,保留三位小数,见表7-1
> R    #显示R
        x1     x2     x3     x4     x5     x6     x7     x8     x9    x10
x1   1.000 -0.678 -0.430 -0.360  0.660  0.568 -0.309 -0.262 -0.060 -0.013
x2  -0.678  1.000  0.199  0.325 -0.610 -0.552  0.285  0.268  0.054 -0.112
x3  -0.430  0.199  1.000  0.641 -0.278 -0.299  0.692  0.038  0.409  0.195
x4  -0.360  0.325  0.641  1.000 -0.239 -0.348  0.533 -0.023  0.256  0.050
x5   0.660 -0.610 -0.278 -0.239  1.000  0.524 -0.209 -0.129 -0.127  0.444
x6   0.568 -0.552 -0.299 -0.348  0.524  1.000 -0.302 -0.148 -0.084  0.103
x7  -0.309  0.285  0.692  0.533 -0.209 -0.302  1.000 -0.162  0.252  0.288
x8  -0.262  0.268  0.038 -0.023 -0.129 -0.148 -0.162  1.000 -0.045  0.182
x9  -0.060  0.054  0.409  0.256 -0.127 -0.084  0.252 -0.045  1.000 -0.206
x10 -0.013 -0.112  0.195  0.050  0.444  0.103  0.288  0.182 -0.206  1.000
> plot(princomp(da),type="lines",main="碎石图",ylim=c(0,3.5))
  #画碎石图确定因子个数,在图7-1中给出
```

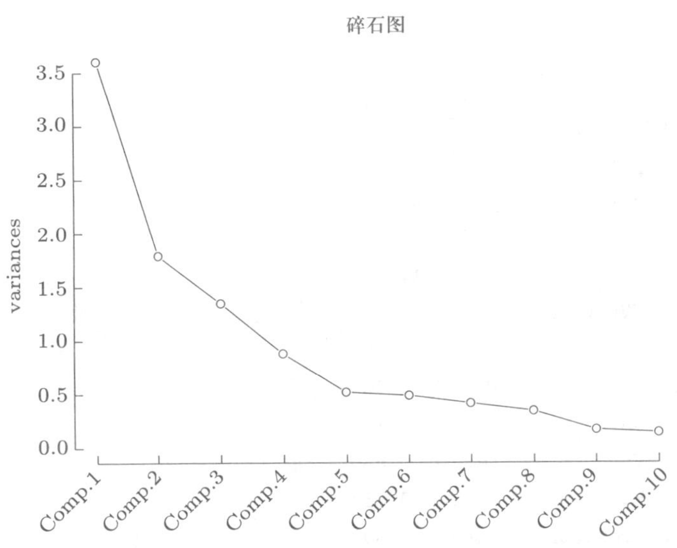

图 7–1 十项全能成绩问题的主成分法分析碎石图

从图 7–1 中可以看出, 每个因子所承载的方差在 $k \geqslant 2$ 时开始大幅下降, 所以选择 $k = 2$.

```
> library(psych)   #加载psych包
> pca<-principal(da,nfactors=2,rotate='none',score=TRUE)   #主成分法
> pca   #显示结果
Principal Components Analysis
Call: principal(r = da, nfactors = 2, rotate = "none", scores = TRUE)
Standardized loadings (pattern matrix) based upon correlation matrix

      PC1   PC2   h2   u2  com
x1  -0.81  0.27 0.73 0.27  1.2
x2   0.74 -0.40 0.70 0.30  1.5
x3   0.70  0.56 0.81 0.19  1.9
x4   0.67  0.41 0.62 0.38  1.7
x5  -0.72  0.49 0.75 0.25  1.8
x6  -0.72  0.26 0.58 0.42  1.3
x7   0.63  0.59 0.75 0.25  2.0
x8   0.18 -0.32 0.14 0.86  1.6
x9   0.32  0.31 0.19 0.81  2.0
x10 -0.05  0.54 0.29 0.71  1.0

                       PC1  PC2
SS loadings           3.70 1.86
Proportion Var        0.37 0.19
Cumulative Var        0.37 0.56
Proportion Explained  0.67 0.33
Cumulative Proportion 0.67 1.00
> round(pca$Vaccounted,3)   #给出方差解释比例,保留三位小数
                        PC1   PC2
SS loadings           3.702 1.860
Proportion Var        0.370 0.186
Cumulative Var        0.370 0.556
Proportion Explained  0.666 0.334
Cumulative Proportion 0.666 1.000
> round(pca$loadings,3)   #列出因子载荷矩阵,保留三位小数
Loadings:
      PC1    PC2
x1  -0.808  0.270
x2   0.736 -0.400
```

```
x3     0.704   0.558
x4     0.671   0.408
x5    -0.716   0.492
x6    -0.716   0.258
x7     0.631   0.593
x8     0.182  -0.324
x9     0.319   0.306
x10            0.540

                 PC1   PC2
SS loadings    3.702 1.861
Proportion Var 0.370 0.186
Cumulative Var 0.370 0.556
```

根据因子载荷矩阵可以看出, 因子 1 在与爆发力有关的项目方向上的载荷数值较大, 因此可以被认为是"爆发力"因子. 因子 2 在与力量有关的项目方向上载荷数值较大, 可以被认为是"力量"因子. 相对因子 1, 因子 2 的数值没有太集中的趋势, 不太容易解释. 我们将在 7.3 节"因子旋转"中继续讨论如何解决这类问题.

例 7.2 女子七项全能比赛成绩问题 我们将研究 2012 年伦敦奥运会上 29 位女运动员七项全能比赛的成绩数据. 表 7–2 中列出了部分数据①. 我们继续使用因子分析中的主成分法分析这组数据, 并使用 R 软件中的"principal"函数实现参数估计.

数据文件 example 7.2

表 7–2 2012 年伦敦奥运会 29 位女运动员七项全能比赛成绩数据 (部分数据)

运动员	x_1	x_2	x_3	x_4	x_5	x_6	x_7
Jessica Ennis (英国)	12.54	1.86	14.28	22.83	6.48	47.49	128.65
Lilli Schwarzkopf (德国)	13.26	1.83	14.77	24.77	6.30	51.73	130.50
Austra Skujyte (立陶宛)	14.00	1.92	17.31	25.43	6.25	51.13	140.59
⋮	⋮	⋮	⋮	⋮	⋮	⋮	⋮
Julia Mächtig (德国)	14.54	1.68	14.99	25.38	4.06	44.40	140.34
Irina Karpova (哈萨克斯坦)	14.21	1.68	11.68	25.42	5.70	35.75	148.93

① 表 7–2 中变量 x_1 为 100 米跑成绩 (s), x_2 为跳高成绩 (m), x_3 为铅球成绩 (m), x_4 为 200 米跑成绩 (s), x_5 为跳远成绩 (m), x_6 为标枪成绩 (m), x_7 为 800 米跑成绩 (s).

```
#例7.2女子七项全能比赛成绩问题的主成分法分析
> setwd("C:/data")   #设定工作路径,可根据电脑的实际配置修改
> d7.2<-read.csv("example7.2.csv",header=T)   #读入数据
> data<-d7.2[,-1]   #将数据的第一列移除
> name<-d7.2[,1]   #将第一列命名为name
> da<-scale(data)   #将数据中心化
> da   #显示da
> R<-round(cor(da),3)   #计算样本相关系数矩阵,保留三位小数
> R   #显示R

       x1     x2     x3     x4     x5     x6     x7
x1  1.000 -0.084 -0.142  0.657 -0.444 -0.222  0.359
x2 -0.084  1.000  0.157 -0.135  0.550 -0.018 -0.428
x3 -0.142  0.157  1.000  0.108 -0.117  0.327 -0.002
x4  0.657 -0.135  0.108  1.000 -0.378  0.325  0.461
x5 -0.444  0.550 -0.117 -0.378  1.000  0.010 -0.449
x6 -0.222 -0.018  0.327  0.325  0.010  1.000  0.031
x7  0.359 -0.428 -0.002  0.461 -0.449  0.031  1.000
> plot(princomp(da),type="lines",main="碎石图",ylim=c(0,3.5))
  #画碎石图确定因子个数,在图7-2中给出
```

从图 7–2 中可以看出, 每个因子所承载的方差数值在 $k \geqslant 2$ 时下降幅度较大, 因此 $k=2$ 是个较好的选择.

```
> library(psych)   #加载psych包
> pca<-principal(da,nfactors=2,rotate='none',score=TRUE)   #主成分法
> pca   #显示结果
Principal Components Analysis
Call: principal(r = da, nfactors = 2, rotate = "none", scores = TRUE)
Standardized loadings (pattern matrix) based upon correlation matrix
     PC1   PC2   h2   u2  com
x1  0.72 -0.23 0.57 0.43 1.2
x2 -0.57  0.21 0.37 0.63 1.3
x3  0.00  0.76 0.58 0.42 1.0
x4  0.76  0.33 0.68 0.32 1.4
x5 -0.78  0.03 0.62 0.38 1.0
```

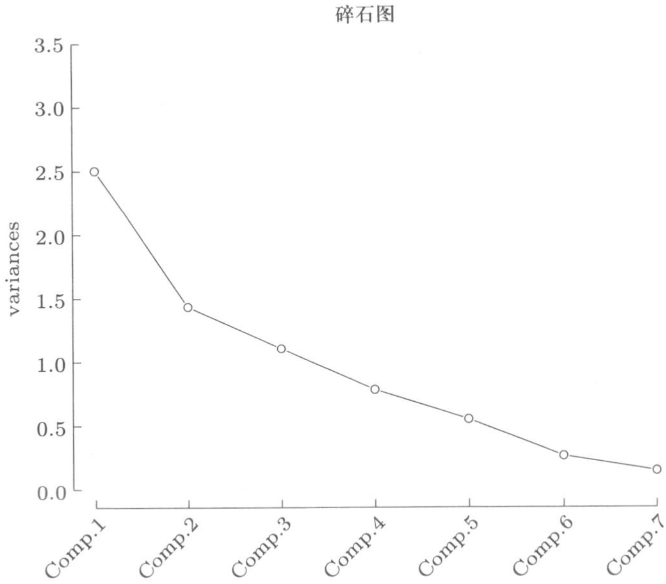

图 7–2 29 位女运动员七项全能比赛成绩问题的主成分法分析碎石图

```
x6    0.07    0.83  0.70  0.30  1.0
x7    0.75   -0.01  0.57  0.43  1.0

                          PC1   PC2
SS loadings              2.60  1.48
Proportion Var           0.37  0.21
Cumulative Var           0.37  0.58
Proportion Explained     0.64  0.36
Cumulative Proportion    0.64  1.00
> round(pca$Vaccounted,3)    #给出方差解释比例,保留三位小数
                           PC1    PC2
SS loadings              2.602  1.484
Proportion Var           0.372  0.212
Cumulative Var           0.372  0.584
Proportion Explained     0.637  0.363
Cumulative Proportion    0.637  1.000
> round(pca$loadings,3)  #列出因子载荷矩阵,保留三位小数
Loadings:
```

```
       PC1    PC2
x1   0.717  -0.227
x2  -0.572   0.206
x3           0.764
x4   0.758   0.331
x5  -0.784
x6           0.834
x7   0.752
                  PC1    PC2
SS loadings     2.601  1.484
Proportion Var  0.372  0.212
Cumulative Var  0.372  0.584
```

可以看出, 前两个因子一共解释了 58.4% 的波动. 此外, 从每个因子在 7 个方向上的载荷矩阵的取值可以看出, 因子 1 在与爆发力有关的项目上的载荷较大, 可称其为 "爆发力" 因子. 因子 2 在与投掷有关的项目上载荷较大, 因此因子 2 可以被理解为 "投掷能力" 因子.

数据文件 example 7.3

例 7.3 食物质地问题　我们将研究 50 种食物质地的数据. 该数据集来自 Hartmann 等 (哈特曼等, 2018)[①]. 表 7–3 中列出了部分数据[②]. 同样使用因子分析中的主成分法分析这组数据, 并使用 R 软件中的 "principal" 函数实现参数估计.

表 7–3　50 种食物质地数据 (部分数据)

食品标签	x_1	x_2	x_3	x_4	x_5
B110	16.5	2955	10	23	97
B136	17.7	2660	14	9	139
B171	16.2	2870	12	17	143
⋮	⋮	⋮	⋮	⋮	⋮
B971	21.1	2700	13	16	116
B998	16.3	2845	10	26	75

① 本数据集的使用需遵循 Creative Commons Attribution-ShareAlike 4.0 International License 的相关条款.

② 表 7–3 中变量 x_1 为含油比, x_2 为密度, x_3 为松脆度, x_4 为最大可承受弯曲度, x_5 为硬度.

```
#例7.3 50种食物质地问题的主成分法分析
> setwd("C:/data")  #设定工作路径,可根据电脑的实际配置修改
> d7.3<-read.csv("example7.3.csv",header=T)  #读入数据
> data<-d7.3[,-1]  #将数据的第一列移除
> name<-d7.3[,1]  #将第一列命名为name
> da<-scale(data)  #将数据标准化
> da  #显示da
> R<-round(cor(da),3)  #计算样本相关系数矩阵,保留三位小数
> R  #显示R
       x1     x2     x3     x4     x5
x1  1.000 -0.750  0.593 -0.534 -0.096
x2 -0.750  1.000 -0.671  0.572  0.108
x3  0.593 -0.671  1.000 -0.844  0.411
x4 -0.534  0.572 -0.844  1.000 -0.373
x5 -0.096  0.108  0.411 -0.373  1.000
> plot(princomp(da),type="lines",main="碎石图",ylim=c(0,3.5))
  #画碎石图确定因子个数,在图7-3中给出
```

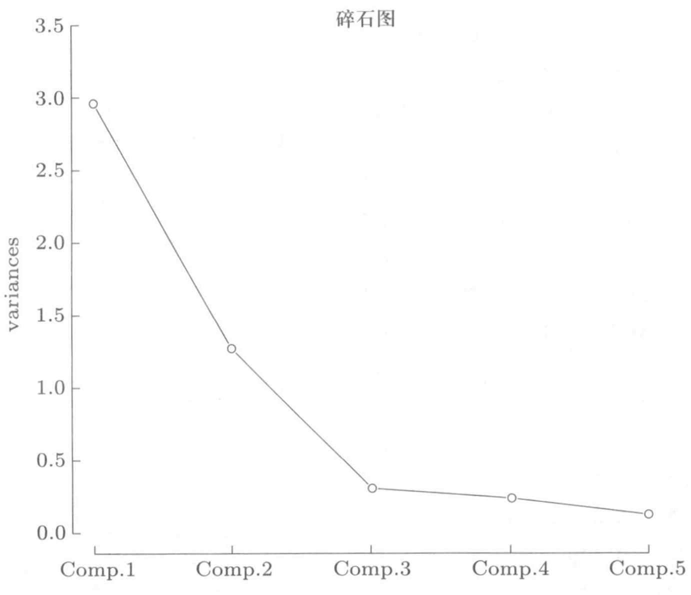

图 7–3 50 种食物质地问题的主成分法分析碎石图

从图 7–3 中可以看出, 每个因子所承载的方差数值在 $k \geqslant 2$ 时下降幅度很大, 因此 $k=2$ 是个较好的选择.

```
> library(psych)   #加载psych包
> pca<-principal(da,nfactors=2,rotate='none',score=TRUE)   #主成分法
> pca   #显示结果
Principal Components Analysis
Call: principal(r = da, nfactors = 2, rotate = "none", scores = TRUE)
Standardized loadings (pattern matrix) based upon correlation matrix
     PC1   PC2   h2   u2  com
x1  0.80 -0.42 0.81 0.19  1.5
x2 -0.83  0.41 0.86 0.14  1.4
x3  0.93  0.22 0.91 0.09  1.1
x4 -0.88 -0.25 0.83 0.17  1.2
x5  0.27  0.92 0.91 0.09  1.2

                       PC1  PC2
SS loadings           3.03 1.30
Proportion Var        0.61 0.26
Cumulative Var        0.61 0.87
Proportion Explained  0.70 0.30
Cumulative Proportion 0.70 1.00
> round(pca$Vaccounted,3)  #给出方差解释比例,保留三位小数
                        PC1   PC2
SS loadings           3.031 1.296
Proportion Var        0.606 0.259
Cumulative Var        0.606 0.865
Proportion Explained  0.701 0.299
Cumulative Proportion 0.701 1.000
> round(pca$loadings,3)   #列出因子载荷矩阵,保留三位小数
Loadings:
      PC1    PC2
x1  0.797 -0.422
x2 -0.834  0.406
x3  0.927  0.225
x4 -0.878 -0.252
x5  0.267  0.916
```

```
                 PC1    PC2
SS loadings      3.032  1.296
Proportion Var   0.606  0.259
Cumulative Var   0.606  0.866
```

可以看出, 前两个因子一共解释了 86.6% 的波动. 此外, 因子 1 在食物的松脆度等方向上的载荷较大, 可以认为是 “香脆” 因子; 因子 2 在食物的硬度上的载荷较大, 可称其为 “硬度” 因子.

7.2.2 迭代主因子法

7.2.1 小节中我们介绍了主成分法, 该方法本质上是一种非迭代的参数估计方法. 事实上, 在主成分法的基础上, 可以设计基于迭代的方法, 我们称其为**迭代主因子法 (iterated principal factor method)**. 下面我们给出迭代主因子法的具体流程.

第一步: 计算出样本相关系数矩阵 $\hat{\boldsymbol{R}}_n$, 记为 $\hat{\boldsymbol{R}}_n^{(0)}$. 假设 $\boldsymbol{\Psi}$ 的初始估计 (具体的设定方法在稍后将给出) 为 $\hat{\boldsymbol{\Psi}}_{(0)}$, 计算出**差额相关系数矩阵 (reduced correlation matrix)** $\hat{\boldsymbol{R}}_n^{(1)} = \hat{\boldsymbol{R}}_n^{(0)} - \hat{\boldsymbol{\Psi}}_{(0)}$.

第二步: 给定 k, 依托 $\hat{\boldsymbol{R}}_n^{(1)}$, 使用主成分法计算因子载荷矩阵, 即 $\hat{\boldsymbol{L}}_k^{(1)} = ((\hat{\lambda}_1^{(1)})^{1/2}\hat{\boldsymbol{e}}_1^{(1)}, \cdots (\hat{\lambda}_k^{(1)})^{1/2}\hat{\boldsymbol{e}}_k^{(1)})$, 其中 $\hat{\lambda}_i^{(1)}$ 和 $\hat{\boldsymbol{e}}_i^{(1)}$ 分别是 $\hat{\boldsymbol{R}}_n^{(1)}$ 的前 i 个特征根 (按照降序排列) 及其对应的标准正交化特征向量. 用公式 $\hat{\boldsymbol{\Psi}}_{(1)} = \mathrm{diag}(1-\hat{h}_{1(1)}^2, \cdots, 1-\hat{h}_{p(1)}^2)$ 更新特殊度矩阵, 其中 $\hat{h}_{i(1)}^2 = \sum\limits_{j=1}^{k} \hat{l}_{ij(1)}^2$, $\hat{l}_{ij(1)}$ 是 $\hat{\boldsymbol{L}}_k^{(1)}$ 的 (i,j) 元.

第三步: 重复 “第一步” 和 “第二步”, 迭代更新差额相关系数矩阵、因子载荷矩阵和特殊度矩阵, 直到达到预先给定的收敛准则为止.

正如之前提到的, $\boldsymbol{\Psi}$ 的初始估计 $\hat{\boldsymbol{\Psi}}_{(0)}$ 在迭代主因子法中起到了较为关键的作用. 在实际操作中, 可取 $\hat{\boldsymbol{\Psi}}_{(0)} = \mathrm{diag}(1-\max\limits_{j=1,\cdots,p,j\neq i}|\hat{r}_{ij}|)$, 其中 $\hat{r}_{ij}$ 是样本相关系数矩阵 $\hat{\boldsymbol{R}}_n$ 的 (i,j) 元, 或者取 $\hat{\boldsymbol{\Psi}}_{(0)} = \mathrm{diag}(1/\hat{r}_{ii})$, 这里 $\hat{r}_{ii}$ 是 $\hat{\boldsymbol{R}}_n$ 的逆矩阵的第 i 个主对角元. 注意, 上述这些 $\hat{\boldsymbol{\Psi}}_{(0)}$ 的设定方法均是为了保证 $\hat{\boldsymbol{R}}_n^{(0)} - \hat{\boldsymbol{\Psi}}_{(0)}$ 的正定性. 下面将通过两个实际例子演示迭代主因子法.

例 7.4 (续例 7.1) 十项全能成绩问题的迭代主因子法分析　我们继续使用例 7.1 中提到的十项全能成绩数据进行因子分析中迭代主因子法的演示, 使用 R 软件中的 “psych” 程序包. 因子个数设定为 $k=2$, 相应的代码如下:

```
#例7.4(续例7.1)十项全能成绩问题的迭代主因子法分析
> setwd("C:/data")   #设定工作路径,可根据电脑的实际配置修改
> d7.4<-read.csv("example7.0.csv",header=T)   #读入数据
> data<-d7.4[,-1]   #将数据的第一列移除
> name<-d7.4[,1]   #将第一列命名为name
> da<-scale(data)   #将数据标准化
> library(psych)   #加载psych包
> fa2<- fa(da,nfactors = 2,rotate = 'none',score=TRUE,fm='pa')
  #使用迭代主因子法
> fa2   #显示结果
Factor Analysis using method = pa
Call: fa(r = da, nfactors = 2, rotate = "none", scores = TRUE, fm = "pa")
Standardized loadings (pattern matrix) based upon correlation matrix

       PA1    PA2    h2   u2  com
x1   -0.78   0.27 0.680 0.32  1.2
x2    0.70  -0.38 0.629 0.37  1.5
x3    0.71   0.57 0.831 0.17  1.9
x4    0.61   0.33 0.487 0.51  1.5
x5   -0.69   0.47 0.700 0.30  1.8
x6   -0.65   0.22 0.466 0.53  1.2
x7    0.61   0.53 0.651 0.35  2.0
x8    0.14  -0.21 0.063 0.94  1.8
x9    0.26   0.21 0.109 0.89  1.9
x10  -0.04   0.37 0.135 0.86  1.0

                       PA1  PA2
SS loadings           3.33 1.42
Proportion Var        0.33 0.14
Cumulative Var        0.33 0.47
Proportion Explained  0.70 0.30
Cumulative Proportion 0.70 1.00
> round(fa2$Vaccounted,3)   #给出方差解释比例,保留三位小数
```

```
                         PA1   PA2
SS loadings            3.326 1.424
Proportion Var         0.333 0.142
Cumulative Var         0.333 0.475
Proportion Explained   0.700 0.300
Cumulative Proportion  0.700 1.000
> round(fa2$loadings,3)   #列出因子载荷矩阵,保留三位小数
Loadings:

       PA1    PA2
x1  -0.779  0.269
x2   0.696 -0.380
x3   0.711  0.571
x4   0.612  0.335
x5  -0.692  0.469
x6  -0.645  0.222
x7   0.609  0.529
x8   0.145 -0.206
x9   0.258  0.207
x10         0.366

                 PA1   PA2
SS loadings    3.326 1.423
Proportion Var 0.333 0.142
Cumulative Var 0.333 0.475
```

迭代主因子法给出的前两个因子一共解释了 47.5% 的数据波动. 此外, 每个因子在 10 个方向上的载荷与主成分法获得的结果类似, 因而有类似的解释.

例 7.5 (续例 7.3) 食物质地问题 我们继续使用例 7.3 中使用的 50 种食物质地的数据进行因子分析中迭代主因子法的演示, 使用 R 软件中的 “psych” 程序包. 因子个数设定为 $k=2$, 相应的代码如下:

```
#例7.5(续例7.3) 50种食物质地数据的迭代主因子法分析
> setwd("C:/data")   #设定工作路径,可根据电脑的实际配置修改
> d7.5<-read.csv("example7.3.csv",header=T)   #读入数据
> data<-d7.5[,-1]   #将数据的第一列移除
```

```
> name<-d7.5[,1]    #将第一列命名为name
> da<-scale(data)    #将数据标准化
> library(psych)    #加载psych包
> fa2<- fa(da,nfactors = 2,rotate = 'none',score=TRUE,fm='pa')
  #使用迭代法
> fa2$loadings    #显示结果
Loadings:
       PA1    PA2
x1   0.735 -0.372
x2  -0.813  0.413
x3   0.944  0.251
x4  -0.833 -0.236
x5   0.240  0.730
                 PA1   PA2
SS loadings     2.843 0.962
Proportion Var  0.569 0.192
Cumulative Var  0.569 0.761
```

迭代主因子法的前两个因子一共解释了 76.1% 的数据波动, 此外, 每个因子在 5 个方向上的载荷与主成分法获得的结果类似, 因而有类似的解释.

7.2.3 最大似然估计法

7.2.1 小节中我们依托主成分法给出了因子载荷矩阵 $\boldsymbol{L}$ 以及特殊度矩阵 $\boldsymbol{\Psi}$ 的估计. 在构造主成分法估计时, 我们没有使用到 $\boldsymbol{X}$ 的分布假定. 在实际数据分析中, 如果有充分的关于 $\boldsymbol{X}$ 的分布的先验知识, 那么我们可以使用最大似然估计充分挖掘出数据中的信息. 本小节假定 $\boldsymbol{X}$ 源自使用最频繁的分布之一: 多元正态分布. 多元正态假定的优点在于给定均值和协方差矩阵的形式即可确定相应的分布, 因此在该假定下我们可以方便地将各种相关结构与分布设定联系起来.

在式 (7.1) 的框架下, 进一步假定

$$\boldsymbol{f} \sim N_{k\times 1}(\boldsymbol{0}_{k\times 1}, \boldsymbol{I}_k), \quad \boldsymbol{v} \sim N_{p\times 1}(\boldsymbol{0}_{p\times 1}, \boldsymbol{\Psi}), \tag{7.12}$$

我们立刻可以得到

$$\boldsymbol{X} \sim N_{p\times 1}(\boldsymbol{\mu}, \boldsymbol{L}\boldsymbol{L}^{\mathrm{T}} + \boldsymbol{\Psi}). \tag{7.13}$$

式 (7.13) 表明, 给定 $\boldsymbol{X}$ 的 n 次可观测实现 $\boldsymbol{X}_1, \cdots, \boldsymbol{X}_n$ 时, 未知参数 $\{\boldsymbol{\mu}, \boldsymbol{L}, \boldsymbol{\Psi}\}$ 的对数似然函数 (在去掉与参数无关的常数项之后) 为

$$
\begin{aligned}
& L_k(\boldsymbol{\mu}, \boldsymbol{L}, \boldsymbol{\Psi} | \boldsymbol{X}_1, \cdots, \boldsymbol{X}_n) \\
= & -\frac{n}{2} \log\{\det(\boldsymbol{L}\boldsymbol{L}^{\mathrm{T}} + \boldsymbol{\Psi})\} - \frac{1}{2} \sum_{i=1}^{n} (\boldsymbol{X}_i - \boldsymbol{\mu})^{\mathrm{T}} (\boldsymbol{L}\boldsymbol{L}^{\mathrm{T}} + \boldsymbol{\Psi})^{-1} (\boldsymbol{X}_i - \boldsymbol{\mu}). \quad (7.14)
\end{aligned}
$$

未知参数 $\{\boldsymbol{\mu}, \boldsymbol{L}, \boldsymbol{\Psi}\}$ 的最大似然估计 $\{\hat{\boldsymbol{\mu}}, \widehat{\boldsymbol{L}}, \widehat{\boldsymbol{\Psi}}\}$ 通过最大化 $L_k(\boldsymbol{\mu}, \boldsymbol{L}, \boldsymbol{\Psi} | \boldsymbol{X}_1, \cdots, \boldsymbol{X}_n)$ 获得, 即

$$
\{\hat{\boldsymbol{\mu}}, \widehat{\boldsymbol{L}}, \widehat{\boldsymbol{\Psi}}\} = \underset{\boldsymbol{\mu}, \boldsymbol{L}, \boldsymbol{\Psi}}{\operatorname{argmax}}\, L_k(\boldsymbol{\mu}, \boldsymbol{L}, \boldsymbol{\Psi} | \boldsymbol{X}_1, \cdots, \boldsymbol{X}_n).
$$

在因子分析中, 我们感兴趣的参数为 $\boldsymbol{L}$ 和 $\boldsymbol{\Psi}$, 因此, 将 $\boldsymbol{\mu}$ 视为冗余参数, 首先将其消除. 由于

$$
\frac{\partial L_k(\boldsymbol{\mu}, \boldsymbol{L}, \boldsymbol{\Psi} | \boldsymbol{X}_1, \cdots, \boldsymbol{X}_n)}{\partial \boldsymbol{\mu}} = -\left\{ n(\boldsymbol{L}\boldsymbol{L}^{\mathrm{T}} + \boldsymbol{\Psi})^{-1} \boldsymbol{\mu} - (\boldsymbol{L}\boldsymbol{L}^{\mathrm{T}} + \boldsymbol{\Psi})^{-1} \left(\sum_{i=1}^{n} \boldsymbol{X}_i \right) \right\},
$$

因此, 求解 $\partial L_k(\boldsymbol{\mu}, \boldsymbol{L}, \boldsymbol{\Psi} | \boldsymbol{X}_1, \cdots, \boldsymbol{X}_n)/\partial \boldsymbol{\mu} = \boldsymbol{0}_{p\times 1}$, 可以得到 $\hat{\boldsymbol{\mu}} = \bar{\boldsymbol{X}}$, 进而

$$
\begin{aligned}
\{\hat{\boldsymbol{L}}, \hat{\boldsymbol{\Psi}}\} &= \underset{\boldsymbol{L}, \boldsymbol{\Psi}}{\operatorname{argmax}}\, L_k(\hat{\boldsymbol{\mu}}, \boldsymbol{L}, \boldsymbol{\Psi} | \boldsymbol{X}_1, \cdots, \boldsymbol{X}_n) \\
&= \underset{\boldsymbol{L}, \boldsymbol{\Psi}}{\operatorname{argmax}} -\frac{n}{2} \log\{\det(\boldsymbol{L}\boldsymbol{L}^{\mathrm{T}} + \boldsymbol{\Psi})\} - \\
&\quad \frac{n}{2} \operatorname{tr} \left\{ \sum_{i=1}^{n} (\boldsymbol{L}\boldsymbol{L}^{\mathrm{T}} + \boldsymbol{\Psi})^{-1} \frac{(\boldsymbol{X}_i - \bar{\boldsymbol{X}})(\boldsymbol{X}_i - \bar{\boldsymbol{X}})^{\mathrm{T}}}{n} \right\}.
\end{aligned}
$$

在实际操作时, 为了方便求导, Jöreskog (乔雷斯科格, 1967) 建议最小化下列等价形式:

$$
F_k(\boldsymbol{L}, \boldsymbol{\Psi} | \boldsymbol{X}_1, \cdots, \boldsymbol{X}_n) = \log[\det\{(\boldsymbol{L}\boldsymbol{L}^{\mathrm{T}} + \boldsymbol{\Psi})\hat{\boldsymbol{S}}_n^{-1}\}] + \operatorname{tr}\{(\boldsymbol{L}\boldsymbol{L}^{\mathrm{T}} + \boldsymbol{\Psi})^{-1} \hat{\boldsymbol{S}}_n\} - p.
$$

由于 $F_k(\boldsymbol{L}, \boldsymbol{\Psi} | \boldsymbol{X}_1, \cdots, \boldsymbol{X}_n)$ 和 $-2L_k(\hat{\boldsymbol{\mu}}, \boldsymbol{L}, \boldsymbol{\Psi} | \boldsymbol{X}_1, \cdots, \boldsymbol{X}_n)/n$ 仅仅相差一项与 $\boldsymbol{L}$ 和 $\boldsymbol{\Psi}$ 无关的常数项, 因此最小化 $F_k(\boldsymbol{L}, \boldsymbol{\Psi} | \boldsymbol{X}_1, \cdots, \boldsymbol{X}_n)$ 和最大化 $L_k(\hat{\boldsymbol{\mu}}, \boldsymbol{L}, \boldsymbol{\Psi} | \boldsymbol{X}_1, \cdots, \boldsymbol{X}_n)$ 是等价的. 为求 $F_k(\boldsymbol{L}, \boldsymbol{\Psi} | \boldsymbol{X}_1, \cdots, \boldsymbol{X}_n)$ 的最小值, Jöreskog 指出可

以通过对 $F_k(\boldsymbol{L},\boldsymbol{\Psi}|\boldsymbol{X}_1,\cdots,\boldsymbol{X}_n)$ 分别对 $\boldsymbol{L}$ 和 $\boldsymbol{\Psi}$ 求偏导, 以获得下列估计方程:

$$\begin{aligned}\frac{\partial F_k(\boldsymbol{L},\boldsymbol{\Psi}|\boldsymbol{X}_1,\cdots,\boldsymbol{X}_n)}{\partial \boldsymbol{L}} &= 2(\boldsymbol{L}\boldsymbol{L}^{\mathrm{T}}+\boldsymbol{\Psi})^{-1}\boldsymbol{L}-2(\boldsymbol{L}\boldsymbol{L}^{\mathrm{T}}+\boldsymbol{\Psi})^{-1}\hat{\boldsymbol{S}}_n(\boldsymbol{L}\boldsymbol{L}^{\mathrm{T}}+\boldsymbol{\Psi})^{-1}\boldsymbol{L}\\ &= \boldsymbol{O}_{p\times k}, \qquad (7.15)\\ \frac{\partial F_k(\boldsymbol{L},\boldsymbol{\Psi}|\boldsymbol{X}_1,\cdots,\boldsymbol{X}_n)}{\partial \boldsymbol{\Psi}} &= \mathrm{diag}\{(\boldsymbol{L}\boldsymbol{L}^{\mathrm{T}}+\boldsymbol{\Psi})^{-1}(\boldsymbol{L}\boldsymbol{L}^{\mathrm{T}}+\boldsymbol{\Psi}-\hat{\boldsymbol{S}}_n)(\boldsymbol{L}\boldsymbol{L}^{\mathrm{T}}+\boldsymbol{\Psi})^{-1}\}\\ &= \boldsymbol{O}_{p\times p}. \qquad (7.16)\end{aligned}$$

这里 $\mathrm{diag}(\boldsymbol{A})$ 表示由一个一般矩阵 $\boldsymbol{A}$ 的主对角元构成的对角矩阵. 解出式 (7.15) 和式 (7.16) 所组成的方程组, 即可得到 $\hat{\boldsymbol{L}}$ 和 $\hat{\boldsymbol{\Psi}}$. 为了保证上述估计方程组解的唯一性, Jöreskog 建议施加一定的约束, 即假定 $\boldsymbol{L}^{\mathrm{T}}\boldsymbol{\Psi}^{-1}\boldsymbol{L}$ 为对角矩阵. 正如式 (7.6)—式 (7.7) 所演示的, 在 $\boldsymbol{L}$ 上右乘一个正交矩阵并不改变因子分析模型的性质, 所以总能找到合适的正交矩阵 $\boldsymbol{Q}$, 使得 $\boldsymbol{Q}^{\mathrm{T}}\boldsymbol{L}^{\mathrm{T}}\boldsymbol{\Psi}\boldsymbol{L}\boldsymbol{Q}$ 对角化. 这些论证表明 Jöreskog 的假定是合理的.

求解式 (7.15)—式 (7.16) 中所列出的估计方程需要设计相应的迭代算法. 如 Jöreskog 的伪 Newton-Raphson (牛顿–拉弗森) 迭代算法, Jennrich 和 Robinson (延里希和鲁宾孙, 1969) 的 Newton-Raphson 迭代算法, 以及 Rubin 和 Thayer (鲁宾和泰尔, 1982) 的 EM (expectation-maximization) 算法等. 关于相应算法的详细讨论, 感兴趣的读者可以参考文献 [10].

最大似然估计拥有很好的统计性质. 例如 $\hat{\boldsymbol{\mu}}$, $\hat{\boldsymbol{L}}$ 和 $\hat{\boldsymbol{\Psi}}$ 在一定的正则性条件下具有弱相合性, 即样本量 n 趋于无穷时, 这些参数依概率收敛到其对应的真实值 (Jöreskog 和 Goldberger, 1972). 此外, 最大似然估计还允许我们使用基于信息准则的数据驱动方法确定共同因子的最优数目 k. 例如, 在最大似然估计的框架下, Akaike (赤池, 1987) 提出使用 **Akaike 信息准则** (Akaike information criterion, 缩写为 AIC) 确定 k. AIC 的定义为

$$\mathrm{AIC}(k)=-2L_k(\hat{\boldsymbol{\mu}},\hat{\boldsymbol{L}},\hat{\boldsymbol{\Psi}}|\boldsymbol{X}_1,\cdots,\boldsymbol{X}_n)+2\{p+p(k+1)-k(k-1)/2\}.$$

值得指出的是, 上式右侧第二项括号中比 Akaike (1987) 的 AIC 的对应位置多了一项 p, 这是为了补偿估计 p 维未知均值向量 $\boldsymbol{\mu}$ 时产生的自由度损失 (在 Akaike 的工作中没有考虑存在未知参数 $\boldsymbol{\mu}$ 的情况). 如果模型里没有包括均值参数, 则 AIC 退化为

$$\mathrm{AIC}(k)=-2L_k(\hat{\boldsymbol{\mu}},\hat{\boldsymbol{L}},\hat{\boldsymbol{\Psi}}|\boldsymbol{X}_1,\cdots,\boldsymbol{X}_n)+2\{p(k+1)-k(k-1)/2\}.$$

同样, 还可以使用 **Bayes 信息准则** (Bayes information criterion, 缩写为 BIC) 确定 k,

$$\mathrm{BIC}(k) = -2L_k(\hat{\boldsymbol{\mu}}, \hat{\boldsymbol{L}}, \hat{\boldsymbol{\Psi}}|\boldsymbol{X}_1, \cdots, \boldsymbol{X}_n) + \log(n)\{p + p(k+1) - k(k-1)/2\}.$$

如果模型里没有包括均值参数, 则 BIC 退化为

$$\mathrm{BIC}(k) = -2L_k(\hat{\boldsymbol{\mu}}, \hat{\boldsymbol{L}}, \hat{\boldsymbol{\Psi}}|\boldsymbol{X}_1, \cdots, \boldsymbol{X}_n) + \log(n)\{p(k+1) - k(k-1)/2\}.$$

在实际数据分析中, 可以使用 $\hat{k} = \underset{1\leqslant k\leqslant p}{\operatorname{argmin}} \mathrm{AIC}(k)$ 或者 $\hat{k} = \underset{1\leqslant k\leqslant p}{\operatorname{argmin}} \mathrm{BIC}(k)$ 确定所使用的共同因子个数. 由 AIC 和 BIC 的定义可以看出, 它们有着相似的结构. 这些信息准则均由 $-2L_k(\hat{\boldsymbol{\mu}}, \hat{\boldsymbol{L}}, \hat{\boldsymbol{\Psi}}|\boldsymbol{X}_1, \cdots, \boldsymbol{X}_n)$ 和与自由变换的未知参数的个数有关的惩罚项组成. 在 AIC 和 BIC 中, $-2L_k(\hat{\boldsymbol{\mu}}, \hat{\boldsymbol{L}}, \hat{\boldsymbol{\Psi}}|\boldsymbol{X}_1, \cdots, \boldsymbol{X}_n)$ 为拟合优度度量, 其数值越小, 表明模型拟合数据的程度越好 (即训练精度越高). 另外, 式 (7.12)—(7.13) 定义的模型中, 自由变换的未知参数的个数为 $p + p(k+1) - k(k-1)/2$, 因此, AIC (或者 BIC) 定义中的第二项 $2\{p+p(k+1)-k(k-1)/2\}$ (或者 $\log(n)\{p + p(k+1) - k(k-1)/2\}$) 的作用是防止选择过大的 k, 避免**过度拟合 (overfitting)** 或者**过度训练 (overtraining)**, 以提高模型的预测精度.

以下通过三个例题演示如何在 R 软件中实现最大似然估计, 并用 AIC 和 BIC 确定共同因子的数目.

例 7.6 (续例 7.1) 十项全能成绩问题的最大似然法分析 在本例中, 我们将首先使用 AIC 和 BIC 确定合适的共同因子个数, 然后再利用选出的模型进行后续的统计分析. 相应的程序代码如下:

```
#例7.6(续例7.1)十项全能成绩问题的最大似然法分析
> setwd("C:/data")   #设定工作路径,可根据电脑的实际配置修改
> d7.6<-read.csv("example7.0.csv",header=T)   #读入数据
> data<-d7.6[,-1]   #将数据的第一列移除
> name<-d7.6[,1]   #将第一列命名为name
> da<-scale(data)   #将数据标准化
> str(data)   #看数据的基本信息
> n=30   #数据样本量
> p=10   #数据变量数目
> aic=vector()
> bic=vector()
```

```
> for (k in c(1,2,3,4,5)){
      fa2 <- factanal(da,factors =k,rotation = "none")
                         #使用最大似然法提取共同因子
      A=fa2$loadings   #输出因子载荷矩阵
      D=diag(fa2$uniquenesses)
      sigma=cov(da)   #计算样本协方差矩阵
      Sigma=A%*%t(A)+D   #计算总体协方差矩阵的插入估计,即直接用估计值
                            替代未知参数
      Lk=-n/2*log(det(Sigma))-n/2*sum(diag(solve(Sigma)%*%sigma))
                            #计算对数似然函数
      aic[k]=-2*Lk+2*(p*(k+1)-k*(k-1)/2)  #计算AIC
      bic[k]=-2*Lk+log(n)*(p*(k+1)-k*(k-1)/2)   #计算BIC
}
> round(aic,3)   #显示AIC的值,保留三位小数
[1] 268.698  249.892  245.362  250.696  259.875
> round(bic,3)   #显示BIC的值,保留三位小数
[1] 296.721  290.527  297.206  312.348  329.935
```

由上述结果可知, AIC 确定的最优因子个数是 3, 而 BIC 确定的最优因子个数是 2.

```
> faAIC<- factanal(da,factors =3,rotation = "none")
  #计算AIC选出的模型的最大似然估计
> faAIC   #显示结果
Call:
factanal(x = da, factors = 3, rotation = "none")
Uniquenesses:
    x1     x2     x3     x4     x5     x6     x7     x8     x9    x10
 0.224  0.361  0.110  0.522  0.251  0.552  0.426  0.837  0.699  0.005
Loadings:
     Factor1  Factor2  Factor3
x1    -0.733            0.488
x2     0.568   -0.115  -0.551
x3     0.830    0.201   0.400
x4     0.655            0.214
x5    -0.626    0.447   0.396
x6    -0.567    0.104   0.340
```

```
x7       0.656    0.292    0.243
x8       0.121    0.179   -0.341
x9       0.346   -0.202    0.375
x10               0.997
                  Factor1  Factor2  Factor3
SS loadings         3.256    1.420    1.337
Proportion Var      0.326    0.142    0.134
Cumulative Var      0.326    0.468    0.601
```

```
> faBIC<- factanal(da,factors =2,rotation = "none")
  #计算BIC选出的模型的最大似然估计
> faBIC   #显示结果
Call:
factanal(x = da, factors = 2, rotation = "none")
Uniquenesses:
     x1     x2     x3     x4     x5     x6     x7     x8     x9    x10
  0.284  0.321  0.019  0.554  0.393  0.536  0.504  0.931  0.830  0.889
Loadings:
    Factor1 Factor2
x1  -0.472   0.703
x2   0.249  -0.785
x3   0.989
x4   0.656  -0.127
x5  -0.318   0.711
x6  -0.338   0.592
x7   0.704
x8          -0.259
x9   0.405
x10  0.183   0.277

                  Factor1  Factor2
SS loadings         2.602    2.137
Proportion Var      0.260    0.214
Cumulative Var      0.260    0.474
```

在 $k=2$ 时, 前两个因子所解释的方差比例为 47.4%. 当 $k=3$ 时, 前三个因子所解释的方差比例为 60.1%, 此时, 因子 1 是与 "爆发力" 有关的因子. 因子 2 则是与 "耐力" 有关的因子, 因子 3 的载荷没有太集中的趋势, 暂时没有较好的解释. 在本例中, AIC 和 BIC 选出的最优因子个数不同, 因此估计结果也有所不同. 由于 AIC 对应的惩罚项是 $2\{p+p(k+1)-k(k-1)/2\}$, 与 BIC 的惩罚项 $\log(n)\{p+p(k+1)-k(k-1)/2\}$ 相比, 其阶数更低. 因此 AIC 偏好因子数更多的模型, 而 BIC 倾向于选择没有 "耐力" 因子的模型, 而且此模型只能解释 47.4% 的方差. 上述讨论表明, 在本例中, BIC 选出的模型解释力弱于 AIC 选出的模型.

例 7.7 (续例 7.2) 女子七项全能比赛成绩问题 我们继续使用例 7.2 中提到的 2012 年伦敦奥运会女子七项全能比赛成绩数据, 演示如何使用 AIC 和 BIC 确定合适的共同因子个数, 然后再利用选出的模型进行后续的统计分析. 相应的程序代码如下:

```
#例7.7(续例7.2)女子七项全能比赛成绩数据的最大似然法分析
> setwd("C:/data")   #设定工作路径,可根据电脑的实际配置修改
> d7.7<-read.csv("example7.2.csv",header=T)   #读入数据
> data<-d7.7[,-1]   #将数据的第一列移除
> name<-d7.7[,1]   #将第一列命名为name
> da<-scale(data)   #将数据中心化、标准化
> str(data)   #看数据的基本信息
> n=29   #数据样本量
> p=7   #数据变量数目
> aic=vector()
> bic=vector()
> for (k in c(1,2,3)){
      fa2 <- factanal(da,factors =k,rotation = "none")
                    #使用最大似然法提取共同因子
      A=fa2$loadings   #输出因子载荷矩阵
      D=diag(fa2$uniquenesses)
      sigma=cov(da)   #计算样本协方差矩阵
      Sigma=A%*%t(A)+D   #计算总体协方差矩阵的插入估计
      Lk=-n/2*log(det(Sigma))-n/2*sum(diag(solve(Sigma)%*%sigma))
                                  #计算对数似然函数
      aic[k]=-2*Lk+2*(p*(k+1)-k*(k-1)/2)   #计算AIC
      bic[k]=-2*Lk+log(n)*(p*(k+1)-k*(k-1)/2)   #计算BIC
```

```
}
> round(aic,3)   #显示AIC的值,保留三位小数
[1] 197.707  191.415  184.359
> round(bic,3)   #显示BIC的值,保留三位小数
[1] 216.849  218.761  218.541
> faAIC<- factanal(da,factors =3,rotation = "none")
                  #计算AIC选出的模型的最大似然估计
> faAIC   #显示结果
Call:
factanal(x = da, factors = 3, rotation = "none")

Uniquenesses:
    x1     x2     x3     x4     x5     x6     x7
 0.026  0.005  0.825  0.131  0.526  0.423  0.644

Loadings:

    Factor1  Factor2  Factor3
x1    0.977   -0.113
x2             0.997
x3             0.159    0.375
x4    0.702   -0.158    0.593
x5   -0.391    0.563
x6   -0.170             0.740
x7    0.340   -0.440    0.218
                Factor1  Factor2  Factor3
SS loadings       1.754    1.567    1.098
Proportion Var    0.251    0.224    0.157
Cumulative Var    0.251    0.475    0.631
```

本例中, AIC 确定的最优因子个数是 3. 可以看出, 前 3 个因子一共解释了 63.1% 的数据波动. 因子 1 在 100 米跑和 200 米跑的比赛成绩上的载荷较大, 可称其为 “奔跑能力” 因子, 因子 2 则属于与 “跳跃能力” 有关的因子, 而因子 3 则属于与 “手臂肌肉爆发力” 有关的因子. BIC 选出了一个单因子模型, 其解释力相比 AIC 选出的模型有所欠缺.

例 7.8 (续例 7.3) 食物质地问题 我们继续使用例 7.3 中使用的 50 种食物质地的数据演示如何利用 AIC 和 BIC 确定合适的共同因子个数, 然后再利用选出的模型进行后续的统计分析. 相应的程序代码如下:

```
#例7.8(续例7.3) 50种食物质地问题的最大似然法分析
> setwd("C:/data")   #设定工作路径,可根据电脑的实际配置修改
> d7.8<-read.csv("example7.3.csv",header=T)   #读入数据
> data<-d7.8[,-1]   #将数据的第一列移除
> name<-d7.8[,1]   #将第一列命名为name
> da<-scale(data)   #将数据标准化
> str(data)   #看数据的基本信息
> n=50   #数据样本量
> p=5   #数据变量数目
> aic=vector()
> bic=vector()
> for (k in c(1,2)){
      fa2 <- factanal(da,factors =k,rotation = "none")
                        #使用最大似然法提取共同因子
      A=fa2$loadings   #输出因子载荷矩阵
      D=diag(fa2$uniquenesses)
      sigma=cov(da)   #计算样本协方差矩阵
      Sigma=A%*%t(A)+D   #计算总体协方差矩阵的插入估计
      Lk=-n/2*log(det(Sigma))-n/2*sum(diag(solve(Sigma)%*%sigma))
                   #计算对数似然函数
      aic[k]=-2*Lk+2*(p*(k+1)-k*(k-1)/2)   #计算AIC
      bic[k]=-2*Lk+log(n)*(p*(k+1)-k*(k-1)/2)   #计算BIC
}
> round(aic,3)   #显示AIC的值,保留三位小数
[1] 146.505  111.640
> round(bic,3)   #显示BIC的值,保留三位小数
[1] 165.626  138.408
> faBIC<- factanal(da,factors =2,rotation = "none")
                   #计算BIC和AIC选出的模型的最大似然估计
> faBIC
Call:
factanal(x = da, factors = 2, rotation = "none")
```

```
Uniquenesses:
   x1    x2    x3    x4    x5
0.334 0.156 0.042 0.256 0.407

Loadings:

   Factor1 Factor2
x1  0.666  -0.472
x2 -0.749   0.532
x3  0.972   0.110
x4 -0.855  -0.114
x5  0.345   0.689

               Factor1 Factor2
SS loadings       2.80   1.005
Proportion Var    0.56   0.201
Cumulative Var    0.56   0.761
```

本例中, AIC 和 BIC 确定的最优因子个数都是 2, 与我们之前使用碎石图确定的结果一致.

7.3 因子旋转

在 7.2 节中, 我们讨论了如何获得因子载荷矩阵的参数估计, 遇到了因某个因子对应载荷的分量之间没有区分度, 导致不容易找到合理解释的情况. 本节我们将试图解决这类问题. 正如我们在式 (7.6)—式 (7.8) 中所讨论的, 因子载荷矩阵在右乘一正交矩阵的前提下, 不改变共同度, 也不改变因子模型的设定. 上述性质启发我们对因子载荷矩阵进行正交变换, 以获得更加容易解释的参数估计结果.

假设 $\hat{\boldsymbol{L}} = (\hat{l}_{ij})_{p\times k}$ 是由在 7.2 节中介绍的某种估计方法获得的因子载荷矩阵的估计值, $\hat{h}_i^2 = \sum\limits_{j=1}^{k} \hat{l}_{ij}^2$ 为相应的共同度的估计值. 考虑向量 $(\hat{l}_{1j}^2, \cdots, \hat{l}_{pj}^2)^{\mathrm{T}}$, 在 Euclid 空间中, 其中的每个分量代表 p 维 Euclid 空间中的某个方向. 如果该向量的某些分量非常接近于 0, 而另外一些分量离 0 较远, 那么这些接近于 0 的分量上的载荷对于共同度 $\hat{h}_i^2$ 的贡献就较低, 而那些取值较大的分量则是对

共同度 $\hat{h}_i^2$ 较为重要的载荷. 以此为依据, 可以对所获得的因子进行归类和解释. 受此启发, 我们对 $\hat{\boldsymbol{L}}$ 进行正交变换, 达到尽可能地拉开 $\hat{\boldsymbol{L}}$ 中每一列各元素之间的差异的目的, 进而使得一个因子只在少数方向上拥有高贡献率, 在其他方向上的载荷几乎为 0, 以获得更为容易解释的参数估计结果. 这种技术被称为**因子旋转 (factor rotation)**. 记 $\hat{\boldsymbol{L}}_R = \hat{\boldsymbol{L}}\hat{\boldsymbol{Q}}$, $\hat{\boldsymbol{Q}}$ 为一 k 阶正交矩阵, $\hat{\boldsymbol{L}}_R$ 为旋转后的因子载荷矩阵. 我们通常使用最大方差 (varimax) 旋转法, 这种方法由 Kaiser (凯泽, 1958) 首先提出, 其依赖下列准则

$$\text{varimax}(\hat{\boldsymbol{Q}}) = \sum_{j=1}^{k} \frac{1}{p^2} \left\{ p \sum_{i=1}^{p} \left(\frac{\hat{l}_{R,ij}^2}{\hat{h}_i^2} \right)^2 - \left(\sum_{i=1}^{p} \frac{\hat{l}_{R,ij}^2}{\hat{h}_i^2} \right)^2 \right\}. \tag{7.17}$$

其中 $\hat{l}_{R,ij}$ 为 $\hat{\boldsymbol{L}}_R$ 的 (i,j) 元. 最大方差旋转法通过最大化式 (7.17) 中的准则确定最优的 $\hat{\boldsymbol{Q}}$.

例 7.9 (续例 7.1) 十项全能成绩问题的最大似然法分析和因子旋转　在本例中, 我们将首先使用 AIC 选出的因子个数 ($\hat{k} = 3$) 开展后续的统计分析. 并使用最大方差旋转法进行因子旋转. 相应的程序代码如下:

```
#例7.9(续例7.1)十项全能成绩问题的最大似然法分析和因子旋转
> setwd("C:/data")   #设定工作路径,可根据电脑的实际配置修改
> d7.9<-read.csv("example7.0.csv",header=T)   #读入数据
> data<-d7.9[,-1]   #将数据的第一列移除
> name<-d7.9[,1]   #将第一列命名为name
> da<-scale(data)   #将数据标准化
> fa2<-factanal(da,factors = 3,rotation = "varimax")
                 #依托最大似然法,使用varimax因子旋转
> round(fa2$loadings,3)   #提取旋转后的因子载荷矩阵,保留三位小数
Loadings:

    Factor1  Factor2  Factor3
x1    0.829   -0.282
x2   -0.794
x3   -0.180    0.923
x4   -0.236    0.649
x5    0.763   -0.175    0.368
x6    0.630   -0.220
```

```
x7   -0.177    0.708    0.203
x8   -0.309             0.248
x9             0.461   -0.295
x10   0.150    0.164    0.972

               Factor1  Factor2  Factor3
SS loadings      2.536    2.187    1.287
Proportion Var   0.254    0.219    0.129
Cumulative Var   0.254    0.472    0.601
```

与未旋转的结果相比, 旋转后的因子载荷矩阵解释力更强, 区分更加清晰. 例如, 因子 1 在 100 米跑等需要爆发力的项目方向上载荷最高, 可以认为是"爆发力"因子, 因子 2 在铅球等需要肌肉力量的项目方向上载荷最高, 可以认为是"力量"因子, 而因子 3 在 1500 米跑方向上拥有最高的载荷, 可以认为是"耐力"因子.

例 7.10 (续例 7.2) 女子七项全能比赛成绩问题 我们使用 AIC 确定的因子个数 ($\hat{k}=3$) 进行后续的统计分析, 同样使用最大方差旋转法进行因子旋转. 相应的程序代码如下:

```
#例7.10(续例7.2)女子七项全能比赛成绩问题的最大似然法分析和因子旋转
> setwd("C:/data")   #设定工作路径,可根据电脑的实际配置修改
> d7.10<-read.csv("example7.1.csv",header=T)   #读入数据
> data<-d7.10[,-1]   #将数据的第一列移除
> name<-d7.10[,1]   #将第一列命名为name
> da<-scale(data)   #将数据中心化、标准化
> fa2<-factanal(da,factors =3,rotation = "varimax")
                #依托最大似然估计法,使用varimax因子旋转
> round(fa2$loadings,3)   #提取旋转后的因子载荷矩阵,保留三位小数
Loadings:

    Factor1 Factor2 Factor3
x1   0.932          -0.313
x2           0.992   0.100
x3           0.117   0.401
x4   0.819  -0.203   0.396
```

```
x5   -0.394    0.558
x6                      0.754
x7    0.379   -0.452
               Factor1  Factor2  Factor3
SS loadings      1.839    1.571    1.009
Proportion Var   0.263    0.224    0.144
Cumulative Var   0.263    0.487    0.631
```

可以发现, 经过旋转, 因子载荷矩阵体现了更好的区分度. 其中, 因子 1 在 100 米跑和 200 米跑上的载荷较大, 可称其为 "奔跑能力" 因子, 因子 2 则属于与 "跳跃能力" 有关的因子, 而因子 3 属于与 "上肢力量" 有关的因子.

例 7.11 (续例 7.3) 食物质地问题 我们使用 AIC 和 BIC 确定的因子个数 ($k=2$) 进行后续的统计分析, 同样使用最大方差旋转法进行因子旋转. 相应的程序代码如下:

```
#例7.11 (续例7.3) 50种食物质地问题的最大似然法分析和因子旋转
> setwd("C:/data")   #设定工作路径,可根据电脑的实际配置修改
> d7.11<-read.csv("example7.3.csv",header=T)   #读入数据
> data<-d7.11[,-1]   #将数据的第一列移除
> name<-d7.11[,1]   #将第一列命名为name
> da<-scale(data)   #将数据标准化
> fa2<-factanal(da,factors =2,rotation = "varimax")
                 #依托最大似然估计法,使用varimax因子旋转
> round(fa2$loadings,2)   #提取旋转后的因子载荷矩阵,保留三位小数
Loadings:
    Factor1  Factor2
x1   -0.82
x2    0.92
x3   -0.74     0.64
x4    0.64    -0.57
x5    0.10     0.76


             Factor1  Factor2
SS loadings    2.486    1.313
Proportion Var 0.497    0.263
Cumulative Var 0.497    0.760
```

与未旋转的结果相比，旋转后的因子载荷的聚集趋势有较大变化，因子 1 在密度等方向上载荷最高，可以解释为食物的“质地强度”因子，而因子 2 在松脆度、硬度等方向上载荷最高，可以认为是“酥脆”因子.

7.4 因子得分的预测

在式 (7.1) 中，因子得分 $\boldsymbol{f}$ 为无法观测的潜在变量，需要依托样本给出相应的预测[①]. 本节考虑两种常见的预测方法: **加权最小二乘法**和**回归法**.

7.4.1 加权最小二乘法

要获取因子得分 $\boldsymbol{f}$，可以考虑使用损失函数

$$Q(\boldsymbol{f}|\boldsymbol{\mu},\boldsymbol{L},\boldsymbol{\Psi}) = (\boldsymbol{X}-\boldsymbol{\mu}-\boldsymbol{L}\boldsymbol{f})^{\mathrm{T}}\boldsymbol{\Psi}^{-1}(\boldsymbol{X}-\boldsymbol{\mu}-\boldsymbol{L}\boldsymbol{f}),$$

而 $\boldsymbol{f}$ 的预测通过最小化该损失函数获得，即

$$\widetilde{\boldsymbol{f}}(\boldsymbol{\mu},\boldsymbol{L},\boldsymbol{\Psi}) = \underset{\boldsymbol{f}\in\mathbf{R}^k}{\operatorname{argmin}}\, Q(\boldsymbol{f}|\boldsymbol{\mu},\boldsymbol{L},\boldsymbol{\Psi}),$$

其中 $\mathbf{R}^k$ 是实数集. 基本的代数运算表明,

$$\begin{aligned}\frac{\partial Q(\boldsymbol{f}|\boldsymbol{\mu},\boldsymbol{L},\boldsymbol{\Psi})}{\partial \boldsymbol{f}} &= -\frac{\partial\{2(\boldsymbol{X}-\boldsymbol{\mu})^{\mathrm{T}}\boldsymbol{\Psi}^{-1}\boldsymbol{L}\boldsymbol{f}-\boldsymbol{f}^{\mathrm{T}}\boldsymbol{L}^{\mathrm{T}}\boldsymbol{\Psi}^{-1}\boldsymbol{L}\boldsymbol{f}\}}{\partial \boldsymbol{f}}\\ &= -2\boldsymbol{L}^{\mathrm{T}}\boldsymbol{\Psi}^{-1}(\boldsymbol{X}-\boldsymbol{\mu})+2\boldsymbol{L}^{\mathrm{T}}\boldsymbol{\Psi}^{-1}\boldsymbol{L}\boldsymbol{f}.\end{aligned}$$

令上述线性方程组等于 $\mathbf{0}_{k\times 1}$，可以解得 $\widetilde{\boldsymbol{f}}(\boldsymbol{\mu},\boldsymbol{L},\boldsymbol{\Psi}) = (\boldsymbol{L}^{\mathrm{T}}\boldsymbol{\Psi}^{-1}\boldsymbol{L})^{-1}\boldsymbol{L}^{\mathrm{T}}\boldsymbol{\Psi}^{-1}(\boldsymbol{X}-\boldsymbol{\mu})$. $Q(\boldsymbol{f}|\boldsymbol{\mu},\boldsymbol{L},\boldsymbol{\Psi})$ 源自式 (7.1)，而获取 $\widetilde{\boldsymbol{f}}(\boldsymbol{\mu},\boldsymbol{L},\boldsymbol{\Psi})$ 的过程相当于找到合理的因子得分，使得“残差” $\boldsymbol{v}=\boldsymbol{X}-\boldsymbol{\mu}-\boldsymbol{L}\boldsymbol{f}$ 与原点之间的距离最短. 此方法最早由 Bartlett (巴特利特, 1937) 提出，被称为 Bartlett 因子得分. Bartlett 因子得分有较好的性质，例如，在给定 $\boldsymbol{f}$ 时，如果假定 $\boldsymbol{v}$ 和 $\boldsymbol{f}$ 独立，则 $\widetilde{\boldsymbol{f}}(\boldsymbol{\mu},\boldsymbol{L},\boldsymbol{\Psi})$ 是 $\boldsymbol{f}$ 的无偏估计. 这是因为

$$E\{\widetilde{\boldsymbol{f}}(\boldsymbol{\mu},\boldsymbol{L},\boldsymbol{\Psi})|\boldsymbol{f}\} = (\boldsymbol{L}^{\mathrm{T}}\boldsymbol{\Psi}^{-1}\boldsymbol{L})^{-1}\boldsymbol{L}^{\mathrm{T}}\boldsymbol{\Psi}^{-1}E(\boldsymbol{X}-\boldsymbol{\mu}|\boldsymbol{f})$$

① 在一些教材里，将本过程称为“估计”，但由于待估计的对象 $\boldsymbol{f}$ 是随机的，因此“预测”一词更加准确，我们也将在本节中使用“预测”这种提法.

$$= (\boldsymbol{L}^{\mathrm{T}}\boldsymbol{\Psi}^{-1}\boldsymbol{L})^{-1}\boldsymbol{L}^{\mathrm{T}}\boldsymbol{\Psi}^{-1}E(\boldsymbol{L}\boldsymbol{f} + \boldsymbol{v}|\boldsymbol{f})$$
$$= (\boldsymbol{L}^{\mathrm{T}}\boldsymbol{\Psi}^{-1}\boldsymbol{L})^{-1}\boldsymbol{L}^{\mathrm{T}}\boldsymbol{\Psi}^{-1}\boldsymbol{L}\boldsymbol{f} + E(\boldsymbol{v})$$
$$= \boldsymbol{f}.$$

此外, 由于

$$\begin{aligned}\widetilde{\boldsymbol{f}}(\boldsymbol{\mu}, \boldsymbol{L}, \boldsymbol{\Psi}) - \boldsymbol{f} &= (\boldsymbol{L}^{\mathrm{T}}\boldsymbol{\Psi}^{-1}\boldsymbol{L})^{-1}\boldsymbol{L}^{\mathrm{T}}\boldsymbol{\Psi}^{-1}(\boldsymbol{L}\boldsymbol{f} + \boldsymbol{v}) - \boldsymbol{f} \\ &= (\boldsymbol{L}^{\mathrm{T}}\boldsymbol{\Psi}^{-1}\boldsymbol{L})^{-1}\boldsymbol{L}^{\mathrm{T}}\boldsymbol{\Psi}^{-1}\boldsymbol{v},\end{aligned}$$

因此

$$\begin{aligned}E\|\widetilde{\boldsymbol{f}}(\boldsymbol{\mu}, \boldsymbol{L}, \boldsymbol{\Psi}) - \boldsymbol{f}\|^2 &= E\{\boldsymbol{v}^{\mathrm{T}}\boldsymbol{\Psi}^{-1}\boldsymbol{L}(\boldsymbol{L}^{\mathrm{T}}\boldsymbol{\Psi}^{-1}\boldsymbol{L})^{-1}(\boldsymbol{L}^{\mathrm{T}}\boldsymbol{\Psi}^{-1}\boldsymbol{L})^{-1}\boldsymbol{L}^{\mathrm{T}}\boldsymbol{\Psi}^{-1}\boldsymbol{v}\} \\ &= \mathrm{tr}\{(\boldsymbol{L}^{\mathrm{T}}\boldsymbol{\Psi}^{-1}\boldsymbol{L})^{-1}\}.\end{aligned}$$

在实际数据分析中, $\widetilde{\boldsymbol{f}}(\boldsymbol{\mu}, \boldsymbol{L}, \boldsymbol{\Psi})$ 中的未知参数可由其任意合理的估计值替代, 从而得到经验版本的 Bartlett 因子得分. 例如, 如果 $\hat{\boldsymbol{L}}, \hat{\boldsymbol{\Psi}}$ 为最大似然估计, 则对应于第 i 个样本的 Bartlett 因子得分为

$$\widehat{\boldsymbol{f}}_i = \widetilde{\boldsymbol{f}}(\bar{\boldsymbol{X}}, \hat{\boldsymbol{L}}, \hat{\boldsymbol{\Psi}}) = (\hat{\boldsymbol{L}}^{\mathrm{T}}\hat{\boldsymbol{\Psi}}^{-1}\hat{\boldsymbol{L}})^{-1}\hat{\boldsymbol{L}}^{\mathrm{T}}\hat{\boldsymbol{\Psi}}^{-1}(\boldsymbol{X}_i - \bar{\boldsymbol{X}}), \quad i = 1, 2, \cdots, n.$$

7.4.2　回归法

在推导 Bartlett 因子得分时, 没有用到相应的分布假定. 事实上, 如果模型中的分布设定是正确的, 分布信息有望帮助我们获得性质更好的预测. 如果假定 $\boldsymbol{u} = (\boldsymbol{f}^{\mathrm{T}}, \boldsymbol{X}^{\mathrm{T}})^{\mathrm{T}}$ 的联合分布为多元正态分布, 由式 (7.1), 式 (7.2) 和式 (7.4) 可以推出 $\boldsymbol{u}$ 的分布的具体形式为

$$\boldsymbol{u} = \begin{pmatrix} \boldsymbol{f} \\ \boldsymbol{X} \end{pmatrix} \sim N\left(\begin{pmatrix} \boldsymbol{0}_{k\times 1} \\ \boldsymbol{\mu} \end{pmatrix}, \begin{pmatrix} \boldsymbol{I}_k & \boldsymbol{L}^{\mathrm{T}} \\ \boldsymbol{L} & \boldsymbol{L}\boldsymbol{L}^{\mathrm{T}} + \boldsymbol{\Psi} \end{pmatrix}\right). \tag{7.18}$$

基于式 (7.18), 由多元正态分布的性质可知,

$$\boldsymbol{f}|\boldsymbol{X} \sim N(\boldsymbol{L}^{\mathrm{T}}(\boldsymbol{L}\boldsymbol{L}^{\mathrm{T}} + \boldsymbol{\Psi})^{-1}(\boldsymbol{X} - \boldsymbol{\mu}), \boldsymbol{I}_k - \boldsymbol{L}^{\mathrm{T}}(\boldsymbol{L}\boldsymbol{L}^{\mathrm{T}} + \boldsymbol{\Psi})^{-1}\boldsymbol{L}).$$

上述性质启发我们, 可以使用 $\bar{\boldsymbol{f}}_{\boldsymbol{X}}(\boldsymbol{\mu}, \boldsymbol{L}, \boldsymbol{\Psi}) = E(\boldsymbol{f}|\boldsymbol{X})$ 作为 $\boldsymbol{f}$ 的预测, $\bar{\boldsymbol{f}}_{\boldsymbol{X}}(\boldsymbol{\mu}, \boldsymbol{L}, \boldsymbol{\Psi})$ 称为回归法预测. 事实上, 在给定数据 $\boldsymbol{X}$ 时, $\boldsymbol{f}$ 的任意一种预测均可以被写为 $\boldsymbol{X}$ 的函数, 即 $g(\boldsymbol{X})$, 我们可以得到下列不等式

$$\begin{aligned} E\|\boldsymbol{f} - g(\boldsymbol{X})\|^2 &= E\|\boldsymbol{f} - \bar{\boldsymbol{f}}_{\boldsymbol{X}}(\boldsymbol{\mu}, \boldsymbol{L}, \boldsymbol{\Psi}) + \bar{\boldsymbol{f}}_{\boldsymbol{X}}(\boldsymbol{\mu}, \boldsymbol{L}, \boldsymbol{\Psi}) - g(\boldsymbol{X})\|^2 \\ &= E\|\boldsymbol{f} - \bar{\boldsymbol{f}}_{\boldsymbol{X}}(\boldsymbol{\mu}, \boldsymbol{L}, \boldsymbol{\Psi})\|^2 + E\|\bar{\boldsymbol{f}}_{\boldsymbol{X}}(\boldsymbol{\mu}, \boldsymbol{L}, \boldsymbol{\Psi}) - g(\boldsymbol{X})\|^2 + \\ &\quad 2E[\{\boldsymbol{f} - \bar{\boldsymbol{f}}_{\boldsymbol{X}}(\boldsymbol{\mu}, \boldsymbol{L}, \boldsymbol{\Psi})\}^{\mathrm{T}}\{\bar{\boldsymbol{f}}_{\boldsymbol{X}}(\boldsymbol{\mu}, \boldsymbol{L}, \boldsymbol{\Psi}) - g(\boldsymbol{X})\}] \\ &= E\|\boldsymbol{f} - \bar{\boldsymbol{f}}_{\boldsymbol{X}}(\boldsymbol{\mu}, \boldsymbol{L}, \boldsymbol{\Psi})\|^2 + E\|\bar{\boldsymbol{f}}_{\boldsymbol{X}}(\boldsymbol{\mu}, \boldsymbol{L}, \boldsymbol{\Psi}) - g(\boldsymbol{X})\|^2 + \\ &\quad 2E(E[\{\bar{\boldsymbol{f}}_{\boldsymbol{X}}(\boldsymbol{\mu}, \boldsymbol{L}, \boldsymbol{\Psi}) - g(\boldsymbol{X})\}^{\mathrm{T}}\{\boldsymbol{f} - \bar{\boldsymbol{f}}_{\boldsymbol{X}}(\boldsymbol{\mu}, \boldsymbol{L}, \boldsymbol{\Psi})\}|\boldsymbol{X}]) \\ &= E\|\boldsymbol{f} - \bar{\boldsymbol{f}}_{\boldsymbol{X}}(\boldsymbol{\mu}, \boldsymbol{L}, \boldsymbol{\Psi})\|^2 + E\|\bar{\boldsymbol{f}}_{\boldsymbol{X}}(\boldsymbol{\mu}, \boldsymbol{L}, \boldsymbol{\Psi}) - g(\boldsymbol{X})\|^2 + \\ &\quad 2E(\{\bar{\boldsymbol{f}}_{\boldsymbol{X}}(\boldsymbol{\mu}, \boldsymbol{L}, \boldsymbol{\Psi}) - g(\boldsymbol{X})\}^{\mathrm{T}}E[\{\boldsymbol{f} - \bar{\boldsymbol{f}}_{\boldsymbol{X}}(\boldsymbol{\mu}, \boldsymbol{L}, \boldsymbol{\Psi})\}|\boldsymbol{X}]) \\ &= E\|\boldsymbol{f} - \bar{\boldsymbol{f}}_{\boldsymbol{X}}(\boldsymbol{\mu}, \boldsymbol{L}, \boldsymbol{\Psi})\|^2 + E\|\bar{\boldsymbol{f}}_{\boldsymbol{X}}(\boldsymbol{\mu}, \boldsymbol{L}, \boldsymbol{\Psi}) - g(\boldsymbol{X})\|^2 \\ &\geqslant E\|\boldsymbol{f} - \bar{\boldsymbol{f}}_{\boldsymbol{X}}(\boldsymbol{\mu}, \boldsymbol{L}, \boldsymbol{\Psi})\|^2. \end{aligned}$$

该不等式表明, 在所有基于 $\boldsymbol{X}$ 的 $\boldsymbol{f}$ 的预测类中, $\bar{\boldsymbol{f}}_{\boldsymbol{X}}(\boldsymbol{\mu}, \boldsymbol{L}, \boldsymbol{\Psi})$ 的均方误差是最小的.

在实际应用中, 通常用 $\bar{\boldsymbol{X}}$ 替代 $\boldsymbol{\mu}$, 并用 $\boldsymbol{L}$ 和 $\boldsymbol{\Psi}$ 的任意合理估计 $\hat{\boldsymbol{L}}$ 和 $\hat{\boldsymbol{\Psi}}$ 插入回归法预测的表达式, 最终得到对应于第 i 个样本的回归因子得分

$$\bar{\boldsymbol{f}}_{\boldsymbol{X}_i}(\bar{\boldsymbol{X}}, \hat{\boldsymbol{L}}, \hat{\boldsymbol{\Psi}}) = \hat{\boldsymbol{L}}^{\mathrm{T}}(\hat{\boldsymbol{L}}\hat{\boldsymbol{L}}^{\mathrm{T}} + \hat{\boldsymbol{\Psi}})^{-1}(\boldsymbol{X}_i - \bar{\boldsymbol{X}}).$$

这也是一种经验 Bayes 预测.

例 7.12 (续例 7.1) 十项全能成绩问题的最大似然法分析 在本例中, 我们使用 AIC 确定的因子个数 (AIC 确定 $\hat{k} = 3$) 开展后续的统计分析, 并使用最大方差旋转法进行因子旋转, 提取 Bartlett 因子得分和回归因子得分. 相关的程序代码如下:

```
#例7.12(续例7.1)十项全能成绩问题在最大似然估计下的因子预测
> setwd("C:/data")   #设定工作路径,可根据电脑的实际配置修改
> d7.12<-read.csv("example7.0.csv",header=T)   #读入数据
> data<-d7.12[,-1]   #将数据的第一列移除
> name<-d7.12[,1]   #将第一列命名为name
```

```
> da<-scale(data)   #将数据标准化
> faBar=factanal(da,factors = 3,rotation = "varimax",
                 scores = "Bartlett")$scores
                 #计算最大似然估计,使用Bartlett法预测因子得分
> round(faBar[1:3,],3)   #提取Bartlett因子得分,保留三位小数,只展示前三个
      Factor1  Factor2  Factor3
[1,]   -0.677    2.107    0.028
[2,]   -1.712    0.789    0.601
[3,]   -2.041    1.357    0.196
> faReg=factanal(da,factors = 3,rotation = "varimax",
                 scores = "regression")$scores
                 #计算最大似然估计,使用回归法预测因子得分
> round(faReg[1:3,],3)   #提取回归法因子得分,保留三位小数,只展示前三个
      Factor1  Factor2  Factor3
[1,]   -0.688    1.920    0.061
[2,]   -1.513    0.802    0.565
[3,]   -1.837    1.316    0.170
```

从上述运行结果可以看出, 两种方法得出的结果在数值上比较接近. 比较前三位选手, 在回归法中, 3 号选手 (Dmitrity Karpov) 在 "爆发力" 因子方向上的得分为 "-1.837", 表明该选手在受爆发力因子影响的项目上有获得更好成绩 (即在 100 米跑、400 米跑和 110 米栏等项目耗时更短) 的潜力.

例 7.13 (续例 7.2) 女子七项全能比赛成绩问题 我们使用 AIC 确定的因子个数 ($k = 3$) 进行后续的统计分析, 并使用最大方差旋转法进行因子旋转, 提取 Bartlett 因子得分和回归因子得分. 相应的程序代码如下:

```
#例7.13(续例7.2)女子七项全能比赛成绩问题在最大似然估计下的因子预测
> setwd("C:/data")   #设定工作路径,可根据电脑的实际配置修改
> d7.13<-read.csv("example7.2.csv",header=T)   #读入数据
> data<-d7.13[,-1]   #将数据的第一列移除
> name<-d7.13[,1]   #将第一列命名为name
> da<-scale(data)   #将数据中心化、标准化
> faBar=factanal(da,factors = 3,rotation = "varimax",
                 scores = "Bartlett")$scores
                 #计算最大似然估计,使用Bartlett法预测因子得分
```

```
> round(faBar[1:3,],3)    #提取Bartlett因子得分,保留三位小数,只展示前三个
        Factor1  Factor2  Factor3
[1,]    -2.258    1.108    0.256
[2,]    -0.307    0.549    1.460
[3,]     1.364    1.645    1.349
> faReg=factanal(da,factors = 3,rotation = "varimax",
                 scores = "regression")$scores
                 #计算最大似然估计,使用回归法预测因子得分
> round(faReg[1:3,],3)    #提取回归法因子得分,保留三位小数,只展示前三个
        Factor1  Factor2  Factor3
[1,]    -2.190    1.096    0.312
[2,]    -0.347    0.569    1.229
[3,]     1.279    1.662    1.097
```

从上述运行结果可以看出, 两种方法得出的结果在数值上比较接近. 此外, 比较前三位选手, 可以发现 2 号选手 (Lilli Schwarzkopf) 在 "上肢力量" 因子方向上的得分最高, 这表明该选手在投掷类项目较另外两位选手有更好的潜力.

例 7.14 (续例 7.3) 食物质地问题 我们使用 AIC 和 BIC 确定的因子个数 ($\hat{k}=2$) 进行后续的统计分析, 并使用最大方差旋转法进行因子旋转. 相应的程序代码如下:

```
#例7.14(续例7.3)食物质地问题在最大似然估计下的因子预测
> setwd("C:/data")    #设定工作路径,可根据电脑的实际配置修改
> d7.14<-read.csv("example7.3.csv",header=T)    #读入数据
> data<-d7.14[,-1]    #将数据的第一列移除
> name<-d7.14[,1]    #将第一列命名为name
> da<-scale(data)    #将数据中心化
> faBar=factanal(da,factors = 2,rotation = "varimax",
                 scores = "Bartlett")$scores
                 #计算最大似然估计,使用Bartlett法预测因子得分
> round(faBar[1:3,],3)    #提取Bartlett因子得分,保留三位小数,只展示前三个
        Factor1  Factor2
[1,]     0.608   -0.654
[2,]    -1.399    0.741
[3,]     0.231    0.768
```

```
> faReg=factanal(da,factors = 2,rotation = "varimax",
                 scores = "regression")$scores
                 #计算最大似然估计,使用回归法预测因子得分
> round(faReg[1:3,],3)   #提取回归法因子得分,保留三位小数,只展示前三个
     Factor1  Factor2
[1,]   0.608   -0.605
[2,]  -1.338    0.741
[3,]   0.151    0.637
```

从上述运行结果可以看出, 两种方法得出的因子得分在数值上比较接近. 比较前三种食物, 可以发现, 第一种食物 (编号 B110) 在 "质地强度" 因子方向上的得分为正, 而第二种食物 (编号 B136) 在 "质地强度" 因子方向上的得分为负, 说明这两类食物的材质特性是完全不同的.

本章小结

因子分析是一种最为常用的降维方法之一. 通过估计因子载荷矩阵, 因子分析方法可以在保留数据中有效信息的前提下, 降低待分析数据的维度. 常用的估计因子载荷矩阵的方法有主成分法、迭代主因子法和最大似然估计法. 在参数估计的过程中, 常常需要预先确定共同因子的个数, 为此我们介绍了碎石图和信息准则 (包括 AIC 和 BIC). 为了提高模型的可解释性, 提高因子对应载荷的分量之间的区分度, 通常使用最大方差旋转法旋转因子. 在因子得分的预测方面, 可以使用加权最小二乘法获取 Bartlett 因子得分, 也可以使用回归法获取经验 Bayes 预测.

习题 7

数据文件 exe7.1

7.1　表 7–4 中的数据为人类发展质量数据集① 的一部分, 选取了 170 个国家的五个指标, 分别是万人中医生占比 (x_1), 万人中床位占比 (x_2), 乡村有电人口百分比 (x_3), 使用基本饮用水人口百分比 (x_4), 使用基本卫生人口百分比 (x_5).

(1) 使用主成分法对上述数据集进行因子分析, 并用碎石图确定合理的因子个数;

① 数据来自联合国 2020 年《人类发展报告》.

表 7–4　人类发展质量数据 (部分数据)

国家	x_1	x_2	x_3	x_4	x_5
挪威	46.3	39	100	100	98
瑞士	42.4	47	100	100	100
爱尔兰	30.9	28	100	97	91
德国	42.1	83	100	100	99
⋮	⋮	⋮	⋮	⋮	⋮
尼日尔	0.5	3	11	50	14
索马里	0.2	9	9	52	38

(2) 同样使用主成分法, 依托最大方差旋转法进行因子旋转, 并解释相关结果.

7.2　表 7–5 是 2019 年 31 个地区城镇居民人均全年消费支出数据, 共有 8 个指标, 分别为食品烟酒 (x_1), 衣着 (x_2), 居住 (x_3), 生活用品及服务 (x_4), 交通通信 (x_5), 教育文化娱乐 (x_6), 医疗保健 (x_7), 其他用品及服务 (x_8).

数据文件 exe7.2

表 7–5　2019 年 31 个地区城镇居民人均全年消费支出数据 (部分数据)

地区	x_1	x_2	x_3	x_4	x_5	x_6	x_7	x_8
北京	8 950.96	2 391.05	17 234.78	2 568.89	5 229.18	4 738.36	3 973.91	1 271.04
天津	9 719.19	2 194.82	7 701.54	2 051.05	4 596.06	4 062.02	3 179.26	1 306.77
河北	6 024.21	1 805.83	5 879.88	1 537.10	2 992.37	2 588.12	2 056.27	599.27
山西	5 072.91	1 801.44	4 333.34	1 264.75	2 776.45	2 937.87	2 383.41	588.83
⋮	⋮	⋮	⋮	⋮	⋮	⋮	⋮	⋮
宁夏	5 858.86	2 104.47	4 326.51	1 529.13	4 076.99	3 188.15	2 342.25	734.59
新疆	7 421.57	2 234.81	4 558.97	1 708.49	3 667.68	2 724.15	2 495.47	783.08

数据来源: 中国统计年鉴 2020.

(1) 使用最大似然估计法对上述数据集进行因子分析, 并用 AIC 和 BIC 确定合理的因子个数;

(2) 使用最大似然估计法, 并用 BIC 确定的因子个数, 依托最大方差旋转法进行因子旋转, 并解释相关结果;

(3) 使用回归法和 Bartlett 法预测潜在因子.

7.3 证明因子旋转不改变式 (7.14) 中对数似然函数的表达式.

7.4 假设数据由式 (7.1) 产生, 满足 $\widetilde{\boldsymbol{f}}(\boldsymbol{\mu},\boldsymbol{L},\boldsymbol{\Psi})=(\boldsymbol{L}^{\mathrm{T}}\boldsymbol{\Psi}^{-1}\boldsymbol{L})^{-1}\boldsymbol{L}^{\mathrm{T}}\boldsymbol{\Psi}^{-1}(\boldsymbol{L}\boldsymbol{f}+\boldsymbol{v})$, 而 $\bar{\boldsymbol{f}}_{\boldsymbol{X}}(\boldsymbol{\mu},\boldsymbol{L},\boldsymbol{\Psi})=\boldsymbol{L}^{\mathrm{T}}(\boldsymbol{L}\boldsymbol{L}^{\mathrm{T}}+\boldsymbol{\Psi})^{-1}(\boldsymbol{X}-\boldsymbol{\mu})$, 求出 $E\|\bar{\boldsymbol{f}}_{\boldsymbol{X}}(\boldsymbol{\mu},\boldsymbol{L},\boldsymbol{\Psi})-\boldsymbol{f}\|^2$ 的具体表达式, 并依托该结果证明

$$E\|\widetilde{\boldsymbol{f}}(\boldsymbol{\mu},\boldsymbol{L},\boldsymbol{\Psi})-\boldsymbol{f}\|^2\geqslant E\|\bar{\boldsymbol{f}}_{\boldsymbol{X}}(\boldsymbol{\mu},\boldsymbol{L},\boldsymbol{\Psi})-\boldsymbol{f}\|^2.$$

参考文献

[1] AKAIKE H. Factor analysis and AIC. Psychometrika, 1987, 52: 317–332.

[2] BURNHAM K P, ANDERSON D R. Model Selection and Multimodel Inference: A Practical Information-Theoretic Approach. New York: Springer-Verlag, 2002.

[3] JENNRICH R I, ROBINSON S M. A Newton-Raphson algorithm for maximum likelihood factor analysis. Psychometrika, 1969, 34: 111–123.

[4] HARTMANN K, KORIS J, WASKE B. E-learning Project SOGA: Statistics and Geospatial Data Analysis. Freie Universität Berlin, 2018.

[5] JÖRESKOG K G. Some contributions to maximum likelihood factor analysis. Psychometrika, 1967, 32: 443–482.

[6] JÖRESKOG K G, GOLDBERGER A S. Factor analysis by least squares and maximum likelihood methods. Psychometrika, 1972, 37: 243–260.

[7] KAISER H F. The varimax criterion for analytic rotation in factor analysis. Psychometrika, 1958, 23: 187-200.

[8] RUBIN D, THAYER D. EM algorithms for ML factor analysis. Psychometrika, 1982, 47: 69–76.

[9] SCHOMAKER M, HEUMANN C. Model averaging in factor analysis: an analysis of Olympic decathlon data. Journal of Quantitative Analysis in Sports, 2011, 7, Article 4.

[10] THURSTONE L L. Multiple factor analysis. Psychological Review, 1931, 38: 406–427.

[11] ZHAO J H, YU P H L, JIANG Q. ML estimation for factor analysis: EM or non-EM? Statistics and Computing, 2008, 18: 109–123.

第 8 章

对应分析

对应分析 (correspondence analysis) 是构造一些简单的指标来反映列联表的行和列的关系的统计方法. 这些指标同时告诉我们在一行里哪些列的权重更大以及在一列里哪些行的权重更大. 与主成分分析相似, 对应分析也可以用来减少表格的维度. 推广到第 7 章, 从因子分析的视角来看, 因子分析也可分为 R 型因子分析和 Q 型因子分析, R 型因子分析研究变量间的相关关系, 而 Q 型因子分析研究样品间的相关关系. 本章讨论的是 R 型因子分析和 Q 型因子分析的结合, 它利用降维的思想来达到简化数据结构的目的, 同时对数据表中的行和列进行处理, 寻求以低维图表表示数据表中行与列之间的关系, 所以对应分析本质上是一种图方法.

例 8.0 健康状况与幸福感关系问题 中国人的健康状况与幸福感的调查数据是一个由 10 948 人组成的样本, 按五个健康状况类别和五个幸福感等级分类的列联表如下:

数据文件 example 8.0

表 8–0 中国人的健康状况与幸福感的调查结果数据

健康状况	幸福感					合计
	非常不幸福 (E)	比较不幸福 (D)	说不上幸福不幸福 (C)	比较幸福 (B)	非常幸福 (A)	
很不健康 (−2)	39	69	57	126	57	348
比较不健康 (−1)	36	229	293	864	193	1 615
一般 (0)	32	139	486	1 380	338	2 375
比较健康 (1)	18	183	554	2 824	675	4 254
很健康 (2)	16	66	213	1 375	686	2 356
合计	141	686	1 603	6 569	1 949	10 948

表 8–0 中包含两个属性变量, 一个是健康状况, 有 5 个状态, 我们分别用 −2、−1、0、1、2 表示很不健康、比较不健康、一般、比较健康、很健康; 一个是幸福感, 也有 5 个状态, 我们分别用 E、D、C、B、A 表示非常不幸福、比较不幸

福、说不上幸福不幸福、比较幸福、非常幸福. 首先我们要判断健康状况与幸福感之间是否相关, 如果不相关, 那说明这两个属性变量没有任何关系, 也就是说幸福感与健康状况没有相关性, 就不适合作行和列之间的对应分析. 如果相关, 我们把列联表看作 n 行 p 列, 则对应分析的图包含两组点, 一组有 n 个点, 对应 n 行; 一组有 p 个点, 对应 p 列. 各点的位置反映各种联系. 那么相似的行点和列点如果只有两个因子, 则其结果可以在一个二维图上显示, 该图正反映了表格中行和列的关系.

8.1 对应分析的 χ^2 检验

表 8–1 的二维列联表可表示为 $\boldsymbol{K}=(k_{ij})_{r\times c}$, 其中 $k_{i\cdot}=\sum\limits_{j=1}^{c}k_{ij}$, $k_{\cdot j}=\sum\limits_{i=1}^{r}k_{ij}$, $k_{\cdot\cdot}=\sum\limits_{i=1}^{r}\sum\limits_{j=1}^{c}k_{ij}\overset{\text{def}}{=}K$, 其频率矩阵为 $\boldsymbol{F}=(f_{ij})_{r\times c}$. 用 $f_{i\cdot}$ 表示因素 A 中第 i 水平发生的概率, $f_{\cdot j}$ 表示因素 B 中第 j 水平发生的概率, 那么其估计值分别为

$$\hat{f}_{i\cdot}=\frac{k_{i\cdot}}{k_{\cdot\cdot}},\quad \hat{f}_{\cdot j}=\frac{k_{\cdot j}}{k_{\cdot\cdot}}. \tag{8.1}$$

表 8–1　一般的二维列联表

因素 A	因素 B				合计
	B_1	B_2	$\cdots$	B_c	
A_1	k_{11}	k_{12}	$\cdots$	k_{1c}	$k_{1\cdot}$
A_2	k_{21}	k_{22}	$\cdots$	k_{2c}	$k_{2\cdot}$
$\vdots$	$\vdots$	$\vdots$		$\vdots$	$\vdots$
A_r	k_{r1}	k_{r2}	$\cdots$	k_{rc}	$k_{r\cdot}$
合计	$k_{\cdot 1}$	$k_{\cdot 2}$	$\cdots$	$k_{\cdot c}$	$K=k_{\cdot\cdot}$

这里我们关心的是因素 A 和因素 B 是否独立, 由此提出要检验的问题是
H_0: 因素 A 和因素 B 是独立的;
H_1: 因素 A 和因素 B 不独立.
由上面的假设所构造的统计量为

$$\begin{aligned}\chi^2 &= \sum_{i=1}^{r}\sum_{j=1}^{c}\frac{[k_{ij}-\hat{E}(k_{ij})]^2}{\hat{E}(k_{ij})}\\ &= \sum_{i=1}^{r}\sum_{j=1}^{c}\frac{[k_{ij}-k_{i.}k_{.j}/k_{..}]^2}{k_{i.}k_{.j}/k_{..}}\\ &= k_{..}\sum_{i=1}^{r}\sum_{j=1}^{c}[(k_{ij}-k_{i.}k_{.j}/k_{..})/\sqrt{k_{i.}k_{.j}}]^2. \end{aligned}\tag{8.2}$$

当原假设 H_0 成立时, 在 $k_{..}$ 足够大的条件下, χ^2 服从自由度为 $(r-1)(c-1)$ 的 χ^2 分布, 拒绝域为

$$\chi^2 > \chi^2_\alpha[(r-1)(c-1)].$$

独立性检验只能判断因素 A 和因素 B 是否独立. 如果因素 A 和因素 B 独立, 说明这两个因素之间没有相关关系, 则没有必要进行对应分析; 如果因素 A 和因素 B 不独立, 则可以进一步通过对应分析考察两因素各个水平之间的相关关系.

例 8.0 解 1: 先读取数据, 作 χ^2 检验. R 程序及结果如下:

```
> setwd("C:/mdata")    #设定工作路径
> case <-read.csv("example8.0.csv",header=F)
> rownames(case) = c('很不健康','比较不健康','一般','比较健康','很健康')
> colnames(case) = c('非常不幸福','比较不幸福','说不上幸福不幸福',
                     '比较幸福','非常幸福')
> case
           非常不幸福 比较不幸福 说不上幸福不幸福 比较幸福 非常幸福
很不健康           39         69               57      126       57
比较不健康         36        229              293      864      193
一般               32        139              486     1380      338
比较健康           18        183              554     2824      675
很健康             16         66              213     1375      686
> chisq.test(case)   #χ² 检验

    Pearson's Chi-squared test

data:  case
X-squared = 1073.8, df = 16, p-value < 2.2e-16
```

可以看到, $\chi^2 = 1\ 073.8 > \chi^2_\alpha[(r-1)(c-1)] = \chi^2_{0.05}(16) = 26.296$, 对应的 p 值为 2.2×10^{-16}, 远小于 0.05, 所以拒绝原假设 H_0, 认为健康状况和幸福感不独立, 即健康状况与幸福感有相关关系, 可以进一步进行对应分析.

8.2 对应分析方法的原理

8.2.1 对应分析的数据转换方法

8.1 节针对的是定性数据的列联表分析, 我们可以将这样的思路扩展到定量数据中. 设有 n 个样品, 每个样品有 p 个变量, 即数据矩阵为

$$\boldsymbol{X} = \begin{pmatrix} x_{11} & x_{12} & \cdots & x_{1p} \\ x_{21} & x_{22} & \cdots & x_{2p} \\ \vdots & \vdots & & \vdots \\ x_{n1} & x_{n2} & \cdots & x_{np} \end{pmatrix} = (x_{ij})_{n\times p}. \tag{8.3}$$

要求 $\boldsymbol{X}$ 的元素都大于 0 (否则, 对所有数据同加上一个数使其满足大于 0 的条件), 用 $x_{i\cdot}$, $x_{\cdot j}$ 和 $x_{\cdot\cdot}$ 分别表示 $\boldsymbol{X}$ 的行和、列和与总和, 即

$$x_{i\cdot} = \sum_{j=1}^{p} x_{ij}, x_{\cdot j} = \sum_{i=1}^{n} x_{ij}, x_{\cdot\cdot} = \sum_{i=1}^{n}\sum_{j=1}^{p} x_{ij}. \tag{8.4}$$

如果把所研究的 p 个变量看成一个属性变量的 p 个类目, 而把 n 个样品看成另一个属性变量的 n 个类目, 这时, 原始数据矩阵 $\boldsymbol{X}$ 就可以看成一张由观测数据得到的频数表或计数表, 由此得到

$$\boldsymbol{P} = \boldsymbol{X}/x_{\cdot\cdot} = (p_{ij}),\ 即\ p_{ij} = x_{ij}/x_{\cdot\cdot}.$$

不难看出, $0 < p_{ij} < 1$, 且 $\sum\limits_{i=1}^{n}\sum\limits_{j=1}^{p} p_{ij} = 1$, 因而 p_{ij} 可解释为"频率". 类似地, $p_{i\cdot} = \sum\limits_{j=1}^{p} p_{ij}$ 可理解为第 i 个样品的边缘频率 $(i = 1, 2, \cdots, n)$, $p_{\cdot j} = \sum\limits_{i=1}^{n} p_{ij}$ 可理解为第 j 个变量的边缘频率 $(j = 1, 2, \cdots, p)$, 并称频率 $\boldsymbol{P}$ 为对应矩阵 (见表 8–2).

表 8-2 对应矩阵

行	列				合计
	1	2	$\cdots$	p	
1	p_{11}	p_{12}	$\cdots$	p_{1p}	$p_{1\cdot}$
2	p_{21}	p_{22}	$\cdots$	p_{2p}	$p_{2\cdot}$
$\vdots$	$\vdots$	$\vdots$		$\vdots$	$\vdots$
n	p_{n1}	p_{n2}	$\cdots$	p_{np}	$p_{n\cdot}$
合计	$p_{\cdot 1}$	$p_{\cdot 2}$	$\cdots$	$p_{\cdot p}$	$p_{\cdot\cdot}$

记

$$\boldsymbol{r} = \boldsymbol{P}\boldsymbol{1}_p = (p_{1\cdot}, p_{2\cdot}, \cdots, p_{n\cdot})^{\mathrm{T}}, \tag{8.5}$$

其中 $\boldsymbol{1}_p = (1, 1, \cdots, 1)^{\mathrm{T}}$ 是元素均为 1 的 p 维向量. 记

$$\boldsymbol{c}^{\mathrm{T}} = \boldsymbol{1}_n^{\mathrm{T}}\boldsymbol{P} = (p_{\cdot 1}, p_{\cdot 2}, \cdots, p_{\cdot p}), \tag{8.6}$$

其中 $\boldsymbol{1}_n = (1, 1, \cdots, 1)^{\mathrm{T}}$ 是元素均为 1 的 n 维向量. 向量 $\boldsymbol{r}$ 和 $\boldsymbol{c}$ 的元素有时称为行密度和列密度.

称

$$\boldsymbol{r}_i^{\mathrm{T}} = \left(\frac{p_{i1}}{p_{i\cdot}}, \frac{p_{i2}}{p_{i\cdot}}, \cdots, \frac{p_{ip}}{p_{i\cdot}}\right) = \left(\frac{x_{i1}}{x_{i\cdot}}, \frac{x_{i2}}{x_{i\cdot}}, \cdots, \frac{x_{ip}}{x_{i\cdot}}\right), \quad i = 1, 2, \cdots, n \tag{8.7}$$

为**第 i 行轮廓**, 即 p 个变量在第 i 个样品的分布轮廓, 其各元素之和等于 1, 即

$$\boldsymbol{r}_i^{\mathrm{T}}\boldsymbol{1}_p = 1, \quad i = 1, 2, \cdots, p; \tag{8.8}$$

称

$$\boldsymbol{c}_j = \left(\frac{p_{1j}}{p_{\cdot j}}, \frac{p_{2j}}{p_{\cdot j}}, \cdots, \frac{p_{nj}}{p_{\cdot j}}\right)^{\mathrm{T}} = \left(\frac{x_{1j}}{x_{\cdot j}}, \frac{x_{2j}}{x_{\cdot j}}, \cdots, \frac{x_{nj}}{x_{\cdot j}}\right)^{\mathrm{T}}, \quad j = 1, 2, \cdots, p \tag{8.9}$$

为**第 j 列轮廓**, 即 n 个样品在第 j 个变量的分布轮廓, 其各元素之和等于 1, 即

$$\boldsymbol{1}_n^{\mathrm{T}}\boldsymbol{c}_j = 1. \tag{8.10}$$

实际上, 这里的行轮廓和列轮廓都表示一个条件 (频率) 分布, 两个行 (列) 轮廓相近意味着这两个行 (列) 有着相似的条件分布.

令边缘 (频率) 对角矩阵

$$\boldsymbol{D}_r = \operatorname{diag}(p_{1\cdot}, p_{2\cdot}, \cdots, p_{n\cdot}), \quad \boldsymbol{D}_c = \operatorname{diag}(p_{\cdot 1}, p_{\cdot 2}, \cdots, p_{\cdot p}), \tag{8.11}$$

则行轮廓和列轮廓的矩阵为

$$\boldsymbol{R} = \boldsymbol{D}_r^{-1}\boldsymbol{P} = \begin{pmatrix} \boldsymbol{r}_1^{\mathrm{T}} \\ \boldsymbol{r}_2^{\mathrm{T}} \\ \vdots \\ \boldsymbol{r}_n^{\mathrm{T}} \end{pmatrix} = \begin{pmatrix} \dfrac{p_{11}}{p_{1\cdot}} & \dfrac{p_{12}}{p_{1\cdot}} & \cdots & \dfrac{p_{1p}}{p_{1\cdot}} \\ \dfrac{p_{21}}{p_{2\cdot}} & \dfrac{p_{22}}{p_{2\cdot}} & \cdots & \dfrac{p_{2p}}{p_{2\cdot}} \\ \vdots & \vdots & & \vdots \\ \dfrac{p_{n1}}{p_{n\cdot}} & \dfrac{p_{n2}}{p_{n\cdot}} & \cdots & \dfrac{p_{np}}{p_{n\cdot}} \end{pmatrix}, \tag{8.12}$$

$$\boldsymbol{C} = \boldsymbol{P}\boldsymbol{D}_c^{-1} = (\boldsymbol{c}_1, \boldsymbol{c}_2, \cdots, \boldsymbol{c}_p) = \begin{pmatrix} \dfrac{p_{11}}{p_{\cdot 1}} & \dfrac{p_{12}}{p_{\cdot 2}} & \cdots & \dfrac{p_{1p}}{p_{\cdot p}} \\ \dfrac{p_{21}}{p_{\cdot 1}} & \dfrac{p_{22}}{p_{\cdot 2}} & \cdots & \dfrac{p_{2p}}{p_{\cdot p}} \\ \vdots & \vdots & & \vdots \\ \dfrac{p_{n1}}{p_{\cdot 1}} & \dfrac{p_{n2}}{p_{\cdot 2}} & \cdots & \dfrac{p_{np}}{p_{\cdot p}} \end{pmatrix}. \tag{8.13}$$

由式 (8.5) 和式 (8.13) 知,

$$\boldsymbol{r} = \boldsymbol{P}\boldsymbol{1}_p = (\boldsymbol{P}\boldsymbol{D}_c^{-1})(\boldsymbol{D}_c\boldsymbol{1}_p) = (\boldsymbol{c}_1, \boldsymbol{c}_2, \cdots, \boldsymbol{c}_p)\begin{pmatrix} p_{\cdot 1} \\ p_{\cdot 2} \\ \vdots \\ p_{\cdot p} \end{pmatrix} = \sum_{j=1}^{p} p_{\cdot j}\boldsymbol{c}_j. \tag{8.14}$$

可见, $\boldsymbol{r}$ 是各列轮廓的加权平均, 可看成 $\boldsymbol{c}_1, \boldsymbol{c}_2, \cdots, \boldsymbol{c}_p$ 的 (某种) 中心. 类似地, 由式 (8.6) 和式 (8.12) 可得

$$\boldsymbol{c}^{\mathrm{T}} = \boldsymbol{1}_n^{\mathrm{T}}\boldsymbol{P} = (\boldsymbol{1}_n^{\mathrm{T}}\boldsymbol{D}_r)(\boldsymbol{D}_r^{-1}\boldsymbol{P}) = \sum_{i=1}^{n} p_{i\cdot}\boldsymbol{r}_i^{\mathrm{T}}, \tag{8.15}$$

即 $\boldsymbol{c}^{\mathrm{T}}$ 是各行轮廓的加权平均, 可看成 $\boldsymbol{r}_1, \boldsymbol{r}_2, \cdots, \boldsymbol{r}_n$ 的 (某种) 中心.

例 8.0 解 2: 中国人的健康状况与幸福感的调查数据是一个由 10 948 人组成的样本, 按五个健康状况类别和五个幸福感等级分类, 得到的对应矩阵见表 8–3.

表 8–3 算得的对应矩阵

健康状况	幸福感					合计
	非常不幸福 (E)	比较不幸福 (D)	说不上幸福不幸福 (C)	比较幸福 (B)	非常幸福 (A)	
很不健康 (−2)	0.003 6	0.006 3	0.005 2	0.011 5	0.005 2	0.031 8
比较不健康 (−1)	0.003 3	0.020 9	0.026 8	0.078 9	0.017 6	0.147 5
一般 (0)	0.002 9	0.012 7	0.044 4	0.126 0	0.030 9	0.216 9
比较健康 (1)	0.001 6	0.016 7	0.050 6	0.257 9	0.061 7	0.388 5
很健康 (2)	0.001 5	0.006 0	0.019 5	0.125 6	0.062 7	0.215 3
合计	0.012 9	0.062 6	0.146 5	0.599 9	0.178 1	1.000 0

行边缘频率和列边缘频率向量为

$$\boldsymbol{r}=\begin{pmatrix}0.031\,8\\0.147\,5\\0.216\,9\\0.388\,5\\0.215\,3\end{pmatrix},$$

$$\boldsymbol{c}^{\mathrm{T}}=(0.012\,9, 0.062\,6, 0.146\,5, 0.599\,9, 0.178\,1)$$

由式 (8.12) 可得行轮廓的矩阵为

$$\boldsymbol{R}=\boldsymbol{D}_r^{-1}\boldsymbol{P}=\begin{pmatrix}0.112\,1 & 0.198\,3 & 0.163\,8 & 0.362\,1 & 0.163\,8\\0.022\,3 & 0.141\,8 & 0.181\,4 & 0.535\,0 & 0.119\,5\\0.013\,5 & 0.058\,5 & 0.204\,6 & 0.580\,8 & 0.142\,3\\0.004\,2 & 0.043\,0 & 0.130\,3 & 0.664\,0 & 0.158\,7\\0.006\,8 & 0.028\,0 & 0.090\,4 & 0.583\,3 & 0.291\,0\end{pmatrix}$$

由式 (8.13) 可得列轮廓的矩阵为

$$C = PD_c^{-1} = \begin{pmatrix} 0.276\,6 & 0.100\,6 & 0.035\,6 & 0.019\,2 & 0.029\,2 \\ 0.255\,3 & 0.333\,8 & 0.182\,8 & 0.131\,5 & 0.099\,0 \\ 0.227\,0 & 0.202\,6 & 0.303\,2 & 0.210\,1 & 0.173\,4 \\ 0.127\,7 & 0.266\,8 & 0.345\,6 & 0.429\,9 & 0.346\,3 \\ 0.113\,5 & 0.096\,2 & 0.132\,9 & 0.209\,3 & 0.352\,0 \end{pmatrix}$$

实际上, $\boldsymbol{c}^{\mathrm{T}}$ 是 $\boldsymbol{R}$ 的各行的加权平均, $\boldsymbol{r}$ 是 $\boldsymbol{C}$ 的各列的加权平均.

图 8–1 展示了上述行轮廓、行边缘频率以及列轮廓、列边缘频率的数据. 在图 8–1(a) 中, 对幸福感的每一种状况, A, B, C, D, E 五个小方块的高度显示了行轮廓, $-2, -1, 0, 1, 2$ 五种健康状况的小方块宽度显示了行边缘频率. 在图 8–1(b) 中对健康状况的每一种情况, $-2, -1, 0, 1, 2$ 五个小方块的高度显示了列轮廓, A, B, C, D, E 五种幸福感的小方块宽度显示了列边缘频率.

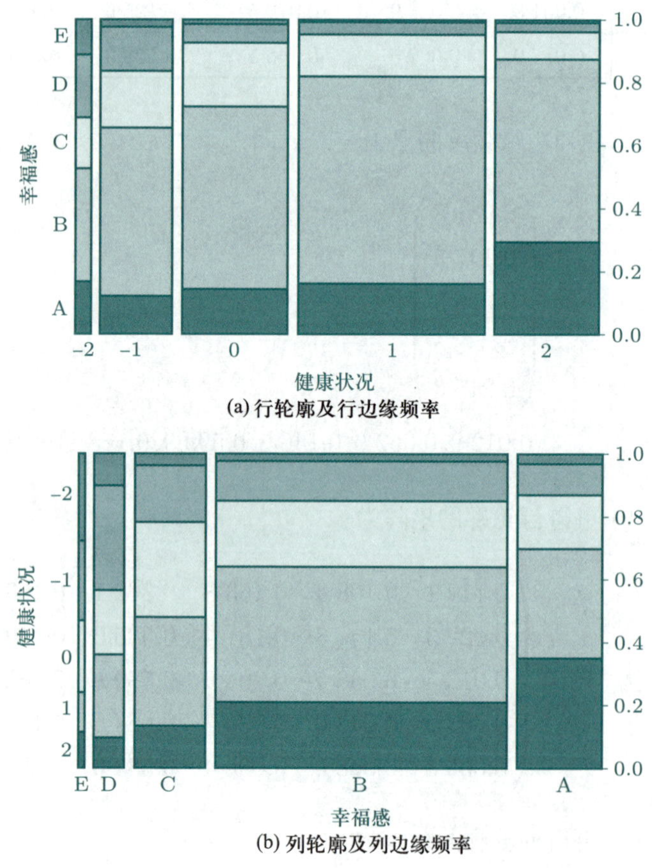

图 8–1 健康状况与幸福感数据的轮廓及边缘频率

在此我们考虑 R 型因子分析, 从对应矩阵 $\boldsymbol{P}$ 出发计算变量的协方差矩阵, 称

$$\boldsymbol{r}_i^{\mathrm{T}} = \left(\frac{p_{i1}}{p_{i\cdot}}, \frac{p_{i2}}{p_{i\cdot}}, \cdots, \frac{p_{ip}}{p_{i\cdot}}\right) = \left(\frac{x_{i1}}{x_{i\cdot}}, \frac{x_{i2}}{x_{i\cdot}}, \cdots, \frac{x_{ip}}{x_{i\cdot}}\right), \quad i = 1, 2, \cdots, n$$

为 p 个变量在第 i 个样品上的分布轮廓 (条件分布), 即第 i 个样品在 p 维空间的坐标是用变量在该样品中的相对比例来表示的, 于是对 n 个样品的研究转化为对 n 个样品点的相对关系的研究, 在对样品进行分类时, 就可以用样品点的距离远近来刻画. 我们用 Euclid 距离来刻画两个样品点 i 与 i' 之间的距离, 即

$$d^2(i, i') = \sum_{j=1}^{p} \left(\frac{p_{ij}}{p_{i\cdot}} - \frac{p_{i'j}}{p_{i'\cdot}}\right)^2. \tag{8.16}$$

这样定义的距离有一个缺点, 如果第 j 个变量的概率较大, 式 (8.16) 定义的 $\left(\frac{p_{ij}}{p_{i\cdot}} - \frac{p_{i'j}}{p_{i'\cdot}}\right)$ 就会偏高, 因此我们用 $\frac{1}{p_{\cdot j}}$ 作权重, 得到如下加权的距离公式:

$$d^2(i, i') = \sum_{j=1}^{p} \left(\frac{p_{ij}}{p_{i\cdot}} - \frac{p_{i'j}}{p_{i'\cdot}}\right)^2 \Bigg/ p_{\cdot j} = \sum_{j=1}^{p} \left(\frac{p_{ij}}{\sqrt{p_{\cdot j}}p_{i\cdot}} - \frac{p_{i'j}}{\sqrt{p_{\cdot j}}p_{i'\cdot}}\right)^2. \tag{8.17}$$

也可以认为式 (8.17) 是坐标为 $\left(\frac{p_{i1}}{\sqrt{p_{\cdot j}}p_{i\cdot}}, \frac{p_{i2}}{\sqrt{p_{\cdot j}}p_{i\cdot}}, \cdots, \frac{p_{ip}}{\sqrt{p_{\cdot j}}p_{i\cdot}}\right) (i = 1, 2, \cdots, n)$ 的 n 个样品点中, 样品点 i 与 i' 之间的距离, 而且这样定义的样品点的第 j 个变量用概率 $p_{i\cdot}$ 加权的均值为

$$\sum_{i=1}^{n} \frac{p_{ij}}{\sqrt{p_{\cdot j}}p_{i\cdot}} p_{i\cdot} = \frac{1}{\sqrt{p_{\cdot j}}} \sum_{i=1}^{n} p_{ij} = \frac{p_{\cdot j}}{\sqrt{p_{\cdot j}}} = \sqrt{p_{\cdot j}} \quad (j = 1, 2, \cdots, p).$$

于是可以写出样品空间中变量点的协方差矩阵为

$$\boldsymbol{S}_R = (a_{ij})_{p \times p}, \tag{8.18}$$

其中

$$a_{ij} = \sum_{k=1}^{n} \left(\frac{p_{ki}}{\sqrt{p_{\cdot i}}p_{k\cdot}} - \sqrt{p_{\cdot i}}\right)\left(\frac{p_{kj}}{\sqrt{p_{\cdot j}}p_{k\cdot}} - \sqrt{p_{\cdot j}}\right) p_{k\cdot}$$

$$
\begin{aligned}
&= \sum_{k=1}^{n} \left(\frac{p_{ki}}{\sqrt{p_{\cdot i}}\sqrt{p_{k\cdot}}} - \sqrt{p_{\cdot i}}\sqrt{p_{k\cdot}} \right) \left(\frac{p_{kj}}{\sqrt{p_{\cdot j}}\sqrt{p_{k\cdot}}} - \sqrt{p_{\cdot j}}\sqrt{p_{k\cdot}} \right) \\
&= \sum_{k=1}^{n} \frac{p_{ki} - p_{\cdot i}p_{k\cdot}}{\sqrt{p_{\cdot i}}\sqrt{p_{k\cdot}}} \frac{p_{kj} - p_{\cdot j}p_{k\cdot}}{\sqrt{p_{\cdot j}}\sqrt{p_{k\cdot}}}.
\end{aligned}
$$

若定义

$$
\begin{aligned}
z_{ij} &= \frac{p_{ij} - p_{i\cdot}p_{\cdot j}}{\sqrt{p_{i\cdot}}\sqrt{p_{\cdot j}}} = \frac{\dfrac{x_{ij}}{x_{\cdot\cdot}} - \dfrac{x_{i\cdot}}{x_{\cdot\cdot}}\dfrac{x_{\cdot j}}{x_{\cdot\cdot}}}{\sqrt{\dfrac{x_{i\cdot}}{x_{\cdot\cdot}}\dfrac{x_{\cdot j}}{x_{\cdot\cdot}}}} \\
&= \frac{x_{ij} - x_{i\cdot}x_{\cdot j}/x_{\cdot\cdot}}{\sqrt{x_{i\cdot}x_{\cdot j}}}, \quad i = 1, 2, \cdots, n; j = 1, 2, \cdots, p,
\end{aligned} \tag{8.19}
$$

令 $\boldsymbol{Z} = (z_{ij})$, 则有 $\boldsymbol{S}_R = \boldsymbol{Z}^{\mathrm{T}}\boldsymbol{Z}$, 即变量点的协方差矩阵可以表示为 $\boldsymbol{Z}^{\mathrm{T}}\boldsymbol{Z}$, 同理, 样本点的协方差矩阵 $\boldsymbol{S}_Q$ 可以表示为 $\boldsymbol{Z}\boldsymbol{Z}^{\mathrm{T}}$. 由矩阵代数知 (详见 8.2.3 小节), $\boldsymbol{S}_R = \boldsymbol{Z}^{\mathrm{T}}\boldsymbol{Z}$ 与 $\boldsymbol{S}_Q = \boldsymbol{Z}\boldsymbol{Z}^{\mathrm{T}}$ 有相同的非零特征值, 这些相同的特征值恰好表示各个共同因子所提供的方差, 因此, 变量实空间 $\mathbf{R}^p$ 上的第一共同因子与样本实空间 $\mathbf{R}^n$ 上的第一共同因子相对应, 变量实空间 $\mathbf{R}^p$ 上的第二共同因子与样本实空间 $\mathbf{R}^n$ 上的第二共同因子相对应 …… 变量实空间 $\mathbf{R}^p$ 上的第 m 共同因子与样本实空间 $\mathbf{R}^n$ 上的第 m 共同因子相对应, 且各对共同因子在总方差中所占的百分比全部相同.

设 $n > p$, 且 $\mathrm{rank}(\boldsymbol{P}) = p$. 下面我们从代数学角度由对应矩阵 $\boldsymbol{P}$ 来导出数据对应变换的公式.

(1) 对 $\boldsymbol{P}$ 中心化, 令

$$
\tilde{p}_{ij} = p_{ij} - p_{i\cdot}p_{\cdot j} = p_{ij} - m_{ij}/x_{\cdot\cdot},
$$

其中 $m_{ij} = \dfrac{x_{i\cdot}x_{\cdot j}}{x_{\cdot\cdot}} = x_{\cdot\cdot}p_{i\cdot}p_{\cdot j}$, 它是假定行与列两个属性变量不相关时在 (i,j) 元上的期望频数值.

记 $\tilde{\boldsymbol{P}} = (\tilde{p}_{ij})_{n\times p}$, 由式 (8.5) 和式 (8.6) 可得

$$
\tilde{\boldsymbol{P}} = \boldsymbol{P} - \boldsymbol{r}\boldsymbol{c}^{\mathrm{T}}. \tag{8.20}
$$

因 $\tilde{\boldsymbol{P}}\mathbf{1}_p = \boldsymbol{P}\mathbf{1}_p - \boldsymbol{r}\boldsymbol{c}^{\mathrm{T}}\mathbf{1}_p = \boldsymbol{r} - \boldsymbol{r} = \mathbf{0}$, 所以 $\mathrm{rank}(\tilde{\boldsymbol{P}}) \leqslant p - 1$.

(2) 对 $\boldsymbol{P}$ 标准化得 $\boldsymbol{Z}$, 由式 (8.11), 令

$$\boldsymbol{Z} = \boldsymbol{D}_r^{-1/2}\tilde{\boldsymbol{P}}\boldsymbol{D}_c^{-1/2} \stackrel{\text{def}}{=} (z_{ij})_{n\times p}, \tag{8.21}$$

其中

$$z_{ij} = \frac{p_{ij} - p_{i\cdot}p_{\cdot j}}{\sqrt{p_{i\cdot}p_{\cdot j}}} = \frac{x_{ij} - x_{i\cdot}x_{\cdot j}/x_{\cdot\cdot}}{\sqrt{x_{i\cdot}x_{\cdot j}}}.$$

故经对应变换后所得到的过渡矩阵 $\boldsymbol{Z}$, 可以看成由对应矩阵 $\boldsymbol{P}$ 经中心化和标准化后所得到的矩阵.

设用于检验行与列两个属性变量是否不相关的 χ^2 统计量为

$$\chi^2 = \sum_{i=1}^{n}\sum_{j=1}^{p}\frac{(x_{ij} - m_{ij})^2}{m_{ij}} = \sum_{i=1}^{n}\sum_{j=1}^{p}\chi_{ij}^2, \tag{8.22}$$

其中 χ_{ij}^2 表示 (i,j) 元在检验行与列两个属性变量是否不相关时对总 χ^2 统计量的贡献, 由式 (8.2) 有

$$\chi_{ij}^2 = \frac{(x_{ij} - m_{ij})^2}{m_{ij}} = x_{\cdot\cdot}z_{ij}^2,$$

故

$$\chi^2 = x_{\cdot\cdot}\sum_{i=1}^{n}\sum_{j=1}^{p}z_{ij}^2 = x_{\cdot\cdot}\mathrm{tr}(\boldsymbol{Z}^{\mathrm{T}}\boldsymbol{Z}) = x_{\cdot\cdot}\mathrm{tr}(\boldsymbol{S}_R) = x_{\cdot\cdot}\mathrm{tr}(\boldsymbol{S}_Q). \tag{8.23}$$

8.2.2 对应分析的理论依据

将原始数据矩阵 $\boldsymbol{X}$ 变换为 $\boldsymbol{Z}$ 矩阵后, 变量点和样品点的协方差矩阵分别为 $\boldsymbol{S}_R = \boldsymbol{Z}^{\mathrm{T}}\boldsymbol{Z}$ 和 $\boldsymbol{S}_Q = \boldsymbol{Z}\boldsymbol{Z}^{\mathrm{T}}$. $\boldsymbol{S}_R$ 和 $\boldsymbol{S}_Q$ 这两个矩阵存在明显的、简单的对应关系, 而且将原始数据 x_{ij} 变换为 z_{ij} 后, z_{ij} 关于 i,j 是对等的, 即 z_{ij} 对变量和样品是对等的.

为了进一步研究 R 型与 Q 型因子分析, 我们利用矩阵代数的一些结论:

(1) 设 $\boldsymbol{S}_R = \boldsymbol{Z}^{\mathrm{T}}\boldsymbol{Z}$, $\boldsymbol{S}_Q = \boldsymbol{Z}\boldsymbol{Z}^{\mathrm{T}}$, 则 $\boldsymbol{S}_R$ 和 $\boldsymbol{S}_Q$ 的非零特征值相同.

(2) 若 $\boldsymbol{v}$ 是 $\boldsymbol{Z}^{\mathrm{T}}\boldsymbol{Z}$ 相应于特征值 λ 的特征向量, 则 $\boldsymbol{u} = \boldsymbol{Z}\boldsymbol{v}$ 是 $\boldsymbol{Z}\boldsymbol{Z}^{\mathrm{T}}$ 相应于特征值 λ 的特征向量.

矩阵的奇异值分解 设 $\boldsymbol{Z}$ 为 $n\times p$ 矩阵,

$$\operatorname{rank}(\boldsymbol{Z})=m\leqslant\min(n-1,p-1),$$

$\boldsymbol{Z}^{\mathrm{T}}\boldsymbol{Z}$ 的非零特征值为 $\lambda_1\geqslant\lambda_2\geqslant\cdots\geqslant\lambda_m>0$, 则称 $\sqrt{\lambda_i}(i=1,2,\cdots,m)$ 为 $\boldsymbol{Z}$ 的**奇异值**. 如果存在分解式

$$\boldsymbol{Z}=\boldsymbol{U}\boldsymbol{\Lambda}_m\boldsymbol{V}^{\mathrm{T}}=\sum_{i=1}^{m}\sqrt{\lambda_i}\boldsymbol{u}_i\boldsymbol{v}_i^{\mathrm{T}}, \tag{8.24}$$

其中

$$\begin{aligned}
&\boldsymbol{U}=(\boldsymbol{u}_1,\boldsymbol{u}_2,\cdots,\boldsymbol{u}_m),\ \boldsymbol{u}_1,\boldsymbol{u}_2,\cdots,\boldsymbol{u}_m \text{ 为一组 } n \text{ 维正交单位向量},\\
&\boldsymbol{V}=(\boldsymbol{v}_1,\boldsymbol{v}_2,\cdots,\boldsymbol{v}_m),\ \boldsymbol{v}_1,\boldsymbol{v}_2,\cdots,\boldsymbol{v}_m \text{ 为一组 } p \text{ 维正交单位向量},\\
&\boldsymbol{\Lambda}_m=\operatorname{diag}(\sqrt{\lambda_1},\cdots,\sqrt{\lambda_m}),\\
&\boldsymbol{S}_Q=\boldsymbol{Z}\boldsymbol{Z}^{\mathrm{T}}=\boldsymbol{U}\boldsymbol{\Lambda}_m\boldsymbol{V}^{\mathrm{T}}(\boldsymbol{U}\boldsymbol{\Lambda}_m\boldsymbol{V}^{\mathrm{T}})^{\mathrm{T}}=\boldsymbol{U}\boldsymbol{\Lambda}_m^2\boldsymbol{U}^{\mathrm{T}},
\end{aligned}$$

于是

$$\boldsymbol{Z}\boldsymbol{Z}^{\mathrm{T}}\boldsymbol{U}=\boldsymbol{U}\boldsymbol{\Lambda}_m^2,\quad \boldsymbol{Z}^{\mathrm{T}}\boldsymbol{Z}\boldsymbol{V}=\boldsymbol{V}\boldsymbol{\Lambda}_m^2,$$

从而

$$\boldsymbol{Z}\boldsymbol{Z}^{\mathrm{T}}\boldsymbol{u}_i=\lambda_i\boldsymbol{u}_i,\quad \boldsymbol{Z}^{\mathrm{T}}\boldsymbol{Z}\boldsymbol{v}_i=\lambda_i\boldsymbol{v}_i,\quad i=1,2,\cdots,m.$$

矩阵代数的这几个结论为我们建立了因子分析中 R 型与 Q 型的关系. 借助结论 (1) 和 (2), 我们从 R 型因子分析出发可以直接得到 Q 型因子分析的结果.

由于 $\boldsymbol{S}_R$ 与 $\boldsymbol{S}_Q$ 有相同的非零特征值, 而这些非零特征值又表示各个共同因子所提供的方差, 因此变量实空间 $\mathbf{R}^p$ 中的第一共同因子、第二共同因子、$\cdots$, 直到第 m 个共同因子, 它们与样本实空间 $\mathbf{R}^p$ 中对应的各个共同因子在总方差中所占的百分比全部相同.

从几何的意义上看, 即 $\mathbf{R}^p$ 中诸样品点与 $\mathbf{R}^p$ 中各因子轴的距离平方和, 以及 $\mathbf{R}^n$ 中诸变量点与 $\mathbf{R}^n$ 中相对应的各因子轴的距离平方和是完全相同的. 因此可以把变量点和样品点同时反映在同一因子轴所确定的平面上 (即取同一个坐标系), 根据接近程度, 可以对变量点和样品点同时考虑进行分类.

8.2.3 对应分析的计算步骤

设有 p 个变量的 n 个样品观测数据矩阵 $\boldsymbol{X}=(x_{ij})_{n\times p}$, 其中 $x_{ij}>0$ (否则, 对所有数据同加上一个数使其满足大于 0 的条件), 对数据矩阵 $\boldsymbol{X}$ 作对应分析的具体步骤如下:

(1) 由数据矩阵 $\boldsymbol{X}$ 计算规格化的对应矩阵 $\boldsymbol{P}=(p_{ij})_{n\times p}$.

(2) 计算过渡矩阵

$$\boldsymbol{Z}=(z_{ij})=((p_{ij}-p_{i\cdot}p_{\cdot j})/\sqrt{p_{i\cdot}p_{\cdot j}})_{n\times p}=\left(\frac{x_{ij}-x_{i\cdot}x_{\cdot j}/x_{\cdot\cdot}}{\sqrt{x_{i\cdot}x_{\cdot j}}}\right)_{n\times p}.$$

(3) 计算 χ^2 统计量, 计算公式见式 (8.2), 用来检验行的样品点和列的变量点是否相关, 如果不相关就不适合作对应分析.

(4) 对标准化后的新数据矩阵 $\boldsymbol{Z}$ 作奇异值分解, 求 $\boldsymbol{Z}$ 的奇异值分解其实是通过求 $\boldsymbol{S}_R=\boldsymbol{Z}^{\mathrm{T}}\boldsymbol{Z}$ 矩阵的特征值和标准化特征向量得到, 设特征值为 $\lambda_1\geqslant\lambda_2\geqslant\cdots\geqslant\lambda_m>0$, 相应的特征向量为 $\boldsymbol{v}_1,\boldsymbol{v}_2,\cdots,\boldsymbol{v}_m$, 按照累积百分比 $\sum\limits_{i=1}^{l}\lambda_i\bigg/\sum\limits_{i=1}^{m}\lambda_i\geqslant 80\%$ 确定所取共同因子个数 $l(l<m)$, 为了讨论的方便, 下面仍用 m 表示所选的共同因子个数.

(5) 计算行轮廓的坐标 $\boldsymbol{R}$ 和列轮廓的坐标 $\boldsymbol{C}$. 令

$$\boldsymbol{a}_i=\boldsymbol{D}_c^{-1/2}\boldsymbol{v}_i,$$

则 $\boldsymbol{a}_i^{\mathrm{T}}\boldsymbol{D}_c\boldsymbol{a}_i=1\ (i=1,2,\cdots,m)$. R 型因子分析的列轮廓坐标为

$$\begin{aligned}\boldsymbol{C}&=(\sqrt{\lambda_1}\boldsymbol{a}_1,\sqrt{\lambda_2}\boldsymbol{a}_2,\cdots,\sqrt{\lambda_m}\boldsymbol{a}_m)=\boldsymbol{D}_c^{-1/2}\boldsymbol{V}\boldsymbol{\Lambda}_m\\&=\begin{pmatrix}\frac{\sqrt{\lambda_1}}{\sqrt{p_{\cdot 1}}}v_{11} & \frac{\sqrt{\lambda_2}}{\sqrt{p_{\cdot 1}}}v_{12} & \cdots & \frac{\sqrt{\lambda_m}}{\sqrt{p_{\cdot 1}}}v_{1m}\\ \frac{\sqrt{\lambda_1}}{\sqrt{p_{\cdot 2}}}v_{21} & \frac{\sqrt{\lambda_2}}{\sqrt{p_{\cdot 2}}}v_{22} & \cdots & \frac{\sqrt{\lambda_m}}{\sqrt{p_{\cdot 2}}}v_{2m}\\ \vdots & \vdots & & \vdots\\ \frac{\sqrt{\lambda_1}}{\sqrt{p_{\cdot p}}}v_{p1} & \frac{\sqrt{\lambda_2}}{\sqrt{p_{\cdot p}}}v_{p2} & \cdots & \frac{\sqrt{\lambda_m}}{\sqrt{p_{\cdot p}}}v_{pm}\end{pmatrix}.\end{aligned}$$

令 $\boldsymbol{b}_i=\boldsymbol{D}_r^{-1/2}\boldsymbol{u}_i$, 则 $\boldsymbol{b}_i^{\mathrm{T}}\boldsymbol{D}_r\boldsymbol{b}_i=1\ (i=1,2,\cdots,m)$. Q 型因子分析的行轮廓坐标为

$$\boldsymbol{R} = (\sqrt{\lambda_1}\boldsymbol{b}_1, \sqrt{\lambda_2}\boldsymbol{b}_2, \cdots, \sqrt{\lambda_m}\boldsymbol{b}_m) = \boldsymbol{D}_r^{-1/2}\boldsymbol{U}\boldsymbol{\Lambda}_m$$

$$= \begin{pmatrix} \frac{\sqrt{\lambda_1}}{\sqrt{p_{1\cdot}}}u_{11} & \frac{\sqrt{\lambda_2}}{\sqrt{p_{1\cdot}}}u_{12} & \cdots & \frac{\sqrt{\lambda_m}}{\sqrt{p_{1\cdot}}}u_{1m} \\ \frac{\sqrt{\lambda_1}}{\sqrt{p_{2\cdot}}}u_{21} & \frac{\sqrt{\lambda_2}}{\sqrt{p_{2\cdot}}}u_{22} & \cdots & \frac{\sqrt{\lambda_m}}{\sqrt{p_{2\cdot}}}u_{2m} \\ \vdots & \vdots & & \vdots \\ \frac{\sqrt{\lambda_1}}{\sqrt{p_{n\cdot}}}u_{n1} & \frac{\sqrt{\lambda_2}}{\sqrt{p_{n\cdot}}}u_{n2} & \cdots & \frac{\sqrt{\lambda_m}}{\sqrt{p_{n\cdot}}}u_{nm} \end{pmatrix}$$

(6) 在相同二维平面上用行轮廓的坐标 $\boldsymbol{R}$ 和列轮廓的坐标 $\boldsymbol{C}$ (取 $m = 2$) 绘制出点的平面图. 也就是 n 个行点 (样品点) 和 p 个列点 (变量点) 在同一坐标系中的点图, 对一组行点或一组列点, 二维平面图中的欧氏距离与原数据中各行 (或列) 轮廓之间的加权是相对应的, 但对应行轮廓的点与对应列轮廓的点之间没有直接的距离关系.

(7) 分析变量点之间的关系; 分析样品点之间的关系; 同时综合分析变量点和样品点之间的关系.

例 8.0 解 3 (接解 1):

作对应分析, 计算行得分和列得分, R 程序和运行结果如下:

```
> library(MASS)   #加载MASS包
> ca = corresp(case,nf = 2)   #对应分析,取2个因子
> ca   #显示对应分析结果
First canonical correlation(s): 0.2555038 0.1564483

Row scores:
                  [,1]        [,2]
很不健康    -3.7258484   2.9874464
比较不健康  -1.3579401  -0.4390831
一般        -0.2646193  -0.7425475
比较健康     0.4383407  -0.4869277
很健康       0.9564677   1.4874485

Column scores:

                        [,1]        [,2]
```

```
非常不幸福        -4.9816229   4.1695229
比较不幸福        -2.6329429   0.1065330
说不上幸福不幸福  -0.7136376  -1.0852909
比较幸福           0.3247879  -0.3478683
非常幸福           0.7793929   1.7259536
```

绘制对应分析图, R 程序和运行结果如下:

```
> biplot(ca,cex=1,xlim = c(-1,0.3),ylim = c(-0.12,0.5));abline(v=0,h=0,
  lty=3)
  #作对应分析图(见图8-2),并分好象限
```

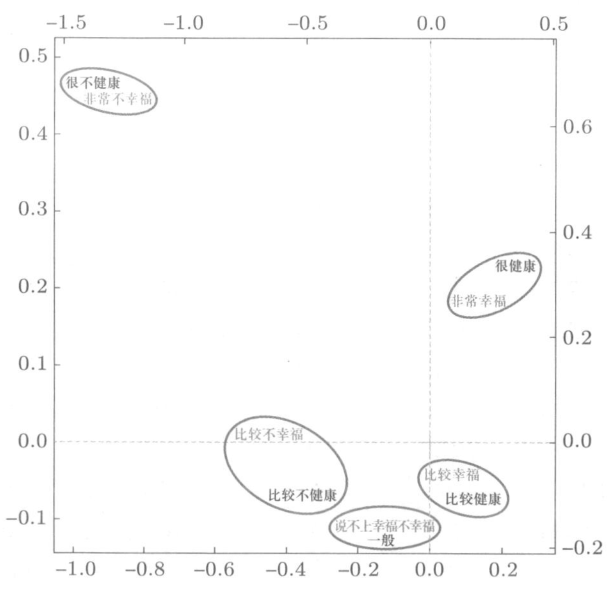

图 8–2 健康状况和幸福感对应分析因子聚点图

从对应分析图可以发现: “很不健康” 和 “非常不幸福” 距离很近; “比较不健康” 和 “比较不幸福” 距离很近; “一般” 和 “说不上幸福不幸福” 距离很近; “比较健康” 和 “比较幸福” 距离很近; “很健康” 和 “非常幸福” 距离很近. 显然, 健康状况与幸福感关系密切, 健康状况不佳的群体往往不太幸福, 健康状况不错的群体往往比较幸福, 健康状况能够影响人的幸福感, 反过来幸福感也会影响健康状况.

8.3 案例分析与 R 实现

数据文件
case8.1

案例 8.1　不同地区因气候、地理、经济等因素的不同而对土地的利用情况不一. 表 8–4 给出了 2008 年各地区的农用地、园地、牧草地、居民点及工矿用地、交通运输用地、水利设施用地的面积, 请根据这些数据进行对应分析.

表 8–4　2008 年各地区土地利用情况　　单位: 万公顷

地区	农用地	园地	牧草地	居民点及工矿用地	交通运输用地	水利设施用地
北京	109.6	12.0	0.2	27.9	3.3	2.6
天津	69.3	3.5	0.1	28.1	2.2	6.5
河北	1 308.2	70.5	79.9	154.5	12.0	12.9
山西	1 014.3	29.5	65.8	77.3	6.3	3.3
内蒙古	9 523.0	7.3	6 560.9	123.9	16.0	9.3
辽宁	1 122.8	59.6	34.9	115.9	9.2	14.8
吉林	1 639.3	11.5	104.4	84.2	6.7	15.6
黑龙江	3 792.4	6.0	220.8	116.1	11.9	21.2
上海	36.7	2.1	0	23.0	2.1	0.2
江苏	671.6	31.6	0.1	161.0	13.1	19.3
浙江	867.2	66.1	0	81.7	9.5	13.8
安徽	1 119.0	33.9	2.8	133.4	10.1	22.7
福建	1 073.1	62.9	0.3	50.7	7.9	6.1
江西	1 416.4	27.8	0.4	67.5	7.5	20.5
山东	1 156.6	100.7	3.4	209.3	16.3	25.5
河南	1 228.1	31.4	1.4	188.3	12.2	18.2
湖北	1 465.2	42.4	4.4	100.9	9.2	30.0
湖南	1 789.8	49.0	10.4	108.8	10.4	19.8
广东	1 489.1	100.8	2.7	145.7	12.1	21.1
广西	1 786.6	53.9	71.6	71.0	8.8	15.5
海南	282.3	53.2	1.9	22.3	1.4	6.1
重庆	692.0	24.0	23.7	48.9	4.8	5.5
四川	4 239.8	71.6	1 371.1	136.6	13.5	10.2
贵州	1 524.6	12.1	159.8	45.7	6.1	4.0

续表

地区	农用地	园地	牧草地	居民点及工矿用地	交通运输用地	水利设施用地
云南	3 176.0	84.2	78.2	62.8	10.0	8.8
西藏	7 760.6	0.2	6 444.1	4.2	2.4	0.1
陕西	1 847.8	70.6	306.4	71.0	6.6	4.0
甘肃	2 387.9	20.0	1 261.3	88.2	6.6	2.9
青海	4 372.4	0.7	4 034.7	24.7	3.2	4.8
宁夏	417.4	3.4	226.4	18.6	1.9	0.7
新疆	6 308.5	36.4	5 111.4	99.3	6.3	18.4

解: 先读取数据, 做 χ^2 检验. R 程序及结果如下:

```
> setwd("C:/mdata")   #设定工作路径
> case <-read.csv("example8.1.csv",header=T)
> Z = case[,-1]   #第一列为样本名称,不宜代入作分析
> chisq.test(Z)   #χ^2 检验

    Pearson's Chi-squared test

data: Z
X-squared = 24769, df = 150, p-value < 2.2e-16
```

p 值为 2.2×10^{-16}, 远小于 0.05, 所以拒绝原假设 H_0, 认为土地利用情况与地区有密切联系 (不独立), 可以进一步进行对应分析.

作对应分析, 计算行得分和列得分, R 程序和运行结果如下:

```
> library(MASS)   #加载MASS包
> ca = corresp(Z,nf = 2)   #对应分析,取2个因子
> ca   #显示对应分析结果
First canonical correlation(s): 0.4687218 0.1601348

Row scores:
              [,1]          [,2]
[1,]    -2.1524526   4.691385487
[2,]    -2.4433888   6.978294553
```

```
[3,]   -1.3618689   1.217157623
[4,]   -1.0997108  -0.200280275
[5,]    0.6988084   0.005222388
[6,]   -1.4351422   0.851968577
[7,]   -0.9494081  -1.089192927
[8,]   -0.8518627  -1.833545260
[9,]   -2.6702383   9.085223292
[10,]  -1.9613289   3.737991666
[11,]  -1.6236046   0.996902158
[12,]  -1.5418466   0.909987453
[13,]  -1.3753578  -0.597028152
[14,]  -1.2535318  -1.146259545
[15,]  -1.8942231   3.003143063
[16,]  -1.6146372   1.502334852
[17,]  -1.3734073  -0.313491241
[18,]  -1.2946638  -0.705087529
[19,]  -1.5858279   0.884258898
[20,]  -1.0880811  -1.085483227
[21,]  -1.8982456   2.222370680
[22,]  -1.2354101  -0.262388442
[23,]  -0.1231151  -0.466886447
[24,]  -0.7033815  -1.533228453
[25,]  -1.0323564  -1.895116593
[26,]   0.9387506   0.111464428
[27,]  -0.6567470  -0.589503169
[28,]   0.3251361   0.094520292
[29,]   1.0249715   0.393430821
[30,]   0.3186527   0.282917393
[31,]   0.8327372   0.385016334

Column scores:

                  [,1]       [,2]
农用地       -0.4287993 -0.5257513
园地         -2.5913132  2.9702770
牧草地        1.4892588  0.6684248
```

```
居民点及工矿用地    -2.3442626   4.3137320
交通运输用地        -2.2047485   3.0787171
水利设施用地        -2.5039040   3.1644474
```

绘制对应分析图, R 程序和运行结果如下:

```
> rownames(ca$rscore)= case[,1]
> biplot(ca,cex=1,xlim = c(-1.3,0.5),ylim = c(-0.4,1.5));
  abline(v=0,h=0,lty=3)    #作对应分析图(见图8-3),并分好象限
```

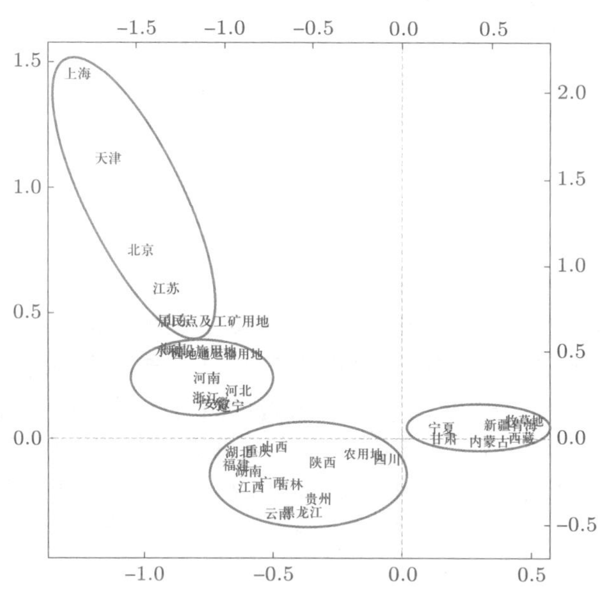

图 8–3 各地区土地利用情况对应分析因子聚点图

根据图 8–3 可将样品点和变量分为四类:

第一类:

变量: 居民点及工矿用地;

样品: 北京、上海、天津、山东、江苏.

第二类:

变量: 交通运输用地、水利设施用地、园地;

样品: 辽宁、河北、河南、安徽、浙江、广东、海南.

第三类:

变量: 农用地;

样品: 山西、吉林、黑龙江、福建、江西、湖北、湖南、广西、重庆、四川、贵州、云南、陕西.

第四类:

变量: 牧草地;

样品: 宁夏、甘肃、青海、内蒙古、新疆、西藏.

第一类的样品为北京、上海、天津三个直辖市和山东、江苏, 属于人口密度较高的地区, 居民点及工矿用地面积偏多; 第二类的样品包括属于中原交通枢纽的河北、河南、安徽地区和沿海的辽宁、浙江、广东、海南地区, 所以交通运输用地、水利设施用地、园地面积偏多; 第四类的样品属于西北地区和青藏地区, 由于气候、地理等因素, 这些地区的牧草地面积偏多; 第三类的样品为其他地区, 它们由于受传统因素的影响, 农用地面积仍然偏多.

本章小结

本章从二维列联表出发, 对二维属性变量作独立性检验, 然后介绍了对应分析的基本原理, 即对原始数据采用适当的标度方法, 把 Q 型因子分析和 R 型因子分析结合起来, 在同一因子平面对样品和变量一起进行分类, 从而揭示所研究的样品和变量的内在联系. 即如果两行 (列) 点接近, 则表明相应的两行 (列) 轮廓相似; 反之, 如果两行 (列) 点远离, 则表明相应的两行 (列) 轮廓很不相同. 行点与列点的距离是没有意义的, 但彼此靠近的行点和列点能揭示它们之间的关联性. 最后结合案例给出了如何应用对应分析方法解决实际问题.

习题 8

8.1　对应分析的原因及背景是什么?

8.2　对应分析的基本思想是什么?

8.3　试述对应分析与因子分析的区别和联系.

数据文件
exe8.4

8.4　表 8–5 给出了各类婚姻状况下的老年人的生活满意度调查数据. 表中一共有 5 个变量, 分别是非常满意、比较满意、一般、不太满意、很不满意. 请对表 8–5 中的数据进行对应分析.

表 8–5 老年人婚姻状况与生活满意度的调查结果

婚姻状况	生活满意度				
	非常满意	比较满意	一般	不太满意	很不满意
有配偶同住	213	521	175	18	13
有配偶不同住	2	6	3	1	0
丧偶	83	129	35	5	8
离婚	3	3	3	1	0

资料来源: 中国学术调查数据资料库.

8.5 表 8–6 给出了 2018 年我国各省、直辖市、自治区 (除港、澳、台) 的普通高中教师学历数据. 表中一共有 4 个变量, 分别是研究生毕业、本科毕业、专科毕业、高中阶段毕业. 请对表 8–6 中的数据进行对应分析.

数据文件 exe8.5

表 8–6 2018 年各省、直辖市、自治区普通高中教师学历 单位: 人

地区	研究生毕业	本科毕业	专科毕业	高中阶段毕业
北京	6 297	14 570	24	1
天津	2 940	13 587	77	2
河北	9 137	89 158	1 552	12
山西	6 348	56 337	1 199	9
内蒙古	5 046	30 711	557	2
辽宁	5 649	45 561	563	34
吉林	3 091	27 450	232	2
黑龙江	3 345	38 901	433	7
上海	4 413	13 924	12	1
江苏	16 651	78 731	241	1
浙江	7 866	62 227	267	5
安徽	5 758	71 666	1 166	5
福建	3 872	46 512	747	13
江西	5 308	49 972	3 079	55
山东	16 012	120 515	1 374	43
河南	13 146	115 644	2 253	59
湖北	5 584	59 112	1 268	35
湖南	5 010	73 104	1 825	27

续表

地区	研究生毕业	本科毕业	专科毕业	高中阶段毕业
广东	18 414	130 364	1 145	8
广西	3 988	54 254	1 255	22
海南	774	12 332	327	2
重庆	3 229	35 504	548	17
四川	6 360	91 374	1 908	5
贵州	3 062	62 191	1 320	22
云南	2 857	55 363	885	41
西藏	361	5 284	95	0
陕西	6 543	50 262	598	11
甘肃	3 565	40 471	1 670	24
青海	562	8 831	319	15
宁夏	893	10 222	188	1
新疆	1 887	41 739	1 102	8

资料来源: 中华人民共和国教育部发展规划司.

数据文件
exe8.6

8.6　表 8–7 给出了拥有不同受教育程度的网民对时政类信息兴趣度的调查数据. 表中一共有 5 个变量, 分别是很感兴趣、比较有兴趣、一般、不太感兴趣、完全没兴趣. 请对表 8–7 中的数据进行对应分析.

表 8–7　网民受教育程度与对时政类信息兴趣度的调查结果

教育程度	对时政类信息的兴趣度				
	很感兴趣	比较有兴趣	一般	不太感兴趣	完全没兴趣
博士	36	67	17	12	2
硕士	61	155	95	34	6
学士	157	644	381	128	18
专科 (高职等)	29	149	117	49	6
高中 (中专等)	16	53	82	21	6
初中	2	5	16	7	0
小学	0	1	2	0	2
没上过学	0	1	1	1	0

资料来源: 中国学术调查数据资料库.

8.7 表 8–8 给出了各类健康状况下的中国人心情抑郁或沮丧的频繁程度的调查数据. 表中一共有 5 个变量, 分别是总是、经常、有时、很少、从不. 请对表 8–8 中的数据进行对应分析.

数据文件
exe8.7

表 8–8 中国人的健康状况与心情抑郁或沮丧的频繁程度的调查结果

健康状况	心情抑郁或沮丧的频繁程度				
	总是	经常	有时	很少	从不
很不健康	55	114	105	47	22
比较不健康	41	327	713	393	139
一般	16	171	805	915	466
比较健康	6	109	728	2 341	1 066
很健康	11	41	271	947	1 088

资料来源: 中国学术调查数据资料库.

参考文献

[1] 高惠璇. 应用多元统计分析. 北京: 北京大学出版社, 2005.

[2] 王学民. 应用多元统计分析. 上海: 上海财经大学出版社, 2017.

[3] 王斌会. 多元统计分析及 R 语言建模. 4 版. 广州: 暨南大学出版社, 2016.

[4] JOHNSON R A, WICHERN D W. 实用多元统计分析. 陆璇, 叶俊, 译.6 版. 北京: 清华大学出版社, 2008.

[5] 何晓群. 应用多元统计分析. 北京: 中国统计出版社, 2010.

[6] 薛毅, 陈立萍. 统计建模与 R 软件. 北京: 清华大学出版社, 2007.

第 9 章 典型相关分析

两个变量间的相关关系可以用相关系数来衡量, 但两组变量之间的相关关系如何来度量呢? 本章讨论的**典型相关分析 (canonical correlation analysis)** 就是研究两组变量之间相关关系的一种多元统计分析方法, 它利用主成分的思想来讨论两组随机变量的相关性问题, 分别对两组变量提取主成分, 通过它们的相关性来度量两组变量整体的线性相关关系. 典型相关分析的思想首先由 Hotelling (霍特林) 于 1936 年提出, 现在其已经成为一种常用的分析两组变量相关性的多元分析方法, 在实际生活中应用广泛.

9.1 典型相关分析基本理论和方法

典型相关分析研究两组变量整体之间的相关关系, 它将每一组变量作为一个整体来进行研究, 所研究的两组变量可以一组是自变量, 另一组是因变量; 当然, 两组变量也可以处于同等地位.

典型相关分析的基本原理是: 借助主成分分析的思想, 在每组变量中找出变量的线性组合生成新的综合变量, 使生成的综合变量能代表原始变量的主要信息, 同时与由另一组变量的线性组合生成的新的综合变量的相关程度最大, 这样得到的一组新变量称为第一对典型相关变量; 用同样的方法可以找到第二对典型相关变量 …… 要求各对典型相关变量之间互不相关. 典型相关变量间的相关系数称为典型相关系数, 它度量了这两组变量之间关系的强度. 典型相关分析努力将两组变量间的一个高维关系浓缩到用少数几个典型变量来表现.

9.1.1 总体典型相关变量的概念及其解法

假设有两组变量, 第一组变量为 $\boldsymbol{x}=(x_1,x_2,\cdots,x_p)^{\mathrm{T}}$, 第二组变量为 $\boldsymbol{y}=(y_1,y_2,\cdots,y_q)^{\mathrm{T}}$, 在理论研究中, 不妨设 $p\leqslant q$, $p+q$ 维随机向量 $\begin{pmatrix}\boldsymbol{x}\\ \boldsymbol{y}\end{pmatrix}$ 的协方差矩阵为

$$\boldsymbol{\Sigma} = \mathrm{Var}\begin{pmatrix} \boldsymbol{x} \\ \boldsymbol{y} \end{pmatrix} = \begin{pmatrix} \mathrm{Var}(\boldsymbol{x}) & \mathrm{Cov}(\boldsymbol{x},\boldsymbol{y}) \\ \mathrm{Cov}(\boldsymbol{y},\boldsymbol{x}) & \mathrm{Var}(\boldsymbol{y}) \end{pmatrix} = \begin{pmatrix} \boldsymbol{\Sigma}_{11} & \boldsymbol{\Sigma}_{12} \\ \boldsymbol{\Sigma}_{21} & \boldsymbol{\Sigma}_{22} \end{pmatrix}. \tag{9.1}$$

为研究变量 $\boldsymbol{x}$ 与变量 $\boldsymbol{y}$ 之间的线性相关关系, 我们考虑它们之间的线性组合

$$\begin{cases} u = a_1x_1 + a_2x_2 + \cdots + a_px_p = \boldsymbol{a}^{\mathrm{T}}\boldsymbol{x}, \\ v = b_1y_1 + b_2y_2 + \cdots + b_qy_q = \boldsymbol{b}^{\mathrm{T}}\boldsymbol{y}. \end{cases} \tag{9.2}$$

u 和 v 的方差和协方差分别为

$$\begin{aligned} \mathrm{Var}(u) &= \mathrm{Var}(\boldsymbol{a}^{\mathrm{T}}\boldsymbol{x}) = \boldsymbol{a}^{\mathrm{T}}\mathrm{Var}(\boldsymbol{x})\boldsymbol{a} = \boldsymbol{a}^{\mathrm{T}}\boldsymbol{\Sigma}_{11}\boldsymbol{a}, \\ \mathrm{Var}(v) &= \mathrm{Var}(\boldsymbol{b}^{\mathrm{T}}\boldsymbol{y}) = \boldsymbol{b}^{\mathrm{T}}\mathrm{Var}(\boldsymbol{y})\boldsymbol{b} = \boldsymbol{b}^{\mathrm{T}}\boldsymbol{\Sigma}_{22}\boldsymbol{b}, \\ \mathrm{Cov}(u,v) &= \mathrm{Cov}(\boldsymbol{a}^{\mathrm{T}}\boldsymbol{x},\boldsymbol{b}^{\mathrm{T}}\boldsymbol{y}) = \boldsymbol{a}^{\mathrm{T}}\mathrm{Cov}(\boldsymbol{x},\boldsymbol{y})\boldsymbol{b} = \boldsymbol{a}^{\mathrm{T}}\boldsymbol{\Sigma}_{12}\boldsymbol{b}. \end{aligned} \tag{9.3}$$

于是, 两个新变量 u 和 v 之间的相关系数 (即典型相关系数) 为

$$\rho = \mathrm{Corr}(u,v) = \mathrm{Corr}(\boldsymbol{a}^{\mathrm{T}}\boldsymbol{x},\boldsymbol{b}^{\mathrm{T}}\boldsymbol{y}) = \frac{\boldsymbol{a}^{\mathrm{T}}\boldsymbol{\Sigma}_{12}\boldsymbol{b}}{\sqrt{(\boldsymbol{a}^{\mathrm{T}}\boldsymbol{\Sigma}_{11}\boldsymbol{a})(\boldsymbol{b}^{\mathrm{T}}\boldsymbol{\Sigma}_{22}\boldsymbol{b})}}. \tag{9.4}$$

由于变量 u 和 v 乘不为零的常数不改变它们之间的相关性, 即对任意常数 $c \neq 0$, $d \neq 0$, 有 $\mathrm{Corr}(cu,dv) = \mathrm{Corr}(u,v)$, 所以通常需对 $\boldsymbol{a}$ 和 $\boldsymbol{b}$ 附加约束条件, 最好的约束条件是

$$\begin{cases} \mathrm{Var}(u) = \mathrm{Var}(\boldsymbol{a}^{\mathrm{T}}\boldsymbol{x}) = \boldsymbol{a}^{\mathrm{T}}\mathrm{Var}(\boldsymbol{x})\boldsymbol{a} = \boldsymbol{a}^{\mathrm{T}}\boldsymbol{\Sigma}_{11}\boldsymbol{a} = 1, \\ \mathrm{Var}(v) = \mathrm{Var}(\boldsymbol{b}^{\mathrm{T}}\boldsymbol{y}) = \boldsymbol{b}^{\mathrm{T}}\mathrm{Var}(\boldsymbol{y})\boldsymbol{b} = \boldsymbol{b}^{\mathrm{T}}\boldsymbol{\Sigma}_{22}\boldsymbol{b} = 1. \end{cases} \tag{9.5}$$

于是, 我们的问题就变成在上述约束条件下求 $\boldsymbol{a}$ 和 $\boldsymbol{b}$, 使得

$$\rho = \mathrm{Corr}(u,v) = \mathrm{Corr}(\boldsymbol{a}^{\mathrm{T}}\boldsymbol{x},\boldsymbol{b}^{\mathrm{T}}\boldsymbol{y}) = \boldsymbol{a}^{\mathrm{T}}\boldsymbol{\Sigma}_{12}\boldsymbol{b} \tag{9.6}$$

达到最大, 于是有以下定义.

定义 9.1 设 $\boldsymbol{x} = (x_1, x_2, \cdots, x_p)^{\mathrm{T}}$, $\boldsymbol{y} = (y_1, y_2, \cdots, y_q)^{\mathrm{T}}$, $p+q$ 维随机向量 $\begin{pmatrix} \boldsymbol{x} \\ \boldsymbol{y} \end{pmatrix}$ 的均值向量为 $\boldsymbol{0}$, 协方差矩阵 $\boldsymbol{\Sigma} > 0$ (不妨设 $p \leqslant q$). 如果存在

$\boldsymbol{a}_1 = (a_{11}, a_{21}, \cdots, a_{p1})^{\mathrm{T}}$ 和 $\boldsymbol{b}_1 = (b_{11}, b_{21}, \cdots, b_{q1})^{\mathrm{T}}$, 令 $u_1 = \boldsymbol{a}_1^{\mathrm{T}}\boldsymbol{x}$, $v_1 = \boldsymbol{b}_1^{\mathrm{T}}\boldsymbol{y}$, 使得

$$P_1 = \mathrm{Corr}(u_1, v_1) = \mathrm{Corr}(\boldsymbol{a}_1^{\mathrm{T}}\boldsymbol{x}, \boldsymbol{b}_1^{\mathrm{T}}\boldsymbol{y}) = \max_{\mathrm{Var}(\boldsymbol{a}^{\mathrm{T}}\boldsymbol{x})=1, \mathrm{Var}(\boldsymbol{b}^{\mathrm{T}}\boldsymbol{y})=1} \mathrm{Corr}(\boldsymbol{a}^{\mathrm{T}}\boldsymbol{x}, \boldsymbol{b}^{\mathrm{T}}\boldsymbol{y}),$$

这样得出的 $\boldsymbol{a}_1^{\mathrm{T}}\boldsymbol{x}$ 和 $\boldsymbol{b}_1^{\mathrm{T}}\boldsymbol{y}$ 称为 $\boldsymbol{x}, \boldsymbol{y}$ 的第一对 (组) 典型相关变量, P_1 称为第一个典型相关系数; 如果存在 $\boldsymbol{a}_i = (a_{1i}, a_{2i}, \cdots, a_{pi})^{\mathrm{T}}$ 和 $\boldsymbol{b}_i = (b_{1i}, b_{2i}, \cdots, b_{qi})^{\mathrm{T}}$, 使得

(1) $\boldsymbol{a}_i^{\mathrm{T}}\boldsymbol{x}$, $\boldsymbol{b}_i^{\mathrm{T}}\boldsymbol{y}$ 和前面 $i-1$ 对典型相关变量不相关;

(2) $\mathrm{Var}(\boldsymbol{a}_i^{\mathrm{T}}\boldsymbol{x}) = 1$, $\mathrm{Var}(\boldsymbol{b}_i^{\mathrm{T}}\boldsymbol{y}) = 1$;

(3) $\boldsymbol{a}_i^{\mathrm{T}}\boldsymbol{x}$ 与 $\boldsymbol{b}_i^{\mathrm{T}}\boldsymbol{y}$ 的相关系数最大,

则称 $\boldsymbol{a}_i^{\mathrm{T}}\boldsymbol{x}$, $\boldsymbol{b}_i^{\mathrm{T}}\boldsymbol{y}$ 是 $\boldsymbol{x}, \boldsymbol{y}$ 的第 i 对 (组) 典型相关变量, 它们之间的相关系数称为第 i 个典型相关系数 $(i = 2, 3, \cdots, p)$.

由 Lagrange (拉格朗日) 乘数法, 上述问题等价于求 $\boldsymbol{a}$ 和 $\boldsymbol{b}$, 使

$$G = \boldsymbol{a}^{\mathrm{T}}\boldsymbol{\Sigma}_{12}\boldsymbol{b} - \frac{\mu_1}{2}(\boldsymbol{a}^{\mathrm{T}}\boldsymbol{\Sigma}_{11}\boldsymbol{a} - 1) - \frac{\mu_2}{2}(\boldsymbol{b}^{\mathrm{T}}\boldsymbol{\Sigma}_{22}\boldsymbol{b} - 1) \tag{9.7}$$

达到最大, 其中 μ_1 和 μ_2 是 Lagrange 乘数. 将式 (9.7) 两边分别对向量 $\boldsymbol{a}$ 和 $\boldsymbol{b}$ 求导, 并令其为 $\mathbf{0}$, 得方程组

$$\begin{cases} \dfrac{\partial G}{\partial \boldsymbol{a}} = \boldsymbol{\Sigma}_{12}\boldsymbol{b} - \mu_1\boldsymbol{\Sigma}_{11}\boldsymbol{a} = \mathbf{0}, \\ \dfrac{\partial G}{\partial \boldsymbol{b}} = \boldsymbol{\Sigma}_{21}\boldsymbol{a} - \mu_2\boldsymbol{\Sigma}_{22}\boldsymbol{b} = \mathbf{0}, \end{cases} \tag{9.8}$$

以 $\boldsymbol{a}^{\mathrm{T}}$ 和 $\boldsymbol{b}^{\mathrm{T}}$ 分别左乘方程组 (9.8) 中两式得

$$\begin{cases} \boldsymbol{a}^{\mathrm{T}}\boldsymbol{\Sigma}_{12}\boldsymbol{b} = \mu_1\boldsymbol{a}^{\mathrm{T}}\boldsymbol{\Sigma}_{11}\boldsymbol{a} = \mu_1, \\ \boldsymbol{b}^{\mathrm{T}}\boldsymbol{\Sigma}_{21}\boldsymbol{a} = \mu_2\boldsymbol{b}^{\mathrm{T}}\boldsymbol{\Sigma}_{22}\boldsymbol{b} = \mu_2. \end{cases} \tag{9.9}$$

但 $(\boldsymbol{b}^{\mathrm{T}}\boldsymbol{\Sigma}_{21}\boldsymbol{a})^{\mathrm{T}} = \boldsymbol{a}^{\mathrm{T}}\boldsymbol{\Sigma}_{12}\boldsymbol{b} = \rho$, 所以 $\mu_1 = \mu_2 = \rho$, 即 μ_1 恰好就是 u 和 v 的相关系数.

另外, 由方程组 (9.8) 的第二式得 $\boldsymbol{b} = \dfrac{1}{\mu_2}\boldsymbol{\Sigma}_{22}^{-1}\boldsymbol{\Sigma}_{21}\boldsymbol{a} = \dfrac{1}{\mu_1}\boldsymbol{\Sigma}_{22}^{-1}\boldsymbol{\Sigma}_{21}\boldsymbol{a}$, 将其代入方程组 (9.8) 的第一式得 $\boldsymbol{\Sigma}_{12}\boldsymbol{\Sigma}_{22}^{-1}\boldsymbol{\Sigma}_{21}\boldsymbol{a} - \mu_1^2\boldsymbol{\Sigma}_{11}\boldsymbol{a} = \boldsymbol{\Sigma}_{12}\boldsymbol{\Sigma}_{22}^{-1}\boldsymbol{\Sigma}_{21}\boldsymbol{a} - \rho^2\boldsymbol{\Sigma}_{11}\boldsymbol{a} = \mathbf{0}$, 两边左乘 $\boldsymbol{\Sigma}_{11}^{-1}$ 得 $\boldsymbol{\Sigma}_{11}^{-1}\boldsymbol{\Sigma}_{12}\boldsymbol{\Sigma}_{22}^{-1}\boldsymbol{\Sigma}_{21}\boldsymbol{a} - \rho^2\boldsymbol{a} = \mathbf{0}$.

同理可得 $\boldsymbol{\Sigma}_{22}^{-1}\boldsymbol{\Sigma}_{21}\boldsymbol{\Sigma}_{11}^{-1}\boldsymbol{\Sigma}_{12}\boldsymbol{b} - \rho^2\boldsymbol{b} = \mathbf{0}$.

记 $\boldsymbol{M}_1=\boldsymbol{\Sigma}_{11}^{-1}\boldsymbol{\Sigma}_{12}\boldsymbol{\Sigma}_{22}^{-1}\boldsymbol{\Sigma}_{21},\boldsymbol{M}_2=\boldsymbol{\Sigma}_{22}^{-1}\boldsymbol{\Sigma}_{21}\boldsymbol{\Sigma}_{11}^{-1}\boldsymbol{\Sigma}_{12}$, 则得

$$\begin{cases}\boldsymbol{M}_1\boldsymbol{a}=\rho^2\boldsymbol{a},\\ \boldsymbol{M}_2\boldsymbol{b}=\rho^2\boldsymbol{b}.\end{cases}\tag{9.10}$$

由方程组 (9.10) 知, $\boldsymbol{M}_1$ 和 $\boldsymbol{M}_2$ 的非零特征值皆为正数, 可以用矩阵代数知识证明其个数为 $m=\text{rank}(\boldsymbol{\Sigma}_{12})$, 且 ρ^2 既是 $\boldsymbol{M}_1$ 的特征值又是 $\boldsymbol{M}_2$ 的特征值, $\boldsymbol{a}$ 和 $\boldsymbol{b}$ 分别是 $\boldsymbol{M}_1$ 和 $\boldsymbol{M}_2$ 相对应的特征向量, 于是求 $\rho=\text{Corr}(u,v)$ 和 $\boldsymbol{a},\boldsymbol{b}$ 的问题就转化为求矩阵 $\boldsymbol{M}_1$ 和 $\boldsymbol{M}_2$ 的特征值和特征向量的问题.

设 $\boldsymbol{a}_i$ 是 $\boldsymbol{M}_1$ 的属于 ρ_i^2 的特征向量, 令

$$\boldsymbol{b}_i=\frac{1}{\rho_i}\boldsymbol{\Sigma}_{22}^{-1}\boldsymbol{\Sigma}_{21}\boldsymbol{a}_i\quad(i=1,2,\cdots,m),\tag{9.11}$$

有

$$\begin{aligned}\boldsymbol{\Sigma}_{22}^{-1}\boldsymbol{\Sigma}_{21}\boldsymbol{\Sigma}_{11}^{-1}\boldsymbol{\Sigma}_{12}\boldsymbol{b}_i&=\frac{1}{\rho_i}\boldsymbol{\Sigma}_{22}^{-1}\boldsymbol{\Sigma}_{21}\boldsymbol{\Sigma}_{11}^{-1}\boldsymbol{\Sigma}_{12}(\boldsymbol{\Sigma}_{22}^{-1}\boldsymbol{\Sigma}_{21}\boldsymbol{a}_i)\\&=\frac{1}{\rho_i}\boldsymbol{\Sigma}_{22}^{-1}\boldsymbol{\Sigma}_{21}(\rho_i^2\boldsymbol{a}_i)=\rho_i^2\boldsymbol{b}_i,\end{aligned}$$

则 $\boldsymbol{b}_1,\boldsymbol{b}_2,\cdots,\boldsymbol{b}_m$ 是 $\boldsymbol{M}_2$ 的属于 $\rho_1^2,\rho_2^2,\cdots,\rho_m^2$ 的特征向量.

设 $\boldsymbol{M}_1$ 的 m 个正特征值为 $\rho_1^2,\rho_2^2,\cdots,\rho_m^2(\rho_1\geqslant\rho_2\geqslant\cdots\geqslant\rho_m>0)$, 相对应的特征向量分别为 $\boldsymbol{a}_1,\boldsymbol{a}_2,\cdots,\boldsymbol{a}_m$, 由式 (9.10) 得出且正交; $\boldsymbol{b}_1,\boldsymbol{b}_2,\cdots,\boldsymbol{b}_m$ 由式 (9.11) 得出且正交, 从而可得 m 对线性组合

$$\begin{cases}u_i=a_{1i}x_1+a_{2i}x_2+\cdots+a_{pi}x_p=\boldsymbol{a}_i^{\mathrm{T}}\boldsymbol{x},\\ v_i=b_{1i}y_1+b_{2i}y_2+\cdots+b_{qi}y_q=\boldsymbol{b}_i^{\mathrm{T}}\boldsymbol{y},\end{cases}\quad i=1,2,\cdots,m.\tag{9.12}$$

每一对变量称为一对典型相关变量, 其中 u_1 和 v_1 为第一对典型相关变量, 它们之间的相关系数 ρ_1 为第一典型相关系数. u_i 和 v_i 为第 i 对典型相关变量, 它们之间的相关系数 ρ_i 为第 i 典型相关系数.

9.1.2 典型相关变量的性质

我们给出典型相关变量的以下四条性质 (证明见本章附录):

(1) 每一对典型相关变量 u_i 及 $v_i(i=1,2,\cdots,m)$ 的标准差为 1.

(2) 同一组的任意两个典型相关变量 $u_i,u_j(i,j=1,2,\cdots,m,i\neq j)$ 彼此不

相关, 典型相关变量 $v_i, v_j(i,j=1,2,\cdots,m,i\neq j)$ 彼此不相关, 即 $\mathrm{Corr}(u_i,u_j)=0$, $\mathrm{Corr}(v_i,v_j)=0$, $1\leqslant i<j\leqslant m$.

(3) 不同组的任意两个典型相关变量 $u_i, v_j(i,j=1,2,\cdots,m)$ 的关系为

$$\mathrm{Corr}(u_i,v_j)=\mathrm{Cov}(u_i,v_j)=\mathrm{Cov}(\boldsymbol{a}_i^{\mathrm{T}}\boldsymbol{x},\boldsymbol{b}_j^{\mathrm{T}}\boldsymbol{y})=\begin{cases}\rho_i, & i=j,\\ 0, & i\neq j.\end{cases}$$

(4) 典型相关变量 u_i 及 v_i 的相关系数为 $\rho_i(i=1,2,\cdots,m)$, 典型相关系数满足关系式 $\rho_1\geqslant\rho_2\geqslant\cdots\geqslant\rho_m>0$.

理论上, 典型相关变量的对数和相对应的典型相关系数的个数可以等于两组变量中数目较少的那一组变量的个数, 其中 u_1 及 v_1 的相关系数 ρ_1 反映的相关成分最多, 所以称 u_1, v_1 为第一对典型相关变量; u_2 及 v_2 的相关系数 ρ_2 反映的相关成分次之, 所以称 u_2, v_2 为第二对典型相关变量; 以此类推.

9.1.3　原始变量与典型相关变量的相关系数

由 9.1.2 小节中的式 (9.11), 记

$$\boldsymbol{A}=(\boldsymbol{a}_1,\boldsymbol{a}_2,\cdots,\boldsymbol{a}_m)=\begin{pmatrix}a_{11} & a_{12} & \cdots & a_{1m}\\ a_{21} & a_{22} & \cdots & a_{2m}\\ \vdots & \vdots & & \vdots\\ a_{p1} & a_{p2} & \cdots & a_{pm}\end{pmatrix},$$

$$\boldsymbol{B}=(\boldsymbol{b}_1,\boldsymbol{b}_2,\cdots,\boldsymbol{b}_m)=\begin{pmatrix}b_{11} & b_{12} & \cdots & b_{1m}\\ b_{21} & b_{22} & \cdots & b_{2m}\\ \vdots & \vdots & & \vdots\\ b_{q1} & b_{q2} & \cdots & b_{qm}\end{pmatrix},$$

$$\boldsymbol{\Sigma}=\begin{pmatrix}\boldsymbol{\Sigma}_{11} & \boldsymbol{\Sigma}_{12}\\ \boldsymbol{\Sigma}_{21} & \boldsymbol{\Sigma}_{22}\end{pmatrix}=\begin{pmatrix}\sigma_{11} & \cdots & \sigma_{1p} & \sigma_{1,p+1} & \cdots & \sigma_{1,p+q}\\ \vdots & & \vdots & \vdots & & \vdots\\ \sigma_{p1} & \cdots & \sigma_{pp} & \sigma_{p,p+1} & \cdots & \sigma_{p,p+q}\\ \sigma_{p+1,1} & \cdots & \sigma_{p+1,p} & \sigma_{p+1,p+1} & \cdots & \sigma_{p+1,p+q}\\ \vdots & & \vdots & \vdots & & \vdots\\ \sigma_{p+q,1} & \cdots & \sigma_{p+q,p} & \sigma_{p+q,p+1} & \cdots & \sigma_{p+q,p+q}\end{pmatrix},$$

则

$$\begin{cases} \mathrm{Cov}(\boldsymbol{x},\boldsymbol{u}) = \mathrm{Cov}(\boldsymbol{x},\boldsymbol{A}^{\mathrm{T}}\boldsymbol{x}) = \boldsymbol{\Sigma}_{11}\boldsymbol{A}, \\ \mathrm{Cov}(\boldsymbol{x},\boldsymbol{v}) = \mathrm{Cov}(\boldsymbol{x},\boldsymbol{B}^{\mathrm{T}}\boldsymbol{y}) = \boldsymbol{\Sigma}_{12}\boldsymbol{B}, \end{cases} \tag{9.13}$$

$$\begin{cases} \mathrm{Cov}(\boldsymbol{y},\boldsymbol{u}) = \mathrm{Cov}(\boldsymbol{y},\boldsymbol{A}^{\mathrm{T}}\boldsymbol{x}) = \boldsymbol{\Sigma}_{21}\boldsymbol{A}, \\ \mathrm{Cov}(\boldsymbol{y},\boldsymbol{v}) = \mathrm{Cov}(\boldsymbol{y},\boldsymbol{B}^{\mathrm{T}}\boldsymbol{y}) = \boldsymbol{\Sigma}_{22}\boldsymbol{B}. \end{cases} \tag{9.14}$$

上面四个等式可以表示为

$$\begin{aligned} \mathrm{Cov}(x_i,u_j) &= (\sigma_{i1},\cdots,\sigma_{ip})\begin{pmatrix} a_{1j} \\ \vdots \\ a_{pj} \end{pmatrix} \\ &= \sum_{k=1}^{p}\sigma_{ik}a_{kj}, \quad i=1,2,\cdots,p; j=1,2,\cdots,m, \end{aligned} \tag{9.15}$$

$$\begin{aligned} \mathrm{Cov}(x_i,v_j) &= (\sigma_{i,p+1},\cdots,\sigma_{i,p+q})\begin{pmatrix} b_{1j} \\ \vdots \\ b_{qj} \end{pmatrix} \\ &= \sum_{k=1}^{q}\sigma_{i,p+k}b_{kj}, \quad i=1,2,\cdots,p; j=1,2,\cdots,m, \end{aligned} \tag{9.16}$$

$$\begin{aligned} \mathrm{Cov}(y_i,u_j) &= (\sigma_{p+i,1},\cdots,\sigma_{p+i,p})\begin{pmatrix} a_{1j} \\ \vdots \\ a_{pj} \end{pmatrix} \\ &= \sum_{k=1}^{p}\sigma_{p+i,k}a_{kj}, \quad i=1,2,\cdots,q; j=1,2,\cdots,m, \end{aligned} \tag{9.17}$$

$$\begin{aligned} \mathrm{Cov}(y_i,v_j) &= (\sigma_{p+i,p+1},\cdots,\sigma_{p+i,p+q})\begin{pmatrix} b_{1j} \\ \vdots \\ b_{qj} \end{pmatrix} \\ &= \sum_{k=1}^{q}\sigma_{p+i,p+k}b_{kj}, \quad i=1,2,\cdots,q; j=1,2,\cdots,m, \end{aligned} \tag{9.18}$$

所以

$$\mathrm{Corr}(x_i,u_j)=\sum_{k=1}^{p}\sigma_{ik}a_{kj}\Big/\sqrt{\sigma_{ii}},\quad i=1,2,\cdots,p;j=1,2,\cdots,m,\tag{9.19}$$

$$\mathrm{Corr}(x_i,v_j)=\sum_{k=1}^{q}\sigma_{i,p+k}b_{kj}\Big/\sqrt{\sigma_{ii}},\quad i=1,2,\cdots,p;j=1,2,\cdots,m,\tag{9.20}$$

$$\mathrm{Corr}(y_i,u_j)=\sum_{k=1}^{p}\sigma_{p+i,k}a_{kj}\Big/\sqrt{\sigma_{p+i,p+i}},\quad i=1,2,\cdots,q;j=1,2,\cdots,m,\tag{9.21}$$

$$\mathrm{Corr}(y_i,v_j)=\sum_{k=1}^{q}\sigma_{p+i,p+k}b_{kj}\Big/\sqrt{\sigma_{p+i,p+i}},\quad i=1,2,\cdots,q;j=1,2,\cdots,m.\tag{9.22}$$

9.1.4　简单相关、复相关和典型相关之间的关系

当 $p=q=1$ 时, $\boldsymbol{x}$ 与 $\boldsymbol{y}$ 之间的 (唯一) 典型相关就是它们之间的简单相关; 当 $p=1$ 或 $q=1$ 时, $\boldsymbol{x}$ 与 $\boldsymbol{y}$ 之间的 (唯一) 典型相关就是它们之间的复相关 (复相关指数指的是一个随机变量与一组随机变量线性组合的最大相关系数); 可见, 复相关是典型相关的一个特例, 而简单相关是复相关的一个特例.

第一个典型相关系数至少同 $\boldsymbol{x}$ (或 $\boldsymbol{y}$) 的任一分量与 $\boldsymbol{y}$ (或 $\boldsymbol{x}$) 的复相关系数一样大, 即使所有复相关系数都较小, 第一个典型相关系数仍可能很大; 同样, 从复相关的定义也可以看出, 当 $p=1$ (或 $q=1$) 时, $\boldsymbol{x}$ (或 $\boldsymbol{y}$) 与 $\boldsymbol{y}$ (或 $\boldsymbol{x}$) 之间的复相关系数也不会小于 $\boldsymbol{x}$ (或 $\boldsymbol{y}$) 与 $\boldsymbol{y}$ (或 $\boldsymbol{x}$) 的任一分量之间的相关系数, 即使所有相关系数都较小, 复相关系数仍可能很大.

9.1.5　分量的标准化处理

一般来说, 典型相关变量是人为定义的, 也就是说它没有实质意义. 如果使用原始变量, 那么典型相关系数 $\boldsymbol{a},\boldsymbol{b}$ 的单位与 $\boldsymbol{x},\boldsymbol{y}$ 的单位成比例, 而 $\boldsymbol{x}$ 和 $\boldsymbol{y}$ 的各分量的单位往往不全相同. 我们希望在对各分量作标准化变换之后再作典型相关分析, 这样原始变量就有零均值和单位方差, 典型相关变量就没有测量值单位.

记

$$\boldsymbol{\mu}_1=E(\boldsymbol{x}),\quad \boldsymbol{\mu}_2=E(\boldsymbol{y}),$$

$$\boldsymbol{D}_1 = \operatorname{diag}(\sqrt{\sigma_{11}}, \sqrt{\sigma_{22}}, \cdots, \sqrt{\sigma_{pp}}),$$
$$\boldsymbol{D}_2 = \operatorname{diag}(\sqrt{\sigma_{p+1,p+1}}, \sqrt{\sigma_{p+2,p+2}}, \cdots, \sqrt{\sigma_{p+q,p+q}}).$$

$\boldsymbol{R} = \begin{pmatrix} \boldsymbol{R}_{11} & \boldsymbol{R}_{12} \\ \boldsymbol{R}_{21} & \boldsymbol{R}_{22} \end{pmatrix}$ 为 $\begin{pmatrix} \boldsymbol{x} \\ \boldsymbol{y} \end{pmatrix}$ 的相关矩阵. 对 $\boldsymbol{x}$ 和 $\boldsymbol{y}$ 的各分量作标准化变换, 即令 $\boldsymbol{x}^* = \boldsymbol{D}_1^{-1}(\boldsymbol{x} - \boldsymbol{\mu}_1)$, $\boldsymbol{y}^* = \boldsymbol{D}_2^{-1}(\boldsymbol{y} - \boldsymbol{\mu}_2)$. 现在来求 $\boldsymbol{x}^*$ 和 $\boldsymbol{y}^*$ 的典型相关变量:

$$\begin{aligned}
\operatorname{Var}(\boldsymbol{x}^*) &= \boldsymbol{D}_1^{-1}\operatorname{Var}(\boldsymbol{x})\boldsymbol{D}_1^{-1} = \boldsymbol{D}_1^{-1}\boldsymbol{\Sigma}_{11}\boldsymbol{D}_1^{-1} = \boldsymbol{R}_{11}, \\
\operatorname{Var}(\boldsymbol{y}^*) &= \boldsymbol{D}_2^{-1}\operatorname{Var}(\boldsymbol{y})\boldsymbol{D}_2^{-1} = \boldsymbol{D}_2^{-1}\boldsymbol{\Sigma}_{22}\boldsymbol{D}_2^{-1} = \boldsymbol{R}_{22}, \\
\operatorname{Cov}(\boldsymbol{x}^*, \boldsymbol{y}^*) &= \boldsymbol{D}_1^{-1}\operatorname{Cov}(\boldsymbol{x}, \boldsymbol{y})\boldsymbol{D}_2^{-1} = \boldsymbol{D}_1^{-1}\boldsymbol{\Sigma}_{12}\boldsymbol{D}_2^{-1} = \boldsymbol{R}_{12}, \\
\operatorname{Cov}(\boldsymbol{y}^*, \boldsymbol{x}^*) &= \boldsymbol{D}_2^{-1}\operatorname{Cov}(\boldsymbol{y}, \boldsymbol{x})\boldsymbol{D}_1^{-1} = \boldsymbol{D}_2^{-1}\boldsymbol{\Sigma}_{21}\boldsymbol{D}_1^{-1} = \boldsymbol{R}_{21}.
\end{aligned}$$

于是

$$\begin{aligned}
\boldsymbol{R}_{11}^{-1}\boldsymbol{R}_{12}\boldsymbol{R}_{22}^{-1}\boldsymbol{R}_{21} &= (\boldsymbol{D}_1^{-1}\boldsymbol{\Sigma}_{11}\boldsymbol{D}_1^{-1})^{-1}\boldsymbol{D}_1^{-1}\boldsymbol{\Sigma}_{12}\boldsymbol{D}_2^{-1}(\boldsymbol{D}_2^{-1}\boldsymbol{\Sigma}_{22}\boldsymbol{D}_2^{-1})^{-1}\boldsymbol{D}_2^{-1}\boldsymbol{\Sigma}_{21}\boldsymbol{D}_1^{-1} \\
&= \boldsymbol{D}_1\boldsymbol{\Sigma}_{11}^{-1}\boldsymbol{\Sigma}_{12}\boldsymbol{\Sigma}_{22}^{-1}\boldsymbol{\Sigma}_{21}\boldsymbol{D}_1^{-1}.
\end{aligned}$$

因为

$$\boldsymbol{\Sigma}_{11}^{-1}\boldsymbol{\Sigma}_{12}\boldsymbol{\Sigma}_{22}^{-1}\boldsymbol{\Sigma}_{21}\boldsymbol{a}_i = \rho_i^2\boldsymbol{a}_i, \quad \boldsymbol{D}_1\boldsymbol{\Sigma}_{11}^{-1}\boldsymbol{\Sigma}_{12}\boldsymbol{\Sigma}_{22}^{-1}\boldsymbol{\Sigma}_{21}\boldsymbol{D}_1^{-1}(\boldsymbol{D}_1\boldsymbol{a}_i) = \rho_i^2(\boldsymbol{D}_1\boldsymbol{a}_i),$$

所以

$$\boldsymbol{R}_{11}^{-1}\boldsymbol{R}_{12}\boldsymbol{R}_{22}^{-1}\boldsymbol{R}_{21}\boldsymbol{a}_i^* = \rho_i^2\boldsymbol{a}_i^*, \tag{9.23}$$

其中 $\boldsymbol{a}_i^* = \boldsymbol{D}_1\boldsymbol{a}_i$, $\boldsymbol{a}_i^{*\mathrm{T}}\boldsymbol{R}_{11}\boldsymbol{a}_i^* = \boldsymbol{a}_i^{\mathrm{T}}\boldsymbol{D}_1\boldsymbol{R}_{11}\boldsymbol{D}_1\boldsymbol{a}_i = \boldsymbol{a}_i^{\mathrm{T}}\boldsymbol{\Sigma}_{11}\boldsymbol{a}_i = 1$.

同理

$$\boldsymbol{R}_{22}^{-1}\boldsymbol{R}_{21}\boldsymbol{R}_{11}^{-1}\boldsymbol{R}_{12}\boldsymbol{b}_i^* = \rho_i^2\boldsymbol{b}_i^*, \tag{9.24}$$

其中 $\boldsymbol{b}_i^* = \boldsymbol{D}_2\boldsymbol{b}_i$, $\boldsymbol{b}_i^{*\mathrm{T}}\boldsymbol{R}_{22}\boldsymbol{b}_i^* = \boldsymbol{b}_i^{\mathrm{T}}\boldsymbol{D}_2\boldsymbol{R}_{22}\boldsymbol{D}_2\boldsymbol{b}_i = \boldsymbol{b}_i^{\mathrm{T}}\boldsymbol{\Sigma}_{22}\boldsymbol{b}_i = 1$.

由此可见, $\boldsymbol{x}^*$ 和 $\boldsymbol{y}^*$ 的第 i 对典型相关变量为 $u_i^* = \boldsymbol{a}_i^{*\mathrm{T}}\boldsymbol{x}$, $v_i^* = \boldsymbol{b}_i^{*\mathrm{T}}\boldsymbol{y}$, 其第 i 个典型相关系数仍为 ρ_i, 在标准化变换下具有不变性, 这一点与主成分分析有

所不同.

$\boldsymbol{x}^*$ 和 $\boldsymbol{y}^*$ 的第 i 对典型相关变量具有零均值, 且与 $\boldsymbol{x}$ 和 $\boldsymbol{y}$ 的第 i 对典型相关变量 $u_i=\boldsymbol{a}_i^{\mathrm{T}}\boldsymbol{x}, v_i=\boldsymbol{b}_i^{\mathrm{T}}\boldsymbol{y}$ 只相差一个常数.

9.2 样本典型相关分析方法

前面我们从变量 $\boldsymbol{x}$ 与变量 $\boldsymbol{y}$ 的协方差矩阵 $\boldsymbol{\Sigma}$ 出发考虑 $\boldsymbol{x}$ 与 $\boldsymbol{y}$ 的典型相关变量, 这称为总体典型相关变量, 但在实际例子中一般并不知道 $\boldsymbol{\Sigma}$, 因此通常采用样本协方差矩阵 $\boldsymbol{S}$ 代替 $\boldsymbol{\Sigma}$. 由 9.1.5 小节的分析可知, 在大多数情况下, 我们在进行典型相关分析时, 需将数据标准化, 这时样本协方差矩阵 $\boldsymbol{S}$ 即样本相关矩阵 $\hat{\boldsymbol{R}}$. 根据样本相关矩阵 $\hat{\boldsymbol{R}}$ 计算得到的典型相关变量称为样本典型相关变量, 具体计算过程如下.

设容量为 n 的样本来自正态总体, 两组变量的观测值分别记为 $\boldsymbol{x}=(\boldsymbol{x}_1, \boldsymbol{x}_2,\cdots,\boldsymbol{x}_n)^{\mathrm{T}}$ 和 $\boldsymbol{y}=(\boldsymbol{y}_1,\boldsymbol{y}_2,\cdots,\boldsymbol{y}_n)^{\mathrm{T}}$, 不妨设 $p\leqslant q$, 则样本数据矩阵为

$$(\boldsymbol{x},\boldsymbol{y})=\begin{pmatrix} x_{11} & x_{12} & \cdots & x_{1p} & y_{11} & y_{12} & \cdots & y_{1q} \\ x_{21} & x_{22} & \cdots & x_{2p} & y_{21} & y_{22} & \cdots & y_{2q} \\ \vdots & \vdots & & \vdots & \vdots & \vdots & & \vdots \\ x_{n1} & x_{n2} & \cdots & x_{np} & y_{n1} & y_{n2} & \cdots & y_{nq} \end{pmatrix}. \tag{9.25}$$

(1) 计算样本相关矩阵 $\hat{\boldsymbol{R}}$, 并将 $\hat{\boldsymbol{R}}$ 剖分为

$$\hat{\boldsymbol{R}}=\begin{pmatrix} \hat{\boldsymbol{R}}_{11} & \hat{\boldsymbol{R}}_{12} \\ \hat{\boldsymbol{R}}_{21} & \hat{\boldsymbol{R}}_{22} \end{pmatrix},$$

其中 $\hat{\boldsymbol{R}}_{11}$ 是第一组变量 $\boldsymbol{x}$ 的相关系数矩阵, $\hat{\boldsymbol{R}}_{22}$ 是第二组变量 $\boldsymbol{y}$ 的相关系数矩阵, 而 $\hat{\boldsymbol{R}}_{21},\hat{\boldsymbol{R}}_{12}$ ($\hat{\boldsymbol{R}}_{21}=\hat{\boldsymbol{R}}_{12}^{\mathrm{T}}$) 为变量 $\boldsymbol{x}$ 与变量 $\boldsymbol{y}$ 的相关系数矩阵.

(2) 计算典型相关系数及典型相关变量

设 $\operatorname{rank}(\hat{\boldsymbol{R}}_{12})=m$, 首先求 $\hat{\boldsymbol{M}}_1=\hat{\boldsymbol{R}}_{11}^{-1}\hat{\boldsymbol{R}}_{12}\hat{\boldsymbol{R}}_{22}^{-1}\hat{\boldsymbol{R}}_{21}$ 的特征值 $\hat{\rho}_1^2,\hat{\rho}_2^2,\cdots,\hat{\rho}_m^2$ ($\hat{\rho}_1^2\geqslant\hat{\rho}_2^2\geqslant\cdots\geqslant\hat{\rho}_m^2>0$), 并求 $\hat{\rho}_1^2,\hat{\rho}_2^2,\cdots,\hat{\rho}_m^2$ 对应的特征向量 $\hat{\boldsymbol{a}}_1,\hat{\boldsymbol{a}}_2,\cdots,\hat{\boldsymbol{a}}_m$, 它们是 $\boldsymbol{a}_1,\boldsymbol{a}_2,\cdots,\boldsymbol{a}_m$ 的估计值; 再求 $\hat{\boldsymbol{M}}_2=\hat{\boldsymbol{R}}_{22}^{-1}\hat{\boldsymbol{R}}_{21}\hat{\boldsymbol{R}}_{11}^{-1}\hat{\boldsymbol{R}}_{12}$ 的特征值 $\hat{\rho}_1^2, \hat{\rho}_2^2,\cdots,\hat{\rho}_m^2$ ($\hat{\rho}_1^2\geqslant\hat{\rho}_2^2\geqslant\cdots\geqslant\hat{\rho}_m^2>0$) 对应的特征向量 $\hat{\boldsymbol{b}}_1,\hat{\boldsymbol{b}}_2,\cdots,\hat{\boldsymbol{b}}_m$, 它们是 $\boldsymbol{b}_1,\boldsymbol{b}_2,\cdots,\boldsymbol{b}_m$ 的估计值. $\hat{\rho}_1,\hat{\rho}_2,\cdots,\hat{\rho}_m$ 称为样本典型相关系数, 而 $\hat{u}_1=$

$\hat{\boldsymbol{a}}_1^{\mathrm{T}}\boldsymbol{x}^*, \hat{v}_1 = \hat{\boldsymbol{b}}_1^{\mathrm{T}}\boldsymbol{y}^*, \cdots, \hat{u}_m = \hat{\boldsymbol{a}}_m^{\mathrm{T}}\boldsymbol{x}^*, \hat{v}_m = \hat{\boldsymbol{b}}_m^{\mathrm{T}}\boldsymbol{y}^*$ 称为样本典型相关变量.

(3) 记 $\hat{\boldsymbol{A}} = (\hat{\boldsymbol{a}}_1, \hat{\boldsymbol{a}}_2, \cdots, \hat{\boldsymbol{a}}_m)$, $\hat{\boldsymbol{B}} = (\hat{\boldsymbol{b}}_1, \hat{\boldsymbol{b}}_2, \cdots, \hat{\boldsymbol{b}}_m)$, 由式 (9.13) 和式 (9.14) 得

$$\mathrm{Cov}(\boldsymbol{x}^*, \hat{\boldsymbol{u}}) = \mathrm{Cov}(\boldsymbol{x}^*, \hat{\boldsymbol{A}}^{\mathrm{T}}\boldsymbol{x}^*) = \hat{\boldsymbol{R}}_{11}\hat{\boldsymbol{A}}, \tag{9.26}$$

$$\mathrm{Cov}(\boldsymbol{y}^*, \hat{\boldsymbol{v}}) = \mathrm{Cov}(\boldsymbol{y}^*, \hat{\boldsymbol{B}}^{\mathrm{T}}\boldsymbol{y}^*) = \hat{\boldsymbol{R}}_{22}\hat{\boldsymbol{B}}. \tag{9.27}$$

9.2.1 典型相关系数的显著性检验

典型相关系数是否显著不为零, 可以通过 Bartlett 大样本 χ^2 检验来确定. 设 $\boldsymbol{M}_1 = \boldsymbol{\Sigma}_{11}^{-1}\boldsymbol{\Sigma}_{12}\boldsymbol{\Sigma}_{22}^{-1}\boldsymbol{\Sigma}_{21}$ 的 m 个特征值为 $\rho_1^2, \rho_2^2, \cdots, \rho_m^2$, 则典型相关系数 ρ_1 的显著性检验等价于以下检验:

$$H_0: \rho_1 = \rho_2 = \cdots = \rho_m = 0, \quad H_1: \rho_1, \rho_2, \cdots, \rho_m \text{ 至少有一个不为零.}$$

对于充分大的 n, 当 H_0 成立时, 统计量

$$Q_1 = -\left[n - 1 - \frac{1}{2}(p + q + 1)\right] \ln \Lambda_1 \tag{9.28}$$

近似服从 $\chi^2(pq)$, 其中 p, q 分别是 $\boldsymbol{x}$ 和 $\boldsymbol{y}$ 的维数, 且

$$\Lambda_1 = \prod_{i=1}^{m}(1 - \hat{\rho}_i^2). \tag{9.29}$$

在显著性水平 α 下, 如果 $Q_1 > \chi_\alpha^2(pq)$, 则拒绝原假设, 认为第一对典型相关变量 u_1 与 v_1 的相关性是显著的; 否则, 认为第一对典型相关变量的相关性不显著.

一般地, 若前 k 个典型相关系数在显著性水平 α 下是显著的, 则当检验第 $k+1$ 个典型相关系数的显著性时, 即

$$H_0: \rho_{k+1} = \rho_{k+2} = \cdots = \rho_m = 0, \quad H_1: \rho_{k+1}, \rho_{k+2}, \cdots, \rho_m \text{ 至少有一个不为零.}$$

检验统计量

$$Q_{k+1} = -\left[n - k - \frac{1}{2}(p + q + 3) + \sum_{i=1}^{k}\hat{\rho}_i^{-2}\right] \ln \Lambda_{k+1} \tag{9.30}$$

近似服从 $\chi^2[(p-k)(q-k)]$, 其中 p,q 分别是 $\boldsymbol{x}$ 和 $\boldsymbol{y}$ 的维数, 且

$$\Lambda_{k+1}=\prod_{i=k+1}^{m}(1-\hat{\rho}_i^2). \tag{9.31}$$

在显著性水平 α 下, 如果 $Q_{k+1}>\chi_\alpha^2[(p-k)(q-k)]$, 则拒绝原假设, 认为第 $k+1$ 对典型相关变量 u_{k+1} 与 v_{k+1} 的相关性是显著的; 否则, 认为第 $k+1$ 对典型相关变量的相关关系不显著.

需要指出的是, 在实际应用中, 通常通过对典型相关系数的显著性检验以及对典型相关变量和典型相关系数的实际解释来确定究竟保留几对典型相关变量. 所求得的典型相关变量的对数越少越容易解释, 最好是第一对典型相关变量就能反映足够多的相关成分, 这样只保留一对典型相关变量便比较理想.

9.2.2　被解释样本方差的比例

在进行样本典型相关分析时, 我们也想了解每组变量提取出的典型相关变量能解释该组样本总方差的比例, 由此定量分析出典型相关变量所包含的原始信息量的大小.

对于经标准化变换后的样本数据, 第一组变量的样本总方差为 $\mathrm{tr}(\hat{\boldsymbol{R}}_{11})=p$, 第二组变量的样本总方差为 $\mathrm{tr}(\hat{\boldsymbol{R}}_{22})=q$.

$$\hat{u}_1=\hat{\boldsymbol{a}}_1^{\mathrm{T}}\boldsymbol{x}^*,\hat{v}_1=\hat{\boldsymbol{b}}_1^{\mathrm{T}}\boldsymbol{y}^*,\cdots,\hat{u}_m=\hat{\boldsymbol{a}}_m^{\mathrm{T}}\boldsymbol{x}^*,\hat{v}_m=\hat{\boldsymbol{b}}_m^{\mathrm{T}}\boldsymbol{y}^*,$$

称为样本典型相关变量, 其中 $\boldsymbol{x}^*,\boldsymbol{y}^*$ 分别是原始变量 $\boldsymbol{x},\boldsymbol{y}$ 的标准化结果.

前 r 对典型相关变量对样本总方差的贡献为

$$\sum_{i=1}^{r}\sum_{k=1}^{p}[\mathrm{Corr}(x_k^*,\hat{u}_i)]^2, \tag{9.32}$$

其中 $\mathrm{Corr}(x_k^*,\hat{u}_i)$ 可依据式 (9.19) 计算. 于是第一组变量样本方差由前 r 个典型相关变量解释的比例为

$$\frac{\displaystyle\sum_{i=1}^{r}\sum_{k=1}^{p}[\mathrm{Corr}(x_k^*,\hat{u}_i)]^2}{p}. \tag{9.33}$$

同理, 第二组变量样本方差由前 r 个典型相关变量解释的比例为

$$\frac{\sum_{i=1}^{r}\sum_{k=1}^{q}[\mathrm{Corr}(y_k^*, \hat{v}_i)]^2}{q}, \tag{9.34}$$

其中 $\mathrm{Corr}(y_k^*, \hat{v}_i)$ 可依据式 (9.22) 计算.

例 9.0 表 9–0 给出了 2005—2017 年我国能源消耗和污染物排放的部分代表指标, 其中能源消耗指标: x_1 为平均每天煤炭消费量 (10^4 t), x_2 为平均每天原油消费量 (10^4 t), x_3 为平均每天汽油消费量 (10^4 t), x_4 为平均每天柴油消费量 (10^4 t), x_5 为平均每天电力消费量 (10^8 kW · h); 污染物排放指标: y_1 为二氧化硫排放量 (t), y_2 为废水排放总量 (10^4 t), y_3 为化学需氧量排放量 (10^4 t), y_4 为氨氮排放量 (10^4 t). 利用这些数据使用典型相关分析方法来分析我国能源消耗和污染物排放的关系.

数据文件 example 9.0

表 9–0 2005—2017 年我国能源消耗和污染物排放数据

年份	x_1	x_2	x_3	x_4	x_5	y_1	y_2	y_3	y_4
2017	1 056.8	161.4	34.0	46.6	177.6	8 753 976	6 996 610	1 022.0	139.5
2016	1 050.7	153.1	32.4	46.0	167.5	11 028 643	7 110 954	1 046.5	141.8
2015	1 087.7	148.2	31.1	47.6	159.0	18 591 000	7 353 227	2 223.5	229.9
2014	1 127.7	141.2	26.8	47.0	154.5	19 744 000	7 161 751	2 294.6	238.5
2013	1 162.8	133.3	25.7	47.0	148.5	20 439 000	6 954 433	2 352.7	245.7
2012	1 124.9	127.5	22.3	46.4	136.0	21 180 000	6 847 612	2 424.0	253.6
2011	1 065.6	120.5	20.8	42.8	128.8	22 179 082	6 591 922	2 499.9	260.4
2010	956.2	117.5	19.1	40.3	114.9	21 850 000	6 172 562	1 238.1	120.3
2009	810.5	104.5	16.9	37.7	101.5	22 140 000	5 890 877	1 277.5	122.6
2008	768.0	97.0	16.8	37.0	94.4	23 210 000	5 716 801	1 320.7	127.0
2007	747.2	93.2	15.1	34.2	89.6	24 680 000	5 568 494	1 381.8	132.3
2006	698.8	88.3	14.4	32.4	78.3	25 888 000	5 144 802	1 428.2	141.3
2005	666.8	82.4	13.3	30.1	68.3	25 494 000	5 245 089	1 414.2	149.8

解: 先读取数据, 求样本相关系数矩阵. R 程序和运行结果如下:

```
> setwd("C:/mdata")   #设定工作路径
> case <-read.csv("example9.0.csv",header=T)
> R = round(cor(case),3) ;R    #求样本相关系数矩阵, 保留三位小数
```

```
      x1     x2     x3     x4     x5     y1     y2     y3     y4
x1  1.000  0.875  0.802  0.973  0.902 -0.589  0.955  0.591  0.721
x2  0.875  1.000  0.983  0.937  0.995 -0.883  0.951  0.205  0.394
x3  0.802  0.983  1.000  0.885  0.975 -0.908  0.914  0.135  0.336
x4  0.973  0.937  0.885  1.000  0.956 -0.698  0.985  0.470  0.611
x5  0.902  0.995  0.975  0.956  1.000 -0.861  0.964  0.262  0.448
y1 -0.589 -0.883 -0.908 -0.698 -0.861  1.000 -0.720  0.225  0.000
y2  0.955  0.951  0.914  0.985  0.964 -0.720  1.000  0.457  0.610
y3  0.591  0.205  0.135  0.470  0.262  0.225  0.457  1.000  0.968
y4  0.721  0.394  0.336  0.611  0.448  0.000  0.610  0.968  1.000
```

能源消耗指标和污染物排放指标之间的相关性较强, 其中平均每天柴油消费量和废水排放总量的相关系数最大 (0.985); 能源消耗指标组内的相关性很强, 其中平均每天原油消费量和平均每天电力消费量的相关系数最大 (0.995); 污染物排放指标组内的相关性较强, 其中化学需氧量排放量和氨氮排放量的相关系数最大 (0.968).

作典型相关分析, 求典型相关系数和对应的典型相关变量的系数, R 程序和运行结果如下:

```
> X = scale(case)   #对数据进行标准化处理
> x = X[,1:5]   #指定一组变量数据
> y = X[,6:9]   #指定另一组变量数据
> library(CCA)   #载入典型相关分析所用CCA包
> CCA=cc(x,y)   #进行典型相关分析
> CCA$cor   #输出典型相关系数
[1] 0.9973578  0.9365673  0.7938556  0.5088609
> CCA$xcoef   #输出x的典型载荷
         [,1]         [,2]        [,3]        [,4]
x1  0.5440086   3.3300341  -4.1064631    1.058818
x2 -0.3807532  -2.4947518   2.2528246   10.433934
x3  0.3323492   3.2659703  -3.5664326    1.872053
x4 -0.5784357  -0.3059131   5.9154535    1.473152
x5 -0.8770754  -3.3459744  -0.7956017  -14.588052
> CCA$ycoef   #输出y的典型载荷
         [,1]       [,2]        [,3]       [,4]
y1  0.9826134   2.106087  -2.2979285   5.953521
```

```
y2  -0.3627434   1.210061  -0.4643653    4.827032
y3  -1.6382980  -3.743463   9.9836491  -11.039642
y4   1.4139919   3.771305  -9.3973303    7.495651
```

因 9 个变量没有用相同单位测量, 这里用标准化后的系数进行分析. 第一典型相关系数为 0.997 36, 它比能源消耗指标和污染物排放指标间的任一相关系数都大.

调用相关系数检验脚本进行典型相关系数检验, 确定典型相关变量对数, R 程序和运行结果如下:

```
> source('corcoef_test.R')
  #调用典型相关系数检验脚本,若该脚本不在当前R的工作路径下,则要将路径设置
   清晰,如source('C:/Program Files/corcoef_test.R')
> corcoef_test(r=CCA$cor,n=nrow(x),p=ncol(x),q=ncol(y))
  #进行典型相关系数检验
             r         Q            P
[1,] 0.9973578 60.449742 6.065762e-06
[2,] 0.9365673 23.757395 2.194235e-02
[3,] 0.7938556  9.249543 1.600226e-01
[4,] 0.5088609  2.317110 3.139394e-01
```

当检验总体中所有典型相关系数均为 0 的原假设为真时, p 值远小于显著性水平 $\alpha = 0.05$, 故否定所有典型相关系数均为 0 的假设, 也就是至少有一对典型相关变量是显著的; 典型相关系数检验 p 值的第二个值为 0.022、第三个值为 0.160、第四个值为 0.314, 因此在显著性水平为 0.05 的情况下只有两对典型相关变量是显著的.

结合前面输出的典型相关载荷结果来看, 能源消耗指标的第一典型变量 $\hat{u}_1$ 为

$$\hat{u}_1 = 0.544x_1^* - 0.381x_2^* + 0.332x_3^* - 0.578x_4^* - 0.877x_5^*.$$

它近似地是平均每天电力消费量、平均每天柴油消费量和平均每天煤炭消费量的加权和, 在平均每天电力消费量上的权数最大, 其次是平均每天柴油消费量, 在平均每天煤炭消费量上的权数也较大.

来自污染物排放指标的第一典型相关变量 $\hat{v}_1$ 为

$$\hat{v}_1 = 0.983y_1^* - 0.363y_2^* - 1.638y_3^* + 1.414y_4^*.$$

它在化学需氧量排放量上的权数最大, 其次为氨氮排放量.

输出原始变量和典型相关变量的相关系数, R 程序和运行结果如下:

```
> CCA$scores$corr.X.xscores     #输出第一组典型相关变量与x组原始变量之间
                                 的相关系数
          [,1]         [,2]         [,3]         [,4]
x1  -0.8766718   0.45026641   0.04402308  -0.03289336
x2  -0.9928365   0.01413853  -0.09461841   0.06528494
x3  -0.9724370  -0.04798785  -0.18515189   0.06498516
x4  -0.9505116   0.28708149   0.11369151  -0.01080325
x5  -0.9945212   0.06562558  -0.07675865  -0.01699394
> CCA$scores$corr.Y.xscores     #输出第一组典型相关变量与y组原始变量之间
                                 的相关系数
          [,1]       [,2]          [,3]          [,4]
y1   0.8723882  0.3672169   0.226132519  -0.002623138
y2  -0.9540087  0.2650633   0.018029776   0.033850365
y3  -0.2135339  0.8758667   0.123182179  -0.119887004
y4  -0.3930398  0.8276204  -0.009796053  -0.128398268
> CCA$scores$corr.X.yscores     #输出第二组典型相关变量与x组原始变量之间
                                 的相关系数
          [,1]         [,2]         [,3]          [,4]
x1  -0.8743555   0.42170481   0.03494797  -0.016738147
x2  -0.9902133   0.01324168  -0.07511336   0.033220956
x3  -0.9698676  -0.04494385  -0.14698387   0.033068407
x4  -0.9480002   0.26887114   0.09025464  -0.005497353
x5  -0.9918935   0.06146277  -0.06093528  -0.008647553
> CCA$scores$corr.Y.yscores     #输出第二组典型相关变量与y组原始变量之间
                                 的相关系数
          [,1]       [,2]         [,3]          [,4]
y1   0.8746993  0.3920881   0.28485345  -0.005154921
y2  -0.9565360  0.2830157   0.02271166   0.066521839
y3  -0.2140996  0.9351882   0.15516949  -0.235598758
y4  -0.3940810  0.8836742  -0.01233984  -0.252324867
```

整理后得表 9–1.

表 9–1 原始变量与第一对典型相关变量的相关系数

x^* 变量	样本典型相关变量		y^* 变量	样本典型相关变量	
	$\hat{u}_1$	$\hat{v}_1$		$\hat{u}_1$	$\hat{v}_1$
平均每天煤炭消费量	−0.876 67	−0.874 36	二氧化硫排放量	0.872 39	0.874 70
平均每天原油消费量	−0.992 84	−0.990 21	废水排放总量	−0.954 01	−0.956 54
平均每天汽油消费量	−0.972 44	−0.969 87	化学需氧量排放量	−0.213 53	−0.214 10
平均每天柴油消费量	−0.950 51	−0.948 00	氨氮排放量	−0.393 04	−0.394 08
平均每天电力消费量	−0.994 52	−0.991 89			

来自能源消耗指标的第一典型相关变量 $\hat{u}_1$ 与平均每天原油消费量、平均每天柴油消费量、平均每天电力消费量的相关系数分别为 −0.992 84、−0.950 51、−0.994 52, $\hat{u}_1$ 与平均每天煤炭消费量、平均每天汽油消费量的相关系数分别为 −0.876 67、−0.972 44, 因此平均每天煤炭消费量、平均每天汽油消费量是抑制变量, 其含义是它们在 $\hat{u}_1$ 中的系数 $(0.544, 0.332)$ 和它们与 $\hat{u}_1$ 的相关系数 $(-0.876\,67, -0.972\,44)$ 符号相反.

来自污染物排放指标的第一典型相关变量 $\hat{v}_1$ 与二氧化硫排放量、废水排放总量、化学需氧量排放量的相关系数分别为 0.874 70、−0.956 54、−0.214 10, $\hat{v}_1$ 与氨氮排放量的相关系数为 −0.394 08, 因此氨氮排放量是抑制变量, 其含义是它在 $\hat{v}_1$ 中的系数 (1.414) 和它与 $\hat{v}_1$ 的相关系数 (−0.394 08) 符号相反.

计算典型相关变量解释原变量方差的比例, R 程序和运行结果如下:

```
> apply(CCA$scores$corr.X.xscores,2,function(x){mean(x^2)})
        #第一组典型相关变量解释原第一组变量方差的比例
[1] 0.918491237  0.058393015  0.012797909  0.001994534
> apply(CCA$scores$corr.Y.xscores,2,function(x){mean(x^2)})
        #第一组典型相关变量解释原第二组变量方差的比例
[1] 0.467817692  0.414301187  0.016682700  0.008002934
> apply(CCA$scores$corr.X.yscores,2,function(x){mean(x^2)})
        #第二组典型相关变量解释原第一组变量方差的比例
[1] 0.9136440516  0.0512199197  0.0080653294  0.0005164636
> apply(CCA$scores$corr.Y.yscores,2,function(x){mean(x^2)})
        #第二组典型相关变量解释原第二组变量方差的比例
[1] 0.47029962  0.47232201  0.02647179  0.03090659
```

第一对典型相关变量中 u_1 解释能源消耗指标的标准方差的比例为 0.918, 第一对典型相关变量中 v_1 解释污染物排放指标的标准方差的比例为 0.470, 前者能很好地预测对应的那组变量, 但后者不能; 来自能源消耗指标的标准方差被对方第一个典型相关变量 v_1 解释的方差比例为 0.914, 来自污染物排放指标的标准方差被对方第一个典型相关变量 u_1 解释的方差比例为 0.468.

计算得分, 并绘制得分等值平面图. R 程序如下:

```
> u<-as.matrix(x)%*%CCA$xcoef    #计算得分
> v<-as.matrix(y)%*%CCA$ycoef    #计算得分
> plot(u[,1],v[,1],xlab="u1",ylab="v1")
       #绘制第一对典型相关变量得分的散点图,x轴名称为u1,y轴名称为v1
> abline(0,1)   #在散点图上添加一条y等于x的线,以看散点分布情况
```

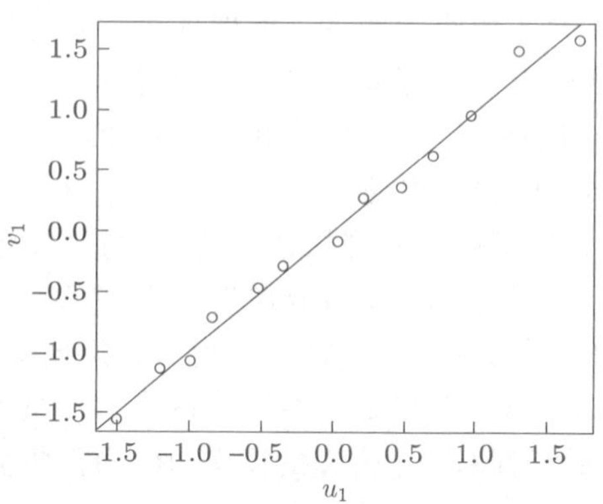

图 9–1　能源消耗和污染物排放数据第一对典型相关变量得分等值平面图

由得分等值平面图 9–1 可以看出, 第一对典型相关变量得分散点分布在一条直线上, 两者之间呈高度线性相关关系, 图 9–1 上没有明显离开群体的差异点. 这说明我国能源消耗与污染物排放之间的关系很稳定, 整体波动平稳.

9.3 案例分析与 R 实现

数据文件
case9.1

案例 9.1　表 9–2 给出了 2004—2016 年我国环境污染治理投资与城市生活垃圾清运和处理情况的部分代表指标, 其中环境污染治理投资指标: x_1 为环境污染治理投资总额 (亿元), x_2 为城镇环境基础设施建设投资额 (亿元), x_3 为

表 9-2 2004—2016 年我国环境污染治理投资与城市生活垃圾清运和处理情况数据

年份	x_1	x_2	x_3	x_4	x_5	y_1	y_2	y_3	y_4	y_5	y_6	y_7
2016	9 219.80	5 412.02	532.02	1 485.48	561.11	20 362.00	621 351	350 103	255 850	1 299.2	647.1	96.6
2015	8 806.30	4 946.80	463.10	1 248.50	472.00	19 141.90	576 894	344 135	219 080	1 436.8	673.7	94.1
2014	9 575.50	5 463.90	574.00	1 196.10	592.20	17 860.20	533 455	335 316	185 957	1 552.0	692.0	91.8
2013	9 037.20	5 222.99	607.90	1 055.00	505.75	17 238.60	492 300	322 782	158 488	1 682.4	677.8	89.3
2012	8 253.46	5 062.65	551.81	934.08	398.64	17 080.90	446 268	310 927	122 649	1 811.8	801.4	84.8
2011	7 114.03	4 557.23	444.09	971.63	556.23	16 395.30	409 119	300 195	94 114	1 962.9	652.8	79.7
2010	7 612.19	5 182.21	357.93	1 172.69	423.52	15 804.80	387 607	289 957	84 940	1 950.5	690.8	77.9
2009	5 258.39	3 245.06	219.20	1 035.54	411.15	15 733.70	356 130	273 498	71 253	2 141.0	846.1	71.4
2008	4 937.03	2 247.73	199.24	637.16	259.23	15 437.70	315 153	253 268	51 606	2 330.7	903.9	66.8
2007	3 387.30	1 467.50	160.10	410.00	141.80	15 214.50	271 791	215 179	44 682	2 506.3	908.3	62.0
2006	2 566.00	1 314.90	155.05	331.52	175.75	14 841.30	258 048	206 626	39 966	2 130.5	855.2	52.2
2005	2 388.00	1 289.70	142.40	368.00	147.80	15 576.80	256 312	211 085	33 010	3 804.6	2 713.8	51.7
2004	1 909.80	1 141.20	148.32	352.28	107.80	15 509.30	238 519	205 889	16 907	3 576.3	2 557.8	52.1

城镇燃气建设投资额 (亿元), x_4 为城镇排水建设投资额 (亿元), x_5 为城镇市容环境卫生建设投资额 (亿元); 城市生活垃圾清运和处理情况指标: y_1 为生活垃圾清运量 (10^4 t), y_2 为生活垃圾无害化处理能力 (t/d), y_3 为生活垃圾卫生填埋无害化处理能力 (t/d), y_4 为生活垃圾焚烧无害化处理能力 (t/d), y_5 为粪便清运量 (10^4 t), y_6 为粪便无害化处理量 (10^4 t), y_7 为生活垃圾无害化处理率 (%). 利用这些数据使用典型相关分析方法来分析我国环境污染治理投资与城市生活垃圾清运和处理情况的关系.

解: 先读取数据, 求样本相关系数矩阵. R 程序和运行结果如下:

```
> setwd("C:/mdata")   #设定工作路径
> case <-read.csv("example9.1.csv",header=T)
> R = round(cor(case),3) ;R   #求样本相关系数矩阵, 保留三位小数
       x1     x2     x3     x4     x5     y1     y2     y3     y4     y5
x1  1.000  0.982  0.951  0.929  0.936  0.788  0.939  0.982  0.882 -0.859
x2  0.982  1.000  0.938  0.938  0.943  0.740  0.900  0.962  0.829 -0.821
x3  0.951  0.938  1.000  0.816  0.884  0.768  0.895  0.926  0.845 -0.771
x4  0.929  0.938  0.816  1.000  0.931  0.812  0.924  0.955  0.873 -0.817
x5  0.936  0.943  0.884  0.931  1.000  0.725  0.886  0.945  0.818 -0.823
y1  0.788  0.740  0.768  0.812  0.725  1.000  0.944  0.860  0.970 -0.660
y2  0.939  0.900  0.895  0.924  0.886  0.944  1.000  0.973  0.987 -0.828
y3  0.982  0.962  0.926  0.955  0.945  0.860  0.973  1.000  0.924 -0.843
y4  0.882  0.829  0.845  0.873  0.818  0.970  0.987  0.924  1.000 -0.796
y5 -0.859 -0.821 -0.771 -0.817 -0.823 -0.660 -0.828 -0.843 -0.796  1.000
y6 -0.700 -0.665 -0.582 -0.648 -0.684 -0.380 -0.600 -0.653 -0.552  0.934
y7  0.985  0.954  0.929  0.941  0.924  0.857  0.972  0.991  0.929 -0.864
       y6     y7
x1 -0.700  0.985
x2 -0.665  0.954
x3 -0.582  0.929
x4 -0.648  0.941
x5 -0.684  0.924
y1 -0.380  0.857
y2 -0.600  0.972
y3 -0.653  0.991
y4 -0.552  0.929
y5  0.934 -0.864
```

```
y6  1.000 -0.692
y7 -0.692  1.000
```

环境污染治理投资指标与城市生活垃圾清运和处理情况指标之间的相关性很强, 组内相关性也很强.

作典型相关分析, 求典型相关系数和对应的典型相关变量的系数, R 程序和运行结果如下:

```
> X = scale(case)   #对数据进行标准化处理
> x = X[,1:5]   #指定一组变量数据
> y = X[,6:12]   #指定另一组变量数据
> library(CCA)   #载入典型相关分析所用CCA包
> CCA=cc(x,y)   #进行典型相关分析
> CCA$cor   #输出典型相关系数
[1] 0.9979370  0.9853612  0.8069882  0.7339121  0.2701622
> CCA$xcoef   #输出x的典型载荷
         [,1]       [,2]       [,3]       [,4]         [,5]
x1 -1.1812118  0.5649148 -5.6212528 -3.6919233  0.001909488
x2  0.9872596 -3.3059240  3.8885568 -2.1455635  2.662187164
x3 -0.4431800  2.5957621  2.3346098  2.0777547 -1.812812078
x4 -0.6159503  2.5318340  0.6709039  3.2328329  1.037192491
x5  0.2384620 -2.4517323 -1.0425240  0.7879338 -1.973443126
> CCA$ycoef   #输出y的典型载荷
         [,1]       [,2]       [,3]        [,4]       [,5]
y1 -0.1046387   3.806894  -1.642265   0.6697481  7.5007870
y2  8.9386647 -57.829998  52.026595  41.3820316 -44.3455475
y3 -3.4799308  17.996569 -24.459623 -11.8897248  18.3954108
y4 -5.1552017  29.834317 -32.667977 -22.2666618  16.1491541
y5  0.4703514  -4.319063  -5.720317   3.7843322  -2.0073963
y6 -0.4238112   3.461393   5.036525  -3.3453620   0.1817607
y7 -1.2408770   5.983617   3.984796  -7.3443718   1.8697594
```

因 12 个变量没有用相同单位测量, 这里用标准化后的系数进行分析. 第一典型相关系数为 0.997 94, 它比环境污染治理投资指标与城市生活垃圾清运和处理情况指标间的任一相关系数都大.

调用相关系数检验脚本进行典型相关系数检验, 确定典型相关变量对数, R 程序和运行结果如下:

```
> source('corcoef_test.R')
  #调用典型相关系数检验脚本,若该脚本不在当前R的工作路径下,则要将路径设置
   清晰,如source('C:/Program Files/corcoef_test.R')
> corcoef_test(r=CCA$cor,n=nrow(x),p=ncol(x),q=ncol(y))
  #进行典型相关系数检验
             r          Q           P
[1,] 0.9979370  60.1283369  0.005180264
[2,] 0.9853612  29.9477791  0.186488622
[3,] 0.8069882  10.5295645  0.785174459
[4,] 0.7339121   5.1551571  0.740871336
[5,] 0.2701622   0.5249254  0.913382263
```

当检验总体中所有典型相关系数均为 0 的原假设为真时, p 值远小于显著性水平 $\alpha = 0.05$, 故否定所有典型相关系数均为 0 的假设, 也就是至少有一对典型相关变量是显著的; 典型相关系数检验 p 值的第二个值为 0.186、第三个值为 0.785、第四个值为 0.741、第五个值为 0.913, 因此在显著性水平为 0.05 的情况下只有一对典型相关变量是显著的.

结合前面输出的典型相关载荷结果来看, 环境污染治理投资指标的第一典型变量 $\hat{u}_1$ 为

$$\hat{u}_1 = -1.181x_1^* + 0.987x_2^* - 0.443x_3^* - 0.616x_4^* + 0.238x_5^*.$$

它近似地是环境污染治理投资总额、城镇环境基础设施建设投资额、城镇排水建设投资额的加权和, 在环境污染治理投资总额上的权数最大, 其次是城镇环境基础设施建设投资额.

来自城市生活垃圾清运和处理情况指标的第一典型变量 $\hat{v}_1$ 为

$$\hat{v}_1 = -0.105y_1^* + 8.939y_2^* - 3.480y_3^* - 5.155y_4^* + 0.470y_5^* - 0.424y_6^* - 1.241y_7^*.$$

它在生活垃圾无害化处理能力上的权数最大, 其次为生活垃圾焚烧无害化处理能力.

输出原始变量和典型相关变量的相关系数, R 程序和运行结果如下:

```
> CCA$scores$corr.X.xscores    #输出第一组典型相关变量与x组原始变量之间的
                                相关系数
         [,1]        [,2]       [,3]        [,4]         [,5]
x1 -0.9821207 -0.15634554 0.06600279 -0.08105038  0.008334234
x2 -0.9415573 -0.25354580 0.20332393 -0.04708797  0.075010290
x3 -0.9326628 -0.06805575 0.26204459 -0.11110605 -0.210942043
x4 -0.9272800 -0.20824239 0.02987589  0.21943907  0.218496640
x5 -0.9017247 -0.38911690 0.04933602  0.15379374 -0.096922629
> CCA$scores$corr.Y.xscores    #输出第一组典型相关变量与y组原始变量之间的
                                相关系数
         [,1]        [,2]         [,3]       [,4]         [,5]
y1 -0.8674622  0.27065696  0.031901891 0.29746269 -0.008486033
y2 -0.9750251  0.04369412  0.006726103 0.14563409 -0.013352986
y3 -0.9838077 -0.11919486  0.039339469 0.06646755  0.011090862
y4 -0.9404812  0.15643771 -0.027479390 0.18758268 -0.031301029
y5  0.8525630  0.17815124  0.146481861 0.04397251 -0.014369627
y6  0.6643660  0.32941655  0.270164313 0.16821072 -0.039391323
y7 -0.9921999 -0.06870048  0.012851127 0.01749741  0.011470515
> CCA$scores$corr.X.yscores    #输出第二组典型相关变量与x组原始变量之间的
                                相关系数
         [,1]       [,2]       [,3]        [,4]         [,5]
x1 -0.9800946 -0.1540568 0.05326348 -0.05948385  0.002251595
x2 -0.9396148 -0.2498342 0.16408002 -0.03455843  0.020264946
x3 -0.9307387 -0.0670595 0.21146691 -0.08154207 -0.056988570
x4 -0.9253670 -0.2051940 0.02410949  0.16104898  0.059029536
x5 -0.8998644 -0.3834207 0.03981359  0.11287108 -0.026184832
> CCA$scores$corr.Y.yscores    #输出第二组典型相关变量与y组原始变量之间的
                                相关系数
         [,1]        [,2]         [,3]       [,4]        [,5]
y1 -0.8692555  0.27467793  0.039532039 0.40531108 -0.03141088
y2 -0.9770408  0.04434326  0.008334821 0.19843535 -0.04942581
y3 -0.9858415 -0.12096566  0.048748503 0.09056610  0.04105260
y4 -0.9424254  0.15876179 -0.034051785 0.25559286 -0.11586013
y5  0.8543255  0.18079791  0.181516721 0.05991523 -0.05318889
y6  0.6657394  0.33431047  0.334780977 0.22919738 -0.14580619
y7 -0.9942511 -0.06972112  0.015924801 0.02384129  0.04245788
```

整理后得表 9–3.

表 9–3　原始变量与第一对典型相关变量的相关系数

x^* 变量	样本典型相关变量		y^* 变量	样本典型相关变量	
	$\hat{u}_1$	$\hat{v}_1$		$\hat{u}_1$	$\hat{v}_1$
环境污染治理投资总额	−0.982 12	−0.980 09	生活垃圾清运量	−0.867 46	−0.869 26
城镇环境基础设施建设投资额	−0.941 56	−0.939 61	生活垃圾无害化处理能力	−0.975 03	−0.977 04
城镇燃气建设投资额	−0.932 66	−0.930 74	生活垃圾卫生填埋无害化处理能力	−0.983 81	−0.985 84
城镇排水建设投资额	−0.927 28	−0.925 37	生活垃圾焚烧无害化处理能力	−0.940 48	−0.942 43
城镇市容环境卫生建设投资额	−0.901 72	−0.899 86	粪便清运量	0.852 56	0.854 33
			粪便无害化处理量	0.664 37	0.665 74
			生活垃圾无害化处理率	−0.992 20	−0.994 25

来自环境污染治理投资指标的第一典型相关变量 u_1 与环境污染治理投资总额、城镇燃气建设投资额、城镇排水建设投资额的相关系数分别为 −0.982 12, −0.932 66, −0.927 28, u_1 与城镇环境基础设施建设投资额、城镇市容环境卫生建设投资额的相关系数分别为 −0.941 56, −0.901 72, 因此城镇环境基础设施建设投资额、城镇市容环境卫生建设投资额是抑制变量, 其含义是它们在 $\hat{u}_1$ 中的系数 $(0.987, 0.238)$ 和它们与 $\hat{u}_1$ 的相关系数 $(-0.941\,56, -0.901\,72)$ 符号相反.

来自城市生活垃圾清运和处理情况指标的第一典型相关变量 v_1 与生活垃圾清运量、生活垃圾卫生填埋无害化处理能力、生活垃圾焚烧无害化处理能力、粪便清运量、生活垃圾无害化处理率的相关系数分别为 −0.869 26, −0.985 84, −0.942 43, 0.854 33, −0.994 25, v_1 与生活垃圾无害化处理能力、粪便无害化处理量的相关系数分别为 −0.977 04, 0.665 74, 因此生活垃圾无害化处理能力、粪便无害化处理量是抑制变量, 其含义是它们在 $\hat{v}_1$ 中的系数 $(8.939, -0.424)$ 和它们与 $\hat{v}_1$ 的相关系数 $(-0.977\,04, 0.665\,74)$ 符号相反.

计算典型相关变量解释原变量方差的比例, R 程序和运行结果如下:

```
> apply(CCA$scores$corr.X.xscores,2,function(x){mean(x^2)})
  #第一组典型相关变量解释原第一组变量方差的比例
[1] 0.87878137  0.05762757  0.02353819  0.01858740  0.02146547
```

```
> apply(CCA$scores$corr.Y.xscores,2,function(x){mean(x^2)})
  #第一组典型相关变量解释原第二组变量方差的比例
[1] 0.8154647880  0.0369739182  0.0139966464  0.0256904462  0.0004632588
> apply(CCA$scores$corr.X.yscores,2,function(x){mean(x^2)})
  #第二组典型相关变量解释原第一组变量方差的比例
[1] 0.875159220  0.055952718  0.015328779  0.010011675  0.001566713
> apply(CCA$scores$corr.Y.yscores,2,function(x){mean(x^2)})
  #第二组典型相关变量解释原第二组变量方差的比例
[1] 0.818839871  0.038080670  0.021492631  0.047696181  0.006347088
```

第一对典型相关变量中 u_1 解释环境污染治理投资指标的标准方差的比例为 0.879, 第一对典型相关变量中 v_1 解释城市生活垃圾清运和处理情况指标的标准方差的比例为 0.819; 来自环境污染治理投资指标的标准方差被对方第一个典型相关变量 v_1 解释的方差比例为 0.875, 来自城市生活垃圾清运和处理情况指标的标准方差被对方第一个典型相关变量 u_1 解释的方差比例为 0.815.

计算得分, 并绘制得分等值平面图. R 程序如下:

```
> u<-as.matrix(x)%*%CCA$xcoef   #计算得分
> v<-as.matrix(y)%*%CCA$ycoef   #计算得分
> plot(u[,1],v[,1],xlab="u1",ylab="v1")
  #绘制第一对典型相关变量得分的散点图,x轴名称为u1,y轴名称为v1
> abline(0,1)   #在散点图上添加一条y等于x的线,以看散点分布情况
```

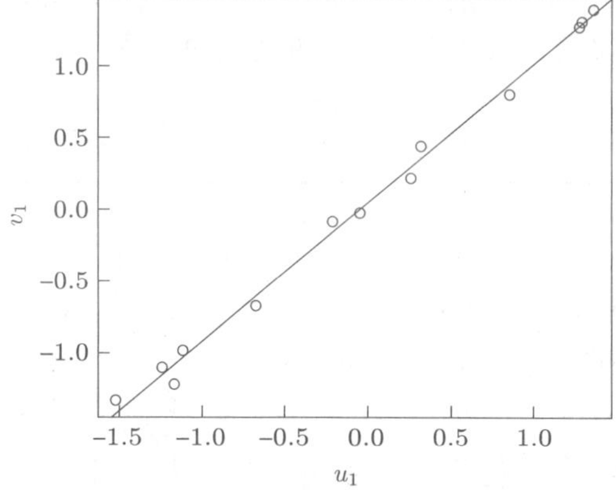

图 9–2　环境污染治理投资与城市生活垃圾清运和处理情况数据第一对典型相关变量得分等值平面图

由得分等值平面图 9–2 可以看出, 第一对典型相关变量得分散点分布在一条直线上, 两者之间呈高度线性相关关系, 图 9–2 上没有明显离开群体的差异点. 这说明我国环境污染治理投资与城市生活垃圾清运和处理情况之间的关系很稳定, 整体波动平稳.

本章小结

本章介绍了典型相关分析的基本原理, 即研究两组变量之间相关性的统计分析方法, 它也是一种降维技术. 第一对典型相关变量包含最多的有关两组变量的相关信息, 第二对次之, 后面的变量依次递减. 各对典型相关变量所含信息互不重复, 选取多少典型相关变量需要作相应的 χ^2 检验. 最后通过案例展示典型相关分析方法的具体应用.

习题 9

9.1 试述典型相关分析的基本思想.

9.2 指出根据协方差矩阵和相关矩阵所作的典型相关分析的区别和联系.

9.3 分析一组原始变量的典型相关变量与其主成分的异同.

数据文件 exe9.4

9.4 表 9–4 给出了 2000—2018 年我国居民消费水平和国内旅游情况的部分代表指标, 其中居民消费水平指标: x_1 为居民消费水平 (元), x_2 为城镇居民消费水平 (元), x_3 为农村居民消费水平 (元); 国内旅游情况指标: y_1 为国内游客 (百万人次), y_2 为城镇居民国内游客 (百万人次), y_3 为农村居民国内游客 (百万人次), y_4 为国内旅游人均花费 (元), y_5 为城镇居民国内旅游人均花费 (元), y_6 为农村居民国内旅游人均花费 (元). 利用这些数据使用典型相关分析方法来分析我国居民消费水平和国内旅游情况的关系.

表 9–4 2000—2018 年我国居民消费水平和国内旅游情况数据

年份	x_1	x_2	x_3	y_1	y_2	y_3	y_4	y_5	y_6
2018	25 378	33 308	13 689	5 539	4 119	1 420	925.8	1 034.0	611.9
2017	23 070	30 959	11 940	5 001	3 677	1 324	913.0	1 024.6	603.3
2016	20 877	28 600	10 493	4 440	3 195	1 240	888.2	1 009.1	576.4
2015	18 929	26 413	9 365	4 000	2 802	1 188	857.0	985.5	554.2
2014	17 271	24 508	8 508	3 611	2 483	1 128	839.7	975.4	540.2
2013	15 615	22 583	7 524	3 262	2 186	1 076	805.5	946.6	518.9

续表

年份	x_1	x_2	x_3	y_1	y_2	y_3	y_4	y_5	y_6
2012	14 075	20 759	6 667	2 957	1 933	1 024	767.9	914.5	491.0
2011	12 646	18 968	5 996	2 641	1 687	954	731.0	877.8	471.4
2010	10 550	16 260	4 851	2 103	1 065	1 038	598.2	883.0	306.0
2009	9 226	14 447	4 341	1 902	903	999	535.4	801.1	295.3
2008	8 483	13 527	4 012	1 712	703	1 009	511.0	849.4	275.3
2007	7 434	11 981	3 579	1 610	612	998	482.6	906.9	222.5
2006	6 302	10 329	3 095	1 394	576	818	446.9	766.4	221.9
2005	5 671	9 472	2 805	1 212	496	716	436.1	737.1	227.6
2004	5 056	8 565	2 540	1 102	459	643	427.5	731.8	210.2
2003	4 542	7 812	2 313	870	351	519	395.7	684.9	200.0
2002	4 256	7 498	2 175	878	385	493	441.8	739.7	209.1
2001	3 954	7 109	2 048	784	375	409	449.5	708.3	212.7
2000	3 698	6 808	1 931	744	329	415	426.6	678.6	226.6

资料来源: 中华人民共和国国家统计局年度数据.

9.5 表 9–5 给出了 2000—2012 年我国农村居民纯收入和农村居民消费支出的部分代表指标, 其中农村居民纯收入指标: x_1 为农村居民家庭平均每人工资性纯收入 (元), x_2 为农村居民家庭平均每人家庭经营纯收入 (元), x_3 为农村居民家庭平均每人农业纯收入 (元), x_4 为农村居民家庭平均每人转移性纯收入 (元); 农村居民消费支出指标: y_1 为农村居民家庭平均每人食品消费支出 (元), y_2 为农村居民家庭平均每人衣着消费支出 (元), y_3 为农村居民家庭平均每人居住消费支出 (元), y_4 为农村居民家庭平均每人交通通信消费支出 (元), y_5 为农村居民家庭平均每人文教娱乐消费支出 (元), y_6 为农村居民家庭平均每人医疗保健消费支出 (元). 利用这些数据使用典型相关分析方法来分析我国农村居民纯收入和农村居民消费支出的关系.

数据文件 exe9.5

表 9–5　2000—2012 年我国农村居民纯收入和农村居民消费支出数据

年份	x_1	x_2	x_3	x_4	y_1	y_2	y_3	y_4	y_5	y_6
2012	3 447.5	3 533.4	2 106.8	686.7	2 323.9	396.4	1 086.4	652.8	445.5	513.8
2011	2 963.4	3 222.0	1 896.7	563.3	2 107.3	341.3	961.5	547.0	396.4	436.8
2010	2 431.1	2 832.8	1 723.5	452.9	1 800.7	264.0	835.2	461.1	366.7	326.0
2009	2 061.3	2 526.8	1 497.9	398.0	1 636.0	232.5	805.0	402.9	340.6	287.5

续表

年份	x_1	x_2	x_3	x_4	y_1	y_2	y_3	y_4	y_5	y_6
2008	1 853.7	2 435.6	1 427.0	323.2	1 598.8	211.8	678.8	360.2	314.5	246.0
2007	1 596.2	2 193.7	1 303.8	222.3	1 389.0	193.5	573.8	328.4	305.7	210.2
2006	1 374.8	1 931.0	1 159.6	180.8	1 217.0	168.0	469.0	288.8	305.1	191.5
2005	1 174.5	1 844.5	1 097.7	147.4	1 162.2	148.6	370.2	245.0	295.5	168.1
2004	998.5	1 745.8	1 056.5	115.5	1 031.9	120.2	324.3	192.6	247.6	130.6
2003	918.4	1 541.3	885.7	96.8	886.0	110.3	308.4	162.5	235.7	115.8
2002	840.2	1 486.5	866.7	98.2	848.4	105.0	300.2	128.5	210.3	103.9
2001	771.9	1 459.6	863.6	87.9	830.7	98.7	279.1	110.0	192.6	96.6
2000	702.3	1 427.3	833.9	78.8	820.5	96.0	258.3	93.1	186.7	87.6

资料来源: 中华人民共和国国家统计局年度数据.

数据文件
exe9.6

9.6　表 9–6 给出了 2000—2015 年我国社会捐赠和社会救助的部分代表指标, 其中社会捐赠指标: x_1 为社会捐赠款 (亿元), x_2 为民政部门社会捐赠款 (亿元), x_3 为各类社会组织社会捐赠款 (亿元), x_4 为社会捐赠其他物资折款 (亿元); 社会救助指标: y_1 为城市居民最低生活保障人数 (万人), y_2 为农村居民最低生活保障人数 (万人). 利用这些数据使用典型相关分析方法来分析我国社会捐赠和社会救助的关系.

表 9–6　2000—2015 年我国社会捐赠和社会救助数据

年份	x_1	x_2	x_3	x_4	y_1	y_2
2015	654.5	44.2	610.3	5.2	1 701.1	4 903.6
2014	368.8	81.7	287.1	11.9	1 877.0	5 207.0
2013	566.4	107.6	458.8	8.7	2 064.0	5 388.0
2012	572.5	101.7	470.8	6.3	2 143.5	5 344.5
2011	490.1	96.6	393.5	4.8	2 276.8	5 305.7
2010	596.8	179.8	417.0	4.9	2 310.5	5 214.0
2009	483.7	66.5	417.2	2.2	2 345.6	4 760.0
2008	744.5	479.3	265.2	19.6	2 334.8	4 305.5
2007	132.8	50.9	81.9	15.6	2 272.1	3 566.3
2006	83.1	43.0	40.1	6.4	2 240.1	1 593.1
2005	60.3	31.3	29.0	1.6	2 234.2	825.0
2004	34.0	17.1	16.9	1.2	2 205.0	488.0

续表

年份	x_1	x_2	x_3	x_4	y_1	y_2
2003	41.0	29.2	11.9	2.4	2 246.8	367.1
2002	19.0	11.1	7.9	1.8	2 064.7	407.8
2001	11.7	7.6	4.1	8.3	1 170.7	304.6
2000	9.3	5.4	3.9	7.0	402.6	300.2

资料来源: 中华人民共和国国家统计局年度数据.

9.7 表 9–7 给出了 2007—2018 年我国旅游业发展情况和住宿、餐饮业情况的部分代表指标, 其中旅游业发展情况指标: x_1 为入境游客 (万人次), x_2 为入境过夜游客 (万人次), x_3 为国内游客 (万人次), x_4 为国际旅游外汇收入 (百万美元), x_5 为国内旅游总花费 (亿元); 住宿、餐饮业情况指标: y_1 为住宿、餐饮业法人企业数 (个), y_2 为住宿、餐饮业年末从业人数 (万人), y_3 为住宿、餐饮业营业额 (亿元), y_4 为住宿、餐饮业餐费收入 (亿元), y_5 为住宿、餐饮业餐饮营业面积 (万平方米). 利用这些数据使用典型相关分析方法来分析我国旅游业发展情况和住宿、餐饮业情况的关系.

数据文件
exe9.7

表 9–7 2007—2018 年我国旅游业发展情况和住宿、餐饮业情况数据

年份	x_1	x_2	x_3	x_4	x_5	y_1	y_2	y_3	y_4	y_5
2018	14 119.83	6 289.57	553 900	127 103	51 278.29	46 872	412.2	9 682.60	6 405.40	10 283.30
2017	13 948.24	6 073.84	500 100	123 417	45 660.77	45 664	405.3	9 276.71	6 135.42	9 590.43
2016	13 844.38	5 926.73	444 000	120 000	39 390.00	45 855	407.4	8 938.19	5 967.90	9 468.15
2015	13 382.04	5 688.57	400 000	113 650	34 195.05	44 884	413.2	8 512.23	5 709.52	9 276.65
2014	12 849.83	5 562.20	361 100	56 913	30 311.86	45 508	432.4	8 150.60	5 453.70	9 570.00
2013	12 907.78	5 568.59	326 200	51 664	26 276.12	45 180	456.2	8 061.32	5 430.52	9 473.84
2012	13 240.53	5 772.49	295 700	50 028	22 706.20	40 499	454.5	7 954.28	5 442.76	10 000.76
2011	13 542.35	5 758.07	264 100	48 464	19 305.39	39 002	443.5	7 070.94	4 755.76	9 630.80
2010	13 376.22	5 566.45	210 300	45 814	12 579.77	37 308	431.1	5 992.99	4 037.10	6 249.39
2009	12 647.59	5 087.52	190 200	39 675	10 183.70	35 192	400.7	4 947.06	3 373.09	6 093.89
2008	13 002.74	5 304.92	171 200	40 843	8 749.30	37 151	400.0	4 824.43	3 246.06	6 171.38
2007	13 187.33	5 471.98	161 000	41 919	7 770.60	25 041	341.8	3 711.50	2 427.03	5 117.90

资料来源: 中华人民共和国国家统计局年度数据.

9.8 表 9–8 给出了 2000—2018 年我国农业用料使用量和农作物产品产量的部分代表指标, 其中农业用料使用量指标: x_1 为农用柴油使用量 (10^4 t),

数据文件
exe9.8

x_2 为农用塑料薄膜使用量 (t), x_3 为农药使用量 (10^4 t); 农作物产品产量指标: y_1 为谷物产量 (10^4 t), y_2 为豆类产量 (10^4 t), y_3 为薯类产量 (10^4 t), y_4 为棉花产量 (10^4 t), y_5 为油料产量 (10^4 t), y_6 为糖料产量 (10^4 t). 利用这些数据使用典型相关分析方法来分析我国农业用料使用量和农作物产品产量数据的关系.

表 9-8 2000—2018 年我国农业用料使用量和农作物产品产量数据

年份	x_1	x_2	x_3	y_1	y_2	y_3	y_4	y_5	y_6
2018	2 003.39	2 464 795.41	150.36	61 003.58	1 920.27	2 865.37	610.28	3 433.39	11 937.41
2017	2 095.11	2 528 365.22	165.51	61 520.54	1 841.56	2 798.62	565.25	3 475.24	11 378.84
2016	2 117.08	2 602 608.90	174.05	61 666.53	1 650.66	2 726.32	534.28	3 400.05	11 176.03
2015	2 197.68	2 603 560.59	178.30	61 818.41	1 512.52	2 729.35	590.74	3 390.47	11 215.22
2014	2 176.32	2 580 211.07	180.33	59 601.54	1 564.52	2 798.76	629.94	3 371.92	12 088.73
2013	2 154.94	2 493 182.50	180.77	58 650.35	1 542.40	2 855.45	628.16	3 287.35	12 555.01
2012	2 107.65	2 383 002.28	180.61	56 659.03	1 680.64	2 882.96	660.80	3 285.62	12 451.81
2011	2 057.44	2 294 535.90	178.70	54 061.73	1 863.30	2 924.30	651.89	3 212.51	11 663.11
2010	2 023.12	2 172 991.39	175.82	51 196.75	1 871.84	2 842.72	577.04	3 156.77	11 303.36
2009	1 959.89	2 079 696.65	170.90	49 243.35	1 904.59	2 792.92	623.58	3 139.42	11 746.90
2008	1 887.85	2 006 924.27	167.23	48 569.44	2 021.86	2 842.98	723.23	3 036.76	13 005.96
2007	2 020.81	1 937 467.94	162.28	45 962.96	1 709.13	2 741.76	759.71	2 786.99	12 082.35
2006	1 922.78	1 845 481.83	153.71	45 099.24	2 003.72	2 701.26	753.28	2 640.31	10 459.97
2005	1 902.66	1 762 325.42	145.99	42 776.01	2 157.67	3 468.51	571.42	3 077.14	9 451.91
2004	1 819.47	1 679 985.23	138.60	41 157.21	2 232.07	3 557.67	632.35	3 065.91	9 570.65
2003	1 574.63	1 591 670.34	132.52	37 428.73	2 127.51	3 513.27	485.97	2 811.00	9 641.65
2002	1 507.47	1 530 756.20	131.13	39 798.66	2 241.22	3 665.87	491.62	2 897.20	10 292.68
2001	1 485.25	1 449 286.00	127.48	39 648.21	2 052.81	3 563.07	532.35	2 864.90	8 655.13
2000	1 405.00	1 335 446.33	127.95	40 522.36	2 010.00	3 685.16	441.73	2 954.83	7 635.33

资料来源: 中华人民共和国国家统计局年度数据.

参考文献

[1] 高惠璇. 应用多元统计分析. 北京: 北京大学出版社, 2005.
[2] 王学民. 应用多元统计分析. 上海: 上海财经大学出版社, 2017.
[3] 王斌会. 多元统计分析及 R 语言建模. 4 版. 广州: 暨南大学出版社, 2016.

[4] JOHNSON R A, WICHERN D W. 实用多元统计分析. 陆璇, 叶俊, 译. 6 版. 北京: 清华大学出版社, 2008.

[5] 何晓群. 应用多元统计分析. 北京: 中国统计出版社, 2010.

[6] 薛毅, 陈立萍. 统计建模与 R 软件. 北京: 清华大学出版社, 2007.

附　　录

第 10 章

多维标度法

多维标度法 (Multidimensional Scaling, MDS) 是一种维数缩减方法, 把高维的数据点映射到一个低维空间上, 然后在低维空间 (通常是二维或三维空间) 中以较高的相似度及可视化形式重新展示这些点的数据结构, 并由此对原始数据进行统计分析. 本章主要介绍多维标度法的基本思想, 古典多维标度解的概念、性质、计算等, 并通过具体案例来展示其 R 软件实现.

例 10.0 表 10–0 给出了我国 6 个城市间的道路距离.

数据文件 example 10.0

表 10–0 我国 6 个城市间的道路距离　　单位: km

	北京	济南	青岛	郑州	上海	南京
北京	0					
济南	439	0				
青岛	668	362	0			
郑州	714	443	772	0		
上海	1 259	886	776	984	0	
南京	1 065	626	617	710	322	0

由于城市相互间的道路弯弯曲曲、高高低低, 各城市海拔各不相同, 道路距离可以视为这些城市在三维空间中的距离. 我们希望在平面地图 (二维空间) 上重新标出这 6 个城市, 使得它们之间的距离尽量接近表 10–0 中的距离. 这就是在后面的例 10.2 中将给出的古典多维标度解, 参见定义 10.1.

10.1 多维标度法的基本思想

当维数 $p>3$ 时, 即使给出了 p 维实空间 $\mathbf{R}^p$ 中 n 个样本点的坐标, 我们都难以想象这 n 个点的相互位置关系, 因此自然希望在我们熟悉的低维实空间 $\mathbf{R}^k$ ($k<p$, 常取 $k=1,2,3$) 中以较高的相似度重新展示这 n 个点的数据结构,

并由此对原始样本数据进行统计分析. 另外, 即使维数 $p \leqslant 3$, 有时问题也不容易解决. 比如地图上任意两个城市之间的直线距离和实际道路距离不一样, 若仅给了一组城市相互间的实际道路距离, 你能否标出这些城市之间的相对位置呢? 又假定只知道哪两个城市最近, 哪两个城市次近等, 你还能确定它们之间的相对位置吗? 重新标度的位置与实际位置相似度达到多大? 把上面的不同 “城市” 换作不同的 “产品”“品牌”“指标” 等, 也会遇到类似的问题. 多维标度法就是一类将高维空间中的研究对象 (样本或变量) 简化到低维空间中进行定位、归类和分析, 同时又能有效地保留研究对象间原始结构关系的多元数据分析技术的总称, 是一种维数缩减方法. 换言之, 多维标度法就是在低维空间展示和分析对应的高维数据结构的一种数据分析技术, 目的是要使降维后重新标度的数据结构发生的 “形变” 尽量小, 尽量保持原始多维数据之间的相似性.

多维标度法于 20 世纪 40 年代起源于心理测度学, 用于大致测定人们判断的相似性, 1958 年 Torgerson (托格森) 在其博士论文中首先正式提出了这一方法. 它现在已经广泛应用于心理学、市场营销、经济管理、交通、生态学及地质学等领域. 根据研究对象的相关指标是用距离、比例等度量化数据给出还是用顺序、秩等非度量化数据给出, 相应的分析方法分为度量分析法和非度量分析法两类. 度量分析法中最常用的是古典多维标度法.

多维标度法内容丰富, 其理论分析手段与主成分分析有相通之处, 但也有自己的特点, 共同之处是它们都要降维简化数据, 同时要求数据的信息损失尽量小, 而且降维后的维数都是用特征值的累积贡献率的大小来确定. 不同之处是主成分分析将原始高维数据综合成少数几个彼此不相关的主成分, 再用这少数几个主成分来代替原来较多的变量进行统计分析, 而多维标度法是将维数为 p 的 n 个样品点简化为维数为 $k(k<p)$ 的 n 个样品点, 样品点的个数不变, 仍为 n, 但每个样品点的维数都降低为 k, 然后用低维空间中的这 n 个 k 维样品点来近似展示和分析原来高维空间中的 n 个 p 维样品点的位置结构和彼此关系, 从而进行定位、归类和分析. 另外, 主成分分析中对应的特征值全部非负, 而多维标度法对应的特征值可能为正也可能为负, 据下面式 (10.3) 中 $\boldsymbol{B} \geqslant 0$ 是否成立而定.

10.2 古典多维标度法

下面先来介绍几个与多维标度法相关的基本概念.

10.2.1　多维标度法的几个基本概念

定义 10.1　一个 n 阶矩阵 $\boldsymbol{D}=(d_{ij})_{n\times n}$, 如果满足条件

(1) $\boldsymbol{D}=\boldsymbol{D}^{\mathrm{T}}$;

(2) $d_{ij}\geqslant 0$, $d_{ii}=0$ $(i,j=1,2,\cdots,n)$,

则称矩阵 $\boldsymbol{D}$ 为广义距离矩阵, d_{ij} 称为第 i 个点与第 j 个点间的距离.

注意: 这样定义的广义距离不是通常意义下的距离, 而是通常距离的拓广, 比如以前人们熟悉的三角不等式在这里就未必成立.

对广义距离矩阵 $\boldsymbol{D}=(d_{ij})_{n\times n}$, 多维标度法的目的是要寻找较小的正整数 k (如 $k=1,2,3$) 和相应低维实空间 $\mathbf{R}^k$ 中的 n 个点 $\boldsymbol{x}_1,\boldsymbol{x}_2,\cdots,\boldsymbol{x}_n$, 记 $\hat{\boldsymbol{D}}=(\hat{d}_{ij})_{n\times n}$, $\hat{d}_{ij}$ 表示 $\boldsymbol{x}_i$ 与 $\boldsymbol{x}_j$ 在 $\mathbf{R}^k$ 中的 Euclid 距离, 使得 $\hat{\boldsymbol{D}}$ 与 $\boldsymbol{D}$ 在某种意义下尽量接近. 将找到的这 n 个点写成矩阵形式

$$\boldsymbol{X}=(\boldsymbol{x}_1,\boldsymbol{x}_2,\cdots,\boldsymbol{x}_n)^{\mathrm{T}},$$

称 $\boldsymbol{X}$ 为 $\boldsymbol{D}$ 的一个**古典多维标度** (CMDS) 解. 在多维标度法中, 形象地称 $\boldsymbol{x}_i$ 为 $\boldsymbol{D}$ 的一个**拟合构造点**, 称 $\boldsymbol{X}$ 为 $\boldsymbol{D}$ 的**拟合构图**, 称 $\hat{\boldsymbol{D}}$ 为 $\boldsymbol{D}$ 的**拟合距离矩阵**. 特别地, 当 $\hat{\boldsymbol{D}}=\boldsymbol{D}$ 时, 称 $\boldsymbol{x}_i$ 为 $\boldsymbol{D}$ 的构造点, 且称 $\boldsymbol{X}$ 为 $\boldsymbol{D}$ 的构图. 又若 $\boldsymbol{X}$ 为 $\boldsymbol{D}$ 的构图, 令

$$\boldsymbol{y}_i=\boldsymbol{P}\boldsymbol{x}_i+\boldsymbol{a},$$

其中 $\boldsymbol{P}$ 为正交矩阵, $\boldsymbol{a}$ 为常数向量, 则 $\boldsymbol{Y}=(\boldsymbol{y}_1,\boldsymbol{y}_2,\cdots,\boldsymbol{y}_n)$ 也为 $\boldsymbol{D}$ 的构图, 这是因为平移和正交变换不改变两点间的 Euclid 距离, 即若 $\boldsymbol{D}$ 的构图存在, 那么它是不唯一的.

定义 10.2　对于一个广义距离矩阵 $\boldsymbol{D}=(d_{ij})_{n\times n}$, 如果存在某个正整数 k 和 $\mathbf{R}^k$ 中的 n 个点 $\boldsymbol{x}_1,\boldsymbol{x}_2,\cdots,\boldsymbol{x}_n$, 使得

$$d_{ij}^2=(\boldsymbol{x}_i-\boldsymbol{x}_j)^{\mathrm{T}}(\boldsymbol{x}_i-\boldsymbol{x}_j),\quad i,j=1,2,\cdots,n, \tag{10.1}$$

则称 $\boldsymbol{D}$ 为 Euclid 距离矩阵.

下面讨论如何判断一个距离矩阵 $\boldsymbol{D}$ 是否为 Euclid 距离矩阵. 在已知 $\boldsymbol{D}$ 为 Euclid 距离矩阵的条件下, 如何确定定义 10.2 中相应的 k 和 $\mathbf{R}^k$ 中的 n 个构造点 $\boldsymbol{x}_1,\boldsymbol{x}_2,\cdots,\boldsymbol{x}_n$? 令

$$\boldsymbol{A}=(a_{ij}),\quad a_{ij}=-\frac{1}{2}d_{ij}^2, \tag{10.2}$$

$$\boldsymbol{B}=\boldsymbol{HAH}, \quad \boldsymbol{H}=\boldsymbol{I}_n-\frac{1}{n}\boldsymbol{1}_n\boldsymbol{1}_n^{\mathrm{T}}, \tag{10.3}$$

其中 $\boldsymbol{I}_n$ 为 n 阶单位矩阵, $\boldsymbol{1}_n$ 为分量全为 1 的 n 维列向量. 借助这些定义, 下面给出判断一个距离矩阵 $\boldsymbol{D}$ 为 Euclid 距离矩阵的充要条件.

定理 10.1 设 $\boldsymbol{D}$ 为 n 阶广义距离矩阵, 矩阵 $\boldsymbol{B}$ 由式 (10.3) 定义, 则 $\boldsymbol{D}$ 是 Euclid 距离矩阵的充要条件为 $\boldsymbol{B}\geqslant 0$.

证明 见参考文献 [1].

下面给出从 Euclid 距离矩阵 $\boldsymbol{D}$ 出发得到构图 $\boldsymbol{X}$ 的方法, 即

$$\boldsymbol{D}\rightarrow\boldsymbol{A}\rightarrow\boldsymbol{B}\rightarrow\boldsymbol{X}.$$

具体步骤: (1) 由 $\boldsymbol{D}$ 知 d_{ij}, 由 $a_{ij}=-d_{ij}^2/2$ 确定 $\boldsymbol{A}$;

(2) 由关系式 $b_{ij}=a_{ij}-\bar{a}_{i\cdot}-\bar{a}_{\cdot j}+\bar{a}_{\cdot\cdot}$ 得到 $\boldsymbol{B}$, 其中 $\bar{a}_{i\cdot}=\dfrac{1}{n}\sum\limits_{j=1}^{n}a_{ij}$, $\bar{a}_{\cdot j}=\dfrac{1}{n}\sum\limits_{i=1}^{n}a_{ij}$ 和 $\bar{a}_{\cdot\cdot}=\dfrac{1}{n^2}\sum\limits_{i=1}^{n}\sum\limits_{j=1}^{n}a_{ij}$ 分别为 $\boldsymbol{A}$ 的行均值、列均值和总均值;

(3) 最后求 $\boldsymbol{B}$ 的特征值 $\lambda_1,\lambda_2,\cdots,\lambda_k$ (k 的确定见下一段说明) 和相应的 k 个 $n\times 1$ 特征向量 $\boldsymbol{x}_{(1)},\boldsymbol{x}_{(2)},\cdots,\boldsymbol{x}_{(k)}$. 将 $n\times k$ 矩阵 $\boldsymbol{X}=(\boldsymbol{x}_{(1)},\boldsymbol{x}_{(2)},\cdots,\boldsymbol{x}_{(k)})$ 的 n 个 $1\times k$ 行向量转置后得到的 n 个 $k\times 1$ 列向量 $\boldsymbol{x}_1,\boldsymbol{x}_2,\cdots,\boldsymbol{x}_n$, 它们即 $\boldsymbol{D}$ 的 n 个构造点, 而矩阵 $\boldsymbol{X}=(\boldsymbol{x}_1,\boldsymbol{x}_2,\cdots,\boldsymbol{x}_n)^{\mathrm{T}}$ 即 $\boldsymbol{D}$ 的构图.

由定理 10.1 知, $\boldsymbol{D}$ 是 Euclid 距离矩阵的充要条件是 $\boldsymbol{B}\geqslant 0$. 因此若 $\boldsymbol{B}$ 有负特征值, 那么 $\boldsymbol{D}$ 一定不是 Euclid 距离矩阵, 此时不存在 $\boldsymbol{D}$ 的构图, 只能求 $\boldsymbol{D}$ 的拟合构图, 记作 $\hat{\boldsymbol{X}}$, 以区分真正的构图 $\boldsymbol{X}$. 在实际中, 即使 $\boldsymbol{D}$ 为 Euclid 距离矩阵, 记它的构图为 $n\times k$ 矩阵 $\boldsymbol{X}$, 当 k 较大时也失去了实用价值, 这时宁可不用 $\boldsymbol{X}$, 而去寻找低维的拟合构图 $\hat{\boldsymbol{X}}$. 也就是说, 在 $\boldsymbol{D}$ 的构图不存在和构图存在但 k 较大两种情形下都需要寻找 $\boldsymbol{D}$ 的低维拟合构图 $\hat{\boldsymbol{X}}$. 令

$$a_{1\cdot k}=\sum_{i=1}^{k}|\lambda_i|\Big/\sum_{i=1}^{n}|\lambda_i|, \quad a_{2\cdot k}=\sum_{i=1}^{k}\lambda_i^2\Big/\sum_{i=1}^{n}\lambda_i^2,$$

这里 $a_{1\cdot k}$ 是累积绝对贡献率, $a_{2\cdot k}$ 是累积平方贡献率. 我们希望 k 不要取太大, 就可以使 $a_{1\cdot k}$ 和 $a_{2\cdot k}$ 比较大, 比如说, 累积贡献率大于 80% 就比较合适. 当 k 取定后, 用 $\hat{\boldsymbol{x}}_{(1)},\hat{\boldsymbol{x}}_{(2)},\cdots,\hat{\boldsymbol{x}}_{(k)}$ 表示 $\boldsymbol{B}$ 的对应于特征值 $\lambda_1,\lambda_2,\cdots,\lambda_k$ 的正交化特征向量, 使得 $\hat{\boldsymbol{x}}_{(i)}^{\mathrm{T}}\hat{\boldsymbol{x}}_{(i)}=\lambda_i$ $(i=1,2,\cdots,k)$, 通常还要求 $\lambda_k>0$, 若 $\lambda_k<0$,

就要缩小 k 的值. 最后, 令

$$\hat{\boldsymbol{X}}=(\hat{\boldsymbol{x}}_{(1)},\hat{\boldsymbol{x}}_{(2)},\cdots,\hat{\boldsymbol{x}}_{(k)})=(\hat{\boldsymbol{x}}_1,\hat{\boldsymbol{x}}_2,\cdots,\hat{\boldsymbol{x}}_n)^{\mathrm{T}},$$

则 $\hat{\boldsymbol{X}}$ 为 $\boldsymbol{D}$ 的拟合构图, 或者说 $\hat{\boldsymbol{X}}$ 为 $\boldsymbol{D}$ 的古典多维标度解, $\hat{\boldsymbol{x}}_1,\hat{\boldsymbol{x}}_2,\cdots,\hat{\boldsymbol{x}}_n$ (均为 $k\times 1$ 向量) 为 $\boldsymbol{D}$ 的 n 个拟合构造点 (有的文献也把 $\hat{\boldsymbol{x}}_1,\hat{\boldsymbol{x}}_2,\cdots,\hat{\boldsymbol{x}}_n$ 称为 $\boldsymbol{X}$ 的主坐标, 把多维标度法称为主坐标分析).

数据文件 example 10.1

例 10.1　给定距离矩阵

$$\boldsymbol{D}=\begin{pmatrix}0 & & & \\ 9.67 & 0 & & \\ 2.02 & 10.71 & 0 & \\ 2.85 & 8.54 & 4.32 & 0\end{pmatrix},$$

问 $\boldsymbol{D}$ 是否 Euclid 距离矩阵? 并求 $\boldsymbol{D}$ 的拟合构造点.

解: 在 Excel 中由矩阵 $\boldsymbol{D}$ 计算出矩阵 $\boldsymbol{B}$ 很方便: 将 $\boldsymbol{D}$ 的上三角部分补齐输入单元格区域 A1:D4; 根据式 $a_{ij}=-d_{ij}^2/2$, 在 A6 单元格内输入 "=−(A1^2)/2" 后拖放填充至 D9 得到矩阵 $\boldsymbol{A}$; 接着如图 10–1 在 $\boldsymbol{A}$ 的右方、下方输入公式并

	A	B	C	D	E	F	G
1	0.00	9.67	2.02	2.85			
2	9.67	0.00	10.71	8.54			
3	2.02	10.71	0.00	4.32			
4	2.85	8.54	4.32	0.00			
5							
6	0.00	-46.75	-2.04	-4.06	-13.21		
7	-46.75	0.00	-57.35	-36.47	-35.14		
8	-2.04	-57.35	0.00	-9.33	-17.18		
9	-4.06	-36.47	-9.33	0.00	-12.46		
10	-13.21	-35.14	-17.18	-12.46	-19.50		
11							
12	6.93	-17.90	8.85	2.12			
13	-17.90	50.79	-24.53	-8.36			
14	8.85	-24.53	14.86	0.81			
15	2.12	-8.36	0.81	5.43			
16							

图 10–1　在 Excel 中由矩阵 $\boldsymbol{D}$ 算出矩阵 $\boldsymbol{B}$ 的简单过程

拖放填充计算出行均值、列均值和总均值, 然后根据公式 $b_{ij}=a_{ij}-\bar{a}_{i\cdot}-\bar{a}_{\cdot j}+\bar{a}_{\cdot\cdot}$, 在单元格 A12 内输入公式 "=A6−$E6−A$10+$E$10" 后拖放填充至 D15 得到矩阵 $\boldsymbol{B}$.

最后在 R 软件中计算 $\boldsymbol{B}$ 的所有特征值来判断 $\boldsymbol{D}$ 是否 Euclid 距离矩阵. 先复制单元格区域 A12:D15 中的数据, 然后在 R 软件中输入命令

```
> B=read.table("clipboard",header=F)
              #读入矩阵B(先复制单元格区域A12:D15)
> eig<-eigen(B)   #求B的特征值特征向量并显示
> eig$values   #列出B的特征值
[1] 70.601313863  6.615242518  0.795952899  -0.002509279
```

$\boldsymbol{B}$ 的四个特征值均大于等于 0 (第四个特征值很小可视为 0), 由定理 10.1 知 $\boldsymbol{D}$ 为 Euclid 距离矩阵. 为求 $\boldsymbol{D}$ 的拟合构造点 (实际上可近似看作构造点), 在 R 软件中输入如下命令

```
> D=read.table("clipboard",header=F)
              #读入矩阵D(先复制对应单元格区域A1:D4)
> D10.1=cmdscale(D,k=2,eig=T) ;D10.1
                #k取为2,使用基本包stats中的cmdscale函数
$points
          [,1]       [,2]
[1,]  2.526493  -0.1531671
[2,] -7.110732  -0.4721962
[3,]  3.545859  -1.4437017
[4,]  1.038381   2.0690650
$eig
[1] 7.059702e+01  6.611734e+00  7.937158e-01  2.428205e-15
> sum(abs(D10.1$eig[1:2]))/sum(abs(D10.1$eig))   #计算a1.2
[1] 0.9898245
> sum((D10.1$eig[1:2])^2)/sum((D10.1$eig)^2)   #计算a2.2
[1] 0.9998747
```

前两个特征值的累积绝对贡献率和累积平方贡献率均超过 98%, 说明 k 取为 2 是适当的. 四个构造点的坐标分别为 $(2.526,-0.153)$, $(-7.111,-0.472)$, $(3.546,-1.444)$, $(1.038,2.069)$. 最后画拟合构图, 计算拟合距离矩阵:

```
> plot(D10.1$points[,1:2])
> text(D10.1$points[,1:2],labels=1:4,adj=c(-0.5,0.5))
> D1<-dist(D10.1$points[,1:2],method="euclidean",diag=T,p=2); D1
         1          2          3          4
1  0.000000
2  9.642504   0.000000
3  1.644563  10.700783  0.000000
4  2.674471   8.536161  4.315898  0.000000
```

距离矩阵 $\boldsymbol{D}_1$ 与例 10.1 中的原始距离矩阵 $\boldsymbol{D}$ 几乎相等, 说明二者相似度非常高 (见图 10–2).

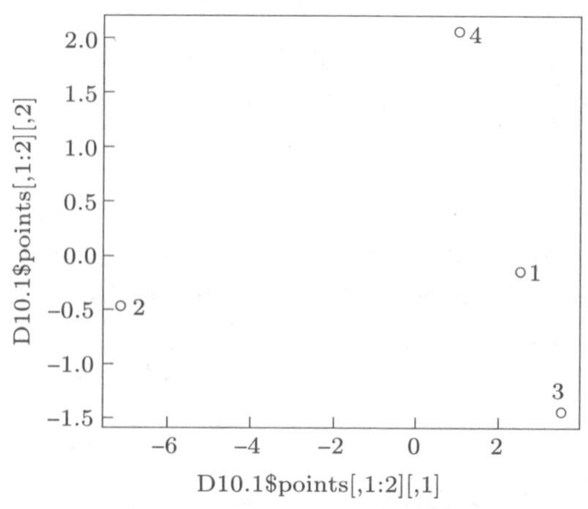

图 10–2　距离矩阵 $\boldsymbol{D}$ 的拟合构图

10.2.2　已知距离矩阵时 CMDS 解的计算

上面计算 CMDS 解的过程在 R 软件中可使用 stats 包中的 `cmdscale()` 函数来实现, 也可以使用 MASS 包中处理非度量 MDS 问题的 `isoMDS()` 函数来实现, 但 `cmdscale()` 函数的好处是可以同时计算出 $\boldsymbol{B}$ 的特征值和特征向量以及两个累积贡献率 $a_{1\cdot k}$ 和 $a_{2\cdot k}$ 的值.

例 10.2　根据表 10–0 给出的我国 6 个城市间的道路距离矩阵 $\boldsymbol{D}$, 利用 R 软件 stats 包中的 `cmdscale()` 函数求 $\boldsymbol{D}$ 的 CMDS 解, 给出拟合构图 $\hat{\boldsymbol{X}}$ 及拟合构造点.

解: 在 R 软件中的程序为

```
> setwd("C:/mdata")   #设定工作路径
> eg10.2<-read.csv("example10.0.csv",header=T)
                  #将example10.0数据读入到eg10.2中
> d10.2=eg10.2[,-1]   #去掉eg10.2第一列样本名称
> rownames(d10.2)=eg10.2[,1]   #用eg10.2的第一列为d10.2的行重新命名
> D10.2=cmdscale(d10.2, k=2, eig=T)
                #使用基本包stats中的cmdscale函数, k取为2
```

输出结果如下:

```
> D10.2
$points
             [,1]        [,2]
北京  -612.22522  -119.44859
济南  -218.17836   -11.78778
青岛   -38.02447  -319.78130
郑州  -193.69136   430.18008
上海   646.08392   -57.41317
南京   416.03550    78.25076
$eig
[1]  1.051894e+06  3.111414e+05  5.985878e+04  1.028876e+04  5.820766e-11
[6] -1.199908e+04
......
> sum(abs(D10.2$eig[1:2]))/sum(abs(D10.2$eig))   #计算a1.2
[1] 0.9431583
> sum((D10.2$eig[1:2])^2)/sum((D10.2$eig)^2)   #计算a2.2
[1] 0.9968248
```

由 R 软件计算结果可见, 矩阵 $\boldsymbol{B}$ 的 6 个特征值分别为

$$1\,051\,894, 311\,141, 59\,859, 10\,289, 0, -11\,999.$$

最后一个特征值为负, 表明距离矩阵 $\boldsymbol{D}$ 不是 Euclid 距离矩阵. $a_{1.2} = 94.3\%$, $a_{2.2} = 99.7\%$, 故 $k = 2$ 即可. 由前两个特征向量可得 6 个拟合构造点分别为

$$(-612.2, -119.4), (-218.2, -11.8), (-38.0, -319.8),$$

$$(-193.7, 430.2), (646.1, -57.4), (416.0, 78.3).$$

再画 6 个城市距离矩阵的拟合构图 (见图 10–3), 并用中文标明 (注意拟合构图主要表示 6 个城市间的相对距离, 和各城市在地图上的实际位置可能不一致), R 程序如下:

```
> x=D10.2$points[,1]; y=D10.2$points[,2]
> plot(x, y, xlim=c(-700, 800),ylim=c(-300, 600))
      #根据两个特征向量的分量大小绘制散点图
> text(x, y, labels=row.names(d10.2), adj=c(0, -0.5), cex=0.8)
      #将拟合点用行名标出
```

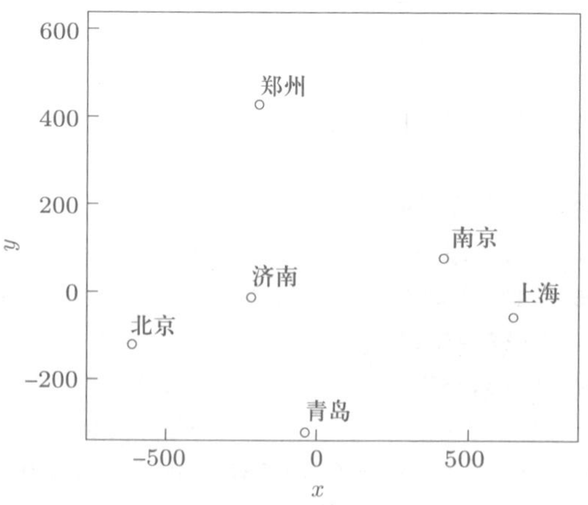

图 10–3　我国 6 个城市距离矩阵的拟合构图

易计算出六个拟合构造点在 $\mathbf{R}^2$ 中的 Euclid 距离矩阵, 将它们与表 10–0 中城市间的原始距离数据进行对比, 可见大多数距离数据拟合较好, 有 6 个城市距离相差千米数为个位数, 只有 2 个城市距离相差在 $50 \sim 60$ km.

```
> D1<-dist(D10.2$points[,1:2],method="euclidean",diag=T,p=2)
> D1
          北京      济南      青岛      郑州      上海    南京
北京    0.0000
济南  408.4896    0.0000
青岛  608.1445  356.8129    0.0000
郑州  690.8417  442.6457  765.9466    0.0000
上海 1259.8374  865.4658  732.6946  971.0663    0.0000
南京 1047.0937  640.5733  603.8211  704.0036  267.0711  0.0000
```

10.2.3 已知相似系数矩阵时 CMDS 解的计算

定义 10.3 一个 n 阶矩阵 $\boldsymbol{C}=(c_{ij})_{n\times n}$, 如果满足条件

(1) $\boldsymbol{C}=\boldsymbol{C}^{\mathrm{T}}$;

(2) $c_{ij}\leqslant c_{ii}\ i,j=1,2,\cdots,n$,

则称 $\boldsymbol{C}$ 为相似系数矩阵, c_{ij} 称为第 i 个点与第 j 个点间的相似系数.

在进行多维标度分析时, 如果已知的数据不是 n 个对象之间的广义距离, 而是 n 个对象间的相似系数, 则只需将相似系数矩阵 $\boldsymbol{C}$ 按式 (10.4) 转换为广义距离矩阵 $\boldsymbol{D}$, 其他计算与上述方法相同. 令

$$d_{ij}=(c_{ii}+c_{jj}-2c_{ij})^{1/2}, \tag{10.4}$$

由定义 10.3 可知, $c_{ii}+c_{jj}-2c_{ij}\geqslant 0$, 显见 $d_{ii}=0$, $d_{ij}=d_{ji}$, 故 $\boldsymbol{D}$ 为距离矩阵, 可以证明, 当 $\boldsymbol{C}\geqslant 0$ 时, 由式 (10.4) 定义的距离矩阵 $\boldsymbol{D}=(d_{ij})$ 为 Euclid 距离矩阵 (见习题 10.1).

例 10.3 在第 10 章参考文献 [3] 中, Lawley (劳利) 和 Maxwell (马克斯韦尔) 对 220 名男生的 6 门课程考分数据计算了样本相关系数矩阵 (见表 10–1), 其中相关系数的值越大 (小), 表示课程越 (不) 相似. 易见相关系数矩阵也为相似系数矩阵, 记为 $\boldsymbol{C}$, 求 $\boldsymbol{C}$ 的 CMDS 解, 并给出拟合构图 $\hat{\boldsymbol{X}}$ 及拟合构造点.

数据文件 example 10.3

表 10–1 6 门课程相关系数矩阵

	盖尔语	英语	历史	算术	代数	几何
盖尔语	1	0.439	0.410	0.288	0.329	0.248
英语	0.439	1	0.351	0.354	0.320	0.329
历史	0.410	0.351	1	0.164	0.190	0.181
算术	0.288	0.354	0.164	1	0.595	0.470
代数	0.329	0.320	0.190	0.595	1	0.464
几何	0.248	0.329	0.181	0.470	0.464	1

解: 先读入表 10–1 给出的 6 门课程相关系数矩阵, 这里 $c_{ii}=c_{jj}=1\ (i,j=1,2,\cdots,6)$. 于是由变换式 (10.4) 知

$$d_{ij}=(c_{ii}+c_{jj}-2c_{ij})^{1/2}=\sqrt{2-2c_{ij}},\quad i,j=1,2,\cdots,6. \tag{10.5}$$

再由式 (10.5) 可得 6 门课程的广义距离矩阵 $\boldsymbol{D}$ (见下面 R 程序输出的 d10.3),

其相应的 R 程序如下:

```
> setwd("C:/mdata")   #设定工作路径
> eg10.3<-read.csv("example10.3.csv", header=T)   #将example10.3数据读入
> c10.3=eg10.3[, -1]   #eg10.3的第一列为样本名称不是数值,先去掉
> d10.3=round(sqrt(2-2*c10.3), 3)   #相似系数矩阵转换成广义距离矩阵,
                                      取三位小数
> rownames(d10.3)=eg10.3[, 1]   #用eg10.3的第一列为d10.3的行重新命名
> d10.3
       盖尔语  英语   历史   算术   代数   几何
盖尔语  0.000  1.059  1.086  1.193  1.158  1.226
英语    1.059  0.000  1.139  1.137  1.166  1.158
历史    1.086  1.139  0.000  1.293  1.273  1.280
算术    1.193  1.137  1.293  0.000  0.900  1.030
代数    1.158  1.166  1.273  0.900  0.000  1.035
几何    1.226  1.158  1.280  1.030  1.035  0.000
```

然后可以仿照例 10.2 进行, 在 R 中的程序如下:

```
> D10.3=cmdscale(d10.3,k=2,eig=T)   #k取为2,给出特征向量和特征值
> D10.3
$points
             [,1]        [,2]
盖尔语  0.4028583  0.26570653
英语    0.2415986  0.48339407
历史    0.6210937 -0.50817963
算术   -0.4575066  0.03803193
代数   -0.4216733 -0.04017726
几何   -0.3863706 -0.23877565
$eig
[1] 1.142825e+00 6.225908e-01 6.022539e-01 5.245848e-01
[4] 3.963587e-01 2.220446e-15
......
> sum(abs(D10.3$eig[1:2]))/sum(abs(D10.3$eig))   #计算a_1.2
[1] 0.5368268
> sum((D10.3$eig[1:2])^2)/sum((D10.3$eig)^2)   #计算a_2.2
[1] 0.6805523
```

由上面 R 软件输出的计算结果可知, $\boldsymbol{B}$ 的 6 个特征值按从大到小的顺序依次为

$$\lambda_1 = 1.142\,8,\quad \lambda_2 = 0.622\,6,\quad \lambda_3 = 0.602\,3,$$
$$\lambda_4 = 0.524\,6,\quad \lambda_5 = 0.396\,4,\quad \lambda_6 = 0.$$

两个累积贡献率分别为 $a_{1\cdot 2} = 53.68\%$, $a_{2\cdot 2} = 68.06\%$, 均不足 80%, 可考虑取 $k = 3$ (这里从略).

由前两个特征向量可得 6 个拟合构造点分别为

$$(0.403, 0.266), (0.242, 0.483), (0.621, -0.508),$$
$$(-0.458, 0.038), (-0.422, -0.040), (-0.386, -0.239).$$

将这 6 个拟合构造点画出并用中文命名, 得到 6 门课程相似系数矩阵的古典拟合构图 (见图 10–4), R 程序如下:

```
> x=D10.3$points[,1]; y=D10.3$points[,2]
> plot(x,y,xlim=c(-0.6,0.8), ylim=c(-0.6,0.7))
      #根据特征向量的分量大小绘制拟合图
> text(x, y, labels=row.names(d10.3), adj=c(0,-1), cex=0.8)
      #将拟合点用行名标出
> abline(h=0, v=0, lty=3)   #用虚线划分四个象限
```

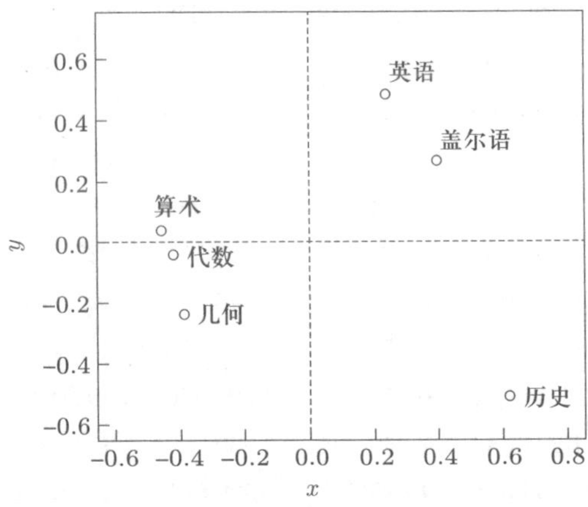

图 10–4 6 门课程相似系数矩阵的古典拟合构图

从图 10–4 可以直观地看出, 算术、代数、几何 3 门课程较为接近, 英语和盖尔语也较为接近, 而历史与其他课程的差异较大.

在实际问题中, 可能涉及很多不易量化的相似性测度, 比如有时不能计算研究对象 (样本或变量) 相互间的距离或相关系数等量化指标, 只能确定研究对象的某种顺序关系, 因而这是一种非度量的定序尺度. 对于这种情形, 古典多维标度法 (MDS) 的使用受到限制, 此时需要使用非度量多维标度法 (NMDS), 其主要思想是充分利用研究对象的顺序 (秩) 这种唯一信息, 根据排位顺序进行计算. 对于存在距离缺失的数据而言, NMDS 有其优势, 只要想办法确定对象间的位置顺序关系, 即可使用其进行分析. 在 NMDS 中, 以 Shepard-Kruskal (谢泼德–克鲁斯卡尔) 提出的最小平方单调回归方法最为流行, 但具体情况较为复杂, 读者可参见本章参考文献 [1] 和 [2].

10.3 案例分析与 R 实现

数据文件 case10.1

案例 10.1　表 10–2 给出了 2010 年全国第六次人口普查数据集中我国各地区城市 (除港澳台) 6 岁及以上人口中接受过各类教育人群的分布情况数据 (表 10–2 中学历均为最高学历). 试用多维标度法对其进行统计分析, 并对分析结果的实际意义进行解释.

表 10–2　2010 年我国各地区城市 6 岁及以上人口中受教育程度普查数据　单位: 人

地区	未上过学	小学	初中	高中	大学专科	大学本科	研究生
北京	199 946	1 315 882	4 276 980	3 419 387	2 101 609	2 937 808	680 293
天津	161 208	1 129 187	3 091 612	2 220 636	946 466	916 262	92 505
河北	200 433	2 018 691	4 687 010	3 451 788	1 894 754	1 275 476	82 114
山西	120 256	1 263 763	3 207 370	2 360 499	1 170 637	751 465	49 514
内蒙古	186 847	1 236 914	2 882 167	1 827 275	880 444	573 506	34 591
辽宁	296 630	2 694 119	8 961 344	4 781 286	2 299 697	2 030 025	175 624
吉林	134 539	1 166 861	3 404 708	2 959 933	1 037 474	1 047 687	78 235
黑龙江	217 082	1 761 028	5 444 782	3 548 928	1 405 129	1 214 222	79 987
上海	377 842	1 924 658	5 952 396	4 099 573	1 960 415	2 227 788	405 245
江苏	764 474	4 844 314	10 057 146	6 792 400	3 392 088	2 620 815	285 404
浙江	691 940	4 204 382	7 240 604	3 639 292	1 812 339	1 598 010	154 971
安徽	450 620	2 003 675	4 095 548	2 599 561	1 345 089	987 319	88 989

续表

地区	未上过学	小学	初中	高中	大学专科	大学本科	研究生
福建	258 783	2 509 463	4 556 611	2 497 009	1 065 988	849 913	73 537
江西	144 515	1 336 154	2 370 446	1 826 160	811 523	497 138	33 276
山东	692 594	4 325 179	9 319 501	6 545 016	3 236 249	2 444 710	206 028
河南	351 259	2 583 016	5 781 643	4 634 895	2 399 609	1 350 482	98 587
湖北	380 795	2 371 093	5 823 530	4 781 427	2 012 914	1 541 526	185 208
湖南	143 721	1 904 464	3 925 457	3 289 412	1 555 631	1 140 624	97 362
广东	688 793	8 160 352	21 242 368	12 343 702	4 165 636	2 899 911	311 397
广西	122 103	1 337 765	2 794 057	1 990 384	914 043	621 178	52 317
海南	41 609	327 194	787 331	595 567	247 041	165 343	10 216
重庆	167 169	1 630 161	2 770 694	1 990 330	911 583	750 148	75 937
四川	348 224	3 054 024	5 140 166	3 559 631	1 737 243	1 272 220	129 742
贵州	172 875	1 173 605	1 805 762	1 022 208	530 937	470 516	25 855
云南	178 265	1 362 663	1 920 826	1 247 478	670 462	539 011	50 402
西藏	35 226	68 803	68 162	38 621	27 715	21 033	2 004
陕西	133 601	1 020 330	2 584 611	2 251 823	1 294 068	1 022 689	127 094
甘肃	148 050	828 420	1 550 590	1 312 321	652 830	476 804	42 221
青海	48 947	271 588	430 443	269 124	151 795	116 240	6 325
宁夏	51 568	340 790	684 596	433 639	243 244	176 205	8 503
新疆	124 518	1 112 014	1 732 124	1 303 447	871 672	550 626	33 030

资料来源: 国家统计局网站: 2010 年第六次人口普查数据.

解: 本案例我们采用 R 软件 MASS 包中的 isoMDS() 函数来进行分析计算 (当然也可以用前面使用的 cmdscale() 函数). 在 R 中的操作过程如下:

```
> setwd("C:/mdata")   #设定工作路径
> case10.1<-read.csv("case10.1.csv",header=T)   #将case10.1.csv数据读入
> c10.1=case10.1[,-1]   #case10.1的第一列不是数值先去掉,命名为c10.1
> rownames(c10.1)=case10.1[,1]   #用case10.1的第一列为c10.1的行重新命名
> D1=as.matrix(c10.1)   #需要将数据转换成矩阵形式
> D=dist(D1)   #求距离矩阵
> library(MASS)   #载入MASS包, 这样才能使用isoMDS()函数
> fit=isoMDS(D,k=2); fit
$points
```

```
              [,1]          [,2]
  北京     202726.7  -1969294.074
  天津   -1850708.4    -45762.727
  河北     491959.2   -396230.830
  山西   -1634896.9    -14295.794
内蒙古   -2226852.6    330491.163
  辽宁    4898935.3      8900.614
  吉林   -1209133.9   -347152.413
黑龙江     963123.3     -2899.083
  上海    1922717.0   -949112.514
  江苏    7677107.4   -648578.924
  浙江    3330719.9    877475.465
  安徽    -513106.8    175684.918
  福建    -114105.4    751091.653
  江西   -2626776.8    276910.290
  山东    6758777.5   -761218.725
  河南    2199712.1   -615147.517
  湖北    2194473.5   -679990.897
  湖南    -305266.7   -374909.376
  广东   20373037.6   1324131.845
  广西   -2178040.8    222426.863
  海南   -4926220.0    402598.419
  重庆   -2087156.6    224066.222
  四川    1200373.8    106034.842
  贵州   -3557575.9    507275.743
  云南   -3266531.8    404281.936
  西藏   -5898850.2    500378.040
  陕西   -2195527.4   -491858.611
  甘肃   -3708164.0    136049.936
  青海   -5404124.5    473429.966
  宁夏   -5078767.8    432548.805
  新疆   -3431857.1    142674.766
$stress
[1] 1.437423
> x=fit$points[,1]; y=fit$points[,2]
> plot(x,y,ylim=c(-2200000,1500000))    #画散点图(见图10-5)
```

```
> text(x,y,labels=row.names(c10.1),adj=c(0.5,1.5),cex=0.7)
> abline(h=0,v=0,lty=3)   #设置标签位置大小、用虚线划分四个象限
```

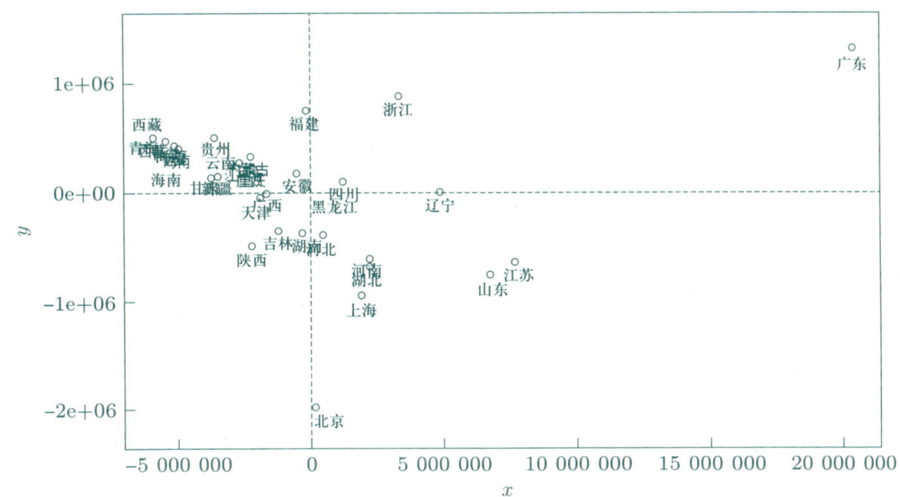

图 10–5 2010 年我国各地区城市 6 岁及以上人口中接受过各类教育人群分布的古典拟合构图

从图 10–5 可直观地看出以下特征:

(1) 很多地区集中在第二象限, 且多数是教育落后地区, 如西藏、青海、海南、甘肃、新疆、云南、贵州、内蒙古等;

(2) 北京低垂下方, 结合原始数据易看出, 北京在本科、特别是研究生人数上远远领先于其他地区, 在高学历人数上独占鳌头, 这可以解释北京在科学技术上的研发优势;

(3) 广东远踞右上方, 在大学专科、高中甚至初中生人数上远远高于其他地区, 在义务教育、职业教育普及程度和教育劳动者素质上处领先地位, 这是珠三角地区拥有强大的产品制造能力和经济优势的重要原因;

(4) 江苏、山东、上海、湖北、河南、浙江、辽宁等地区介于北京和广东之间, 可归为一类, 其特点是高素质人才和受过各类中高水平教育的人数规模均较大, 且二者相对平衡.

从总体来看, 上述多维标度分析结果较为准确地反映了 2010 年我国各地区城市 6 岁及以上人口中接受过各类教育人群的分布情况, 这种分布结构显然不均衡、不合理, 不同地区间存在着明显的差异, 有的差异还非常大. 若把本案例中的城市人口换为农村人口, 分析结果会有较大的不同 (见习题 10.3). 2020

年 11 月 1 日, 我国已进行第七次全国人口普查, 请利用类似的方法对获得的新数据进行处理, 比较本案例的分析结果是否会发生新的变化.

本章小结

多维标度法将维数为 p 的 n 个样品点降维简化为维数为 $k(k<p)$ 的 n 个拟合构造点来近似表述, 要求降维后数据结构的"形变"尽量小, 然后在降维后的低维空间对原始数据结构进行分析和解释. 本章主要介绍了古典多维标度法的相关概念、Euclid 距离矩阵的判断和 R 程序命令, 然后介绍了在已知距离矩阵及相似系数矩阵的情况下 CMDS 解的计算过程, 最后给出了一个综合案例及结果解释.

习题 10

10.1　证明当 $\boldsymbol{C} \geqslant 0$ 时, 由式 (10.4) 定义的距离矩阵 $\boldsymbol{D}=(d_{ij})$ 为 Euclid 距离矩阵.

10.2　给定距离矩阵 (为简洁起见, 对称矩阵都只写出了下三角部分)

$$\boldsymbol{D}=\begin{pmatrix} 0 & & & & & & \\ 1 & 0 & & & & & \\ \sqrt{3} & 1 & 0 & & & & \\ 2 & \sqrt{3} & 1 & 0 & & & \\ \sqrt{3} & 2 & \sqrt{3} & 1 & 0 & & \\ 1 & \sqrt{3} & 2 & \sqrt{3} & 1 & 0 & \\ 1 & 1 & 1 & 1 & 1 & 1 & 0 \end{pmatrix},$$

问它是不是 Euclid 距离矩阵? 并求它的拟合构造点.

数据文件
exe10.3

10.3　表 10–3 中给出了 2010 年全国第六次人口普查数据集中我国各地区 (除港澳台) 农村 6 岁及以上人口中接受过各类教育人群的分布数据. 一共选取七个指标: x_1 为未上过学; x_2 为小学; x_3 为初中; x_4 为高中; x_5 为大学专科; x_6 为大学本科; x_7 为研究生. 试用多维标度法对其进行统计分析, 并对分析结果的实际意义进行解释.

表 10-3 2010 年我国各地区农村 6 岁及以上人口中受教育程度普查数据 单位: 人

地区	x_1	x_2	x_3	x_4	x_5	x_6	x_7
北京	130 822	474 343	1 339 348	478 272	141 622	74 089	3 429
天津	114 304	794 848	1 264 472	242 304	48 614	19 877	683
河北	1 525 956	11 866 526	19 706 145	2 961 138	522 499	112 143	5 649
山西	630 702	5 123 519	9 514 516	1 713 935	284 697	77 589	2 260
内蒙古	754 229	3 850 235	4 567 200	825 317	241 204	107 149	5 434
辽宁	579 501	5 661 922	8 282 585	865 746	225 247	68 784	2 290
吉林	398 237	4 552 305	6 100 382	775 385	152 457	61 665	2 122
黑龙江	532 982	6 057 330	8 372 888	849 808	162 169	51 353	1 212
上海	186 989	645 574	1 146 727	268 723	75 679	35 524	1 460
江苏	1 949 790	10 033 805	13 249 085	3 031 869	688 450	236 416	12 480
浙江	1 995 533	7 757 613	7 664 772	1 769 516	371 205	150 299	5 855
安徽	3 814 891	11 265 233	13 536 502	1 857 717	429 069	126 811	3 707
福建	701 865	6 099 939	6 122 360	1 284 426	267 780	136 419	4 180
江西	1 196 080	9 092 090	9 973 006	1 665 126	370 962	108 162	3 805
山东	3 676 834	15 041 231	21 472 686	3 662 693	603 050	173 698	9 115
河南	3 516 432	16 395 156	26 700 825	4 373 066	731 910	184 765	13 351
湖北	2 126 028	8 621 975	12 689 777	2 529 312	529 551	231 566	6 490
湖南	1 524 966	12 124 177	16 034 321	3 631 040	595 261	152 433	5 550
广东	1 465 140	11 438 862	15 744 383	3 038 990	440 695	142 575	6 165
广西	1 222 675	10 641 000	11 096 978	1 465 786	264 349	95 708	3 772
海南	268 847	1 224 372	2 024 022	349 531	66 087	15 673	544
重庆	947 639	6 126 264	4 473 853	754 785	125 982	42 204	905
四川	4 006 421	20 368 887	16 946 055	2 569 618	480 514	156 482	5 752
贵州	2 771 502	10 488 785	6 584 467	777 015	230 541	60 606	944
云南	2 693 730	15 430 944	7 664 553	1 246 725	375 856	131 457	1 694
西藏	817 320	913 991	239 406	47 960	28 152	17 368	624
陕西	1 256 354	6 097 790	9 257 241	1 889 394	394 792	107 378	2 755
甘肃	2 094 515	6 568 534	5 164 564	1 119 030	192 526	55 531	1 392
青海	533 199	1 394 925	715 823	128 669	34 168	11 132	364
宁夏	318 160	1 268 248	1 095 114	218 145	55 798	17 768	383
新疆	423 021	4 647 907	5 068 163	708 958	284 565	59 769	1 201

资料来源: 国家统计局网站: 2010 年第六次人口普查数据.

数据文件
exe10.4

10.4　在 R 软件中对表 10–4 给出的 2018 年云南省各州市私人车辆拥有量数据进行多维标度分析, 其中 x_1 为私人车辆拥有量, x_2 为载客汽车拥有量, x_3 为载货汽车拥有量, x_4 为拖拉机拥有量, x_5 为摩托车拥有量.

表 10–4　2018 年云南省各州市私人车辆拥有量数据　单位: 万辆

州市	x_1	x_2	x_3	x_4	x_5
昆明	244.87	197.33	12.30	1.05	33.72
曲靖	109.69	57.25	7.36	0.92	43.81
玉溪	89.93	33.58	6.75	3.35	45.90
保山	85.54	18.93	4.95	0.57	60.87
昭通	92.40	24.99	6.23	0.60	60.25
丽江	32.44	14.37	2.62	1.23	13.95
普洱	109.14	19.25	3.66	1.16	83.12
临沧	89.55	13.75	4.60	1.36	69.73
楚雄	72.22	22.30	3.52	3.14	43.07
红河	110.34	38.78	5.79	1.43	64.20
文山	87.18	26.93	3.66	0.62	55.75
西双版纳	49.03	14.26	3.50	0.93	30.31
大理	103.84	35.17	7.19	0.15	60.87
德宏	62.49	14.24	4.00	3.43	40.74
怒江	11.39	2.95	0.87	0.63	7.50
迪庆	10.67	5.01	1.59	0.07	3.92

资料来源: 2019 云南统计年鉴.

数据文件
exe10.5

10.5　表 10–5 给出了 2013—2019 年我国分地区居民人均可支配收入数据 (未包括港澳台数据), 根据这些数据, 采用多维标度法进行分析评价.

表 10–5　2013—2019 年我国分地区居民人均可支配收入数据　单位: 元

地区	2013 年	2014 年	2015 年	2016 年	2017 年	2018 年	2019 年
北京	40 830.0	44 488.6	48 458.0	52 530.4	57 229.8	62 361.2	67 755.9
天津	26 359.2	28 832.3	31 291.4	34 074.5	37 022.3	39 506.1	42 404.1
河北	15 189.6	16 647.4	18 118.1	19 725.4	21 484.1	23 445.7	25 664.7
山西	15 119.7	16 538.3	17 853.7	19 048.9	20 420.0	21 990.1	23 828.5
内蒙古	18 692.9	20 559.3	22 310.1	24 126.6	26 212.2	28 375.7	30 555.0
辽宁	20 817.8	22 820.2	24 575.6	26 039.7	27 835.4	29 701.4	31 819.7

续表

地区	2013 年	2014 年	2015 年	2016 年	2017 年	2018 年	2019 年
吉林	15 998.1	17 520.4	18 683.7	19 967.0	21 368.3	22 798.4	24 562.9
黑龙江	15 903.4	17 404.4	18 592.7	19 838.5	21 205.8	22 725.8	24 253.6
上海	42 173.6	45 965.8	49 867.2	54 305.3	58 988.0	64 182.6	69 441.6
江苏	24 775.5	27 172.8	29 538.9	32 070.1	35 024.1	38 095.8	41 399.7
浙江	29 775.0	32 657.6	35 537.1	38 529.0	42 045.7	45 839.8	49 898.8
安徽	15 154.3	16 795.5	18 362.6	19 998.1	21 863.3	23 983.6	26 415.1
福建	21 217.9	23 330.9	25 404.4	27 607.9	30 047.7	32 643.9	35 616.1
江西	15 099.7	16 734.2	18 437.1	20 109.6	22 031.4	24 079.7	26 262.4
山东	19 008.3	20 864.2	22 703.2	24 685.3	26 929.9	29 204.6	31 597.0
河南	14 203.7	15 695.2	17 124.8	18 443.1	20 170.0	21 963.5	23 902.7
湖北	16 472.5	18 283.2	20 025.6	21 786.6	23 757.2	25 814.5	28 319.5
湖南	16 004.9	17 621.7	19 317.5	21 114.8	23 102.7	25 240.7	27 679.7
广东	23 420.7	25 685.0	27 858.9	30 295.8	33 003.3	35 809.9	39 014.3
广西	14 082.3	15 557.1	16 873.4	18 305.1	19 904.8	21 485.0	23 328.2
海南	15 733.3	17 476.5	18 979.0	20 653.4	22 553.2	24 579.0	26 679.5
重庆	16 568.7	18 351.9	20 110.1	22 034.1	24 153.0	26 385.8	28 920.4
四川	14 231.0	15 749.0	17 221.0	18 808.3	20 579.8	22 460.6	24 703.1
贵州	11 083.1	12 371.1	13 696.6	15 121.1	16 703.6	18 430.2	20 397.4
云南	12 577.9	13 772.2	15 222.6	16 719.9	18 348.3	20 084.2	22 082.4
西藏	9 740.4	10 730.2	12 254.3	13 639.2	15 457.3	17 286.1	19 501.3
陕西	14 371.5	15 836.7	17 395.0	18 873.7	20 635.2	22 528.3	24 666.3
甘肃	10 954.4	12 184.7	13 466.6	14 670.3	16 011.0	17 488.4	19 139.0
青海	12 947.8	14 374.0	15 812.7	17 301.8	19 001.0	20 757.3	22 617.7
宁夏	14 565.8	15 906.8	17 329.1	18 832.3	20 561.7	22 400.4	24 411.9
新疆	13 669.6	15 096.6	16 859.1	18 354.7	19 975.1	21 500.2	23 103.4

资料来源: 中国统计年鉴 2020.

参考文献

[1] 方开泰. 实用多元统计分析. 上海: 华东师范大学出版社, 1989.

[2] 王斌会. 多元统计分析及 R 语言建模. 2 版. 广州: 暨南大学出版社, 2010.

[3] LAWLEY D N, MAXWELL A E. Factor analysis as a statistical method. 2nd ed. New York: American Elsevier Publishing Company, 1971.

郑重声明

读者意见反馈

为收集对教材的意见建议，进一步完善教材编写并做好服务工作，读者可将对本教材的意见建议通过如下渠道反馈至我社。

咨询电话 400-810-0598

反馈邮箱 hepsci@pub.hep.cn

通信地址 北京市朝阳区惠新东街4号富盛大厦1座 高等教育出版社理科事业部

邮政编码 100029

防伪查询说明

用户购书后刮开封底防伪涂层，使用手机微信等软件扫描二维码，会跳转至防伪查询网页，获得所购图书详细信息。

防伪客服电话 （010）58582300